Planteamiento de un modelo de mantenimiento industrial basado en técnicas de gestión del conocimiento

Approach to a model of industrial maintenance based on knowledge management techniques

Francisco Javier Cárcel Carrasco

OmniaScience

Autor:

Javier Cárcel Carrasco, Universidad Politécnica de Valencia, Valencia, España

fracarc1@csa.upv.es

ISBN: 978-84-941872-8-5

DL: B-3405-2014

DOI: http://dx.doi.org/10.3926/oms.198

© OmniaScience (Omnia Publisher SL) 2014

Diseño de cubierta: OmniaScience

Fotografía cubierta: © Andrey Armyagov - Fotolia.com

Dedicado a todos aquellos que me apoyaron y creyeron en mi, transmitiéndome su conocimiento y experiencia profesional.

Dedicado a todos los profesionales que desarrollan su actividad en el área de la ingeniería del mantenimiento industrial, ellos son la primera línea de combate para la mejora de la productividad y fiabilidad de las empresas.

En especial a Fini y a mis hijos Javier y Carlos, por todo su cariño. Ellos son mi mayor patrimonio y orgullo.

ÍNDICE

RESUMEN

Planteamiento de un modelo de mantenimiento industrial basado en técnicas de gestión del conocimiento

En la actualidad, las empresas que utilizan edificios, instalaciones, máquinas, equipos, etc., para la generación de bienes o servicios, tienen la necesidad de que estos activos se encuentren con la mayor disponibilidad posible al mínimo costo, planteando una mayor durabilidad de dichos activos, así como los mínimos costes operativos. Por ello la conservación de los equipos de producción o para un determinado servicio a prestar es una apuesta clave para la productividad de las empresas, así como para la calidad de los productos o servicios prestados. Todo esto redunda en un proceso para mejorar su competitividad, indispensable para hacer frente a la creciente competencia, la evolución al alza de los costes y unos modelos de gestión demasiado tradicionales.

La importancia de las técnicas de mantenimiento ha crecido constantemente en los últimos años, ya que el mundo empresarial es consciente de que para ser competitivos es necesario no sólo introducir mejoras e innovaciones en sus productos, servicios y procesos productivos, sino que también, la disponibilidad de los equipos ha de ser óptima y esto sólo se consigue mediante un mantenimiento adecuado.

Hay que señalar que, además de las grandes empresas, las PYMES (pequeñas y medianas empresas) también son objeto de la aplicación de las técnicas de mantenimiento, ya que, si bien la implantación de determinados sistemas o técnicas de mantenimiento en una PYME sería inviable o no rentable, una gestión más racional del mantenimiento puede aportar ventajas. Por otro lado, dado que en las PYMES es donde normalmente menos atención se ha prestado, o menos recursos se han destinado, al mantenimiento industrial, la inclusión de cualquier mejora en la gestión de esta función puede tener unos resultados más brillantes.

La gestión efectiva del mantenimiento supone, en consecuencia, una de las actividades cruciales de la mayor parte de las empresas con activos físicos. Son por ello lógicos los esfuerzos orientados a optimizar su funcionamiento, involucrando para tal fin tanto a medios humanos como técnicos.

Aún así, el ingeniero y los técnicos de planta sigue detectando muchos problemas y defectos de los sistemas, modelos, técnicas y procedimientos implementados, muy especialmente los relativos a una fluida transmisión de la experiencia y de los conocimientos, unas veces olvidados, otras retenidos por los especialistas y, en todo caso, insuficientemente formalizados o "protocolizados". El conocimiento que podemos adquirir acerca del comportamiento de un sistema físico se fundamenta principalmente en la adquisición y valoración de dos tipos de información, cuantitativa (por instrumentos de medición) y cualitativa (adquirida por humanos). El presente libro trata de resolver alguno de estos problemas que el autor, en su propio trabajo profesional, ha padecido con especial intensidad. Se es así consciente del valor que, para los técnicos y especialistas del mantenimiento de planta, poseen estos planteamientos y desarrollos. Tampoco se ha olvidado la necesidad de dotar al presente documento del suficiente carácter generalista y tratamiento científico, por lo que se ha planteado un modelo de proceso de mejora de amplio espectro de aplicación.

En este trabajo se aborda el problema y la incidencia que supone introducir técnicas de gestión del conocimiento en esta área de importante transcendencia para la empresa, analizando la repercusión que la adecuada captación, generación, transmisión y utilización del conocimiento, puede afectar sobre las actividades estratégicas que desempeña y que se han definido como la fiabilidad de los procesos e instalaciones, la mantenibilidad, la eficiencia energética y la operativa de explotación.

En el libro de investigación de este autor titulado "La gestión del conocimiento en la ingeniería del mantenimiento industrial: investigación sobre la incidencia en sus actividades estratégicas", se realizó una descripción del estado de la situación y los principios básicos de la gestión del conocimiento y de la ingeniería del mantenimiento, estudiándolo dentro de las áreas de explotación y mantenimiento, con el fin de conocer las barreras y facilitadores, que dicho personal implicado encuentra para que se produzca una adecuada transmisión y utilización de dicho conocimiento fundamental, definiéndose las actividades estratégicas que realizan los departamentos de mantenimiento, y la manera en que repercuten en la empresa. En este documento se ha propuesto y desarrollado un modelo para la gestión del conocimiento dentro del área de mantenimiento industrial, articulándose durante más de dos años en una investigación de campo en el interior de una industria del sector alimentario, con alto componente en equipamiento técnico e instalaciones, con un proceso crítico en cuanto a la fiabilidad, y con un gran componente de recursos humanos en el desempeño de la función de mantenimiento, con el fin de cuantificar el impacto y las características que suponen para la empresa una mejora de la transferencia del conocimiento dentro del área de mantenimiento industrial, mejorando la eficiencia de dicho servicio.

Este documento persigue proporcionar referencias reales y juicios de expertos que expliquen en cómo y por qué el conocimiento y su gestión es tan relevante en el área de mantenimiento de la empresa.

Capítulo I

Introducción a un modelo de mantenimiento industrial basado en técnicas de gestión del conocimiento

1.1. Introducción

El mantenimiento se puede definir en un enfoque Kantiano. El enfoque sistémico kantiano plantea la posibilidad de estudiar y entender cualquier fenómeno, dado que define que cualquier sistema está compuesto básicamente por tres elementos: personas, artefactos y entorno (Mora, 2005). Dentro de este sistema, y tal como se ha comentado, se plantea en concreto abordar esa transferencia de conocimiento que sin duda existe en la relación entre los tres elementos (Figura 1), y que es de gran transcendencia en las funciones requeridas a los servicios de mantenimiento.

En este libro se considera que el conocimiento que se acumula en una empresa (entorno), en su actividad y explotación es la base de la que se deriva gran parte de las soluciones necesarias y convenientes para el desempeño con mayor eficiencia conforme a los niveles de desempeño de

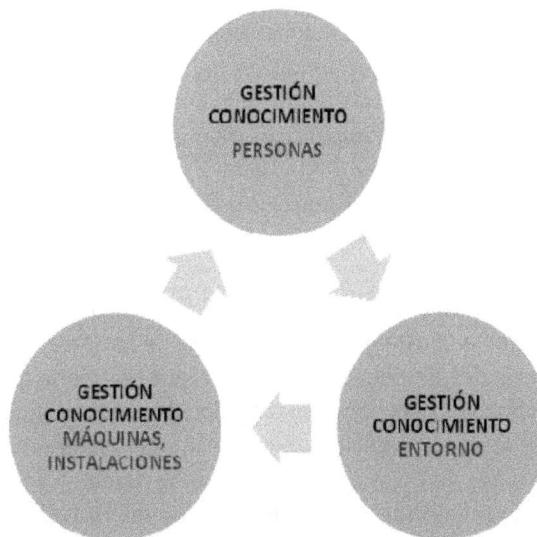

Figura 1. Enfoque Kantiano de la actividad de mantenimiento en relación a la G.C.
Fuente: elaboración propia

Figura 2. Conjunto de información y conocimiento en entorno empresa. Fuente: elaboración propia

mantenimiento que han fijado sus órganos de decisión (Figura 2) (Cárcel, 2011, 2010). Es precisamente esta base del conocimiento, la que suele estar desestructurada, en islas de conocimiento, con lo cual sólo es utilizada en pequeña medida (Cárcel, 2013a).

En base a entender la problemática de una manera simple, se pueden citar varios ejemplos (basados en la propia experiencia del autor), que aunque evidentes, y que se suelen producir con relativa frecuencia en el conjunto de las empresas industriales o de servicios, hacen mostrar la escasa o nula gestión del conocimiento en el desempeño del mantenimiento industrial:

a) Fallo esporádico de un sistema de protección y acoplamiento de baja tensión en una instalación industrial (Figura 3):

En este caso se produce un disparo intempestivo de un acoplamiento de potencia en baja tensión, que no se tenía constancia anteriormente de haberse producido. El personal de mantenimiento que acude a su reposición, no consigue rearmarlo (por desconocer el manejo intrínseco de dicho material), se hacen todo tipo de pruebas aguas abajo sin conseguirlo y se intenta buscar la documentación de operación del elemento (Dicha documentación almacenada entre miles de hojas de información). Se tarda en reponer en un periodo de 2,5 horas, ocasionando pérdidas por no producción de 190.000 €. Con el conocimiento básico del elemento, su tiempo de reposición debería haber sido de escasos 5 minutos. El personal que operó la avería, no transcribió de manera fehaciente dicho registro, con lo que pasados más de dos años de esa avería, se vuelve a repetir, no estando ninguno de los

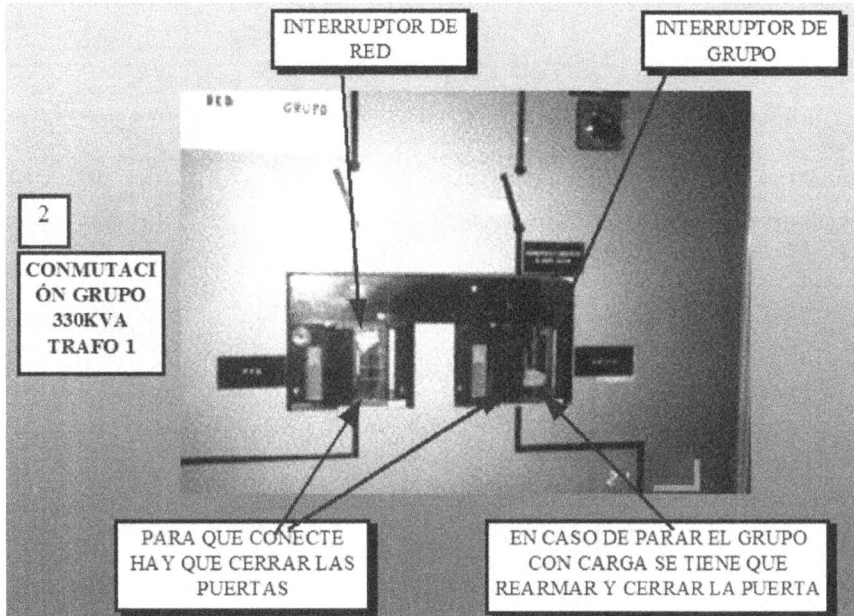

Figura 3. Detalle de Interruptor de potencia y acoplamiento en BT. Fuente: elaboración propia

miembros de mantenimiento que actuó la vez anterior, dando como consecuencia que el nuevo personal que actuó, volvió a resolverla en un tiempo superior a las 3 horas, teniendo como consecuencia unas pérdidas equivalentes a la vez anterior. En la Figura 4, se muestra una relación de la repercusión económica según el tiempo en fallo sobre el gasto soportado por no producción de la empresa de este ejemplo a).

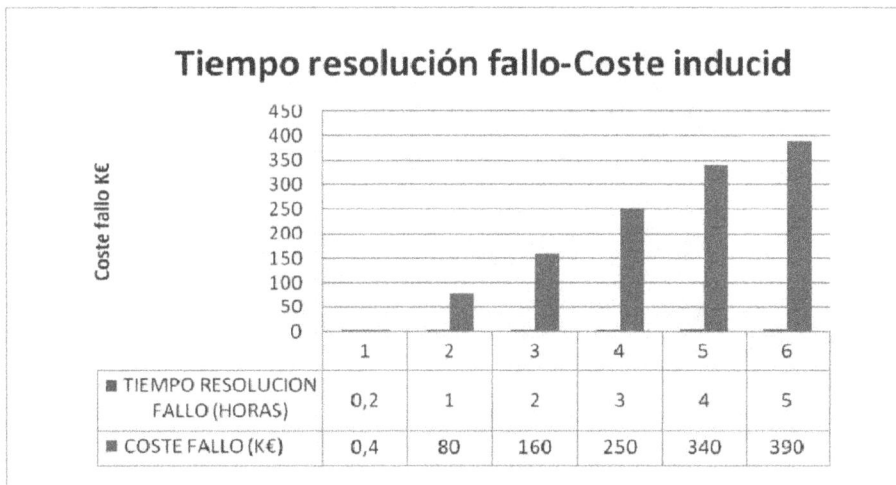

Figura 4. Relación tiempo fallo-coste del ejemplo a). Fuente: elaboración propia

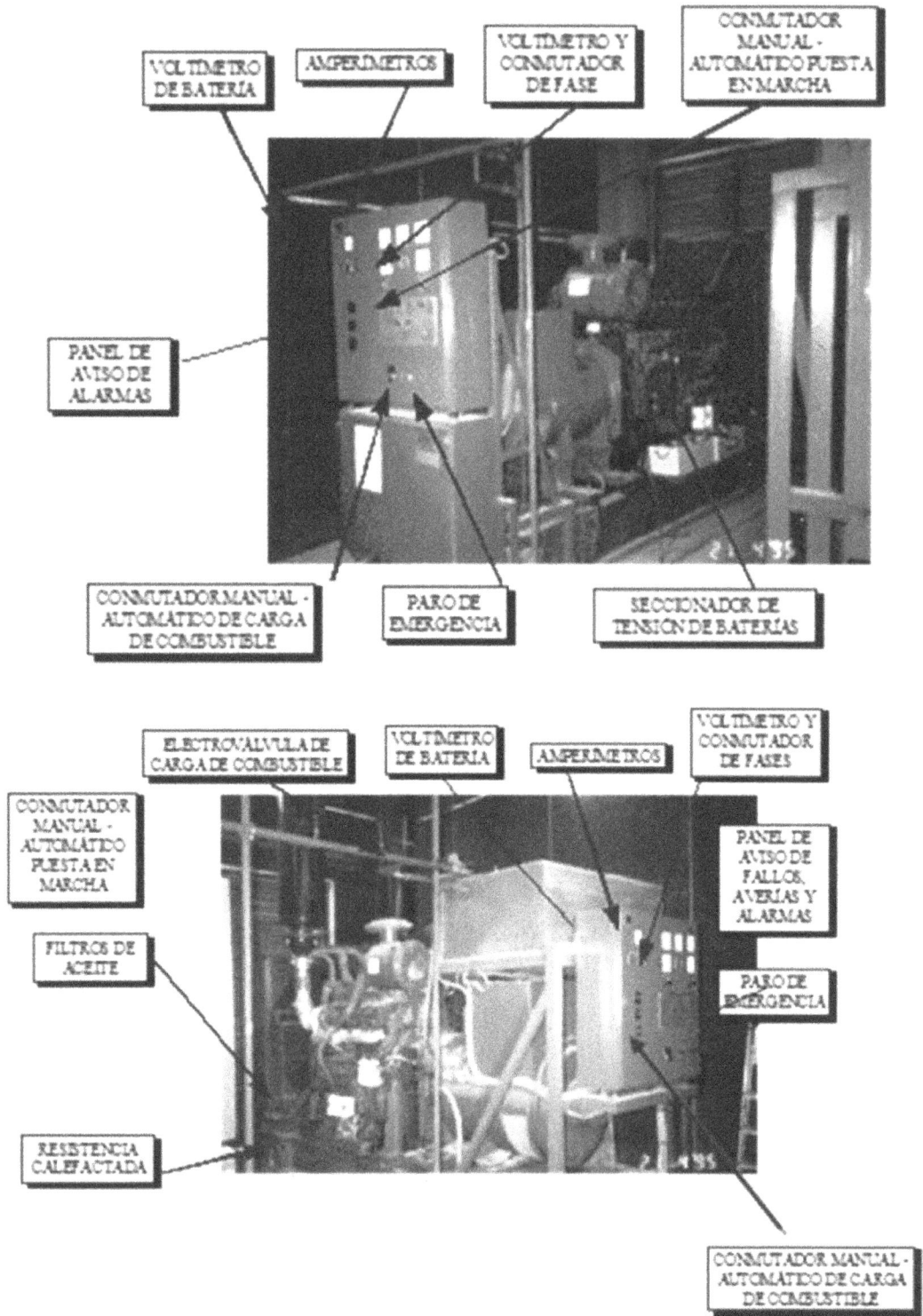

Figura 5. Detalle de Grupo electrógeno 705 KVAs. Fuente: elaboración propia

b) Mantenimiento preventivo y maniobras en grupo electrógeno de emergencia de 705 KVAs (Figura 5):

Ante la entrada en la empresa de un nuevo técnico de mantenimiento, se produce un tiempo de acoplamiento para tener la misma pericia y desempeño en los mantenimientos preventivos y operación de los equipo, que el resto del personal con antigüedad en varios años. Esta transmisión del conocimiento se produce por el resto de compañeros de mayor antigüedad de la organización, siendo durante esa etapa de formación un coste asumido por la empresa. Dicho tiempo de acoplamiento oscilaba en este caso de aproximadamente 14 meses, para ser completamente operativo y autónomo en las actividades normales de la empresa donde desempeña su función, siendo un gasto que puede oscilar en función del nivel salarial del personal, así como otros gastos inducidos por esa falta de operatividad, y aumento de tiempo de resolución ante averías o maniobras.

En la Figura 6 se indican los costes por el tiempo de acoplamiento del personal de nuevo ingreso en la empresa. Estos costes ademas de ser una carga improductiva en la empresa, suponen un lastre para el resto de los miembros de la organización durante dichos periods de acoplamiento. Estos costes, muchas veces no analizados por las empresas, tienen un carácter elevado en empresas donde el ciclo de renovación de personal es importante.

c) Maniobras en redes de distribución de energía eléctrica a 20 KV, ante averías o disparo de líneas.

En empresas distribuidoras de energía eléctrica, tradicionalmente, y dado la gran dispersión territorial que pueden tener las redes de distribución eléctrica de una zona, las reposiciones o maniobras operativas de líneas, son realizadas por personal ya acoplado

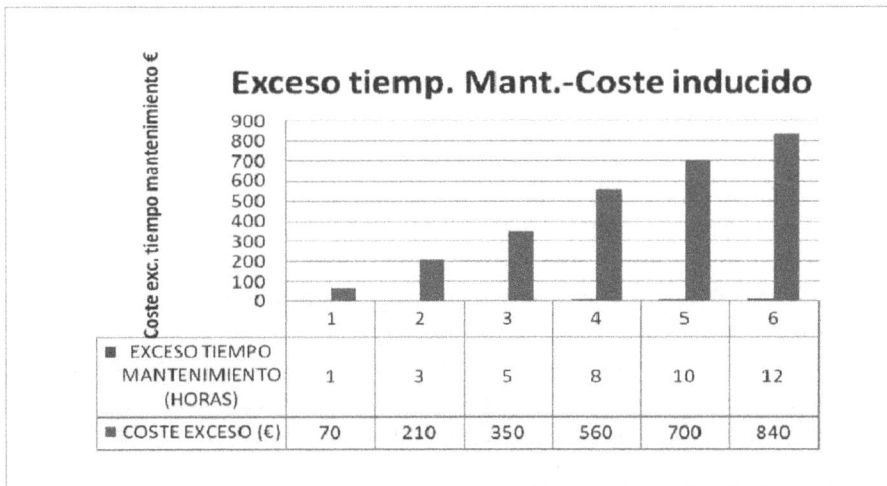

Exceso tiemp. Mant.-Coste inducido

	1	2	3	4	5	6
■ EXCESO TIEMPO MANTENIMIENTO (HORAS)	1	3	5	8	10	12
■ COSTE EXCESO (€)	70	210	350	560	700	840

Figura 6. Relación tiempo fallo-coste del ejemplo a). Fuente: elaboración propia

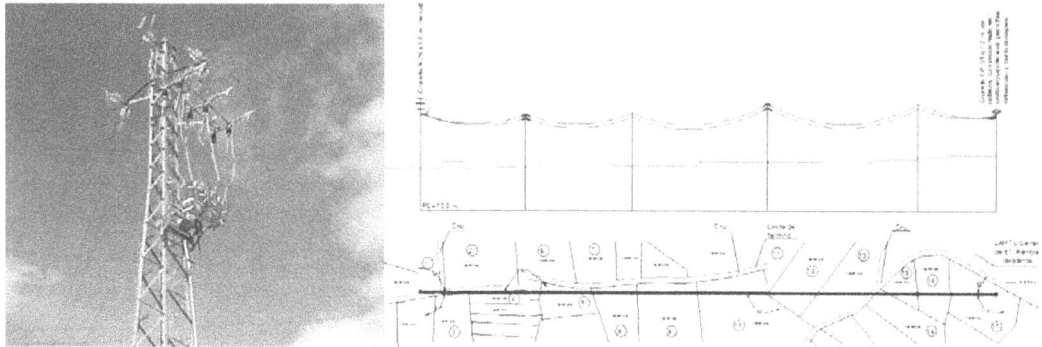

Figura 7. Elemento maniobra red 20 KV y plano distribución de red. Fuente: elaboración propia

a dicha zona de trabajo. El problema reside, que aunque los elementos de maniobra (Figura 7) y operación son pocos en comparación a una instalación industrial, debido a la dispersión de dichos elementos a nivel territorial, que se deben conocer donde están situados, de qué manera llegar hasta allí (muchas veces a través de caminos o zonas que no están reflejados en planimetrías tradicionales), y que hacen que el nuevo personal asignado a esa zona tenga un tiempo de acoplamiento importante, la dificultad para utilizar personal con experiencia de otra zona, y como consecuencia directa un aumento de tiempo para las reposiciones de servicio, disminución de la fiabilidad operativa (en ocasiones sólo el desconocimiento del camino de entrada para el acceso a la maniobra de un seccionador conlleva retraso de horas en la reposición de servicio) y un coste económico para la empresa distribuidora, no sólo por el tiempo de acoplamiento del nuevo personal (puede oscilar en más de 24 meses), sino por la energía no comercializada por dicha falta de operatividad.

d) Disminución de la eficiencia energética en sistemas de refrigeración industrial por desconocimiento de la información operativa de todo el sistema:

Con relativa frecuencia, en equipos críticos y que utilizan intensivamente energía para partes importantes del proceso de la empresa, se realiza un mantenimiento preventivo correcto, pero debido a la dispersión de la información, la falta de análisis inicial y la propia inercia de trabajo de de los servicios de mantenimiento, hace que no se estudien en profundidad las acciones de eficiencia energética que se pueden introducir en el elemento, y las relaciones de eficiencia que se pueden tener en cuenta de los elementos aislados en función al sistema global (Cárcel, 2010). Muchas de esas acciones o propuestas pueden ser captadas por los propios técnicos de mantenimiento que operan en la empresa, pero son mal transmitidas u olvidadas por los organos de mando del departamento de mantenimiento. Se observa en estas actividades un defecto en la transmisión y aplicación del conocimient para conseguir una mejora de la eficiencia energética. Estas acciones de eficiencia energética en una instalación de refrigeración industrial (Figura 8, Tabla 1), no sólo dependen de un elemento aislado (compresor), sino que se debe observar la influencia de combinar velocidad con volumen de corredera y presión de aspiración, entre otros factores. En este ejemplo, acciones de

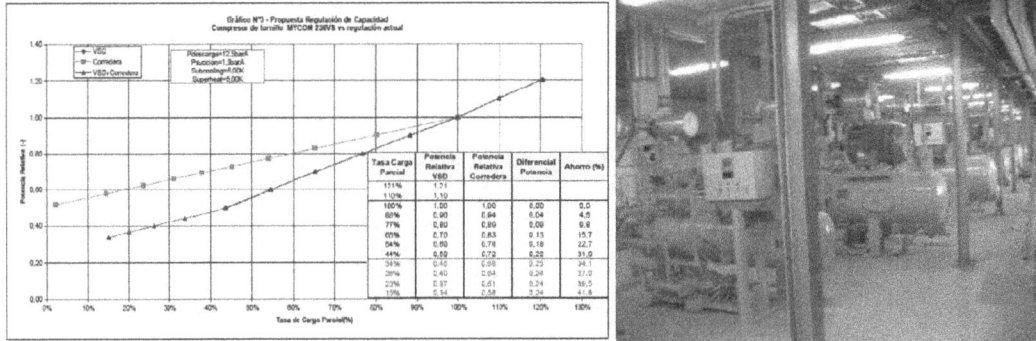

Figura 8. Gráfica operación compresor e imagen de grupos frigoríficos. Fuente: elaboración propia

análisis y mejora del conocimiento de dichas instalaciones, produjeron ahorros energéticos por la actuación de uno sólo de los compresores de 180.000 kWhe, y de manera global en todo el sistema de 380.000 kWhe anuales, así como una mejora en el conocimiento por parte del personal de mantenimiento, y como consecuencia una mejora de la fiabilidad y mantenibilidad de los equipos.

e) Conducción operativa de instalaciones en un entorno de grandes dimensiones:

En entornos de grandes dimensiones como pueden ser un gran centro comercial, un parque de ocio o temático, hoteles, grandes industrias, etc., ante la operación de las instalaciones

COMP. A9		Pot Abs (kW)	Pot frigorif (kW)	COP (sin VSD)	Pot Abs (kW)	COP (VSD)	Ahorro específico	Ahorro estimado (kWh)
Capacidad (%)	Tiempo							
95-100	13,53%	270,10	403,9	1,50	278,20	1,45	2,00%	6.404
90-95	4,98%	259,00	354,9	1,37	248,84	1,43	-3,92%	-4.429
85-90	4,31%	251,80	323,5	1,28	230,30	1,40	-8,54%	-8.125
80-85	3,89%	245,40	294,8	1,20	213,31	1,38	-13,08%	-10.929
75-80	3,40%	239,50	268,4	1,12	197,55	1,36	-17,52%	-12.513
70-75	2,86%	234,00	243,9	1,04	182,82	1,33	-21,87%	-12.809
65-70	2,44%	229,00	221,1	0,97	169,23	1,31	-26,10%	-12.765
60-65	2,84%	224,30	199,5	0,89	156,04	1,28	-30,43%	-16.979
55-60	2,84%	207,60	164,0	0,79	136,06	1,21	-34,46%	-17.787
50-55	7,07%	204,70	152,1	0,74	131,84	1,15	-35,59%	-45.119
45-50	0,71%							
40-45	0,75%							
35-40	0,74%							
30-35	0,86%	191,10	95,0	0,50	111,54	0,87	-42,86%	-49.471
25-30	0,86%							
20-25	0,87%							
15-20	0,84%							
10-15	1,27%							
0-10	44,95%	0,00	0,0	0,00	0,00	0,00	0,00	0

Tabla 1. Tabla operación compresor en función de su capacidad y ahorro energético estimado.
Fuente: elaboración propia

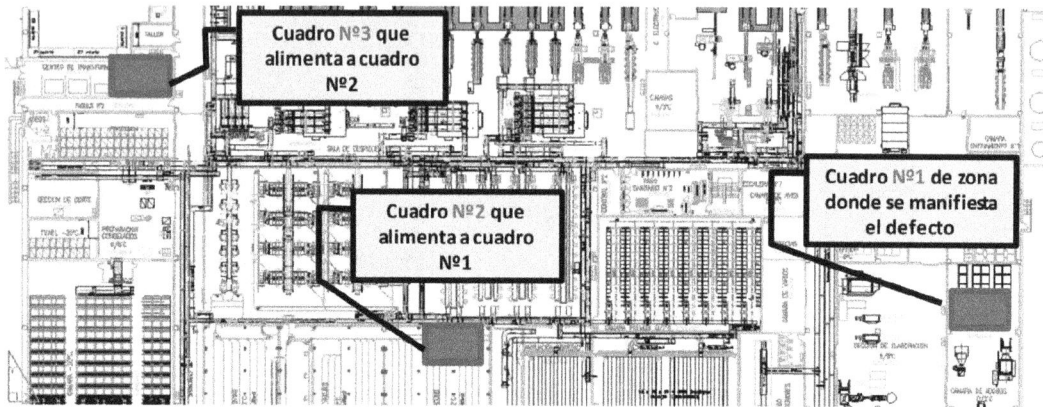

Figura 9. Cuadros eléctricos en una red radial en entornos de grandes superficies.
Fuente: elaboración propia

(puesta en marcha de sistemas de climatización, rearmado de interruptores de protección ante disparos fortuitos, etc), normalmente estas operaciones que consisten en operar un elemento que se encuentra en una zona diferente a la zona que queremos restablecer o poner en servicio (Figura 9), maniobras que en sí son sencillas, suponen un tiempo importante cuando el personal que debe hacer dicha maniobra (aún teniendo experiencia como técnico de mantenimiento), desconoce donde se encuentra dicho cuadro eléctrico, o la procedencia del cuadro aguas arriba del elemento a reponer (Está en otra zona, o se encuentra dentro de un patinillo técnico no identificado, o la válvula de maniobra esta en una zona poco accesible y se ha manipulado en pocas ocasiones). Esta perdida de operatividad (más evidente en entornos en los que el personal de mantenimiento suele estar subcontratado y suele variar la plantilla con relativa frecuencia), se muestra durante los primeros meses de acoplamiento de personal (Disminuye cuando acumulan el conocimiento tácito por la experiencia en el sitio), suponen una perdida importante para la empresa, no sólo por la falta de operatividad hasta el acoplamiemto del personal, sino debido a la repercusión del tipo de fallo (mayor tiempo en reponer el servicio), y repercusión sobre el producto producido o servicio a prestar.

Después de aclarar la problemática existente se pueden plantear las hipótesis de trabajo sobre las que se va a sustentar la presente investigación, para conseguir un sistema de mantenimiento más eficiente utilizando técnicas de gestión del conocimiento:

1. H1: La utilización de técnicas de gestión del conocimiento en la actividad de mantenimiento, induce como consecuencia una *reducción de tiempo de acoplamiento operativo* del nuevo personal de dicha organización.

2. H2: La utilización de técnicas de gestión del conocimiento en la actividad de mantenimiento, induce como consecuencia una *reducción de tiempo de respuesta operativa ante fallos o maniobras* de las instalaciones o equipos de la empresa.

3. H3: La utilización de técnicas de gestión del conocimiento en la actividad de mantenimiento, induce como consecuencia una *mejora en la eficiencia energética de los sistemas* de la empresa.

4. H4: La utilización de técnicas de gestión del conocimiento en la actividad de mantenimiento, induce como consecuencia una mejora en la *eficiencia en la mantenibilidad de los activos tangibles* de la empresa.

5 H5: La adecuada Gestión del Conocimiento por parte de la organización de mantenimiento, influye de manera positiva sobre la operatividad de la empresa y unión de equipos de trabajo.

En consecuencia, el futuro de una organización de mantenimiento estará condicionado según la idoneidad y pertinencia del conocimiento que las entidades de éste obtengan, generen, apliquen, apropien, difundan y exploten al resolver sus diversas problemáticas que constituyen las barreras para alcanzar su mayor eficiencia operativa (Carcel et al., 2013b).

1.2. Estructura del libro

Dado lo anteriormente comentado y para proponer un modelo de mantenimiento que consiga una mejora de la gestión y utilización del conocimiento en la actividad de mantenimiento industrial, que redunde en una mejora operativa, rentabilidad e imagen de la empresa, y ante la ausencia de trabajos previos con un cuerpo estructurado de conocimientos y una metodología base para abordar como disciplina el análisis del mantenimiento mediante la generación de conocimiento, el presente documento en la estructura desarrollada (Figura 10), propone seguir cuatro etapas generales:

- Tras los estudios de campo mediante metodologías cualitativas, se propone y desarrolla un modelo de mantenimiento operativo con utilización de técnicas de gestión del conocimiento, aplicado a una instalación industrial utilizada como centro de la investigación en base a sus características optimas para el estudio y su disponibilidad para la investigación (Capitulo II).

- Posteriormente y con los resultados de la investigación durante un periodo de dos años, se observan y cuantifican los resultados con la utilización de eventos kaizen, usados para medir y seguir desarrollando los procesos que hacen más eficiente la gestión del conocimiento en la organización de mantenimiento (Capítulo III), realizándose un análisis de los resultados.

En este Capítulo I, se realiza la introducción. En el Capítulo IV se exponen las conclusiones finales, finalizando anexando los cuestionarios y diagramas necesarios para la aplicación del modelo.

1.3. Alcances y limitaciones de la investigación

En este documento se consideran la utilización de técnicas y herramientas para la gestión de conocimiento que pueden ser de utilidad para la mejora operativa de los servicios de mantenimiento de una organización.

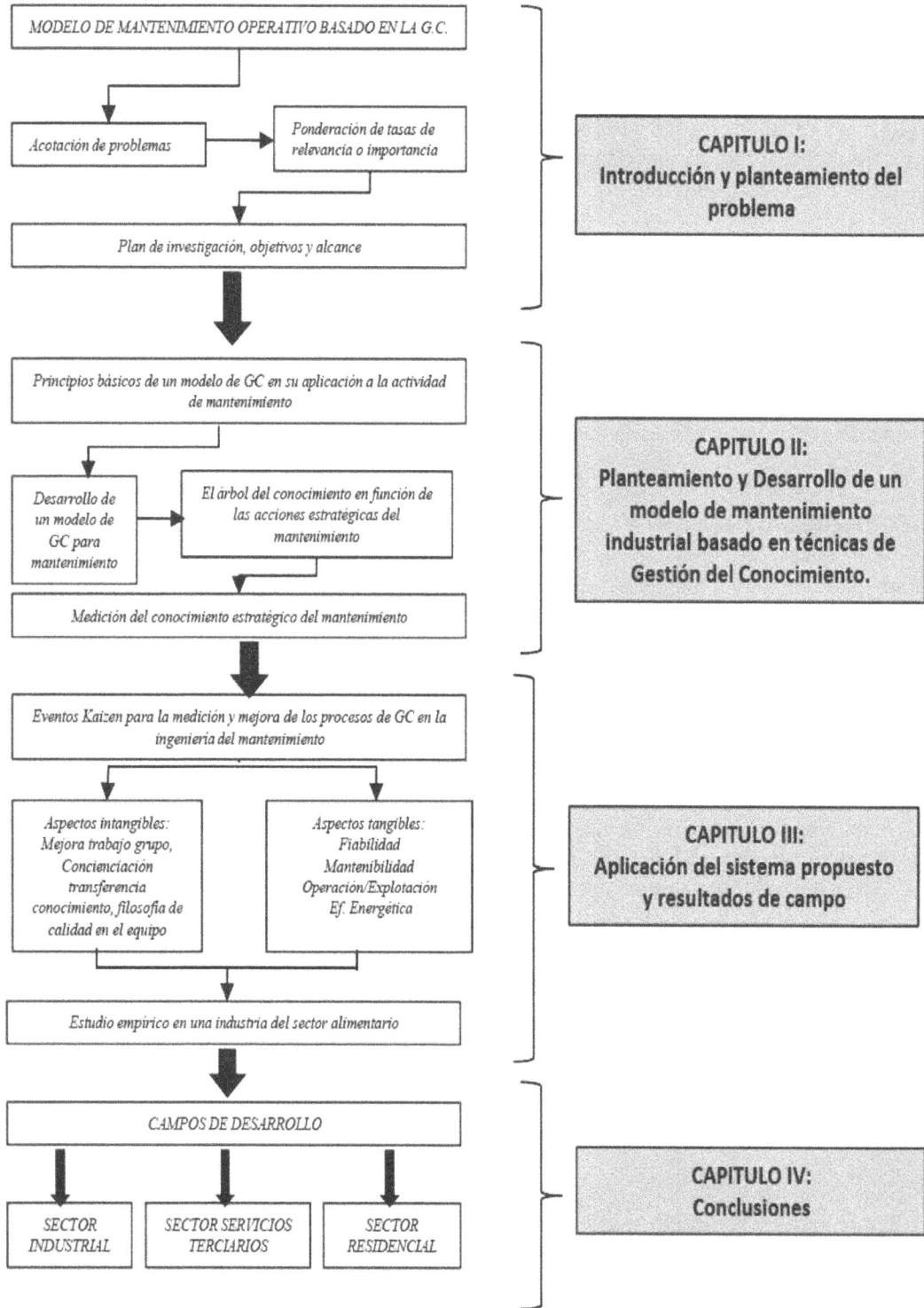

Figura 10. Estructura del libro. Fuente: elaboración propia

Se utilizarán como herramientas de investigación mediante metodologías cualitativas (Entrevistas individuales, grupos de discusión, teoría fundamentada "Grounded Theory", etc.) (Douglas, 2004; Eich, 2008), el uso de cuestionarios tipo Linkert, para la captura de información, para la representación de conocimiento de la actividad de mantenimiento en sus misiones tácticas fundamentales como son la fiabilidad de los sistemas, la mantenibilidad, operatividad y eficiencia energética.

Se pretende validar el modelo y metodología mediante la aplicación a un caso práctico en una empresa del sector industrial con equipos críticos y una organización de mantenimiento de gran relevancia. Se elige ésta por ser representativa de una empresa mediana (alrededor de 2000 empleados), con un parque de equipamiento y maquinaria importante, y una actividad en la cual la fiabilidad de la producción es prioritaria (sector alimentario), además de reunir los requisitos necesarios en cuanto a la cantidad de procesos, personal que participa en ellos y disposición a colaborar en la investigación.

Algunas metas que persigue la investigación son las siguientes:

- Estudiar y analizar los flujos de conocimiento (en especial el tácito), investigando los mapas de conocimiento que afectan a los fines tácticos de la ingeniería de mantenimiento.

- Mejorar las condiciones de transmisión del conocimiento en la actividad de mantenimiento, que produzcan una mayor rapidez en el acoplamiento operativo de nuevo personal, o de técnicos pertenecientes a otras áreas.

- Unir las técnicas y herramientas operativas de la actividad de mantenimiento con la adecuada gestión del conocimiento, para mejora de la fiabilidad y respuesta ante fallo de los sistemas de la empresa.

- Unir las técnicas y herramientas operativas de la actividad de mantenimiento con la adecuada gestión del conocimiento, para mejora de la eficiencia energética de los sistemas técnicos de la empresa.

- Unir las técnicas y herramientas operativas de la actividad de mantenimiento con la adecuada gestión del conocimiento, para mejora de la mantenibilidad de la empresa.

- Utilizar las técnicas de gestión de conocimiento como sistema de auto-aprendizaje, decisión y sistema de reciclaje del personal, tanto de ubicación y características de las instalaciones, como de tipos de fallos y soluciones a adoptar ante fallos en las mismas.

- Utilizar la distribución del conocimiento en la adecuada planificación y control del proceso de mejora de las actuaciones de mantenimiento

Todos los objetivos arriba detallados están encaminados a conseguir un fin primordial: una efectiva acción de la actividad de mantenimiento por utilización de la gestión del conocimiento.

Objetivo a desarrollar	Finalidad	Tipo de Investigación
1. razar y desarrollar un modelo teórico que unifique y cuantifique los mecanismos de transmisión del conocimiento y la gestión eficiente del mantenimiento	Desarrollar un modelo que defina la metodología, mediantes técnicas de organización, y de gestión del conocimiento, para medir los estados de los puntos vitales de la gestión del mantenimiento, así como su implementación	Teórica
2. Aplicar modelo sobre una base experimental en una industria real	Recoger datos y cuantificar los resultados del modelo propuesto mediante investigación de campo	Cuantitativa Aplicada De campo
3. Analizar las ventajas y limitaciones del modelo según mediciones de campo	A través de los datos obtenidos realizar el análisis y conclusiones. Estudio teórico de la extrapolación a otras organizaciones empresariales con utilización del mantenimiento	Empírica con resultados Cuantitativa Cualitativa

Tabla 2. Objetivos, finalidad y tipos de investigación a desarrollar. Fuente: elaboración propia

1.4. Objetivos, finalidad y tipos de investigación

Se pretenden obtener de esta investigación los siguientes objetivos en función a la problemática y los puntos de partida comentados en los puntos anteriores (Tabla 2).

Por todo ello y con el fin de propugnar un estudio de aplicabilidad se entiende el validar las características propuestas por la teoría por medio de la práctica (Schippers, 2000), es decir, el dar respuesta a la cuestión principal de investigación referente a determinar cómo funcionan los cauces de conocimiento que hacen mejorar los procesos tácticos de mantenimiento.

1.5. Contenido del documento

Este libro está estructurado en forma de artículos introducidos en diferentes capítulos. Esto convierte los capítulos en unidades que se pueden leer de forma independiente teniendo todos aquellos aspectos necesarios para su perfecta compresión (marco teórico, objetivos, resultados, discusión, conclusiones y referencias bibliográficas).

1.6. Referencias

Cárcel-Carrasco, F.J. (2010). Aspectos estratégicos del mantenimiento industrial relativos a la eficiencia energética. *Articulo 1er Congreso de dirección de operaciones en la empresa.* 25 y 26 de Junio, Madrid.

Cárcel-Carrasco, F.J. (2011). El estado del mantenimiento en España, estudio de encuestas sectoriales: Aproximación a las ventajas y limitaciones en introducir modelos de Gestión del Conocimiento en su desempeño. *Artículo 2º Congreso de dirección de operaciones en la empresa.* Junio, Madrid.

Cárcel-Carrasco, F.J., & Roldán, C. (2013a). Principios básicos de la Gestión del Conocimiento y su aplicación a la empresa industrial en sus actividades tácticas de mantenimiento y explotación operativa: Un estudio cualitativo. *Intangible capital*, 9(1), 91-125. http://dx.doi.org/10.3926/ic.341

Cárcel-Carrasco, F.J., Roldan-Porta, C., & Grau-Carrion, J. (2013b). La sinergia entre el diseño de planta industrial y mantenimiento-explotación eficiente. Un ejemplo de éxito: el caso Martínez Loriente S.A. *DYNA,* 88(6), 286-291. http://dx.doi.org/10.6036/5856

Douglas, D. (2004). Grounded theory and the 'And' in entrepreneurship research. *Electronic Journal of Business Research Methods,* 2(2).

Eich, D. (2008). A Grounded Theory of High-Quality Leadership Programs: Perspectives From Student Leadership Development Programs in Higher Education. *Journal of Leadership and Organizational Studies,* 15(2), 176-187. http://dx.doi.org/10.1177/1548051808324099

Capítulo II

Planteamiento y Desarrollo de un Modelo
de Mantenimiento Industrial basado
en Técnicas de Gestión del Conocimiento

Introducción al Capítulo II

Objetivo del Capítulo II

Tras los estudios de campo mediante metodologías cualitativas, se propone y desarrolla un modelo de mantenimiento operativo con utilización de técnicas de gestión del conocimiento, aplicado a una instalación industrial utilizada como centro de la investigación en base a sus características optimas para el estudio y su disponibilidad para la investigación.

Artículos relacionados con el Capítulo II

Este capítulo está estructurado en dos artículos, el primero titulado *"Principios básicos de un modelo de Gestión del Conocimiento en su aplicación a la ingeniería de mantenimiento industrial"*. En este artículo se plantean los principios básicos que debería tener un modelo de gestión del conocimiento en su aplicación al mantenimiento industrial, para que con posteridad en futuras investigaciones se pueda desarrollar y aplicar dicho modelo a la organización de mantenimiento de una empresa real en operación, y con ello medir los beneficios o barreras de su utilización.

El segundo artículo preparado en este capítulo V se titula *"Desarrollo de un modelo de Gestión del Conocimiento en su aplicación a la ingeniería de mantenimiento industrial"*. En este artículo, tras analizar la relevancia de la gestión del conocimiento en la ingeniería del mantenimiento industrial, se propone un modelo de gestión del conocimiento aplicado al desempeño del mantenimiento industrial, basado en cuatro aspectos estratégicos que desempeña: la fiabilidad, la operación en explotación, la mantenibilidad y la eficiencia energética. El artículo finaliza comentando los resultados y experiencias reales observadas en la aplicación de este modelo dentro de una empresa industrial, donde de una manera experimental ha comenzado su implementación.

2.1. Principios básicos de un modelo de Gestión del Conocimiento en su aplicación a la ingeniería de mantenimiento industrial

Resumen: El conocimiento y su adecuada gestión es considerado en la sociedad del siglo XXI como un valor intangible estratégico y que marca el desarrollo de las empresas y corporaciones. La actividad de mantenimiento industrial (organización y actividad interna dentro de la empresa), no deber estar desligada de la adecuada gestión de dicho intangible, aunque olvidada normalmente por los órganos directivos de las empresas, quizás por la dificultad de capturar y visualizar dicho valor, convirtiéndose en numerosas ocasiones estos servicios en una "isla" dentro de la gestión de la información del conocimiento de las corporaciones. En este artículo, se proponen los principios básicos que debería tener un modelo de gestión del conocimiento en su aplicación a la ingeniería de mantenimiento industrial, para marcar los puntos para el desarrollo y aplicación de un sistema a la empresa, dentro de su propia organización del mantenimiento.

Palabras Clave: Mantenimiento industrial, Gestión del conocimiento.

1. Introducción

En la actualidad, la cultura empresarial en el área de mantenimiento (sobre todo en el entorno de la pequeña y mediana empresa) no puede calificarse de notable. De ello, parece desprenderse, como viene argumentándose por numerosos autores, una mayor preocupación e interés por conseguir implementaciones óptimas de nuevas tecnologías y sistemas, pero no el cómo conseguir una mayor disponibilidad de lo implementado, su gestión técnica, y el conocimiento adquirido, generado, transmitido y utilizado para que esa disponibilidad sea mejorada y utilizada en el tiempo, misión que normalmente corresponderá a los departamentos de mantenimiento.

La gestión del conocimiento ha surgido como una disciplina cuyo objetivo se centra en generar, compartir y utilizar conocimiento existente en un espacio determinado para contribuir a dar solución a las necesidades de los individuos y el desarrollo de las organizaciones (Barragán, 2009), sin embargo esta disciplina puede considerarse como inexistente su aplicación dentro de las propias áreas de mantenimiento de las empresas, quizás por la particularidad de dichas áreas (fuerte valor del conocimiento tácito) con altos requerimientos de experiencia y habilidad de sus componentes. Con un cambio hacia un modelo basado en el Conocimiento y el Aprendizaje, la organización se centra en la capacidad de innovar y aprender (Coakes et al., 2010; Kalkan, 2008; Jennex et al., 2006; Desouza et al., 2003), para resolver de una manera más eficiente sus trabajos cotidianos, así como resolver acciones nuevas o no rutinarias, y los factores humanos de relevancia que se ven afectados (Lehner et al., 2010; Turner et al., 2010; Lugger et al., 2001).

Dentro de los aspectos que hacen difícil gestionar directamente el conocimiento en cualquier organización, y más en concreto dentro de las propias estructuras humanas de mantenimiento industrial, uno, es la falta de un marco de referencia o esquema adecuado de representación (Gordon, 2000). Con el objeto de abordar correctamente el proceso de la gestión del conocimiento se tiene que hacer una exploración más detallada sobre las características ontológicas del conocimiento y su clasificación, con el objeto de identificar qué conocimiento necesita una organización, como por ejemplo la propia estructura interna de mantenimiento, para implementar con éxito sus estrategias, dónde reside este conocimiento estratégico, y si se requiere hacer algo para gestionarlo de manera más efectiva y eficiente (Smith, 1998). El saber-cómo, saber-qué y el saber-porqué, por ejemplo, son categorías del conocimiento que se pueden estudiar y priorizar por medio de una auditoría de conocimiento (Drew, 1996), con el apoyo de otras técnicas como las auditorías de mantenimiento y auditorías energéticas, que marcan el paso previo al diseño o implantación de un sistema de gestión del conocimiento.

Para plantear un nuevo modelo en la gestión del conocimiento estratégico y táctico en una organización de mantenimiento industrial, se deberán tener en cuenta los procesos clave de dicha organización, la naturaleza que tiene dicho conocimiento y los procesos de gestión del conocimiento que redundan en la mayor eficiencia del servicio a prestar, y como consecuencia una mayor productividad de la empresa donde este opera. Así pues, podemos decir, que gracias al conocimiento podemos procesar datos e información para formular nuevos objetivos y obtener nueva información. Ésta es precisamente la perspectiva bajo la cual se estudian los aspectos relacionados con la Ingeniería del Conocimiento (Pajares et al., 2005).

La exigencia de optimización de la función de mantenimiento, y la gestión de un valor intangible como es el conocimiento estratégico que genera y utiliza, se hace todavía más patente en el caso de grandes compañías, que tienen multitud de plantas con una gran diversificación geográfica. En estos casos, el intercambio y transvase de información entre ellas, así como, el disponer de una gestión de mantenimiento y conocimiento común, hace que ésta se vea mejorada.

La ingeniería del mantenimiento requiere de conocimientos técnicos muy específicos, un alto requerimiento de experiencia del personal que lo desenvuelve con un alto componente de conocimiento tácito, y con poca tradición en transcribir las experiencias que se producen. Los síntomas que delatan la falta de una gestión del conocimiento adecuada dentro de las organizaciones de mantenimiento podrían ser algunas de los que se indican a continuación:

- Problemas derivados de los cambios de personal en la plantilla de mantenimiento, y que hacen que el nuevo personal necesite un tiempo de acoplamiento elevado hasta conseguir la disponibilidad total operativa del nuevo técnico, o la persona trasladada a otra planta industrial diferente a donde opera normalmente (tiempo necesario para absorber y asimilar el conocimiento y experiencia para operar en el nuevo entorno).

- Falta de experiencia o conocimiento de los operarios para resolver determinados problemas que obliga a que otros los solucionen.

- Falta de información sobre medidas específicas a adoptar ante averías que no se le han presentado antes al operario.

- La dependencia por parte de la empresa de la experiencia y conocimiento de los operarios, imprescindible para el buen funcionamiento de la empresa.

- El conocimiento y experiencia en la operación u explotación diaria de las instalaciones, que normalmente se basa en la experiencia en el tiempo (y asimilada tácitamente), o transferida de manera informal por otro compañero con experiencia en dicho puesto (paso del conocimiento de tácito a tácito)

- El conocimiento en las acciones rutinarias de mantenimiento preventivo, correctivo y predictivo, que ante la entrada de nuevos operarios, conlleva de igual manera un tiempo de adaptación, acompañado de operarios existentes.

- La experiencia y el conocimiento que motivan acciones de eficiencia energética, detectadas muchas veces tras el conocimiento profundo de las instalaciones por parte de los técnicos operativos y normalmente no registradas de manera explícita, y que se pierden tras el abandono de ciertos operarios.

- Existencia únicamente de históricos de avería teóricos, sin poseer documentación alguna sobre las averías que no suelen ocurrir, y que son las que normalmente tienen mayor repercusión económica negativa para la empresa.

- Una incorrecta gestión de la documentación técnica que se encuentra descentralizada y/o parcialmente disponible, o que en algunos casos es tan voluminosa que no deja ver cuál es la información relevante y útil.

- La carencia de sistemas de aprendizaje y reciclaje del personal, en concreto hacia el propio entorno donde opera la organización de mantenimiento.

En este artículo se plantean los principios básicos que debería tener un modelo de gestión del conocimiento en su aplicación al mantenimiento industrial, para que con posteridad en futuras investigaciones se pueda desarrollar y aplicar dicho modelo a la organización de mantenimiento de una empresa real en operación, y con ello medir los beneficios o barreras de su utilización. Se comienza revisando los marcos de referencia del conocimiento y de la actividad de mantenimiento, que hacen útil una adecuada gestión del conocimiento, para a continuación, establecer las bases de dichos principios, la discusión y conclusiones.

2. Los marcos de referencia del conocimiento

En la propia naturaleza del conocimiento se observa una mezcla de diversos elementos que interaccionan entre sí. Es tanto fluido como estructurado, es intuitivo y, por lo tanto, difícil de traducir en palabras o de entender por completo en términos lógicos. El conocimiento existe en las personas. El conocimiento deriva de la información, así como la información deriva de datos. Si la información se transforma en conocimiento, las personas son las que hacen prácticamente todo el trabajo. Esta transformación se produce mediante (Pérez, 2007):

- Comparación: ¿en qué difiere tal información de tal situación si es comparada con la de otras situaciones conocidas?

- Consecuencias: ¿qué implicaciones proporciona la información para la toma de decisiones y las acciones?

- Conexiones: ¿cómo se relaciona esta porción del conocimiento con otras?

- Conversación: ¿qué piensan otras personas acerca de esta información?

Por lo tanto, el conocimiento es valioso porque está mucho más cerca de la acción que los datos o la información.

De igual manera, se puede definir al conocimiento como algo dinámico que va a través del cerebro de las personas para el saber, inventar, difundirse, fusionarse y resolver problemas (Zhuge, 2006). Todas las perspectivas del término conocimiento, en principio se enfocan en que es un importante recurso que necesita ser gestionado efectiva y eficientemente (Syazwan-Abdullah et al., 2006).

Considerando al conocimiento como un recurso de empresa, su gestión será básicamente el de cumplir con los objetivos comunes que tienen cualquier otro recurso de la organización (Wiig, 1995; Wiig et al., 1997):

- Que sea entregado en el momento adecuado.

- Disponible en el lugar correcto.

- Presente en la forma que se necesita.

- Que satisfaga las exigencias de calidad.

- Que se obtenga a los costos más bajos posibles.

Aparte de responder a la pregunta de cómo alcanzar lo anterior, el conocimiento realmente tiene algunas propiedades que están ausentes en casi todos los otros recursos usados en una empresa. A continuación se catalogan algunas de las características más importantes que diferencian al conocimiento de otros recursos:

- El conocimiento es intangible y difícil de medir.

- El conocimiento es volátil, puede desaparecer en un momento determinado.

- El conocimiento es, la mayor parte del tiempo, incorporado en agentes con voluntad.

- El conocimiento no se "consume" en un proceso, a veces aumenta por el uso.

- El conocimiento tiene amplio impacto en la organización y su desempeño en el entorno en que opera.

- El conocimiento no puede ser comprado en el mercado en cualquier momento.

- El conocimiento "no es rival", puede usarse por procesos diferentes al mismo tiempo.

Existen tres formas generales y relacionadas de clasificación del conocimiento que se encuentran a lo largo de la literatura sobre gestión del conocimiento. Las dos primeras clasificaciones (Vasconcelos et al., 2000), distinguen entre conocimiento tácito-explícito, y la clasificación del conocimiento en declarativo, procedural o heurístico. Una tercera clasificación para representar la localización del conocimiento en la organización (Walsh, 1995; Buckingham, 1998), según la cual el conocimiento puede ser clasificado en individual o colectivo (Figura 11) (Pérez, 2007).

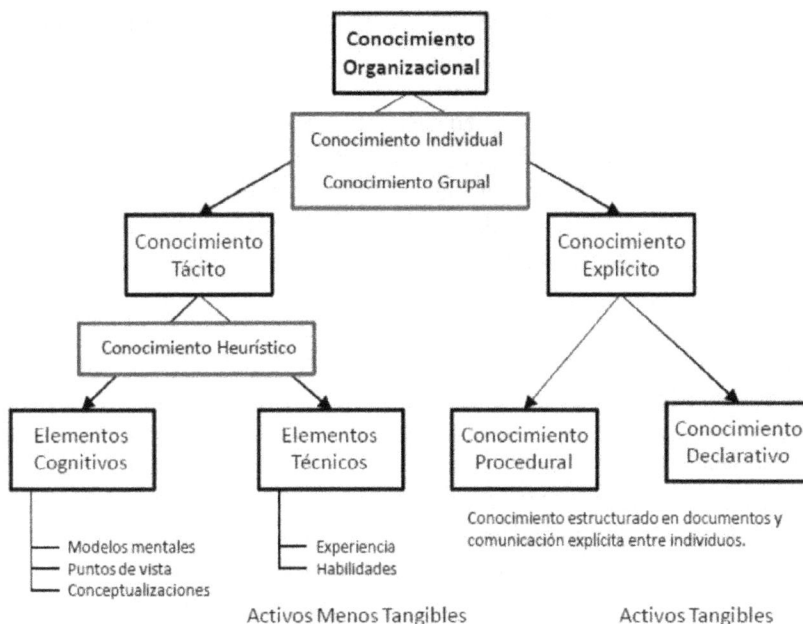

Figura 11. Taxonomía teórica del conocimiento. Fuente: Pérez, 2007

a) *Conocimiento Tácito-Explícito.* El conocimiento tácito se refiere al conocimiento personal e interno, difícil de articular debido a su complejidad y estar inmerso en la mente de las personas (Polanyi, 1967). Otra forma de describirlo sería como un conocimiento personal embebido en la experiencia de un individuo, compartido e intercambiado de una forma directa y efectiva por medio de las interacciones sociales (Nonaka y Takeuchi, 1995), o cómo utilizamos lo que sabemos (Hejduk, 2005). El conocimiento tácito es pragmático, experimental y situacional. Creciendo desde la experiencia directa y acción, usualmente llamado conocimiento práctico. El conocimiento tácito se utiliza inconscientemente, difícil de definir, normalmente transmitido durante el contacto personal en la organización y experiencias personales. Dentro de una organización, las ventajas que tiene el conocimiento tácito es que es difícil de imitar externamente, es ambiguo y utilizado en la innovación, pero tiene como desventaja su dificultad para comunicar y almacenar, y su pérdida cuando se produce la rotación del personal (Jasimuddin et al., 2005).

Sin embargo, el conocimiento explícito, se transmite en un lenguaje formal y sistemático, se puede compartir y articular porque es independiente de la mente del individuo. La forma de articularlo puede ser a través de documentos, imágenes, software y otro tipo de tecnologías (Vasconcelos et al., 2000). Por ello el conocimiento explícito es toda forma de información y experiencia que pudiera ser articulada en detalle, codificada, reconocida como duradera (Hejduk, 2005).

Típicamente es la única forma de conocimiento que fácilmente puede ser vista dentro de la organización. Este tipo de conocimiento es solo la punta del iceberg, el conocimiento tácito

37

domina la gran mayoría del conocimiento organizacional, sin embargo, es difícil de capturar (Pérez, 2007).

Las ventajas que tiene el conocimiento explícito es que no se pierde por la rotación de personal, se puede proteger por medio de derechos de propiedad intelectual, es fácil de comunicar y de almacenar, teniendo como principales desventajas que requiere una alta inversión en tecnologías de información, recursos para su implementación y riesgo de copia por otras organizaciones (Jasimuddin et al., 2005), aunque en numerosas ocasiones, lo llamado conocimiento explícito, es en realidad son datos o información (Busch et al., 2003).

b) *Conocimiento declarativo, procedural o heurístico.* El conocimiento declarativo se relaciona con los aspectos físicos del conocimiento (Pérez, 2007). Este es el tipo de conocimiento que se requiere para saber el qué, quién, dónde y cuándo. Es esencial para la interpretación y descripción de un cierto punto de vista (conceptualización), de aspectos físicos del mundo. Es el conocimiento de objetos (entidades o eventos) y hechos a cerca del mundo, por ejemplo, es la información sobre hechos acerca de un área de contenido dada. El conocimiento procedural es el conocimiento requerido para llevar a cabo una determinada tarea, y contiene una descripción de acciones específicas sistemáticas requeridas para completar una tarea particular. Se deriva de la habilidad intelectual de conocer el cómo hacer algo. Convencionalmente, el conocimiento procedural utiliza conocimiento declarativo para describir acciones en una secuencia de pasos. El conocimiento heurístico describe el conocimiento relativo a la experiencia del individuo y su razonamiento implícito. Esto significa que depende de la experiencia del individuo, el conocimiento heurístico crece con la experiencia del trabajo personal. El conocimiento heurístico se genera por procesos internos y utiliza tanto el conocimiento declarativo como procedural para resolver problemas y consecuentemente responder a la pregunta porqué (Vasconselos et al., 2000).

c) *Conocimiento individual-colectivo.* En una organización se necesita crear dos categorías adicionales de conocimiento relacionada con su localización, una localizada en el individuo y otra en el grupo o colectiva. En la conceptualización anterior, el conocimiento tácito es visto exclusivamente como una propiedad del individuo, aunque un equipo de personas interactuando entre sí, supera al conocimiento individual de una persona (Walsh, 1995). Hay que tener en cuenta que el conocimiento requerido en una empresa es multidisciplinario, difícil de formalizar y generado en discusiones con puntos de vista participativos (Buckingham, 1998).

Desde el punto de vista organizacional, el aprendizaje es adquirir y aplicar los conocimientos, técnicas, valores, creencias y actitudes que incrementan la conservación y el desarrollo de una organización. Es decir "Unir juntos los componentes del conocimiento existentes en una nueva forma" (Guns, 1996).

Basándose en las diferentes experiencias organizacionales, algunas de las principales características del Aprendizaje Organizacional consisten en:

1. Aumentar la capacidad estratégica, actuando de forma realista y se enfoca a su visión respondiendo más eficientemente a las demandas requeridas.

2. Refuerza la capacidad de cambio, se mejora la capacidad para visualizar los problemas y alternativas utilizando la experiencia y sabiduría almacenada de la organización.

3. Mejora el rendimiento o el desempeño de la organización y poner atención a las debilidades en el proceso.

Las principales barreras que se observan para la implementación de un programa de gestión del conocimiento en una organización (Tham et al. 2000), y que pueden ser extrapolados a los ámbitos de mantenimiento podrían ser:

- la resistencia cultural y al cambio,

- la inmadurez tecnológica o excesiva complicación.

- la inmadurez de la organización,

- los costos y el tiempo.

- la ausencia de una visión de necesidades.

Es vital un liderazgo dentro de la organización de mantenimiento que impulse y estimule un proyecto de gestión del conocimiento. Por ello se considera, apoyado por trabajos de numerosos autores, que el liderazgo es uno de los pilares básicos en el éxito en la gestión del conocimiento y de la innovación (Bartol et al., 2006; Bravo-Ibarra & Herrera, 2009; Sing, 2008).

Por las características naturales del desempeño en la ingeniería de mantenimiento en el que son precisas alta capacidad técnica y experiencia, es preciso una búsqueda continua de innovación para mejorar sus procesos. La innovación es un proceso intensivo en conocimiento, que hará necesario que se replanteen muchas de las decisiones de gestión asociadas (González-Sánchez et al, 2010; Van de Vrande et al, 2010), que permitan aclarar la visión estratégica del mantenimiento industrial. En el marco de una innovación abierta, el entorno de la organización se hace más permeable. De este modo, se forman distintas redes colaborativas, que trabajan para el desarrollo de nuevo conocimiento (Laursen et al, 2006), dado el carácter acumulativo, que puede tener para la gestión del conocimiento, de la actividad innovadora (Coombs et al, 1998).

Para influir en las personas de la organización de mantenimiento y mejorar la internalización del conocimiento generado, se propone la creación de puestos de enlace, que podríamos definir como los gestores de conocimiento. Este puesto dentro de la propia organización de mantenimiento (con amplia experiencia en el desempeño de dicha actividad), tenderá a facilitar las relaciones y contacto entre las personas o unidades que deben ser coordinadas (Lloira et al, 2007). Este gestor de conocimiento en mantenimiento, fomentará la difusión y uso del conocimiento entre los miembros de la organización, con la utilización de tecnologías de la información y comunicaciones (TICs) como soporte al proceso de interacción entre los individuos (Yahya et al, 2002), o el fomento de encuentros tanto formales como informales (Claver et al, 2007).

3. Los marcos de referencia de la ingeniería del mantenimiento en relación al conocimiento y la experiencia

La adecuada gestión del conocimiento y la aplicación del conocimiento adquirido en las actividades rutinarias de mantenimiento en la empresa, y su mejora, puede ser observado como un factor importante que puede influir positivamente en diversas acciones que afectan estratégicamente a toda la empresa, tales como:

- Resolución averías.

- Actuación ante acciones de emergencia.

- Conocimiento del entorno.

- Ver oportunidades de nuevas acciones.

- Planificación del mantenimiento.

- Marcar prioridades de inversión, fiabilidad y eficiencia energética.

- Optimizar recursos técnicos.

- Optimización económica.

- Mejora de la fiabilidad y tiempos de respuestas.

Con la aplicación de una mejora en la gestión de la información y conocimiento, se redunda positivamente en todas esas acciones, y en especial en la resolución de grandes averías, o fallos no cíclicos espaciados en el tiempo y normalmente no registrada su actuación.

En cuanto a las herramientas que pueden ser utilizadas para la recogida de información estratégica que ayude a mejorar la gestión del conocimiento, normalmente son poco utilizadas en todos los ambientes de mantenimiento. Se reconoce la poca utilización de auditorías en las acciones internas, los mapas de información y conocimiento, realizándose diagramas de criticidad sólo en determinadas instalaciones o equipamiento fundamental para la actividad de la empresa.

El incorporar nuevos operarios a los equipos de mantenimiento lleva implícito unos costes de inoperatividad o ineficiencia, hasta la adaptación al entorno e instalaciones de la empresa, durante un periodo de permanencia que puede variar, según la complejidad y amplitud de las instalaciones, de una empresa a otra, aunque hay que tener en cuenta además otros costes inducidos.

Estos costes inducidos se derivan de la incapacidad de conocimiento del operario de resolver una avería crítica en un momento determinado. Estas averías críticas, a diferencia de las averías no críticas, se diferencian en que éstas suponen un coste elevado a la empresa como, por ejemplo, la paralización de la producción (empresas industriales) o del servicio que prestan (empresas de servicios) hasta que no se subsane dicha avería.

En la mayoría de los casos, son los operarios más antiguos quienes conocen mejor las instalaciones y equipos, así como, su comportamiento específico, medidas a tomar ante cualquier incidencia, qué revisar y cómo hacerlo, en concreto, para cada máquina, etc.

Esta experiencia adquirida a través de los años, denominada "know-how", o simplemente conocimiento o experiencia, no suele ser adecuadamente gestionada, y sin embargo, es de vital importancia para el buen funcionamiento de la empresa.

El problema reside en que si el operario que posee ese conocimiento, abandona el puesto de trabajo, la empresa lo pierde, sufriendo los problemas operativos y económicos que de ellos se derivan.

En la Figura 12, en la parte superior (A), se observa la curva de asimilación y experiencia en función del tiempo de permanencia que normalmente se observa en las organizaciones de mantenimiento. En ella se observa que ante el cambio del operario o sustitución conlleva un tiempo de acoplamiento, con menor operatividad hasta el acoplamiento. Un modelo de gestión del conocimiento

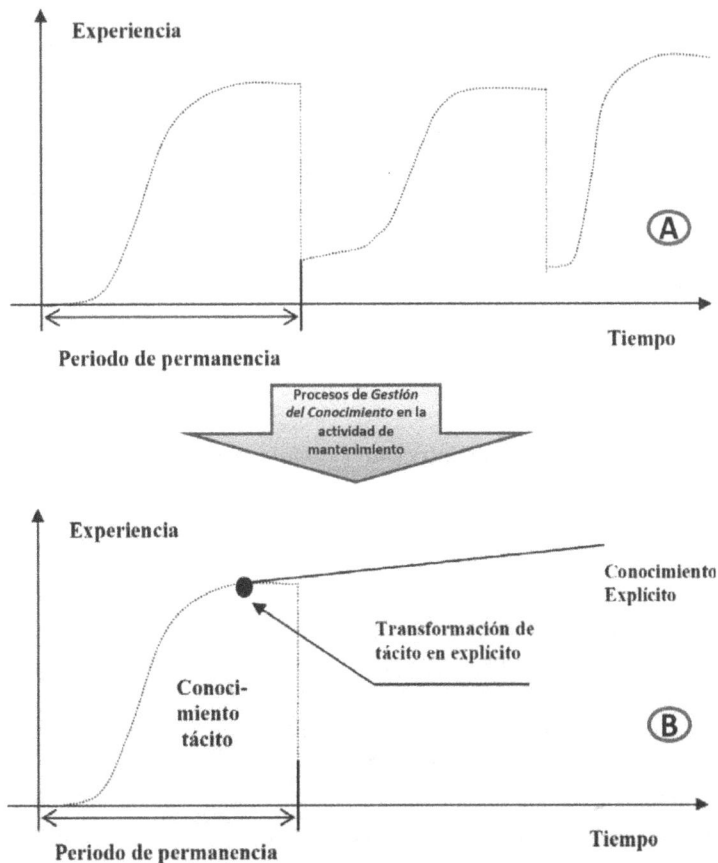

Figura 12. Curvas de transformación de conocimiento en base a la experiencia en mantenimiento durante proceso de permanencia. Fuente: elaboración propia

en mantenimiento, debe llevar a aunar esfuerzos para capturar esa experiencia o conocimiento tácito, reduciendo dichos tiempos de acoplamiento (Figura 12B).

Un modelo de gestión del conocimiento enfocado hacia la organización de mantenimiento, debe hacer énfasis en las formas en que generan, transfieren y utilizan su conocimiento, y los impactos que pueden producir en toda la organización. Estos procesos se caracterizan en un proceso kantiano (personas, medios físicos y entorno).

Tanto la adquisición de conocimiento externo como la creación interna de conocimiento son actividades importantes para generar un conocimiento que ante acciones críticas (averías, emergencias, etc.) y no cíclicas pueden suponer un valor estratégico importante, y afecta positivamente en las siguientes acciones desempeñadas por mantenimiento:

- Captura del conocimiento tácito estratégico de los técnicos operativos de mantenimiento.

- Resolución de averías críticas en menor tiempo (en especial las no cíclicas).

- Reducción de los tiempos de maniobras operativas.

- Facilitar el cambio de área o sustituciones de personal.

- Disminución de los tiempos de acoplamiento de nuevo personal.

- Captura de información y transferencia de empresas subcontratistas.

- Compartir conocimiento de empleados que puede ser utilizado por otros que puedan detectar nuevas oportunidades de mejora.

- Mejora del conocimiento de la fiabilidad del equipo e instalaciones.

- Mejora del conocimiento para la detección y mejora de acciones de eficiencia energética.

- Optimización del tiempo, que redunda de nuevo en la gestión del conocimiento y la reducción de costes del mantenimiento.

En la Figura 13, se extraen los procesos estratégicos del mantenimiento industrial con sus características en relación a los procesos del conocimiento, así como las consecuencias observadas.

Se observa (Figura 13), que un adecuado tratamiento de la información, datos y experiencias operativas, inducen sin duda ventajas competitivas a las empresas. Sin embargo normalmente dicha visión, no es contemplada por los órganos directivos de la empresa, dado que su valor o resulta invisible para ellos (por su difícil cuantificación y conocimiento de los procesos internos de la actividad de mantenimiento), centrándose la mayoría de las acciones de gestión del conocimiento en el entorno de la empresa en otras secciones que son más visibles y con mayor grado de cuantificación (marketing, administración, desarrollo, etc.).

ASPÈCTOS ESTRATÉGICOS OBSERVADOS RELACIÓN MANTENIMIENTO Vs GESTIÓN CONOCIMIENTO

PROCESO	CARACTERISTICAS	OBSERVADO
En *la entrada o acoplamiento de nuevo personal* de mantenimiento al entorno de una empresa	➤ El proceso normal de acoplamiento es de conocimiento tácito a tácito (aprendizaje basado en la experiencia en el entorno). ➤ Este acoplamiento es necesario ante operarios con experiencia en la empresa que cambian de entorno (por cambiar a otra sede o cambio de la sección de trabajo).	▪ Los periodos de acoplamiento conllevan una perdida operativa y económica importante en la empresa. ▪ Los periodos pueden oscilar según la complejidad de la empresa entre 8 y 14 meses para operativa aceptable. ▪ Supone el abandono de sus tareas de otros operarios con experiencia para transmitir su conocimiento al nuevo operario.
En *las acciones rutinarias de mantenimiento* preventivo y correctivo	➤ El proceso habitual es de aprendizaje de los procesos basado en la experiencia en su realización a lo largo del tiempo. ➤ Existe una dependencia de los operarios con mayor experiencia y conocimiento de las instalaciones y equipamiento.	▪ La efectividad en las acciones y procesos de los mantenimientos rutinarios, no está registrada explícitamente, reside en el conocimiento propio del operario. ▪ Este conocimiento y su efectividad se da entre los técnicos de mayor experiencia. Existe un periodo de tiempo extenso para su eficiencia.
En las acciones de *resolución de averías no cíclicas y mejora de la fiabilidad.*	➤ El conocimiento de la resolución es crítico, dado que afecta de forma intensa a la producción de la empresa o del servicio que presta. ➤ La experiencia en la resolución de averías no cíclicas, no suele ser documentada, y el proceso de resolución comienza de cero cuando le ocurre a un operario que no ha pasado por dicha experiencia. ➤ No suele haber un estudio crítico de la fiabilidad, y mapa de conocimiento ante crisis. Es preciso un conocimiento profundo de los procesos clave.	▪ El conocimiento capturado de las experiencias en la resolución de averías no cíclicas, conlleva una reducción de tiempo en la resolución, por parte de otros que no han pasado por dichas vivencias. ▪ Esta resolución ante averías críticas en un menor tiempo, supone una ventaja económica a la empresa, ante un coste que normalmente no está previsto.
En las *acciones operativas de explotación,* operación o maniobras de instalaciones	➤ El proceso del conocimiento en las acciones rutinarias de operación, es propio de las características de las instalaciones de cada empresa y supone un tiempo de acoplamiento de los técnicos de mantenimiento. ➤ Dichas acciones operativas, afectan de forma directa en la eficiencia de los procesos o servicios que se prestan.	▪ Una incorrecta operativa en explotación, puede inducir averías o paradas no programadas. ▪ La captura del conocimiento y casos operativos prácticos conlleva una estrategia de concienciación de los operarios que son los que contienen tácitamente dicha información. ▪ Supone una reducción en las perdidas de la empresa una correcta gestión de ese conocimiento práctico.
En las acciones operativas de *mejora de la Eficiencia Energética*	➤ Es necesario un conocimiento profundo de las instalaciones y equipamiento para determinar la mejor opción de eficiencia energética. ➤ Muchas de las opciones de eficiencia energética se observan durante la operación de las instalaciones, con acciones sencillas, que normalmente no son reflejadas o ejecutadas, por factores relacionadas con la deficiente transferencia de la información o conocimiento de los operarios que lo observan.	▪ Es necesario una mayor implicación durante las fases de diseño y explotación de las instalaciones. ▪ Muchas de las acciones de eficiencia energética son observadas por los operarios, y no transmitidas a los órganos de dirección. ▪ Es preciso un conocimiento basándose en el análisis. En muchos casos acciones sencillas conllevan un ahorro energético significativo.

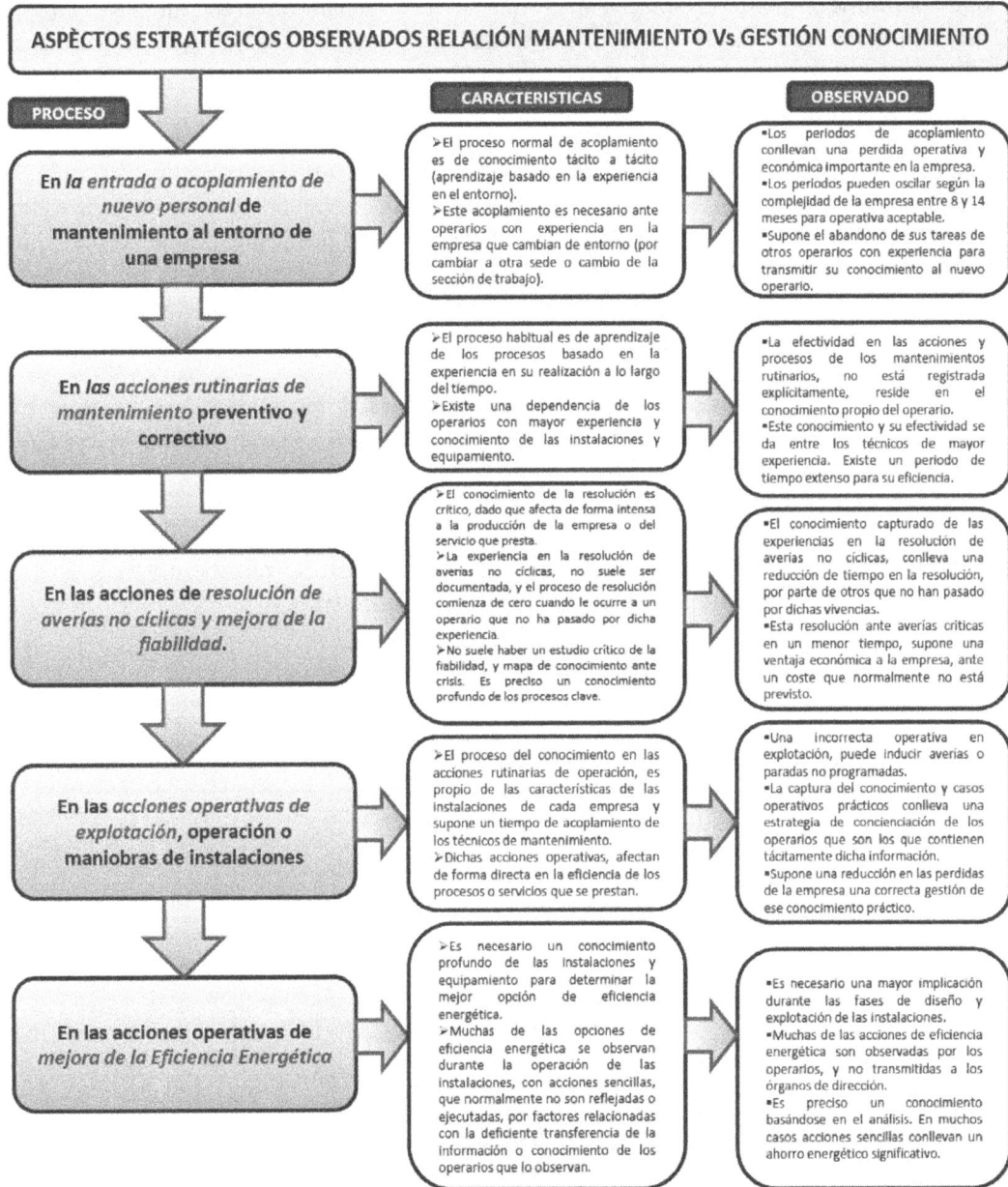

Figura 13. Aspectos estratégicos del mantenimiento y su relación con la gestión del conocimiento.
Fuente: elaboración propia

El auto-aprendizaje es clave en este tipo de actividad que se desarrolla en un entorno tecnológico y con demanda de actuación rápida y eficiente. La gestión del conocimiento se ve potenciada por un estilo directivo proactivo y participativo que promueve el surgimiento de nueva ideas y procesos de trabajo. Así mismo, esta cultura organizativa debe ser abierta, que permita a la dirección alentar a los empleados a compartir su conocimiento y que facilite la comunicación entre los miembros de la empresa. Estos hallazgos son apoyados por estudios (O'Dell et al., 1998; Ruggles, 1998) donde se observó que las empresas con una cultura abierta que motive a generar y compartir el conocimiento tendrán más éxito en la realización de estos procesos.

Las auditorias (de mantenimiento, de conocimiento, energéticas, etc.), no suelen ser utilizadas, lo que manifiesta que la aplicación de dichas técnicas potenciaría en un primer proceso en la elaboración de una estrategia global de gestión del conocimiento. Para que la organización de mantenimiento realice con éxito la réplica de su know-how, por parte de los técnicos operativos, requieren mecanismos sencillos y ágiles que les permitan compartir con rapidez y eficiencia sus experiencias, que generen conocimiento.

De igual manera se ha detectado que en numerosas ocasiones, la documentación para uso en sus actividades, suele estar disgregada y muchas veces no actualizada, y en ocasiones tan extensa que es difícil conseguir la información relevante o útil.

4. Principios básicos de un modelo de Gestión del Conocimiento en su aplicación a la ingeniería de mantenimiento industrial

Los principios básicos en que se debe centrar un modelo de gestión del conocimiento en su aplicación al mantenimiento industrial deben basarse en los mecanismos que se observan en cómo se produce la adquisición del conocimiento, cómo se produce su retención, la recuperación y su utilización (Figura 14). Ello conllevará al estudio de cómo se produce el aprendizaje y

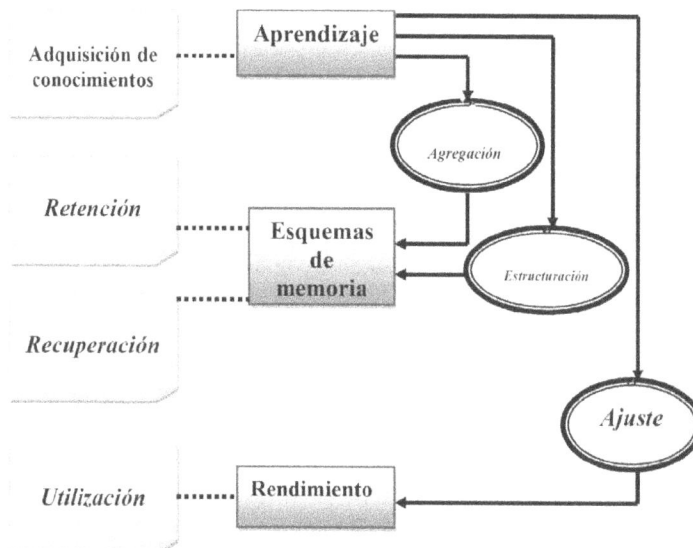

Figura 14. Marco de comprensión del conocimiento en la actividad de mantenimiento.
Fuente: elaboración propia

su agregación y estructuración a los esquemas de memoria para su retención y recuperación y los ajustes pertinentes que se deben tener en cuenta para utilización del conocimiento estratégico y táctico que hace mejorar la eficiencia de dicho servicio. El sistema propuesto debe tratar de integrar conceptos y técnicas de aplicación al Mantenimiento, con objeto de dar respuesta al problema de la pérdida de la experiencia, reducir los tiempos de actuación y aumentar la eficiencia del servicio de mantenimiento (ante la operación, fiabilidad y mejora de la eficiencia energética).

Las personas adquieren un papel activo y central, pues el conocimiento nace, se desarrolla y cambia desde ellas. La posible incidencia de utilización de técnicas de gestión del conocimiento que ayudaran a suavizar o minimizar los puntos negativos observados o marcar nuevas líneas de actuación (Bhatt, 2002; Halawi et al., 2005) que pueden hacer más eficiente las actividades realizadas de mantenimiento y por consiguiente, una mayor productividad, eficiencia y reducción de gastos de toda la empresa, fortaleciendo los factores que humanos de relevancia que se ven afectados (Lehner et al., 2010; Turner et al., 2010; Lugger et al., 2001).

Se debe buscar fortalecer los espacios para que los agentes obtengan mejores resultados en las acciones de gestión del conocimiento estratégico, entre los que se pueden mencionar:

a) Se deben marcar los mecanismos necesarios para conseguir la información y el conocimiento que precisa una persona, y fortalecer la capacidad de responder a las ideas que se obtienen a partir de esa información y del conocimiento tácito que estos poseen.

b) Administrar el conocimiento y el aprendizaje organizacional con el fin de fomentar estrategias de desarrollo de mediano y largo plazo.

c) Definir el conocimiento estratégico que le dará eficacia y seguridad al proceso en una organización de mantenimiento, y que puede conseguir una visión de la utilidad y resultados económicos o de eficiencia en los procesos.

d) Crear una base tecnológica sencilla donde resida el conocimiento gestionado y su transferencia a los diversos usuarios para su utilización, aprovechando las experiencias más exitosas y las formas en que fueron solucionados los errores más frecuentes. Esto permite solucionar con mayor velocidad los problemas y adaptarse con más flexibilidad.

e) Definir los agentes que perseguirán la adecuada gestión durante todos los procesos que se manifiesta (generación, producción, transferencia y utilización).

La Gestión del Conocimiento se ve enfrentada a una serie de dificultades que provienen del mismo entorno, especialmente de los factores culturales (los individualismos, la falta de una cultura basada en el conocimiento, el aislamiento del entorno y de los integrantes de ese entorno, las orientaciones a corto plazo, etc.) (Peluffo et al, 2002).

Los principios sobre el cual se debe sustentar el sistema se han dividido en tres aspectos, en relación con las personas, con el entorno y con los medios y las herramientas para la GC. Estos son:

En relación con las personas:

- En el ámbito del mantenimiento industrial, las personas normalmente son evaluadas en base a su conocimiento tácito. Hay que resaltar y premiar la contribución de las personas a la generación del conocimiento estratégico.

- Integrar y coordinar el conocimiento individual y el grupal, siendo este uno de los principales objetivos que aseguran el éxito de un sistema de GC.

- Para generar el conocimiento estratégico para la organización de mantenimiento y por ello a la empresa, se deben socializar las propuestas y experiencias individuales y alcanzar una base común de conocimiento tácito que permitirá externalizar las ideas, haciéndolas explícitas y ser entendidas y compartidas por todos los integrantes.

- Los medios informales de captura de información suelen ser la regla común entre los miembros de mantenimiento (conversaciones informales, reuniones de pasillo, etc.). Se debe transformar en productivas las situaciones en donde se presentan y generar a partir de ellas redes informales del trabajo.

- La sinergia con los usuarios de la actividad de mantenimiento (normalmente otros departamentos de la empresa), genera nuevos procedimientos y mejora de la transmisión del conocimiento estratégico de la empresa.

- La captura de las experiencias personales en el ámbito de trabajo (aciertos y errores ante diversas situaciones ordinarias o extraordinarias), es una base fundamental como motor generador en el aprendizaje y apropiación del conocimiento, pudiéndose utilizar en el auto-aprendizaje del resto de personas de la organización.

En relación con el entorno de trabajo:

- La formación y la motivación hacia la GC en el entorno de la organización es fundamental en la fase inicial para el éxito de los procesos de captación, generación y transferencia del conocimiento.

- Hay que integrar y combinar el conocimiento de las diversas áreas de especialización o funcionales de mantenimiento. Mediante esta combinación se extrae el conocimiento táctico fundamental, eliminando islas de conocimiento.

- La información explícita actual (Planos, proyectos, manuales, datos, etc.), se debe organizar y "aligerar" con el fin de aumentar la eficiencia para la captura del conocimiento útil.

- La incorporación del conocimiento en la organización de mantenimiento debe tener un efecto dinamizador en un ciclo de mejora continua.

- La GC en el entorno de trabajo, puede inducir innovación en la generación de nuevas capacidades.

- El conocimiento de las crisis y emergencias, es fundamental para prever amenazas y oportunidades.

- Se debe fomentar la pro-actividad en la búsqueda del conocimiento táctico.

En relación con los medios y herramientas para la GC:

- La actividad de gestionar el conocimiento estratégico en mantenimiento, debe ser estructurada como una acción operativa más dentro de los trabajos propios de la organización, para lo cual debe ser dotada de los medios (humanos y tecnológicos) necesarios.

- Las herramientas tecnológicas y organizativas, deben ser sencillas en su utilización y orientadas hacia el personal operativo, normalmente poco acostumbrado a la utilización de medios informáticos, y que introduzcan una sinergia en el sistema de GC.

- La base tecnológica o herramienta donde esté recogido dicho conocimiento estratégico, debe estar asequible de una manera simple a todos los miembros de la organización de mantenimiento, fomentando su circulación, nueva adquisición de experiencias, y fomentando el propio auto-aprendizaje entre todos los miembros.

- No es preciso complejas herramientas informáticas, pero en su creación, deben participar los técnicos operativos marcando sus opiniones y la sabiduría innata en el saber hacer en las tácticas de mantenimiento (En un primer momento con herramientas ofimáticas comunes en todos los entornos de trabajo, cámaras fotográficas y de vídeo, etc., es suficiente para un comienzo uniforme).

- Lo fundamental con las herramientas utilizadas, es orientarlas hacia la recogida del conocimiento tácito, y el know-how (saber hacer), introduciendo las mejores prácticas y experiencias que pueden ser útiles al resto de las personas de la organización de mantenimiento que no las han vivido en primera persona.

5. Las fases de la evolución de un modelo de Gestión del Conocimiento en su aplicación a la ingeniería de mantenimiento industrial

La evolución hacia un modelo de gestión del conocimiento aplicado al mantenimiento industrial debe pasar por tres fases fundamentales, desde la identificación del conocimiento intangible y tangible útil, detentando las barreras para su implantación, la transformación de lo intangible en tangible, finalizando en los procesos para la generación, producción y utilización del conocimiento (Figura 15).

En una primera fase fundamental, se identifica el valor del conocimiento intangible (conocimiento tácito), así como la situación de la información tangible existente (planimetría, memorias, proyectos, manuales, etc.), para en fases posteriores desbrozar o resumir la información fundamental. Para ello se deberán identificar las barreras existentes para que los procesos de gestión del conocimiento sean fluidos y asumidos por la organización, así como formar y explicar de una manera

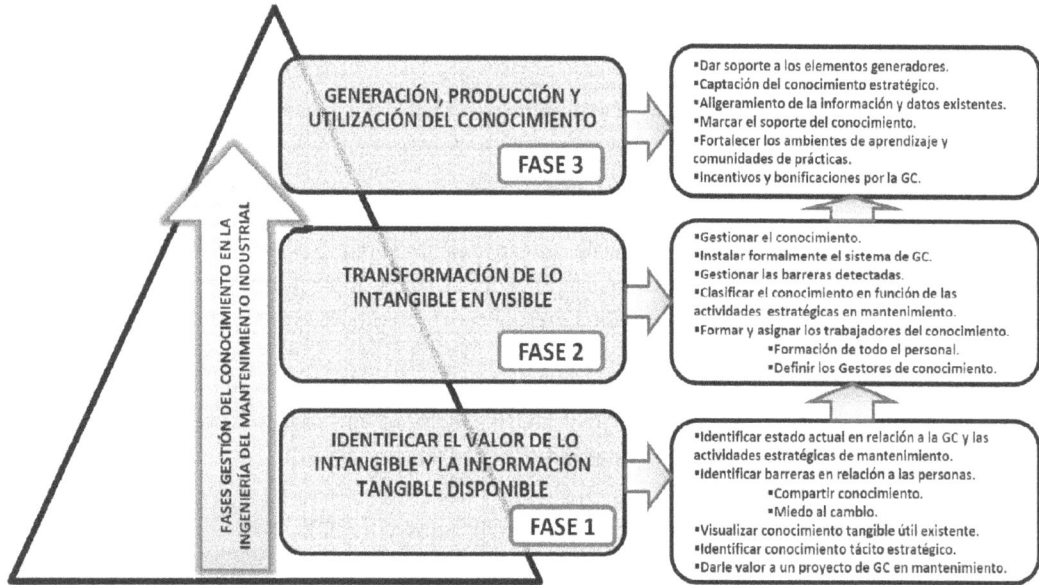

Figura 15. Fases de la evolución de la gestión del conocimiento en mantenimiento industrial.
Fuente: elaboración propia

clara a todos los miembros integrantes, que supondrá un proyecto de GC en mantenimiento, con el fin de motivar y marcar las mayores condiciones para el éxito en su implementación.

Posteriormente en una segunda fase, se formalizan los procedimientos y estrategias para el soporte del modelo de GC, donde se va transformando lo intangible en visible, para la utilización posterior de un banco común de sustentación del conocimiento, mediante cualquier tipo de herramienta (Lo común es una herramienta informática, aunque no tiene porqué ser así), comenzándose a gestionar el conocimiento, superando las barreras detectadas, y clarificando el conocimiento en función de las actividades estratégicas de la empresa. Es en esta fase donde se deben definir las personas que harán las funciones de gestores de conocimiento, cuya misión es dar soporte, coordinación y generar pro-actividad entre todos los miembros de la organización, para llevar el proyecto de GC por una senda o dirección definida en la uniformidad en los procesos fundamentales de generación, transmisión y utilización del conocimiento.

Esta segunda fase requiere un profundo estudio, para extraer el conocimiento tácito implícito en el personal operativo de mantenimiento, así como el aligeramiento de la información explícita que existe en la organización, con el fin de articular la plataforma tecnológica que dará soporte al contenedor del conocimiento.

En la tercera fase, se produce el asentamiento y continuidad del sistema de GC, dando soporte a los elementos generadores con la captación del conocimiento estratégico y fortaleciendo los ambientes de aprendizaje y las comunidades de prácticas. El seguimiento debe ser continuo marcando estrategias de incentivos y bonificaciones para la correcta gestión del conocimiento. Cuando se llega a un nivel de difusión de la GC a nivel de la organización de mantenimiento, se producen transformaciones visibles en la forma en que se enfrentan a los problemas, averías y experiencias diarias, produciéndose una mayor eficiencia en los procesos, reduciendo tiempos de actuación, y reduciendo los periodos de acoplamiento de nuevos operarios. El sistema es utilizado como parte fundamental en el auto-aprendizaje de los operarios, teniendo en cuenta los criterios y punto de vista de ellos para tener éxito el sistema.

6. Las etapas básicas de un modelo de Gestión del Conocimiento en su aplicación a la ingeniería de mantenimiento industrial

Teniendo en cuenta las tres fases desde donde se debe orientar la evolución para recoger y gestionar el conocimiento estratégico en la organización de mantenimiento, las etapas que podemos considerar fundamentales para la formalización de un modelo de gestión del conocimiento estratégico en la actividad de mantenimiento, se podrían resumir en siete procesos fundamentales (Figura 16), en continua recirculación en un ciclo continuo de mejora.

Figura 16. Las etapas fundamentales para la formalización de un modelo de GC en mantenimiento.
Fuente: elaboración propia

Con estas etapas se debe conseguir la implantación y preparar el camino para abordar la GC como una estrategia de desarrollo futuro, y desarrollen los procesos que les permita utilizar las capacidades en su propio beneficio tomado este como un recurso estratégico valioso, y por extensión a la empresa. Las etapas deben pasar por las siguientes:

1. Diagnostico y estado de la situación.

2. Definición de objetivos y concienciación de los órganos intervinientes.

3. Aspectos estratégicos y procesos clave.

4. Comienzo de la base de GC. Formación, auto-aprendizaje y agentes para la gestión del conocimiento.

5. Producción, captación y almacenaje del conocimiento estratégico.

6. Circulación y utilización del conocimiento.

7. Medición y estrategias de mejora.

Estas etapas a su vez se pueden subdividir en diferentes actividades con el fin de completar su implementación, que dependerán del nivel organizativo y madurez inicial de la organización de mantenimiento y su estado inicial en relación a su información y el conocimiento estratégico que quiere y necesita gestionar.

Etapa 1: Diagnostico y estado de la situación

Para ello durante la primera etapa, se realiza el diagnostico del estado inicial, detectando el mapa de conocimiento de la organización, sus prácticas más corrientes y la evaluación de las acciones críticas que afectan a los aspectos estratégicos de mantenimiento tales como los que hacen referencia a la fiabilidad y resolución de averías, la mantenibilidad, la operativa en explotación y la eficiencia energética.

Con la visualización del mapa de conocimiento de dicha organización de mantenimiento, se intenta responder preguntas básicas pero fundamentales (Figura 17), utilizando herramientas de diagnostico como pueden ser las auditorías de conocimiento, auditorías de mantenimiento y auditorías energéticas.

El conocimiento que se identifica en (A) corresponde al que está o podría estar siendo utilizado efectivamente para resolver problemas en el entorno de la organización y utilizado normalmente en el entorno de trabajo de la organización de mantenimiento. El conocimiento identificado en (B) puede ser incorporado, identificando las competencias requeridas y administrando los programas de aprendizaje adecuados. En el caso del conocimiento que se asocia al grupo (C), las prácticas de gestión del conocimiento relacionadas con la identificación, captura, almacenamiento y difusión permiten que este recurso pueda ser utilizado y aprovechado por todos, para resolver problemas cotidianos o actuaciones no cíclicas, basándose en las experiencias o actuaciones realizadas por el personal y que pueden ser utilizadas para auto-aprendizaje, y sistema de decisión ante acciones no vividas y experimentadas por otros. El caso (D), requiere de un análisis más exhaustivo para descubrir aquel conocimiento que falta o que se ha perdido (por ejemplo, por pérdida de expertos, bajas médicas de técnicos u operarios, traslados, etc.), lo que permite definir las estrategias para su recuperación o incorporación en la medida que siga siendo clave para el cumplimiento de los objetivos de la organización (Peluffo et al, 2002).

Con la visualización de estas preguntas básicas y fundamentales se busca definir el enfoque y buscar respuestas que nos definan el estado actual del conocimiento que están utilizando o precisaría utilizar la organización de mantenimiento, marcando el punto inicial desde una concienciación del grupo, sobre el valor del conocimiento intangible que están utilizando y el valor que podría producir nuevo conocimiento que incidiera en las acciones estratégicas y eficiencia operativa del grupo.

Con la evaluación de las prácticas más corrientes se estudian los flujos de conocimientos y los procesos que se deben implantar para facilitar su gestión, desde la fuente productora de conocimiento hasta el destino (usuario de conocimientos), considerando especialmente los mecanismos

Figura 17. Las preguntas básicas para la visión del mapa de conocimiento en mantenimiento.
Fuente: elaboración propia a partir de Peluffo et al, 2002

de retroalimentación e intercambio que aseguren un aprendizaje permanente, así como un uso del conocimiento estratégico.

Con la evaluación de las acciones críticas que afectan a los aspectos estratégicos de mantenimiento tales como los que hacen referencia a la fiabilidad y resolución de averías, la mantenibilidad, la operativa en explotación y la eficiencia energética, se consigue el mapa de conocimiento necesario para la resolución de las acciones tácticas fundamentales que en mayor medida afectan a la empresa, o detectar el conocimiento faltante y que es necesario adquirir para mejorar o fomentar una mayor eficiencia y reducción de tiempos en la resolución de acciones críticas.

El resultado de esta primera fase en donde se desarrolla un diagnóstico, determina las formas en que se irá implementando el Sistema de GC, tomando en cuenta a su vez el estado de maduración de los procesos y a la intensidad de las necesidades, teniendo en cuenta que si el conocimiento utilizado corresponde en gran medida con las necesidades de mantenimiento, se deberá fomentar su rápida recirculación fomentando el aprendizaje de todos sus miembros, haciendo la organización más eficiente. Si por el contrario, se detecta falta de conocimiento para la resolución de situaciones estratégicas o críticas, el esfuerzo de la GC estará concentrado en adquirir el conocimiento faltante, ya sea vía la producción interna o por medios externos que nos provean de conocimiento experto, o transformando el conocimiento obsoleto en conocimiento actualizado.

Etapa 2: *Definición de objetivos* y concienciación de los órganos intervinientes

Tras una visión del estado actual mediante la etapa 1, es preciso una definición de objetivos a conseguir mediante la adecuada gestión del conocimiento, que proporcionen una dirección en relación con la captación y creación de conocimientos y de competencias claves para fortalecer el desarrollo de las estrategias tácticas de la organización de mantenimiento, así como los plazos para alcanzar los objetivos de una manera realista.

Estos objetivos pueden estar orientados hacia la toma de conciencia del valor del conocimiento por parte de la organización (Figura 18); objetivos estratégicos del conocimiento, que definen el conocimiento clave para la organización y las necesidades de conocimiento nuevo; objetivos de conocimiento operativo, los cuales se relacionan con la implementación de la administración del conocimiento, transformando los dos anteriores en metas concretas (Probst et al, 2001).

Ese nivel de concienciación e implicación de los órganos intervinientes debe tener una fortaleza sostenida para asegurar la continuidad de los sistemas de GC dentro de la organización de mantenimiento. Debe tener un componente de concienciación fuertemente arraigado entre los órganos directivos de la empresa y las jefaturas de mantenimiento, pasando después mediante la formación e información hacia los órganos operativos de mantenimiento (que son los que tienen en realidad recogido el conocimiento estratégico de la empresa), y finalizando en la concienciación de los clientes internos de mantenimiento (El resto de departamentos de la empresa).

Con la definición de objetivos se orientan las iniciativas y como consecuencia de ello, se agrega una perspectiva de factibilidad hacia los resultados a obtener y expectativas de los retos plantea-

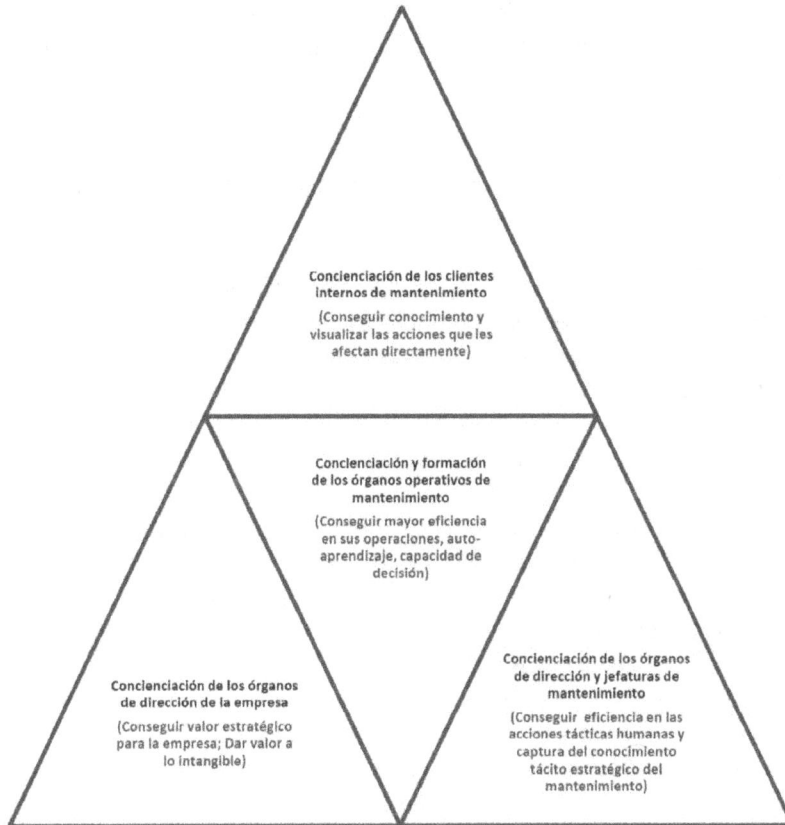

Figura 18. Pirámide de concienciación de los órganos intervinientes para los procesos de GC en mantenimiento. Fuente: elaboración propia

dos. Para esta etapa es fundamental el estudio de los recursos necesarios (humanos, materiales y económicos), y la concienciación de la dirección de la empresa y de los órganos directivos de mantenimiento, tomando rango de proyecto y con plazos de cumplimiento.

Etapa 3: Aspectos estratégicos y procesos clave

En esta etapa se clarifican y conectan la relación del conocimiento (y su gestión) que afecta directamente sobre los aspectos estratégicos y tácticos de la actividad de mantenimiento que inciden de forma transcendental en la empresa. Se han definido como aspectos fundamentales: la fiabilidad y resolución de averías, las acciones operativas de explotación, la mantenibilidad y la eficiencia energética.

Con ello se tiende la base para estructurar y usar experiencias pasadas dentro de las actividades tácticas de mantenimiento para que los miembros no improvisen continuamente sobre la misma experiencia (Cegarra et al, 2003), y capturar el conocimiento tácito, vital en todas las acciones de mantenimiento. El foco de la gestión del conocimiento es aprovechar y reutilizar los recursos que ya existen en la organización, de modo tal que las personas puedan seleccionar y aplicar las mejores prácticas (Wah, 1999).

Etapa 4: Comienzo de la base de GC. Formación, auto-aprendizaje y agentes para la gestión del conocimiento

El conocimiento no puede ser concebido independientemente de la acción, cambiando la noción del conocimiento como una materia que los individuos o las organizaciones pueden adquirir, hacia el estudio del saber como algo que los actores desarrollan por medio de la acción. El trabajo de Polanyi ha sido muy influyente en la definición del conocimiento como algo dinámico, y cuya dimensión tácita dificulta su transmisión (Polanyi, 1966), que en gran medida está introducida en las actividades fundamentales de mantenimiento industrial.

Una cultura organizativa proactiva flexible unido a un estilo participativo de la dirección, son elementos que permiten desarrollar actividades tanto de la generación como de la transferencia del conocimiento dentro de la organización. A nivel individual la motivación personal y la oportunidad de aprender facilita la generación del conocimiento que al ser compartido con otros miembros de la empresa da lugar al conocimiento organizativo. La evidencia empírica del presente estudio muestra que la cultura organizativa abierta motiva a los técnicos a generar y compartir su conocimiento de una forma más exitosa y al mismo tiempo, apoya la comunicación entre los miembros de la empresa. En los mandos de mantenimiento, una distribución física agrupada de sus puestos de trabajo facilita la transferencia del conocimiento.

En esta etapa se formaliza la base física (tecnológica o no) que debe dar sustentación a la gestión del conocimiento del mantenimiento. Para ello se debe haber definido y clarificado los procesos estratégicos y procesos clave, que definan por diferentes zonas de conocimiento estratégico las experiencias, actuaciones y recopilación de información esquematizada y útil, que puede ser utilizada por todos los miembros de la organización, haciendo mayor incidencias en aquellos con mayor componente tácito manejado por los órganos operativos de mantenimiento, y reutilizable por todos sus componentes.

Se hace presente, la necesidad de la figura de un "gestor del conocimiento", como un facilitador importante en la captación de la transferencia y utilización del conocimiento. Esta figura debería ser una persona con formación técnica, organizativa y nociones de gestión del conocimiento, con gran experiencia en el área operativa (que conozca en profundidad de primera mano los factores que influyen en su trabajo), y que aglutine todos los esfuerzos de la organización de mantenimiento para gestionar un conocimiento estratégico que pueda ser utilizado por toda la organización. Su dedicación podría ser parcial o total (según las características de la empresa), compartiéndola con la dedicación en otras facetas del área de mantenimiento, y podría cumplir al mismo tiempo un vínculo de enlace con el resto de la organización (producción, administración, etc.), que ayudaría a la mayor calidad del servicio prestado de mantenimiento. Esto sugiere que el conocimiento que se desea transferir necesita ser una prioridad dentro de la organización donde su transferencia requiere ser planeada como el resto de las actividades estratégicas de la empresa.

Etapa 5: Producción, captación y almacenaje del conocimiento estratégico

Con la generación de conocimiento organizacional se sustenta el aprendizaje en la organización de mantenimiento que a su vez permiten el desarrollo de las capacidades y mejora de las prácticas. Aprovechar el entusiasmo y la capacidad de aprendizaje de la gente en todos los niveles de la organización (Senge et al., 1995), integrando la percepción, la creación de conocimiento y la toma de decisiones, hacen la base de una organización inteligente. Dado que las experiencias provienen de conocimientos tácitos, el método de creación de conocimiento busca la transformación del conocimiento tácito individual en conocimiento explícito a utilizar por el colectivo.

La generación y transferencia del conocimiento son procesos que cuenta con una mayor cantidad de conocimiento tácito. Tanto en la etapa de codificación como en la etapa de utilización, el conocimiento tácito es convertido en conocimiento explícito para la comprensión y disposición del mismo de todos los miembros de la organización de mantenimiento. La bibliografía consultada señala que los aspectos fundamentales de la Gestión del Conocimiento son la creación y la distribución del conocimiento (Bueno, 2000). La creación de nuevo conocimiento tiene su origen en las preguntas, problemas o necesidades de las personas, las cuales dan lugar a un conjunto de ideas en la búsqueda de las respuestas adecuadas que facilitan su actividad y desempeño.

La Figura 19 muestra el modelo de creación del conocimiento en una perspectiva multinivel que se observa en la espiral del conocimiento, que no es un proceso lineal y secuencial, sino exponencial y dinámico, que parte del elemento humano y de su necesidad de contrastar y validar sus ideas y premisas. De esta forma, el individuo a través de la experiencia crea conocimiento tácito, el cual

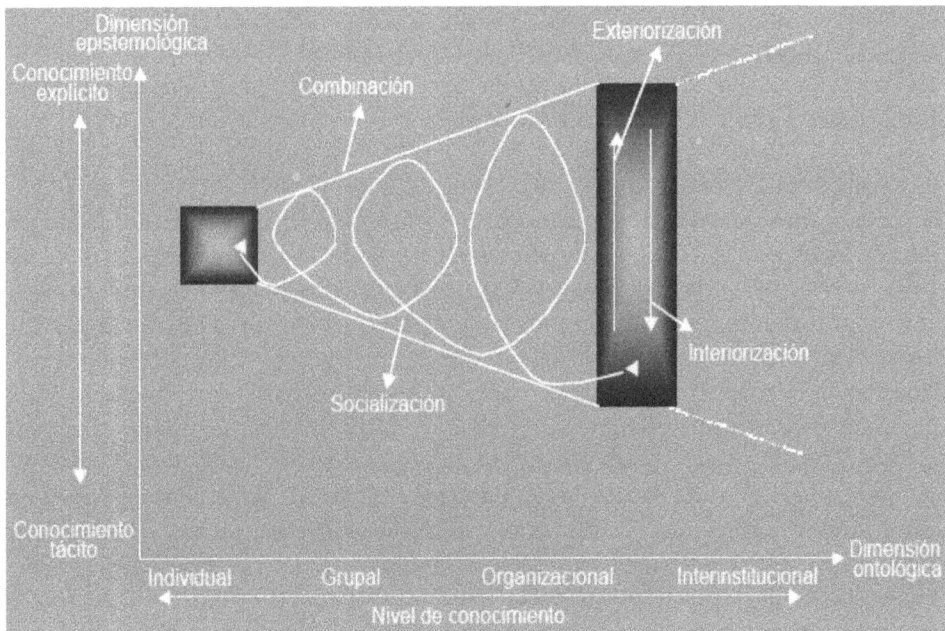

Figura 19. Espiral de creación del conocimiento. Fuente: Nonaka y Takeuchi, 1995

conceptualiza, convirtiéndolo en explícito individual. Al compartirlo con cualquiera de los agentes que intervienen en la organización se convierte en conocimiento explícito social. El siguiente paso consiste en internalizar las experiencias comunes, transformando el conocimiento explícito social en tácito individual (Martinez et al, 2002).

Esta etapa se caracteriza por el almacenamiento de los conocimientos previamente codificados, ubicándolos en repositorios desde los cuales los usuarios pueden acceder fácilmente a un conocimiento pertinente y en el momento que este lo necesiten. Uno de los factores determinantes de éxito de la función de almacenamiento, es la agilidad y capacidad de acceso, con diseño bidireccional (utilización e ingreso de conocimiento y experiencias) de los usuarios en función de sus necesidades de conocimiento. Es clave la participación de especialistas de contenidos, que aseguran la calidad y pertinencia de los mismos en relación con las necesidades y el lenguaje del usuario, y de la seguridad del sistema (Peluffo et al, 2002).

Es por ello clave las funciones de los gestores de conocimiento designados y la selección de las herramientas más adecuadas al tipo de usuario y de conocimiento almacenado.

La fase de Almacenaje y Actualización de conocimientos, requiere la realización coordinada y sistemática de las siguientes labores: Codificación, Catalogación, Depuración y limpieza y Seguridad.

- *Codificación:* Representación del conocimiento tácito (capturando las experiencias y el saber en el desempeño de los trabajos de mantenimiento) y explícito (el que tiene la organización y puesto de manera sintetizada y ágil en su interpretación), de modo que pueda ser ingresado y distribuido, con el uso del lenguaje más apropiado al sistema-entorno. Los contenidos se depositan en contenedores, que son repositorios o estructuras específicas según los tipos y formatos en que se encuentran codificados tales contenidos. Este contenedor puede tener su base en cualquier sistema o programa informático (base de datos, excel, etc.), en el cual todos los componentes de la organización de mantenimiento puedan hacer sus aportaciones, consultas y utilización para el auto-aprendizaje y decisión, de una manera ágil y con un lenguaje intuitivo y fácil.

- *Catalogación:* Los contenidos codificados deben ser adecuadamente catalogados en función de las acciones estratégicas de mantenimiento (fiabilidad, mantenibilidad, operativa en explotación y eficiencia energética), por especialistas internos de la organización de mantenimiento que están habilitados para comprender el sentido y significado de los diversos elementos fuente. La definición de los criterios de catalogación es una de las primeras tareas que deben concretar quienes se hacen cargo de la administración de contenidos.

- *Depuración:* Para que el conocimiento codificado, ya sea tácito o explícito, no pierda la vigencia y sirva a los propósitos de todos los integrantes de la organización en el momento en que éstos lo requieren. Del mismo modo, la apropiada limpieza y tratamiento de contenidos permite tener un conocimiento estratégico sintetizado y útil. Es vital la misión del gestor de conocimiento para dar uniformidad y validez final a los conocimientos o información introducida, que redunda en una mayor eficiencia en los procesos de actualización de contenidos y mejores tiempos de respuesta frente a requerimientos de los usuarios.

- *Seguridad:* Dotar de los mecanismos de seguridad necesarios para evitar que los contenidos sean dañados, casual o intencionadamente. Para esto, deben contar con las facilidades que les permitan establecer controles de acceso, filtros u otros procedimientos, definidos por el gestor de conocimiento de mantenimiento.

Etapa 6: Circulación y utilización del conocimiento

Teniendo como base el contenedor de conocimiento, la fase de circulación tiene que ver con la creación de espacios de conversación e intercambio adecuados para que se produzca la circulación del conocimiento tácito y explícito de la organización, para que los conocimientos puedan fluir de una manera continua, de manera que se logre el objetivo de la distribución y el uso de tal conocimiento, fomentando participar de manera activa, amplificando la interacción dentro de todos los miembros de la organización de mantenimiento, que tienden a dar respuestas más rápidas a los problemas comunes que se producen en su dinámica diaria, y pueden ser considerados también espacios de aprendizaje en tanto permiten al usuario relacionar conocimientos de diversas fuentes.

El uso de las intranets y extranets, puede ser utilizado como medios para compartir información, así como los espacios virtuales de conversación más conocidos como los Chat, foros, las videoconferencias, etc. Esto permite que se produzca un diálogo entre los miembros que permite una transferencia de conocimiento tácito, similar a la que se da en los espacios de conversación reales.

Etapa 7: Medición y estrategias de mejora

Un proyecto de gestión de conocimiento en la ingeniería de mantenimiento, debe tener un componente de continuidad y para ello es preciso de manera periódica unas mediciones, en base a indicadores, así como el planteamiento de estrategias de mejora, para visualizar de qué forma la gestión del conocimiento está produciendo impactos en los resultados esperados en la organización de mantenimiento, contrastados con valores orientativos previos a la implantación del proyecto de GC, tales como los tiempos de actuación ante incidencias, tiempos de acoplamiento de nuevo personal, eficiencia y tiempos en los procesos periódicos de mantenimiento preventivo o correctivo, y la detección y aprendizaje de acciones para la mejora de la eficiencia energética.

Los indicadores utilizados deben apuntar a medir la eficiencia y efectividad que se logra en los procesos principales que están presentes en la definición de la GC, tales como la generación, transferencia y utilización del conocimiento, midiendo el grado de introducción de nuevos ítems por parte de todos los miembros de la organización, así como el grado de utilización por los individuos, y con ello, tomar las acciones correctivas que sean necesarias para lograr los objetivos propuestos.

La utilización de eventos Kaizen, puede ser utilizado, como herramientas para la medición, visualización, captura, aprendizaje y utilización del conocimiento gestionado, mediante acciones periódicas con diferentes grupos de mantenimiento, constatando con su aplicación los resultados asociados a las variables que se han establecido en los criterios de desempeño.

7. Conclusiones

Alguno de los problemas fundamentales para la optimización de la función de mantenimiento, vienen como consecuencia del factor humano, que sin embargo afecta a funciones transcendentales y tácticas de la empresa (fiabilidad, productividad, eficiencia energética, etc.) y que se hace todavía más patente en el caso de grandes compañías, que tienen multitud de plantas con una gran diversificación geográfica. En estos casos, el intercambio y transvase de información entre ellas, así como, el disponer de una gestión de conocimiento común, hace que ésta se vea mejorada.

La gestión del conocimiento ha tenido un aumento significativo en los últimos años, sobre todo en áreas con mayor capacidad organizativa de la empresa y con ello se han generado una cantidad importante de modelos de GC que pretenden entender, explicar el conocimiento en beneficio de individuos y organización, aunque por el contrario, ha sido relegado a un tercer plano u olvidado, dentro de las organizaciones de mantenimiento de la empresa, quizás por el alto componente de experiencia y conocimiento tácito que está implícito en la mayor parte de sus acciones, y que dificulta su transferencia.

Aunque se puede considerar al conocimiento como un ente independiente entre las personas que lo generan y lo utilizan (Rodriguez, 2006), el modelo se debe centrar en la creación de metodologías, estrategias y técnicas que permitan almacenar el conocimiento y faciliten su acceso y posterior transferencia entre los miembros que intervienen, facilitando y mejorando las acciones estratégicas que tiene definidas la organización de mantenimiento.

La principal aportación de este trabajo es la presentación de unos principios básicos para la propuesta de un de modelo de gestión del conocimiento en su aplicación al mantenimiento industrial, donde partiendo de los marcos de referencia de la ingeniería del mantenimiento industrial en relación al conocimiento y la experiencia, se han definido las fases y etapas básicas que debería reunir el modelo en su aplicación al desempeño de la organización de mantenimiento.

Las limitaciones del trabajo comprenden la ausencia de modelos de GC en su aplicación directa al desempeño del mantenimiento industrial, por lo que el presente trabajo únicamente aporta avances en el entendimiento y estudio de la problemática del mantenimiento industrial en relación a su adecuada gestión del conocimiento e información estratégica, siendo una aproximación para la definición de modelos que permitan desarrollar futuras líneas de investigación enfocadas a desarrollar modelos que permitan entender el complejo tema de la generación, aplicación, transferencia y utilización del conocimiento, en un entorno con alto componente tácito basado fundamentalmente en la experiencia de los individuos para resolver o mejorar los aspectos estratégicos de la empresa, en los cuales, los departamento de mantenimiento, cumplen un papel crucial.

8. Referencias

Barragán, A. (2009). Aproximación a una taxonomía de modelos de gestión del conocimiento. *Intangible capital*, 5(1), 65-101. http://dx.doi.org/10.3926/ic.2009.v5n1.p65-101

Bartol, K.M., Locke, E., & Srivastava, A. (2006). Empowering leadership in management teams: Effects on knowledge sharing, efficacy, and performance. *Academy of Management Journal*, 49(6), 1239-1251. http://dx.doi.org/10.5465/AMJ.2006.23478718

Bhatt, G.D. (2002). Management strategies for individual knowledge and organizational knowledge. *Journal of Knowledge Management*, 6(1), 31-39. http://dx.doi.org/10.1108/13673270210417673

Bravo-Ibarra, E., & Herrera, L. (2009). Capacidad de innovación y configuración de recursos organizativos. *Intangible capital*, 5(3), 301-320.

Brooking, A. (1997). *El Capital Intelectual. El principal activo de las empresas del tercer milenio*. Buenos Aires: Ed.Paidos Iberica S.A.

Buckingham-Shum, S. (1998). Negotiating the Construction of Organisational Memories. In U.M. Borghoff and R. Pareschi (Ed.). *Information Technology for Knowledge Management*. Berlin: Springer. 55-78. http://dx.doi.org/10.1007/978-3-662-03723-2_4

Bueno, E. (2000). La dirección del conocimiento en el proceso estratégico de la empresa: información, complejidad e imaginación en la espiral del conocimiento. *Euroforum Escorial*, 55-66.

Busch, P., Richards, D., & Dampney, C. (2003). *The graphical interpretation of plausible tacit knowledge flows*. Australasian Symposium on Information Visualisation, InVis.au, Tim Pattison, Bruce H. Tomas (eds.), Australia. ISBN: 1-920682-03-1.

Cegarra, J., & Moya, B. (2003).Orientadores del capital relacional. *Cuad. Adm. Bogotá (Colombia)*, 16(26), 79-97.

Claver, E., & Zaragoza, P. (2007). La dirección de recursos humanos en las organizaciones inteligentes. Una evidencia empírica desde la dirección del conocimiento. *Investigaciones Europeas de Dirección y Economía de la Empresa*, 13(2), 55-73.

Coakes, E., Amar, A.D., & Luisa Granados, M.L. (2010). Knowledge management, strategy, and technology: a global snapshot. *Journal of Enterprise Information Management*, 23(3), 282-304. http://dx.doi.org/10.1108/17410391011036076

Coombs, R., & Hull, R. (1998). Knowledge management practices and path-dependency in innovation. *Research Policy*, 27(3), 237-253. http://dx.doi.org/10.1016/S0048-7333(98)00036-5

Desouza, K., & Evaristo, R. (2003). Global knowledge management strategies. *European Management Journal*, 21(1), 62-67. http://dx.doi.org/10.1016/S0263-2373(02)00152-4

Drew, S.A.W. (1996). Managing Intellectual Capital For Strategic Advantage. *Annual Conference Of The Strategic Management Society*. Phoenix.

González-Sánchez, R., & García-Muiña, F. (2010). Innovación abierta: Un modelo preliminar desde la gestión del conocimiento. *Intangible capital*, 7(1), 82-115. http://dx.doi.org/10.3926/ic.2011.v7n1.p82-115

Gordon, J.L. (2000). Creating Knowledge Structure Maps to support Explicit Knowledge Management. *Proceeding of the Twentieth Annual International Conference on Knowledge Based Systems and Applied Artificial Intelligence (ES2000)*. 34-48, Cambridge, England.

Guns, B. (1996). *Aprendizaje Organizacional. Cómo Ganar y Mantener la Competitividad*. México: Ed. Prentice Hall/Simón & Schuster Company.

Halawi, L., Aronson, J., & McCarthy, R. (2005). Resource-Based View of Knowledge Management for Competitive Advantage. *The Electronic Journal of Knowledge Management*, 3(2), 75-86. Available online at www.ejkm.com

Hejduk, I. (2005). n the Way to the Future: The Knowledge-Based Enterprise. *Human Factors and Ergonomics in Manufacturing*, 15(1), 5-14. http://dx.doi.org/10.1002/hfm.20010

Jasimuddin, S., Klein, J., & Connell, C. (2005). The paradox of using tacit and explicit knowledge, Strategies to face dilemmas. *Management Decision*, 43(1):102-112. http://dx.doi.org/10.1108/00251740510572515

Jennex, M.E., & Olfman, L. (2006). A Model of Knowledge Management Success. *International Journal of Knowledge Management*, 2(3), 51-68. http://dx.doi.org/10.4018/jkm.2006070104

Kalkan, V.J. (2008) An overall view of knowledge management challenges for global business. *Business Process Management Journal*, 14(3), 390-400. http://dx.doi.org/10.1108/14637150810876689

Laursen, K., & Salter, S. (2006). Open for innovation: The role of openness in explaining innovation performance among UK manufacturing firms. *Strategic Mangement Journal*, 27, 131-150. http://dx.doi.org/10.1002/smj.507

Lehner, F., & Haas, N. (2010). Knowledge Management Success Factors-Proposal of an Empirical Research. *Electronic Journal of Knowledge Management,* 8(1), 79-90.

Lloira, M.; Peris, F. (2007). Mecanismos de coordinación estructural, facilitadores y creación de conocimiento. *Revista Europea de Dirección y Economía de la Empresa*, 16(1), 29-46.

Lugger, K., & Kraus, H. (2001). Mastering Human barriers in Knowledge Management. *Journal of Universal Computer Science*, 7(6), 488-497.

Martinez, I., & Ruiz, J. (2002). Los procesos de creación del conocimiento: El aprendizaje y la espiral de creación del conocimiento. *XVI Congreso Nacional de AEDEM*. Alicante.

Nonaka, I., & Takeuchi, H. (1995). *The Knowledge-Creating Company*. Oxford University Press.

O'Dell, C., & Grayson, C.J. (1998). If only we knew what we know: Identification and transfer of internal best practices. *California Management Review*, 40(3), 154-170.

Pajares, G., & Santos, M. (2005). *Inteligencia Artificial e Ingeniería del Conocimiento*. España: RA-MA editorial. ISBN: 84-7897-676-0.

Peluffo, M., & Catalán, E. (2002). *Introducción a la gestión del conocimiento y su aplicación al sector público*. Ed. Instituto Latinoamericano y del Caribe de Planificación.

Pérez, A. (2007). *Modelo para la Auditoría del Conocimiento Considerando los Procesos Clave de la Organización y Utilizando Tecnologías Basadas en Conocimientos*. Tesis doctoral. Universidad de Murcia.

Polanyi, M. (1966). *The tacit dimension*. London: Routledge & Kegan Paul.

Polanyi, M. (1967). *The tacit dimension*. Garden City, N.Y.: Doubleday.

Probst,G., Raub, S., & Romhardt, K. (2001). *Administre el conocimiento*. México: Ed. Pearson Educación.

Rodríguez, D. (2006). Modelos para la creación y gestión del conocimiento: Una aproximación teórica. *Educar,* 37, 25-39.

Ruggles, R. (1998). The state of the notion: Knowledge management in practice. *California Management Review*, 40(3), 80-89. http://dx.doi.org/10.2307/41165944

Senge, P., Ross, R., Smith, B., Roberts, C.H., & Kleiner, A. (1995). *La Quinta Disciplina en la práctica. Estrategias para construir la organización abierta al aprendizaje*. España: Ed. Granica.

Sing, S. (2008). Role of leadership in knowledge management: A study. *Journal of Knowledge Management*, 12(4), 3-15. http://dx.doi.org/10.1108/13673270810884219

Smith, P.A.C. (1998). Systemic Knowledge Management: Managing Organizational Assets For Competitive Advantage. *Journal of Systemic Knowledge Management*, Canada.

Syazwan-Abdullah, M., Kimble C., Benest I., & Paige R. (2006). Knowledge-based systems: a re-evaluation. *Journal of Knowledge Management*, 10(3), 127-142. http://dx.doi.org/10.1108/13673270610670902

Tan, C.L., & Nasurdin, A.M. (2011). Human Resource Management Practices and Organizational Innovation: Assessing the Mediating Role of Knowledge Management Effectiveness. *The Electronic Journal of Knowledge Management*,9(2), 155-167. Available online at www.ejkm.com

Tham, W.H. (2000). *Technology in Knowledge Management*. Desk Research, ENMG 604 Serie Technology/Innovation Management, Engineering Management Programme, University of Canterbury, Octubre.

Turner, G., & Minonne, C. (2010). Measuring the Effects of Knowledge Management Practices. *Electronic Journal of Knowledge Management*, 8(1), 61-170. Available online at www.ejkm.com

Van de Vrande, V., Vanhaverbeke, W., & Gassmann, O. (2010). Broadening the scope of open innovation: Past research, current state and future directions. *International Journal of Technology Management*, 52(3/4): 221-235. http://dx.doi.org/10.1504/IJTM.2010.035974

Vasconcelos, J., Kimble, C., & Gouveia, F. (2000). A design for a Group Memory System using Ontologies. *Proceedings of 5th UKAIS Conference.* April. University of Wales Institute. Cardiff: McGraw Hill.

Wah, L. (1999). Behind the Buzz. *Management Review*, 88(4), 16-19.

Walsh, J. (1995). Managerial and Organisational Cognition. *Organisation Science*, 6(3), 280-321. http://dx.doi.org/10.1287/orsc.6.3.280

Wiig , K. (1995). *Knowledge Management Methods-Practical Approaches to Managing Knowledge.* Texas, USA: Schema Press. Arlington.

Wiig, K., Hoog, R., & Van Der Spek, R. (1999). Supporting Knowledge Management: A Selection of Methods and Techniques. *Expert Systems With Applications*, 13(1), 15. http://dx.doi.org/10.1016/S0957-4174(97)00019-5

Yahya, S., & Goh, W.K. (2002). Managing human resources toward achieving knowledge management. *Journal of Knowledge Management*, 6(5), 457-468. http://dx.doi.org/10.1108/13673270210450414

Zhuge H. (2006). Discovery of Knowledge Flow in Science. *Communications of the ACM*, 49(5), 101-107. http://dx.doi.org/10.1145/1125944.1125948

2.2. Desarrollo de un modelo de Gestión del Conocimiento en su aplicación a la ingeniería de mantenimiento industrial

Resumen: La actividad de mantenimiento, tal y como está organizada y por su propia especificidad, genera fundamentalmente conocimiento tácito basado en la experiencia, a niveles muy superiores al explícito, que además se registra de forma fragmentada, no siendo habitual los sistemas informatizados integrados. En cuanto al conocimiento teórico, puede ser considerado como residual, ya que en general, se cuenta con trabajadores maduros, con mucha experiencia y formación limitada, siendo el gasto destinado a formación escaso. En definitiva, en el desempeño de las tareas de mantenimiento se observa poco, se valora muy escasamente y se contabiliza o registra aún menos, y, además, se confecciona un tipo de información poco elaborada y débilmente orientada a la toma de decisiones. El conocimiento y su adecuada gestión es un valor intangible estratégico y que marca la eficiencia en numerosos puntos fundamentales de la empresa. En este artículo, se propone un modelo de gestión del conocimiento aplicado al desempeño del mantenimiento industrial, basado en cuatro aspectos estratégicos que desempeña: la fiabilidad, la operación en explotación, la mantenibilidad y la eficiencia energética. El artículo finaliza comentando los resultados y experiencias empíricas observadas en la aplicación de este modelo dentro de una empresa industrial, donde de una manera experimental ha comenzado su implementación.

Palabras Clave: Mantenimiento industrial, Gestión del conocimiento.

1. Introducción

La ingeniería del mantenimiento requiere de conocimientos técnicos muy específicos, un alto requerimiento de experiencia del personal que lo desenvuelve con un alto componente de conocimiento tácito (Polanyi, 1966), y con poca tradición en transcribir las experiencias que se producen. La adecuada gestión del conocimiento y la aplicación del conocimiento adquirido en las actividades rutinarias de mantenimiento en la empresa, y su mejora, puede ser observado como un factor importante que puede influir positivamente en diversas acciones que afectan estratégicamente a toda la empresa, tales como (Cárcel, 2010):

- Resolución averías.

- Actuación ante acciones de emergencia.

- Conocimiento del entorno.

- Ver oportunidades de nuevas acciones.

- Planificación del mantenimiento.

- Marcar prioridades de inversión, fiabilidad y eficiencia energética.

- Optimizar recursos técnicos.

- Optimización económica.

- Mejora de la fiabilidad y tiempos de respuesta operativa.

Con un cambio hacia un modelo basado en el Conocimiento y el Aprendizaje, la organización se centra en la capacidad de innovar y aprender (Coakes et al., 2010; Kalkan, 2008; Jennex et al., 2006; Desouza et al., 2003), para resolver de una manera más eficiente sus trabajos cotidianos, así como resolver acciones nuevas o no rutinarias, creando un valor de lo intangible en base al conocimiento y a su rápida actualización en el ámbito del entorno de trabajo de la organización de mantenimiento. Debe ser asumido como una estrategia de desarrollo a largo plazo (Minonne et al., 2009; Sheffield. 2011), visualizando el conocimiento como factor estratégico, por ello la resolución de problemas y la toma de decisiones deben tener un soporte basado en la disponibilidad y capacidad (Peluffo et al, 2002):

- La disponibilidad de la información y conocimiento clave en todos los miembros de la organización, en función de las acciones tácticas fundamentales del mantenimiento industrial.

- La capacidad de analizar, clasificar, modelar y relacionar sistémicamente datos e información sobre valores fundamentales para dicha Sociedad.

- La capacidad de construir futuro de esa sociedad de forma integral y equitativa (direccionalidad a metas).

Debe estar acompañado por transformaciones claves en la administración y desarrollo de la organización, que se focalizan en:

- La forma en cómo se hacen las cosas (se tiende a administrar por competencias más que por puesto de trabajo),

- Las formas de encarar la combinación del uso de la tecnología con los saberes individuales y organizacionales acumulados (se enfatiza en las destrezas de pensamiento, de búsqueda activa de conocimiento, las comunidades de prácticas, etc.),

- La formación y el auto-aprendizaje, para la consecución de competencias.

- Las nuevas formas de comunicar el conocimiento y de construirlo (conocimiento tácito almacenado, técnicas para el análisis de la información, los bancos de ideas, de conocimiento, las mejores prácticas).

- El cambio cultural experimentado por la aceptación de los beneficios del nuevo modelo sobre el tradicional (nuevas formas de valorización del trabajo, el papel del factor humano, la mayor autonomía para desarrollar tareas, el alineamiento entre los intereses individuales y los organizacionales).

La actividad de mantenimiento, tal y como está organizada y por su propia especificidad, genera fundamentalmente conocimiento tácito basado en la experiencia, a niveles muy superiores al explícito, que además se registra de forma fragmentada. En general, se cuenta con trabajadores maduros, con mucha experiencia debido a la gran especialización requerida y, además, se confecciona un tipo de información poco elaborada y débilmente orientada a la toma de decisiones.

En este artículo, tras analizar la relevancia de la gestión del conocimiento en la ingeniería del mantenimiento industrial, se propone un modelo de gestión del conocimiento aplicado al desempeño del mantenimiento industrial, basado en cuatro aspectos estratégicos que desempeña: la fiabilidad, la operación en explotación, la mantenibilidad y la eficiencia energética. El artículo finaliza comentando los resultados y experiencias reales observadas en la aplicación de este modelo dentro de una empresa industrial, donde de una manera experimental ha comenzado su implementación.

2. La relevancia de la Gestión del conocimiento en la ingeniería de mantenimiento industrial

Dentro del contexto táctico de mantenimiento, si definimos la gestión del conocimiento como un proceso a tener en cuenta dentro de dicha actividad, un enfoque de este podría estar integrado básicamente, por la generación, la codificación, la transferencia y la utilización del conocimiento (Nonaka et al., 1995, 1999; Wiig, 1997; Bueno 2002), y los factores que humanos de relevancia que se ven afectados (Lehner et al., 2010; Turner et al., 2010; Lugger et al., 2001).

- *Generación del conocimiento:* estudia los procesos de adquisición de conocimiento externo y de creación del mismo en la propia organización, poniendo en acción los conocimientos poseídos por las personas.

- *Codificación, almacenamiento o integración del conocimiento:* poner al alcance de todos el conocimiento organizativo, ya sea de forma escrita o localizando a la persona que lo concentra.

- *Transferencia del conocimiento:* analiza los espacios de intercambio del conocimiento y los procesos técnicos o plataformas que lo hacen posible. Esta fase puede realizarse a través de mecanismos formales y/o informales de comunicación.

- *Utilización del conocimiento:* la aplicación del conocimiento recientemente adquirido en las actividades rutinarias de la empresa.

Sin embargo, en numerosas ocasiones, el vacío de conocimiento que suele existir en la función de mantenimiento se debe principalmente a las siguientes causas:

- No existe una fuerte cultura de escribir y conservar el conocimiento.

- No se ha apreciado que una avería puede ser una fuente de conocimiento y que se debe capitalizar esta experiencia mediante el registro de causas, fenómenos y acciones tomadas, y normalmente, debido a la propia inercia del trabajo realizadas de manera impulsiva y bajo fuerte estrés y en numerosas ocasiones ante acciones críticas bajo la técnica de "zafarrancho de combate".

- No se emplea normalmente la información para obtener conocimiento. Las estadísticas no son entendidas como herramientas de diagnóstico. Prevalece la experiencia, la habilidad técnica, y por tanto un fuerte conocimiento tácito.

- La dirección de la empresa no le da la importancia y no estimula el trabajo con datos.

- Las técnicas de fiabilidad y mantenibilidad pueden tener algún grado de dificultad para el profesional de mantenimiento con poca práctica en estadística industrial, y que normalmente desempeña trabajos manuales.

A nivel operativo de la propia organización de mantenimiento y tras el análisis y revisión alguno de los estudios formalizados sectoriales (AEM, 2010; Sepi, 2009; INE, 2008), se puede considerar

Aspectos tácticos del mantenimiento	Posible incidencia por la acción de la gestión del conocimiento
Fiabilidad, disponibilidad en la producción/explotación en la empresa	El almacenamiento, transmisión y gestión del conocimiento, aumenta la productividad general de la empresa (menores paradas no programadas)
Ciclo de vida del equipamiento e instalaciones	Información operativa del equipamiento que inciden en su durabilidad y buenas prácticas
Reparaciones y conservación	La captación del conocimiento de lo realizado, elimina paros no deseados. Transmisión conocimiento a otros operarios
Personal	Captación del conocimiento tácito del personal en base a la experiencia operativa. Reducción de tiempos de acoplamiento de nuevo personal. Ayuda a reciclaje de personal existente
Cualificación del personal y formación	La formación debe tener un componente importante sobre la gestión de experiencias operativas en la propia planta. Creación de sistemas de auto aprendizaje
Técnicas organizativas mantenimiento	Deben ser implantadas, y capturar y transmitir el conocimiento generado. Deben ser implantadas por el propio personal. Análisis de datos obtenidos
Mantenimiento preventivo/correctivo	Gestión de la experiencia y conocimiento en la realización de las actividades de mantenimiento
Trabajos de urgencia o críticos	Cualquier experiencia de urgencia o crítica, debe ser registrada. Debe servir para aprender ante actuaciones futuras
Uso de la información y su gestión	La gestión de la información debe ser ágil y útil. Los registros deben mostrar las experiencias e inquietudes del personal operativo de mantenimiento (bidireccional)
Gestión de la energía y su eficiencia	Captura de las experiencias y buenas prácticas. Análisis por los miembros de mantenimiento. Conocimiento bidireccional

Tabla 3. Aspectos tácticos de mantenimiento y su incidencia ante acciones de gestión de conocimiento. Fuente: elaboración propia

la posible incidencia de utilización de técnicas de gestión del conocimiento (Tabla 3) que ayudarían a suavizar o minimizar los puntos negativos observados o marcar nuevas líneas de actuación (Bhatt , 2002; Halawi et al., 2005) que pueden hacer más eficiente las actividades realizadas de mantenimiento y por consiguiente, una mayor productividad, eficiencia y reducción de gastos de toda la empresa.

Teniendo en cuenta el entorno de la propia actividad de mantenimiento, se pueden extraer las siguientes conclusiones en función de la relevancia, características y experiencia que están implícitas en el propio desempeño:

Relevancia del conocimiento: El conocimiento afecta a los elementos estratégicos y tácticos en los sistemas de Gestión del mantenimiento. El mantenimiento requiere conocimientos técnicos y de organización muy especiales, habilidades y experiencia; no sólo conocimientos teóricos, sino fundamentalmente prácticos. Una parte importante de la experiencia de planta configura conocimiento tácito y, en general, los sistemas de gestión del mantenimiento no contienen herramientas para convertirlo en explícito. Tampoco la transmisión de conocimiento explícito se muestra satisfactoria.

Características del conocimiento: Las fuentes de conocimientos estratégicos (proceso y cadena de fallo, disponibilidad, etc.) y los tácticos (opciones tácticas y sistemas de organización) tienen dos orígenes fundamentales: la experiencia habida en la planta industrial (una gran parte de la cual deriva en conocimiento tácito) y los planteamientos teóricos (modos de fallo, teoría de la fiabilidad, re-emplazamiento de equipos, ciclo de vida, etc.). Habría, al menos, tres tipos de experiencia: La experiencia que proporciona la vida operativa en la planta, la derivada de los experimentos controlados y el conocimiento histórico explícito o registrado.

La experiencia no registrada: El conocimiento basado en la experiencia (tácito) es difícil de extraer y formalizarse, pues es un conocimiento fragmentado, complejo, presenta pocas regularidades, confuso, recolectado de imprevistos, guiado por la urgencia, con imposiciones de tiempo, espacio, actividad poco regulable, y escasamente "protocolizable", incompleto, aislado, infrecuente, local (aplicable a espacios y situaciones concretas), y contingente (ubicado en escenarios poco repetibles).

Los datos históricos. Los datos históricos no suelen almacenarse seleccionados o filtrados, mucho menos orientados a las metas o en bases relacionales, la información que contienen está fragmentada y suele ser poco fiable, por lo que su utilidad efectiva suele ser escasa y difícil su transmisión.

Aprendizaje y entrenamiento. Los sistemas de organización del mantenimiento promueven con decisión el que la adquisición y transmisión de conocimiento, y su actualización, se consigan eficiente y efectivamente a través del entrenamiento, aprendizaje y formación de los recursos humanos, piedra angular, sobre todo del TPM (Mantenimiento productivo total).

Las estrategias de aprendizaje pueden entenderse como el conjunto organizado, consciente e intencional de lo que hace el aprendiz para lograr con eficacia un objetivo de aprendizaje en un contexto dado (Gargallo et al, 2009).

Durante la investigación, para determinar los estilos de aprendizaje entre una muestra de operarios de mantenimiento, se pasaron unos cuestionarios CHAEA (Cuestionario Honey-Alonso de Estilos de Aprendizaje) (Alonso et al., 1994), de los 25 sujetos analizados, en 21 de ellos (84%), el estilo predominante fue el activo-pragmático. El punto fuerte de las personas con predominancia de estilo pragmático es la aplicación práctica de las ideas, que marca un enfoque de aprendizaje profundo, basado en la motivación intrínseca (Figura 20): El operario tiene interés por la materia y desea lograr que el aprendizaje tenga significación personal. Una buena estrategia de aprendizaje, de las definidas en la literatura consultada para estos modelos de sujetos y con el fin de abordar un proyecto de gestión de conocimiento en mantenimiento, sería las llamadas "Estrategias de búsqueda, recogida y selección de información": Integran todo lo

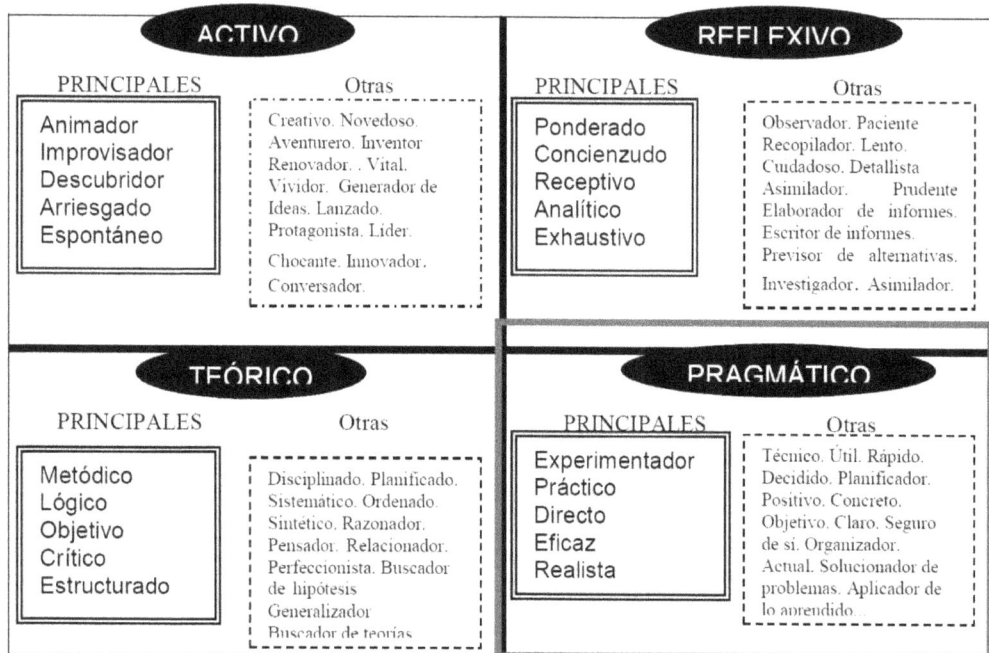

Figura 20. Características de los estilos de aprendizaje. Fuente: Adán, 2004, adaptado de Honey-Alonso

referente a la localización, recogida y selección de información. El sujeto debe aprender, para ser aprendiz estratégico, cuáles son las fuentes de información y cómo acceder a ellas para disponer de la misma. Debe aprender, también, mecanismos y criterios para seleccionar la información pertinente.

Una vez determinados los aspectos sustanciales del conocimiento en la actividad de mantenimiento, parece interesante establecer unos principios básicos de referencia para el sistema que se ha de desarrollar (Pawlowski et al., 2012; Tan et al., 2011), a fin de que éste sea capaz de obtener y transmitir esos conocimientos, en consonancia con el patrón de mantenimiento habitual detectado. El sistema a desarrollar debe así requerir no muy elevada inversión, con costes de mantenimiento del sistema bajos, que sea ágil y ligero no implicando costes de utilización elevados. Estos deben ser los principios en los que basar el sistema, a fin de obtener los resultados requeridos, para lo que deberá implementarse adecuadamente ganándose la confianza del empresario y de sus utilizadores.

El objetivo básico de la función de mantenimiento puede expresarse como la gestión optimizada de los activos físicos. Esta optimización debe obviamente orientarse a la consecución de los objetivos empresariales, algunos de los cuales se reflejan a continuación, clasificados en varios epígrafes:

- *económicos:* mayor rentabilidad y beneficio, menores costes de fallo, mayor ahorro empresarial, menor inversión en inmovilizado o en circulante, etc.

- *laborales:* condiciones adecuadas de trabajo, de seguridad e higiene, etc.

- *técnicos:* disponibilidad y durabilidad de los equipos, máquinas e instalaciones.

- *sociales:* ausencia de contaminación, ahorro de energía, etc.

3. Un modelo para la Gestión del conocimiento en la ingeniería de mantenimiento industrial

Un modelo de gestión del conocimiento aplicado al mantenimiento industrial debe pasar por tres fases fundamentales, desde la identificación del conocimiento intangible y tangible útil, detentando las barreras para su implantación (Jackson, 2005), la transformación de lo intangible en tangible, finalizando en los procesos para la generación, producción y utilización del conocimiento (Figura 21):

La primera fase donde se identifica el valor del conocimiento intangible (conocimiento tácito), así como la información tangible existente (planimetría, memorias, proyectos, manuales, etc.). Se pasa por dos etapas, una primera fundamental, donde se hace un diagnostico del estado de la situación, en referencia a la propia gestión del conocimiento (donde se detectan las características que se dan en la organización de mantenimiento), así como la forma en que se desempeñan sus actividades características técnicas. Los puntos de partida para dar el rumbo del proyecto de gestión del conocimiento, se pueden extraer de auditorías de conocimiento, de mantenimiento y de eficiencia energética realizadas a la propia organización, así como la utilización de técnicas de investigación cualitativas tales como pueden ser los cuestionarios, entrevistas, focus-group, etc. En una segunda etapa dentro de esta primera fase, se asientan los procesos que deben llevar a cavo el proyecto de gestión del conocimiento en la organización de mantenimiento de la empresa, mediante la planificación de las tareas, aclaración de ideas mediante metodologías tipo Metaplan, así como iniciar las charlas de formación inicial entre todos los miembros de la organización, para motivar sobre los objetivos, beneficios y retos a asumir para la implantación, reduciendo o acotando las barreras detectadas en la etapa 1.

En una segunda fase, se asientan los procesos en relación a los procesos estratégicos y procesos clave del desempeño del mantenimiento y de cómo se deben estructurar la gestión del conocimiento, formalizando los procedimientos y estrategias para el soporte del modelo, donde se va transformando lo intangible en visible, para utilizar un banco común de sustentación del conocimiento. En esta fase se utilizan también técnicas cualitativas (entrevistas individuales, grupo de discusión, etc.), donde se unifican criterios, se clarifican los procesos y se produce una motivación en las personas intervinientes. Se plantea estratificar los elementos fundamentales mediante el uso de herramientas como los mapas de información, conocimiento y conceptuales, que ayudan a definir lo que será el árbol del conocimiento. Es en esta fase donde se deben definir las personas que harán las funciones de gestores de conocimiento, cuya misión es dar soporte, coordinación y generar pro-actividad entre todos los miembros de la organización, para llevar el proyecto de GC por una senda o dirección definida en la uniformidad en los procesos fundamentales de generación, transmisión y utilización del conocimiento.

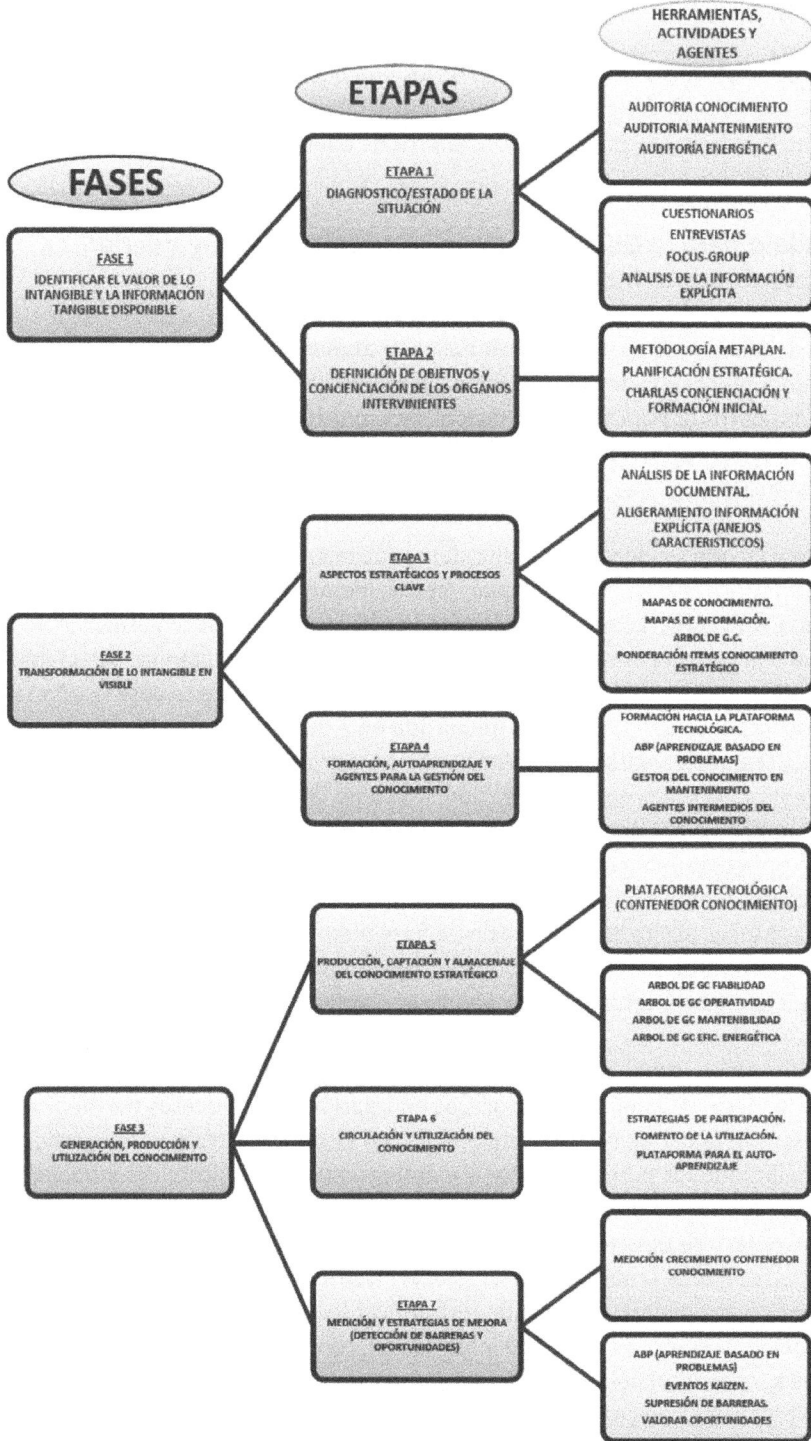

Figura 21. Fases, etapas y herramientas para implementar el modelo de GC en mantenimiento.
Fuente: elaboración propia

En la tercera fase, se produce el asentamiento y continuidad del sistema de GC, definiendo la plataforma tecnológica que será el contenedor del conocimiento, dando soporte a los elementos generadores con la captación del conocimiento estratégico y fortaleciendo los ambientes de aprendizaje y las comunidades de prácticas. El seguimiento debe ser continuo marcando estrategias de incentivos y bonificaciones para la correcta gestión del conocimiento. Cuando se llega a un nivel de difusión de la GC a nivel de la organización de mantenimiento, se producen transformaciones visibles en la forma en que se enfrentan a los problemas, averías y experiencias diarias, produciéndose una mayor eficiencia en los procesos, reduciendo tiempos de actuación, y reduciendo los periodos de acoplamiento de nuevos operarios. El sistema es utilizado como parte fundamental en el auto-aprendizaje de los operarios, teniendo en cuenta los criterios y punto de vista de ellos para tener éxito el sistema. De igual manera, y dado que un proyecto de GC debe ser considerado en un ciclo continuo a lo largo de tiempo, se deben hacer estrategias de medición en relación a la generación y el uso, así como utilizar eventos kaizen que permitan el aprendizaje, y la evaluación del uso.

En la Figura 22, se extraen los procesos estratégicos del mantenimiento industrial con sus características en relación a los procesos del conocimiento, así como las consecuencias observadas. Se observa (Figura 21), que un adecuado tratamiento de la información, datos y experiencias operativas, registradas en el desempeño del mantenimiento, inducen sin duda ventajas competitivas a las empresas. Sin embargo normalmente dicha visión, no es contemplada por los órganos directivos de la empresa, dado que su valor o resulta invisible para ellos (por su difícil cuantificación y conocimiento de los procesos internos de la actividad de mantenimiento), centrándose la mayoría de las acciones de gestión del conocimiento en el entorno de la empresa en otras secciones que son más visibles y con mayor grado de cuantificación (marketing, administración, desarrollo, etc.).

El modelo de GC en la ingeniería del mantenimiento, debe acotar y reducir los problemas cotidianos que se constatan en la mayoría de las empresas, donde por el carácter tan específico y técnico de dichos trabajos, se requiere un alto requerimiento de experiencia del personal que lo desenvuelve con un alto componente de conocimiento tácito, y con poca tradición en transcribir las experiencias que se producen. Por ello se pretende mitigar los siguientes aspectos:

- Problemas derivados de los cambios de personal en la plantilla de mantenimiento, y que hacen que el nuevo personal necesite un tiempo de acoplamiento elevado hasta conseguir la disponibilidad total operativa del nuevo técnico, o la persona trasladada a otra planta industrial diferente a donde opera normalmente (tiempo necesario para absolver y asimilar el conocimiento y experiencia para operar en el nuevo entorno).

- Falta de experiencia o conocimiento de los operarios para resolver determinados problemas que obliga a que otros los solucionen.

- Falta de información sobre medidas específicas a adoptar ante averías que no se le han presentado antes al operario.

- La dependencia por parte de la empresa de la experiencia y conocimiento de los operarios, imprescindible para el buen funcionamiento de la empresa.

ASPÈCTOS ESTRATÉGICOS OBSERVADOS RELACIÓN MANTENIMIENTO Vs GESTIÓN CONOCIMIENTO

PROCESO — **CARACTERISTICAS** — **OBSERVADO**

En la entrada o acoplamiento de nuevo personal de mantenimiento al entorno de una empresa

- ➤El proceso normal de acoplamiento es de conocimiento tácito a tácito (aprendizaje basado en la experiencia en el entorno).
- ➤Este acoplamiento es necesario ante operarios con experiencia en la empresa que cambian de entorno (por cambiar a otra sede o cambio de la sección de trabajo).

- •Los periodos de acoplamiento conllevan una perdida operativa y económica importante en la empresa.
- •Los periodos pueden oscilar según la complejidad de la empresa entre 8 y 14 meses para operativa aceptable.
- •Supone el abandono de sus tareas de otros operarios con experiencia para transmitir su conocimiento al nuevo operario.

En las acciones rutinarias de mantenimiento preventivo y correctivo

- ➤El proceso habitual es de aprendizaje de los procesos basado en la experiencia en su realización a lo largo del tiempo.
- ➤Existe una dependencia de los operarios con mayor experiencia y conocimiento de las instalaciones y equipamiento.

- •La efectividad en las acciones y procesos de los mantenimientos rutinarios, no está registrada explícitamente, reside en el conocimiento propio del operario.
- •Este conocimiento y su efectividad se da entre los técnicos de mayor experiencia. Existe un periodo de tiempo extenso para su eficiencia.

En las acciones de resolución de averías no cíclicas y mejora de la fiabilidad.

- ➤El conocimiento de la resolución es crítico, dado que afecta de forma intensa a la producción de la empresa o del servicio que presta.
- ➤La experiencia en la resolución de averías no cíclicas, no suele ser documentada, y el proceso de resolución comienza de cero cuando le ocurre a un operario que no ha pasado por dicha experiencia.
- ➤No suele haber un estudio crítico de la fiabilidad, y mapa de conocimiento ante crisis. Es preciso un conocimiento profundo de los procesos clave.

- •El conocimiento capturado de las experiencias en la resolución de averías no cíclicas, conlleva una reducción de tiempo en la resolución, por parte de otros que no han pasado por dichas vivencias.
- •Esta resolución ante averías críticas en un menor tiempo, supone una ventaja económica a la empresa, ante un coste que normalmente no está previsto.

En las acciones operativas de explotación, operación o maniobras de instalaciones

- ➤El proceso del conocimiento en las acciones rutinarias de operación, es propio de las características de las instalaciones de cada empresa y supone un tiempo de acoplamiento de los técnicos de mantenimiento.
- ➤Dichas acciones operativas, afectan de forma directa en la eficiencia de los procesos o servicios que se prestan.

- •Una incorrecta operativa en explotación, puede inducir averías o paradas no programadas.
- •La captura del conocimiento y casos operativos prácticos conlleva una estrategia de concienciación de los operarios que son los que contienen tácitamente dicha información.
- •Supone una reducción en las perdidas de la empresa una correcta gestión de ese conocimiento práctico.

En las acciones operativas de mejora de la Eficiencia Energética

- ➤Es necesario un conocimiento profundo de las instalaciones y equipamiento para determinar la mejor opción de eficiencia energética.
- ➤Muchas de las opciones de eficiencia energética se observan durante la operación de las instalaciones, con acciones sencillas, que normalmente no son reflejadas o ejecutadas, por factores relacionadas con la deficiente transferencia de la información o conocimiento de los operarios que lo observan.

- •Es necesario una mayor implicación durante las fases de diseño y explotación de las instalaciones.
- •Muchas de las acciones de eficiencia energética son observadas por los operarios, y no transmitidas a los órganos de dirección.
- •Es preciso un conocimiento basándose en el análisis. En muchos casos acciones sencillas conllevan un ahorro energético significativo.

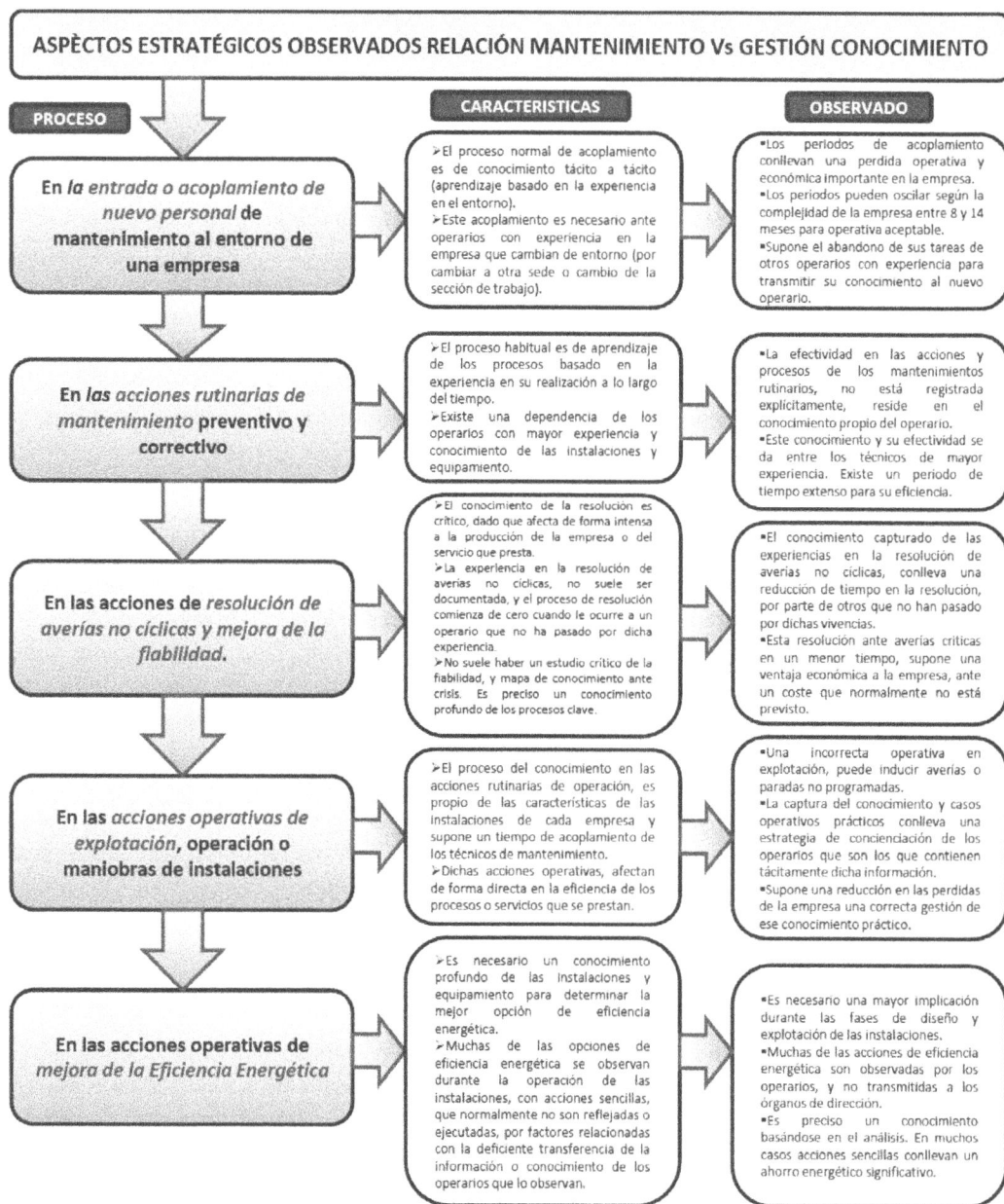

Figura 22. Aspectos estratégicos del mantenimiento y su relación con la gestión del conocimiento. Fuente: elaboración propia

- El conocimiento y experiencia en la operación u explotación diaria de las instalaciones, que normalmente se basa en la experiencia en el tiempo (y asimilada tácitamente), o transferida de manera informal por otro compañero con experiencia en dicho puesto (paso del conocimiento de tácito a tácito)

- El conocimiento en las acciones rutinarias de mantenimiento preventivo, correctivo y predictivo, que ante la entrada de nuevos operarios, conlleva de igual manera un tiempo de adaptación, acompañado de operarios existentes.

- La experiencia y el conocimiento que motivan acciones de eficiencia energética, detectadas muchas veces tras el conocimiento profundo de las instalaciones por parte de los técnicos operativos y normalmente no registradas de manera explícita, y que se pierden tras el abandono de ciertos operarios.

- Existencia únicamente de históricos de avería teóricos, sin poseer documentación alguna sobre las averías que no suelen ocurrir, y que son las que normalmente tienen mayor repercusión económica negativa para la empresa.

- Una incorrecta gestión de la documentación técnica que se encuentra descentralizada y/o parcialmente disponible, o que en algunos casos es tan voluminosa que no deja ver cuál es la información relevante y útil.

- La carencia de sistemas de aprendizaje y reciclaje del personal, en concreto hacia el propio entorno donde opera la organización de mantenimiento.

Hay que evitar un enfoque de "apagar fuegos" que se da en la gestión de operaciones tradicional, por falta de un enfoque hacia la mejora continua, constituyendo esto una barrera importante (Bateman et al., 2003).

La aplicación de una mejora en la gestión de la información y conocimiento, redunda positivamente en todas esas acciones, y en especial en la resolución de grandes averías, o fallos no cíclicos espaciados en el tiempo y normalmente no registrada su actuación.

3.1. FASE 1: Identificación del valor de lo intangible y análisis de la situación

El comienzo de un proyecto de gestión del conocimiento en mantenimiento, lleva de por si implícito, que existe ya una concienciación en los órganos de dirección del mantenimiento, de la importancia y beneficios que puede conllevar a la propia organización. Un proyecto de GC, está condenado al fracaso, si no intervienen de manera activa los componentes humanos propios de la organización de mantenimiento de la propia empresa. Puede haber apoyo experto externo, como es el caso de esta investigación, pero de ninguna manera puede ser llevado a cabo de una manera total externalizando todos los procesos.

El comienzo debe pasar por el análisis e identificación del estado de la situación en relación en cómo se desarrollan los procesos de comunicación y relación para el aprendizaje, así como los procesos técnicos, misión de los departamentos de mantenimiento. Mediante técnicas cualitativas como la de observación directa, permite hacer un estado de situación, sobre la forma en que realizan los procesos y actividades, antes de realizar estudios cualitativos más profundos.

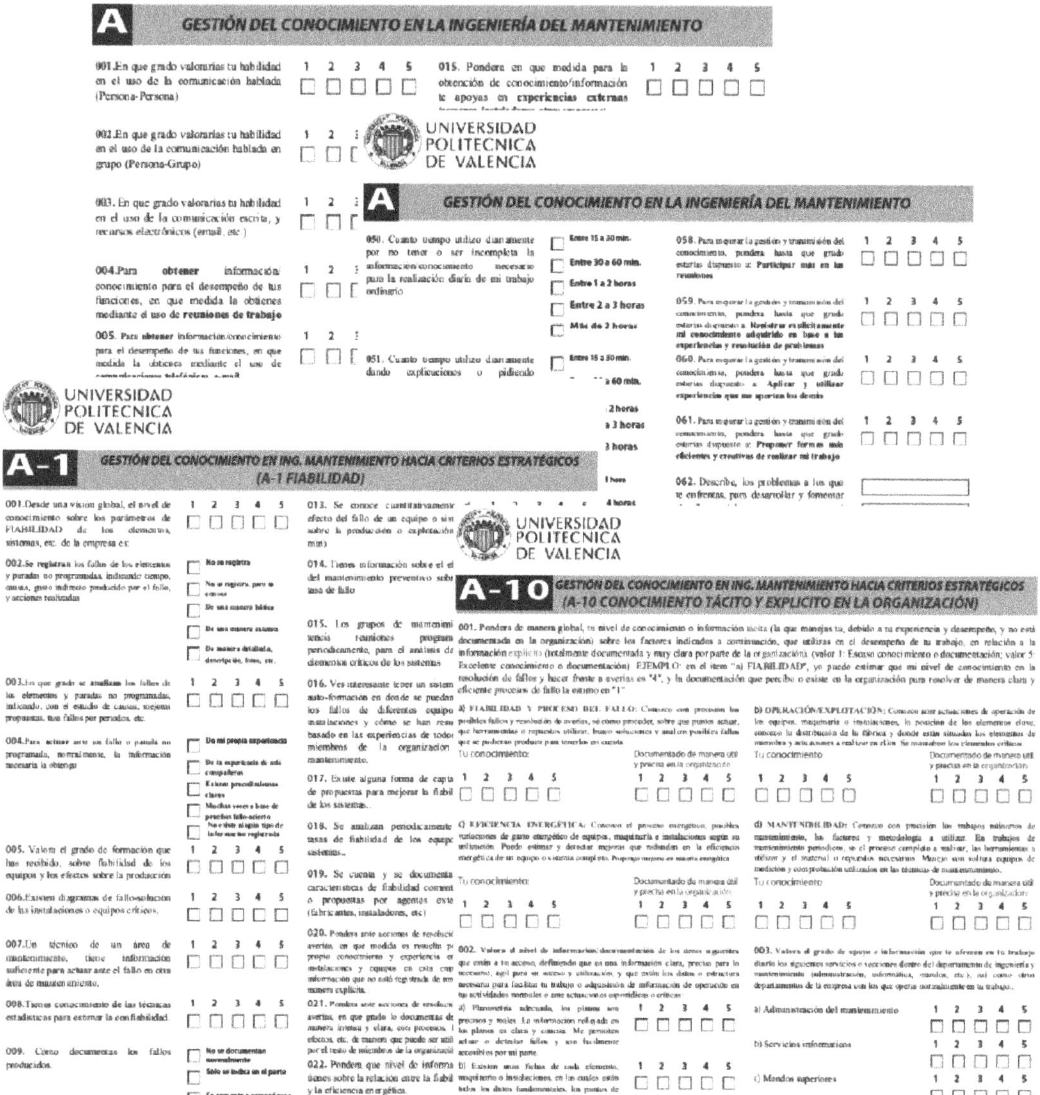

Figura 23. Detalle de cuestionarios para identificación de los procesos de comunicación y estratégicos en la organización de mantenimiento. Fuente: elaboración propia

Auditar el conocimiento

Para ello se han diseñado unos cuestionarios (Figura 23) con el fin de estimar y definir el estado de la gestión del conocimiento, en relación a las acciones cotidianas, y las aplicadas hacia las que se han definido como aspectos estratégicos del mantenimiento (fiabilidad, eficiencia energética, mantenibilidad, explotación /operación). Su finalidad es detectar las maneras en que se relacionan las personas en la organización de mantenimiento, sus formas de comunicación y estrategias diarias.

Con estos cuestionarios iniciales se hace un pre-diagnostico inicial del conocimiento, de cómo se obtiene y comparte la información entre sus miembros con los flujos de entrada y salida, la manera como se utiliza el conocimiento y se documentan las experiencias diarias, y las relaciones entre sus órganos (jefes y operarios) y relaciones con empresas o trabajadores externos que tienen relación con la organización de mantenimiento. Con ello se realiza una auditoría de conocimiento, donde se visualiza las relaciones y flujo de la comunicación y procesos del conocimiento entre los propios miembros. De igual manera se identifican la relación de todos los procesos clave de la actividad de mantenimiento en relación al conocimiento necesario, las barreras para mejorar la transferencia, y la manera de captura del conocimiento tácito que en alto porcentaje se dan en todas las actividades estratégicas.

Auditar las acciones de mantenimiento

De igual manera, para abordar los procesos de gestión del conocimiento, también es preciso el identificar los procesos normales asignados al departamento de mantenimiento, para lo que es necesario una auditoría de mantenimiento (que identifica los procesos técnicos del desempeño del mantenimiento en el entorno de la empresa donde desarrolla el trabajo), y las auditorías energéticas (unidas íntimamente a los procesos de mantenimiento), donde se detectan situaciones y procesos a optimizar o corregir que afectan directamente a la propia operativa de la empresa, compromiso medio-ambiental y mejora económica de los recursos.

Se puede utilizar como metodología para la auditoría de mantenimiento, de los diversos que existen en la literatura, cualquiera que marque los procesos normales en el interior de la empresa. Para auditar el mantenimiento pueden ser utilizadas como referencia las normas UNE (UNE-EN 15341, 2008; UNE-EN 13306, 2010; UNE-EN 13460, 2009; UNE-EN 20464, 2002; UNE-EN 60706-2, 2006), o normas de carácter internacional tales como las Covenin (Fondonorma) (COVENIN, 1993). En concreto para este estudio se selecciono el sistema de auditoría de mantenimiento basado en la norma Covenin (Figura 24), basado en 300 items, que refleja las mejores prácticas en el contexto de mantenimiento industrial.

Este sistema de auditoría de mantenimiento, mediante un sistema de deméritos, permite partir del estado futuro y ubicar el estado presente (según los términos de Work Management). La distribución del cuestionario de Covenin está catalogada por clase de mantenimiento. Se organizan las respuestas del cuestionario según las cinco fases en que Work Management divide el trabajo en la actividad de mantenimiento (identificación, priorización, programación, ejecución, medición).

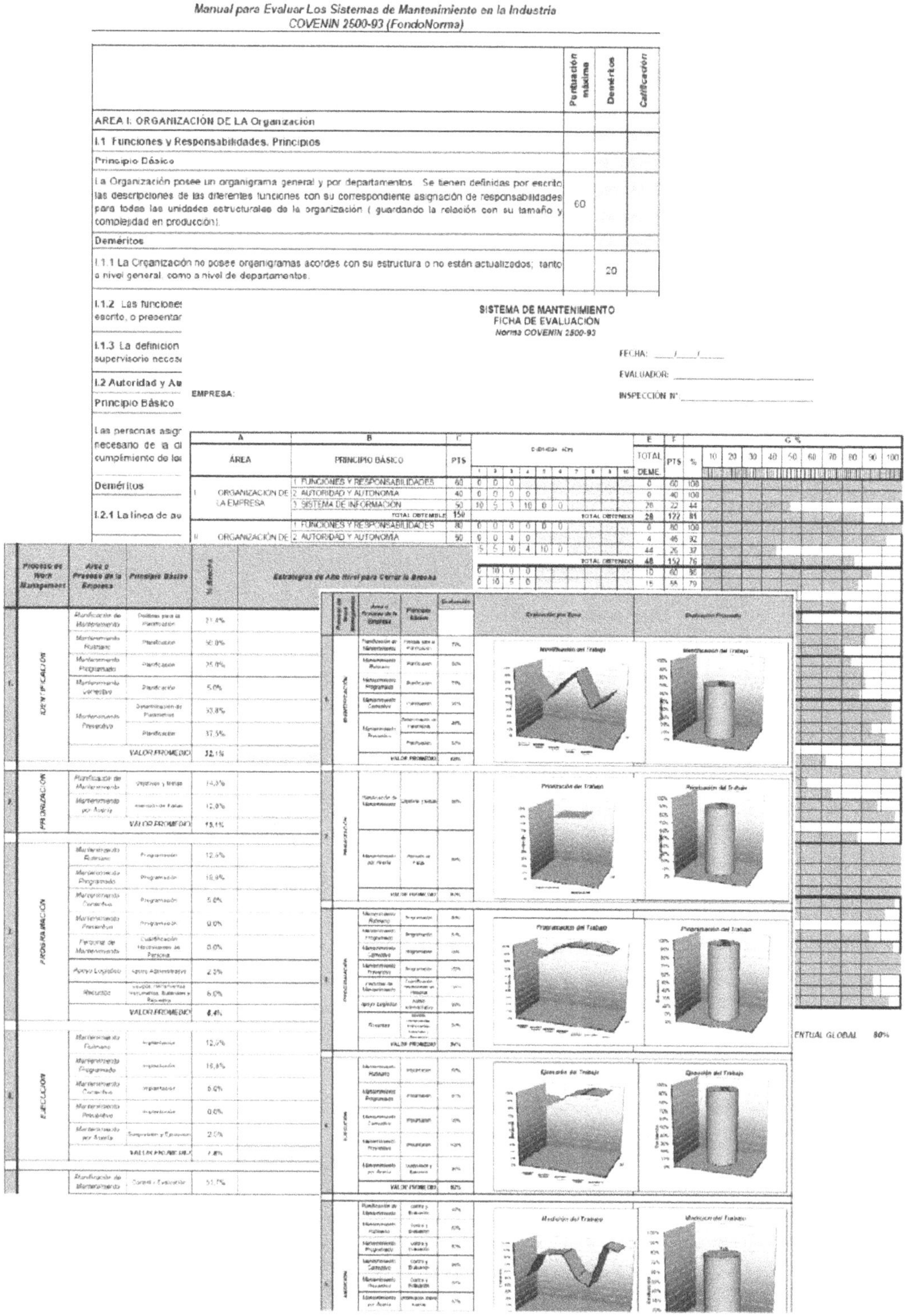

Figura 24. Detalle de auditoría de mantenimiento en base a la norma covenin. Fuente: Covenin, 1993

La hoja «Análisis de Brecha» muestra porcentualmente la diferencia entre la mejor práctica (Estado Futuro) y el resultado de la evaluación (Estado Presente). En la misma hoja se muestran las Estrategias de Alto Nivel necesarias para cerrar la brecha. (Ruta de Transformación).

Auditar la eficiencia energética

La auditoría energética, proporciona información relevante sobre cómo se producen todos los procesos de transferencia de energía, su uso, la limitación de fugas y la eficiencia de los equipos, misión fundamental de mantenimiento. La metodología se basa en las normas UNE (UNE 216501, 2009; UNE 16001, 2010), y mediante la realización de auditorías energéticas se afianzan las políticas internas para la mejora de la gestión energética (Figura 25), así como las acciones rutinarias, correctivas y preventivas que debe realizar la organización de mantenimiento.

Con la realización de la auditoría energética, se produce una generación de conocimiento en base al estudio y la experiencia sobre los equipos e instalaciones, así como el uso de la energía por los procesos de producción o servicios, con una contabilidad energética, desarrollando unas mejoras y motivando unas recomendaciones de buenas prácticas para toda la organización. Al menos, se deben realizar las siguientes acciones, basadas en las normas y en el sentido común:

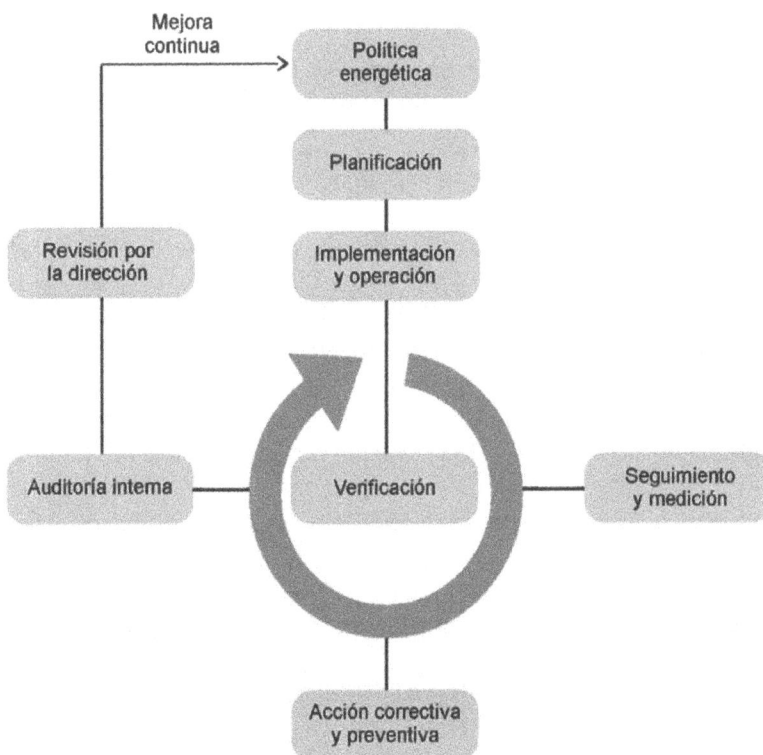

Figura 25. Diagrama de modelo de gestión energética según norma UNE 16001. Fuente: UNE 16001-2010

a) Alcanzar un conocimiento suficiente del proceso de producción en lo que a sus implicaciones energéticas se refiere, cuando sea posible, con la ayuda de un diagrama de proceso así como el grado de utilización de la capacidad productiva de la instalación (%).

b) Se deben identificar las principales operaciones básicas, las líneas de proceso que trabajan de forma independiente y las que lo hacen de forma secuencial o encadenada.

c) Para cada operación básica, se debe identificar y caracterizar la forma o formas de energía que se utilizan, los principales sistemas y equipos que la desarrollan y sus vínculos con otras operaciones básicas, así como los flujos másicos involucrados o procesados para obtener indicadores que permitan asignar costes energéticos por proceso o por producto.

d) Adquirir conocimiento del horario de operación de planta de fabricación y de los principales sistemas y equipos consumidores de energía que la conforman.

e) Régimen del establecimiento: nº de empleados, estacionalidad del proceso, régimen de funcionamiento (días por semana).

f) Registro, y en su defecto cálculo o estimación, y análisis de los consumos con el mayor detalle posible (al menos anuales) de los principales equipos, sistemas, o partes del proceso.

g) Análisis del estado de conservación general de los equipos y sistemas, y sus características técnicas.

Se debe conocer la eficiencia con el que se aplican las tecnologías horizontales y se prestan los servicios, con el objetivo de identificar y analizar las posibilidades de ahorro o diversificación energética en todos los equipos y sistemas de la organización definidos en el alcance, como:

a) Comportamiento térmico del edificio: características de la envolvente térmica, tanto de los cerramientos opacos como de los huecos, orientación del edificio, zona climática, condensaciones, permeabilidades, puentes térmicos, protecciones solares por obstáculos remotos o debidas al propio edificio, condiciones funcionales de los distintas estancias del edificio y todo aquello que influya en el comportamiento térmico del edificio.

b) Sistema eléctrico: acometida, transformación, distribución interior hasta los puntos de consumo.

c) Iluminación natural y artificial interior y exterior a cargo de la organización.

d) Acondicionamiento térmico del edificio o edificios, calefacción, refrigeración, calidad de aire, y ventilación.

e) Sistemas de producción de aire comprimido y red de distribución.

f) Central térmica: calderas de agua caliente y sobrecalentada, generadores de vapor, aceite térmico y gases calientes.

g) Sistema de producción, acumulación y distribución de agua caliente sanitaria.

h) Sistemas de combustión y recuperación de calor en equipos de proceso.

i) Central frigorífica: equipos de producción de agua refrigerada, y sistemas de condensación.

j) Redes de distribución de fluidos calientes, refrigerados o a presión, destinados tanto a climatización como a proceso.

k) Elementos emisores y cambiadores de calor del sistema de climatización.

l) Motores eléctricos y su regulación.

m) Acometida y distribución de agua fría, grupos de presión, regulación, control de caudales.

n) Otras fuentes de captación de aguas.

o) Otras instalaciones: grupos electrógenos, baterías de condensadores, plantas depuradoras de agua, plantas de acondicionamiento de agua de consumo humano o para proceso, sistemas de transporte interior de materias y productos.

p) Sistema de autoproducción de energía.

Con el análisis de las distintas operaciones de la organización así como de cada uno de los principales equipos consumidores de energía que intervienen en las mismas, se identifican qué partes de los procesos tienen un mayor consumo energético, determinando el potencial de reducción de consumo energético y definiendo las propuestas de mejora. Con ello se consigue un conocimiento profundo de todas las acciones que inciden en el flujo energético y que afectan el servicio prestado del departamento de mantenimiento. Muchas de las acciones detectadas por la auditoría energética son conocidas de antemano por la propia organización de mantenimiento, pero muchas veces no han sido cuantificadas y por ello mantenidas sin realizar en el tiempo. Esta cuantificación impulsa una concienciación colectiva en toda la organización de mantenimiento, cuando se presenta y se difunden los resultados cuantificados de dicho estudio profundo (Figura 26).

El conocimiento que se adquiere con la auditoría energética, marca acciones de mejora, información de cómo se deben aplicar variaciones o las mejores prácticas para el uso eficiente de la energía, y establece relaciones que afectan no sólo a la energía, sino a la fiabilidad y mantenibilidad en un proceso sinérgico (Cárcel, 2010), que afianza en todos los miembros de la organización una concienciación eficiente que afecta a todos los resultados de la empresa (económicos, sociales y medio-ambientales) (Figuras 27 y 28).

FICHA DE ACCIÓN Nº	Sector/ Aplicación	Ficha calificación energética actual	Ahorro estimado (KWH)	Reducción emisiones (TnCO2)	Ahorro estimado (K€/año)	Inversión estimada	ROI (años)
1	Suministro eléctrico - Aumento de potencia contratada	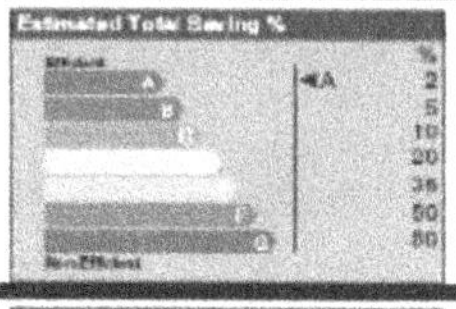	-	-	10,0	-	-
2	Instalación eléctrica de fábrica – Instalación de sistema de supervisión para el control y monitorización del consumo eléctrico de planta	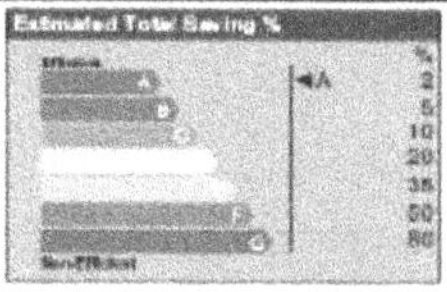	409.411	151,4	33,6	60,6	1,8
3	Instalación eléctrica de fábrica – Mejora distribución eléctrica línea de CT1 a Cuadros de distribución de frío	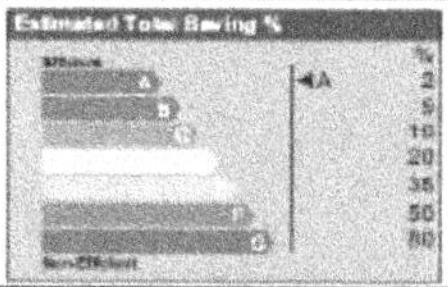	29.986	11,1	2,5	-	-
4.1	Instalación de frío Industrial – Instalación de variación de velocidad en compresor de frío A6	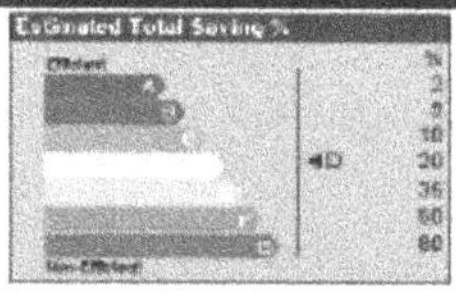	201.707	74,6	16,5	50,4	3,0
4.2	Instalación de frío Industrial – Instalación de variación de velocidad en compresor de frío A9	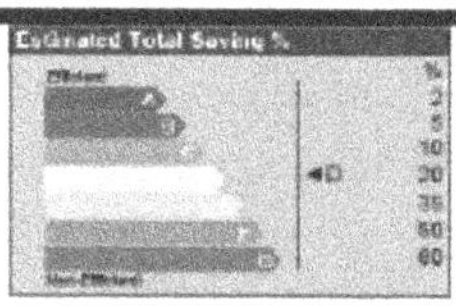	184.522	68,3	14,8	58,6	4,0
5	Instalación de frío Industrial – Instalación de variadores de velocidad en condensadores evaporativos	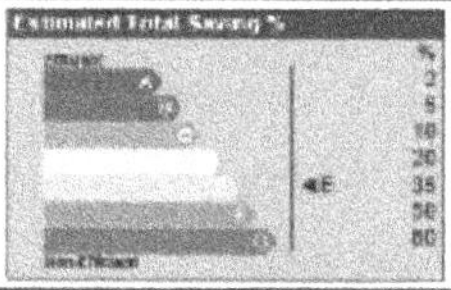	192.897	71,4	15,8	24,5	1,5
6.1	Instalación de aire comprimido Industrial - Instalación de centralita de control multicompresor	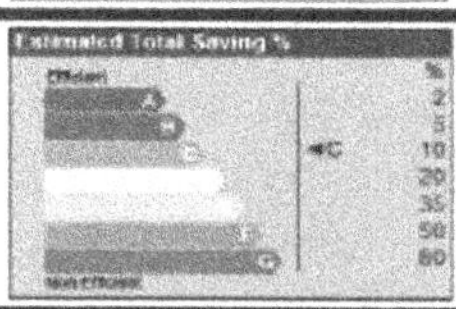	85.301	31,6	7,0	3,5	0,5
6.2	Instalación de aire comprimido industrial - Reducción de consumo residual		*incluido en acción nº2	*incluido en acción nº2	*incluido en acción nº2	*incluido en acción nº2	-
6.3	Instalación de aire comprimido Industrial - Reducción de fugas	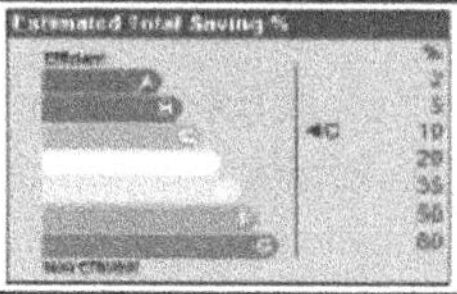	118.780	43,9	9,7	-	-

Figura 26. Ejemplo del detalle de ficha de acciones de resultados como consecuencia de una auditoría energética. Fuente: elaboración propia

Ficha de Acción N°. 4 :		Optimización de la regulación de capacidad en compresores frigoríficos		
Oportunidad de Ahorro	Ahorros estimados (k€/año)	Inversión estimada (k€)		ROI (años)
N°. 4.1	16,5	50,4		3,0
N°. 4.2	14,8	58,6		4,0
Total	31,3	109,0		3,5

Descripción

• La central frigorífica de la fábrica se compone de nueve compresores frigoríficos tipo tornillo que utilizan amoníaco (NH3) como refrigerante que se distribuye por tres líneas principales. La **Línea N°1 a -40°C** de evaporación asociada a los túneles de congelación. **Línea N°2 a -33°C** de evaporación para procesos de tratamiento de carnes y cámaras de congelación. Y **Línea N°3 a -15°C** de evaporación para cámaras y áreas climatizadas de procesamiento de carnes.

Denominación (ID)	Marca	Modelo	Refrigerante	Presión evaporación (°c)	Presión condensación (°c)	Potencia nominal (Kw)	Caudal de descarga (m3/h)
A9/C9	MYCOM	250VLD	NH₃	-40	35	400	2.400
A1/C1	MYCOM	250VSD	NH₃	-40	35	250	1.600
A2/C2	MYCOM	250VSD	NH₃	-40	35	250	1.600
A3/C3	MYCOM	160VMD	NH₃	-33	35	90	527
A4/C4	MYCOM	160VMD	NH₃	-33	35	90	527
A5/C5	MYCOM	250VMD	NH₃	-15	35	400	2.010
A6/C6	MYCOM	250VMD	NH₃	-15	35	400	2.010
A7/C7	MYCOM	250VMD	NH₃	-15	35	400	2.010
A8/C8	MYCOM	250VMD	NH₃	-15	35	400	2.010

• La **regulación automática de la capacidad** se realiza mediante una función integrada PID (proporcional, integral, derivada) que modifica la ubicación de la **corredera mecánica** integrada en el compresor a fin de adaptar la relación volumétrica de compresión (Vi) a las condiciones de trabajo existentes (carga térmica) que se determinan a partir de la variación de la presión de aspiración (succión) de los compresores.

Calificación energética actual

Figura 27. Ejemplo del detalle de una acción de eficiencia energética en el entorno de la refrigeración industrial. Fuente: elaboración propia

Ficha de Acción Nº. 3 :		Reducción de pérdidas por mejora en distribución eléctrica de CT1 a cuadros generales de frío	
Oportunidad de Ahorro	Ahorros estimados (k€/año)	Inversión estimada (k€)	ROI (años)
Nº.3	2,5	-	-
Total	2,5	-	-
Descripción:			

• La fábrica dispone en la actualidad de dos centros de transformación, C.T.1 y C.T.2.
Dos acometidas principales independientes alimentan la fábrica desde C.T.1, desde este centro de transformación se alimenta a C.T.2 en media tensión y en baja tensión al C.G.B.T. de grupos de frío y a la 'Nave Elaborados'.

• C.T.1 se compone de 3 trafos de aceite de 1.250 kVA en paralelo y C.T.2 de 2 trafos de aceite de 2.500 kVA, estos últimos se encuentran conmutados.

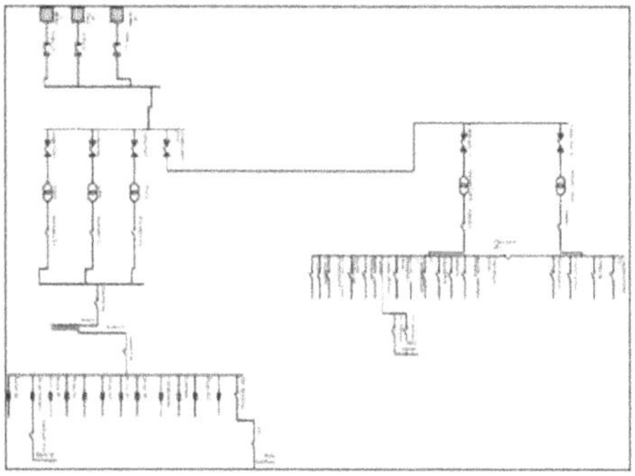

Calificación energética actual

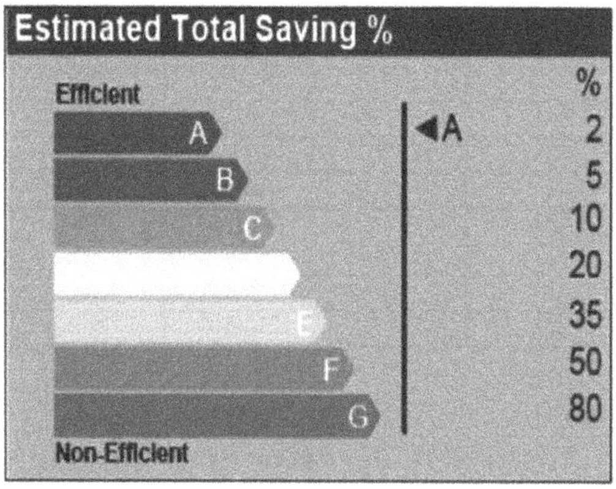

Oportunidades de Ahorro

Acción Nº 1 : Reducción de pérdidas por mejora en distribución eléctrica desde CT1 a futura CT1-Servicios

Descripción :

La propuesta consiste en la evaluación del impacto en cuanto a **pérdidas energéticas por efecto joule** derivadas del proyecto de modificación de instalación previsto. Dicho proyecto tiene por objeto mejorar la alimentación y distribución de las líneas eléctricas principales a fin y efecto de mejorar el rendimiento de la instalación tanto a nivel energético como por cuestiones de fiabilidad y garantía de suministro en previsión de una futura ampliación.

Se prevé sustituir los transformadores del actual centro de transformación (CT1) por otros que irían emplazados en dos centros de transformación, el primero ,CT1 Servicios más próximo a los cuadros generales de los grupos de frío. El segundo, CT2-Producción, estaría situado en la zona de ampliación prevista en un futuro. CT1-Servicios y CT2-Producción estarían conectados por una línea de M.T, y estos a su vez estarían alimentados por dos acometidas procedentes del actual CT1.

Figura 28. Ejemplo del detalle de de una acción de eficiencia energética en el entorno de la distribución eléctrica. Fuente: elaboración propia

Recogida de información por métodos cualitativos

En esta primera fase, una vez realizado el estudio preliminar objetivo en base a los estudios realizados en base a los cuestionarios con la auditoría de conocimiento, de mantenimiento y de eficiencia energética, se pasa a un estudio cualitativo mediante entrevistas individuales y de grupo, o metodologías grupales del tipo Metaplan, donde se afianzan los procesos estratégicos detectados. Se realiza la planificación para llevar a cabo los procesos del proyecto de gestión del conocimiento y se realizan las charlas iniciales para concienciación de las personas de la organización de mantenimiento, que son las que deben llevar a cabo dicho proyecto para que el resultado sea el requerido y perdure en el tiempo en la organización, como una filosofía intrínseca en su desempeño diario.

3.2. FASE 2: Transformación de lo intangible en visible

Esta fase requiere un profundo estudio, para extraer el conocimiento tácito implícito en el personal operativo de mantenimiento, así como el aligeramiento de la información explícita que existe en la organización, con el fin de articular la plataforma tecnológica que dará soporte al contenedor del conocimiento.

El conocimiento debe estar estructurado desde lo general a lo particular (Figura 29) y en función de los cuatro aspectos estratégicos que desempeña: la fiabilidad, la operación en explotación, la mantenibilidad y la eficiencia energética.

En la Figura 29, se observa el árbol de estructuración de la información, de aquí se observa que la información y el conocimiento debe estar orientado desde el saber general que determine un conocimiento básico operacional (factoría), pasando por los diferentes sistemas que pueden haber en la empresa (Frío industrial, electricidad, fluidos, sistemas térmicos, obra civil, comunicaciones, etc.), los subsistemas en que puede estar cada uno de los sistemas (Por ejemplo en el sistema electricidad: Centros transformación, cuadros eléctricos, distribución cableado, etc.), finalizando en los elementos, que es la última instalación o equipo operativo en que se actúa dentro de un sub-sistema (Transformador 1, cuadro eléctrico "n", etc.). Cada uno de los componentes del árbol tendrá asignado dos valores, el peso del conocimiento "PC" y el valor del conocimiento "VC". El primer valor, PC, supone el valor ponderado que representa en todo el sistema del conocimiento del elemento "n" (de elemento, sub-sistema, sistema, factoría, empresa), asignado por el grupo de expertos de mantenimiento de la empresa, en función de la repercusión que supone tener un grado de conocimiento del elemento considerado en función de su repercusión en las acciones estratégicas; El segundo valor, VC, representa el valor asignado del conocimiento del elemento "n", en función de los datos y conocimiento introducidos hasta ese momento.

En esta fase se estructura y se precisa toda la información y conocimiento a estructurar en los árboles de conocimiento, para lo cual es necesario concentrar el esfuerzo al principio en el "aligeramiento de la información explícita", y la captación del conocimiento tácito de los operarios en referencia a las actividades estratégicas de mantenimiento definidas. Con posterioridad se realizan

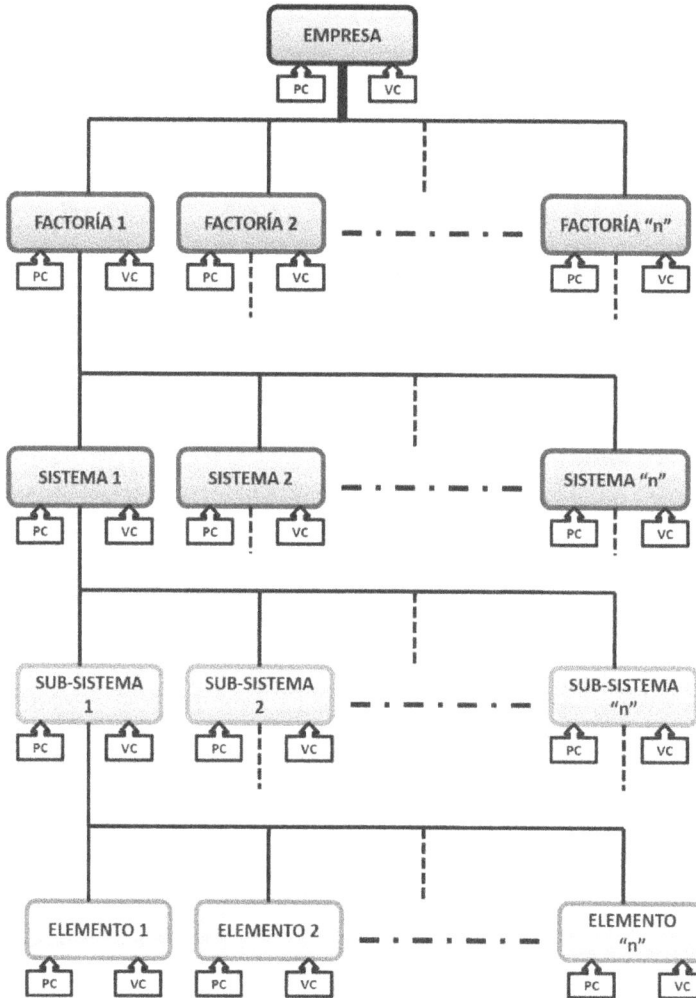

Figura 29. Árbol de estructuración del conocimiento desde lo general a lo particular.
Fuente: elaboración propia

los mapas de conocimiento, información y mapas conceptuales, para el afianzamiento del conocimiento y consulta rápida. También en esta fase se nombran y definen los agentes que harán las funciones de gestor del conocimiento en la ingeniería del mantenimiento.

a) Aligeramiento de la información explícita

Aquel dicho de que "los árboles no me dejan ver el bosque", puede ser bien aplicado generalmente en los departamentos de mantenimiento de las empresas, en referencia al gran volumen de información explícita almacenada, y que sin embargo precisamente por su gran volumen, hacen difícil su consulta y tratamiento.

El aligeramiento de la información explícita se hace según el principio de Pareto aplicado al nivel de documentación existente, en que menos del 20% de la información disponible es utilizada en el 90% de las veces.

La principal información explicita existente en las organizaciones de mantenimiento son las referentes a:

- Documentación de referencia a catálogos o manuales de fabricante.

- Planimetría.

- Proyectos de instalaciones y sistemas de producción.

- Partes de trabajo de mantenimiento.

- Informes y trabajos de empresas externas.

- Gestión administrativa y de almacenes de mantenimiento.

Una herramienta fundamental en el aligeramiento de la información explícita es lo que denominaremos como "anejos característicos". Estos estarán diseñados como un libro del conocimiento resumido, puntual y ágil en donde estén recogidos los datos técnicos, operativos, de entorno y experiencias de un sistema determinado, con el fin de conseguir un profundo conocimiento del sistema determinado, y en base a ello, sea base fundamental para el auto-aprendizaje de todos los miembros operativos de mantenimiento. Con la realización de los anejos característicos se cumplen varias hipótesis, contrastadas en base a la experiencia y los estudios cualitativos realizados:

- Al desbrozar el gran volumen de información existente para su aligeramiento, se consigue u conocimiento más profundo del sistema, una mejor operatividad, y se extraen consecuencias que redundan en la operatividad, fiabilidad, mantenibilidad y eficiencia energética.

- Se abordan con mayor facilidad la realización de los diagramas de fallo y operación de los equipos e instalaciones.

- Es una herramienta útil para la utilización en el auto-aprendizaje de los operarios y la reducción de los tiempos de acoplamiento de nuevo personal.

- Aborda la manera del aligeramiento de la planimetría de mantenimiento, realizando los diagramas de bloques y sintetizando la información gráfica.

Con ello se consigue la materialización de la herramienta capaz de manejar y operar con la gran cantidad de datos, que supone la caracterización del funcionamiento de una planta industrial, consiguiéndose la centralización de la información y de las operaciones de mantenimiento llevándose a cabo una eficaz y organizada gestión del mantenimiento.

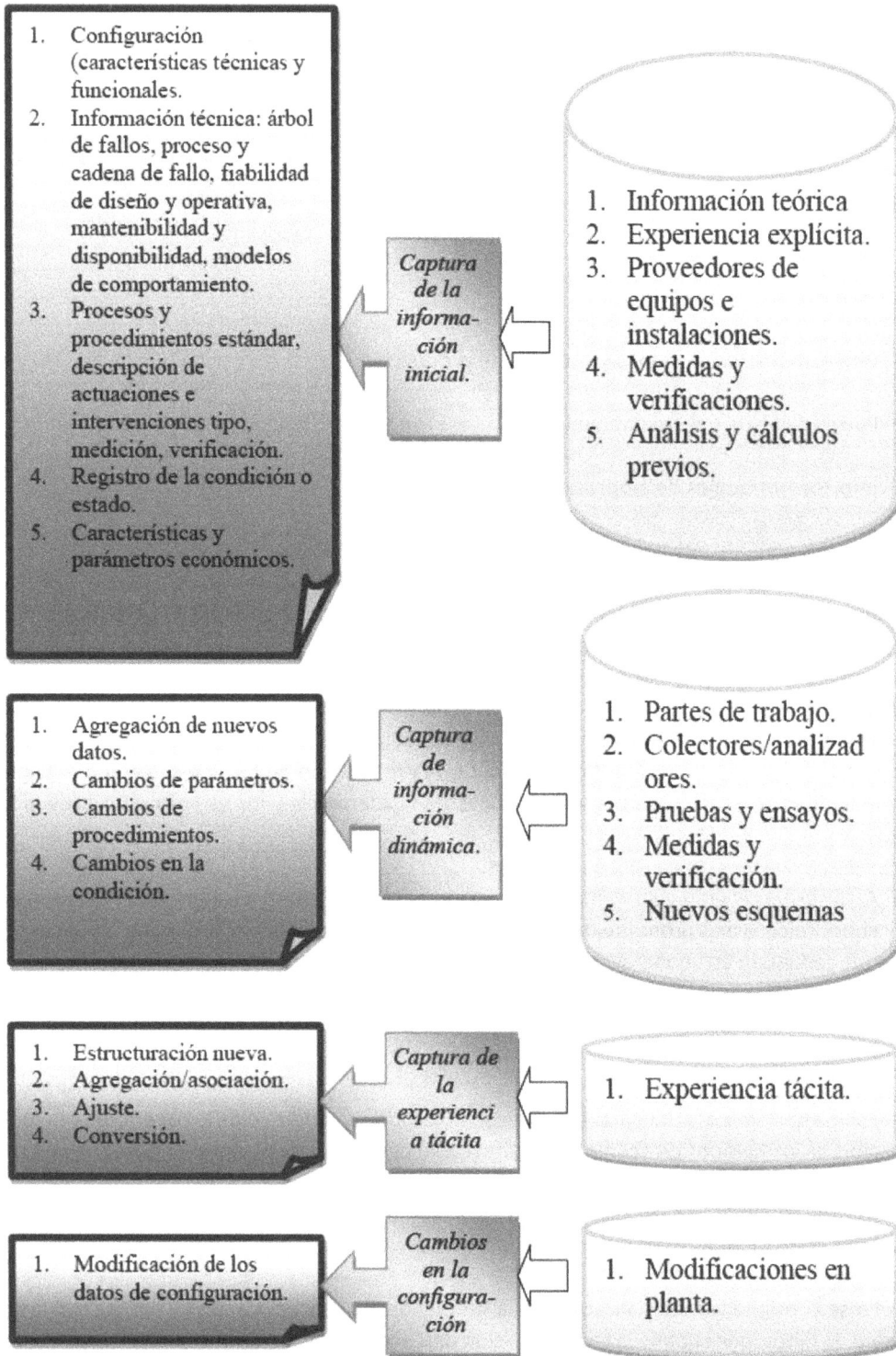

Figura 30. Esquema general de procesamiento de la información. Fuente: elaboración propia

La gestión de la documentación hace referencia al almacenamiento, estructuración y organización de toda la información necesaria en la gestión del mantenimiento. Se lleva a cabo mediante diversos instrumentos que se explican en los apartados siguientes.

Anejos característicos

La importancia de los anejos en el mantenimiento en su aplicación al entorno de una empresa viene determinada por diversos motivos:

- *La descentralización de la información:* la información, ya sean fotografías, planos, manuales, datos técnicos, actuaciones de mantenimiento realizadas y a realizar, etc., se suele encontrar desperdigada en distintas dependencias o secciones de la planta. Siendo difícil, por tanto, de localizar. Parece conveniente, o bien una centralización o una integración de todos esos datos, o cuando menos, la confección de un código o listado de localización o inventario de información, a modo de base de datos relacional, que, mediante palabras clave, facilite el acceso a toda la información en planta sobre un determinado objeto.

- *La gran cantidad de formatos diferentes* que existen en cuanto al almacenamiento informático de planos, esquemas unifilares, etc., que dificulta las comparaciones y el análisis, y que exige una cierta normalización o estandarización de formatos.

- Por último, hay que *destacar la experiencia que posee un operario de mantenimiento* sobre unas instalaciones concretas, y la posible pérdida de esa experiencia tácita por rotación del personal. Esto hace que sea productivo e interesante convertir esa experiencia en explícita, mediante registro de los procedimientos, parámetros, datos, situaciones, selecciones, elecciones, decisiones, observaciones, interpretaciones, recomendaciones, detecciones, diagnósticos y ajustes relevantes para la actuación de mantenimiento en planta.

Cuando un operario entra a formar parte del equipo de mantenimiento de unas determinadas instalaciones, su conocimiento sobre ellas es escaso, así como, la forma de actuar ante las averías más típicas, los lugares donde debe acudir a realizar determinadas comprobaciones, etc.

Todo esto se traduce, por un lado, en la necesidad de adquirir información y formación por parte de esos nuevos operarios, por otro, en la de capturar la experiencia valiosa que poseen los que abandonan la planta. Conviene señalar que, mientras el conocimiento teórico es un "bien compartible" sin coste añadido, siendo posible su adquisición en cualquier momento, la experiencia tácita, acompaña a su poseedor y tiene un coste de oportunidad elevado; ya que si no se adquiere y registra antes de su marcha, requiere un coste y un tiempo de reposición elevado, todo ello traduciéndose en una nueva inversión por parte de la empresa, y llevando consigo un menor rendimiento y productividad. En definitiva la inversión de transmisión y el coste del mantenimiento del registro de la experiencia explícita, son menores que las inversiones periódicas que han de efectuarse cada vez que el operario o técnico poseedor de la experiencia abandona la planta y el coste de dependencia de ese operario o técnico cuando está en activo.

Debido a estos motivos, y para subsanar los problemas que se derivan, surge la necesidad de diseñar los anejos característicos de la instalación. Aunque en principio supone una inversión no despreciable por la gran cantidad de horas de trabajo que deben dedicarse a confeccionarlos, el elevado retorno de esa inversión la justifica.

Los anejos deben estar separados según los distintos tipos de instalaciones, de maquinaria, etc. Por ejemplo, podrían separarse en anejo de comunicaciones, fluidos, grupos electrógenos, etc. En el siguiente capítulo, se mostrará un anejo correspondiente a este último concepto.

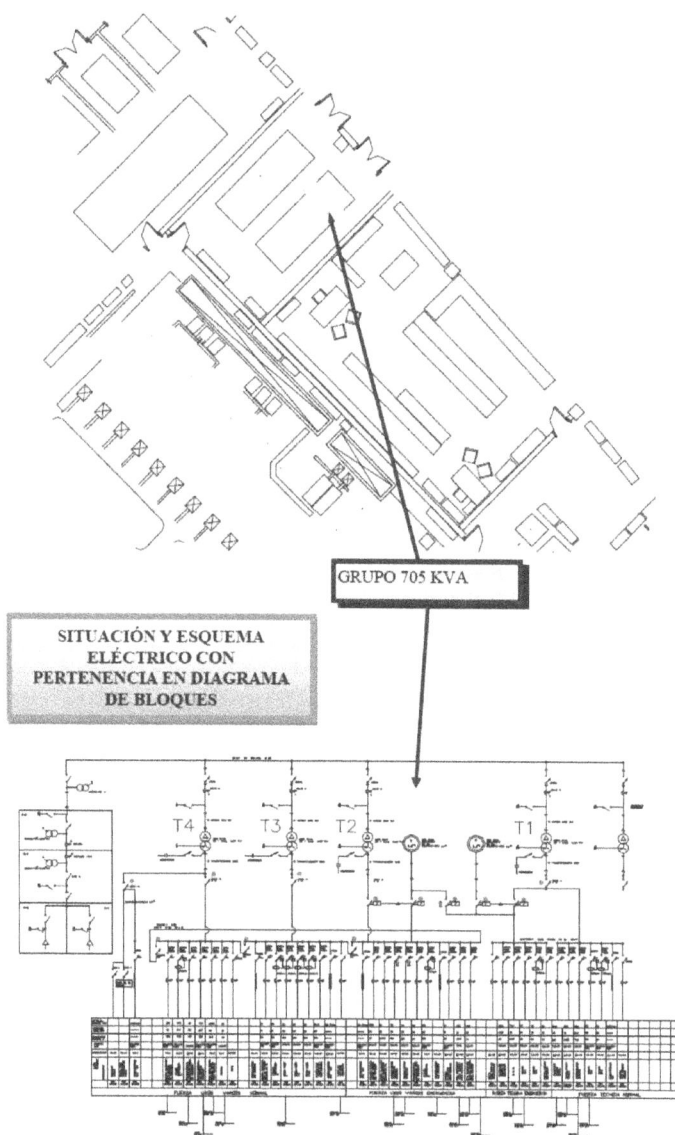

Figura 31. Detalle de parte de un anejo característico. Fuente: elaboración propia

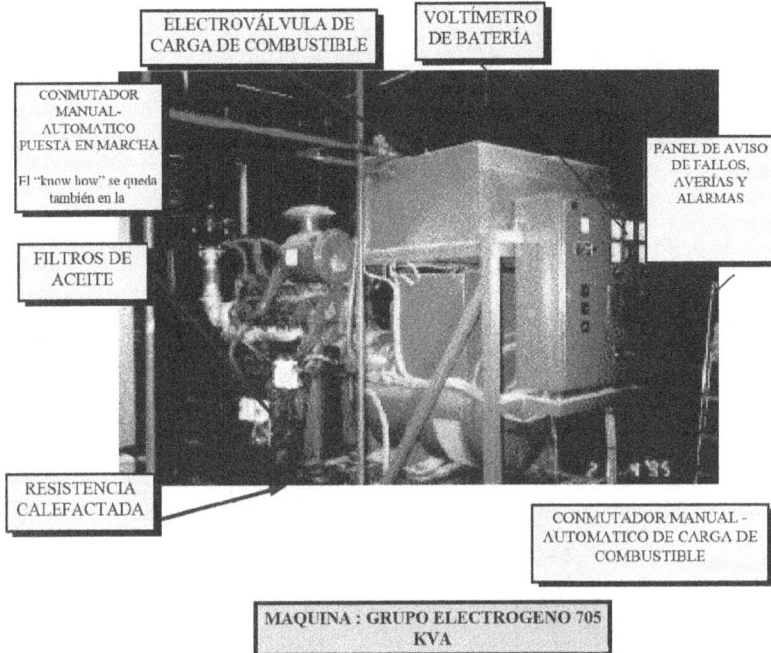

ELECTROVÁLVULA DE CARGA DE COMBUSTIBLE

VOLTÍMETRO DE BATERÍA

CONMUTADOR MANUAL-AUTOMATICO PUESTA EN MARCHA

El "know how" se queda también en la

PANEL DE AVISO DE FALLOS, AVERÍAS Y ALARMAS

FILTROS DE ACEITE

RESISTENCIA CALEFACTADA

CONMUTADOR MANUAL - AUTOMATICO DE CARGA DE COMBUSTIBLE

MAQUINA : GRUPO ELECTROGENO 705 KVA

Figura 32. Detalle de parte de un anejo característico. Fuente: elaboración propia

Por otra parte, un anejo, sea cual sea el tipo de instalación que describe, debe contener información acerca de: equipos pertenecientes a ese anejo, marcas, garantías, distribuidor, características técnicas, ubicación, esquemas unifilares (si corresponde), tipos de fallos más frecuentes, formas de actuación, revisiones a efectuar, fotografías características, etc. (Figuras 31 y 32).

Estos anejos contienen gran cantidad y variedad de información, relacionada entre sí y referida a un entorno determinado de actuación, por lo que podría hablarse de que están configurados sobre un tipo de conocimiento espacial o geográfico de la planta.

Planimetría

Uno de los aspectos más importantes de cara a un óptimo mantenimiento es la correcta gestión de la planimetría. Dicha planimetría debe ser clara y precisa, de manera que no sólo los ingenieros puedan interpretarla, sino que cualquier operario pueda, en el menor tiempo posible, conocer la disposición de la obra civil, equipos e instalaciones.

Normalmente, la planimetría existente, realizada por la ingeniería de obra, presenta las siguientes deficiencias:

- Con asiduidad, no contempla la realidad de la ubicación real de las instalaciones, equipos y cuadros eléctricos, lo que lleva a dudar siempre de lo que contienen dichos planos. En con-

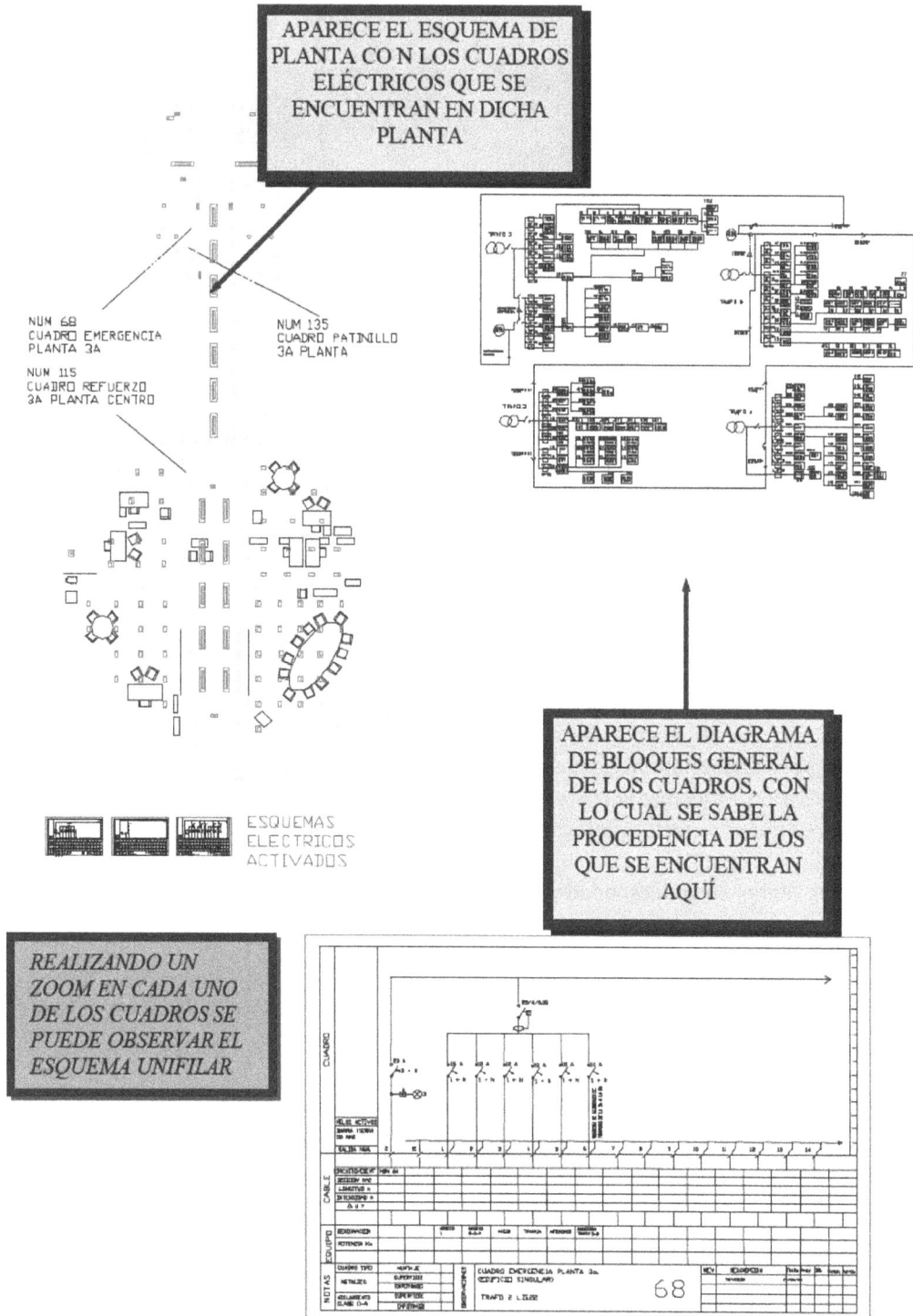

APARECE EL ESQUEMA DE PLANTA CO N LOS CUADROS ELÉCTRICOS QUE SE ENCUENTRAN EN DICHA PLANTA

NUM 68
CUADRO EMERGENCIA
PLANTA 3A

NUM 135
CUADRO PATINILLO
3A PLANTA

NUM 115
CUADRO REFUERZO
3A PLANTA CENTRO

ESQUEMAS
ELECTRICOS
ACTIVADOS

APARECE EL DIAGRAMA DE BLOQUES GENERAL DE LOS CUADROS, CON LO CUAL SE SABE LA PROCEDENCIA DE LOS QUE SE ENCUENTRAN AQUÍ

REALIZANDO UN ZOOM EN CADA UNO DE LOS CUADROS SE PUEDE OBSERVAR EL ESQUEMA UNIFILAR

Figura 33. Detalle de tratamiento de la planimetría mediante diagramas de bloques orientada a la posición en planta. Fuente: elaboración propia

secuencia, debe comprobarse la ubicación real sin tener en cuenta lo registrado en dichos planos.

- En muchas ocasiones, en su almacenamiento físico, se encuentran realizados en hojas de formatos elevados (A0 y A1), con lo cual resultan incómodos tanto para trabajar con ellos, como para obtener una visión rápida de lo que se desea consultar.

- La mayoría de ellos están delineados sin tener en cuenta que pueden consultarlos operarios, lo cual requiere (aunque esto es más complejo) elaborarlo de una manera clara, normalizada y legible.

- Los planos que existen pueden no estar realizados en formato CAD (normalmente en pequeñas empresas), lo que conlleva que cualquier variación implica un nuevo delineado y almacenamiento de los planos.

Es por ello que toda la planimetría orientada hacia la función de mantenimiento, debe ser sencilla pero precisa, orientada de lo general a lo particular, diseñada hacia el personal operativo de mantenimiento (Figura 33). Debe contener los diagramas de bloque de conjunto e información adicional que ayuden a su comprensión rápida y ágil por todos los miembros operativos de mantenimiento, y al igual de los anejos característicos, desbrozados y analizados para que contenga de una manera resumida, las características principales y útiles para la utilización y toma de decisiones rápidas ante acciones de fallos o de operación de los equipos e instalaciones del entorno donde se desarrolla el trabajo.

Por los motivos arriba expuestos, se decide convertir todos los planos primitivos a formato CAD, para su mejor procesamiento y aumento de las prestaciones.

Se debe proceder a realizar la conversión a CAD, si conviene y se constate que no existen, de los planos de planta de los edificios existentes, procediéndose a un repaso real de las instalaciones y su puesta en la planimetría de manera que refleje lo que realmente existe en dichos edificios.

Se debe intentar introducir el mayor número de características que definan las instalaciones, tales como ubicación de cuadros, pares telefónicos, etc. No obstante, este trabajo debe ser un trabajo "vivo", de manera que se deberán actualizar las incidencias que día a día puedan surgir, de manera que la planimetría siempre estará al día, y orientada para la utilización práctica de todos los miembros operativos de mantenimiento.

Diagramas de fallos

Un diagrama de fallos es un esquema en el que se muestra el tipo de fallo o avería que se puede producir junto con unas posibles causas y unos remedios o soluciones a cada una de esas causas.

Estos diagramas son de gran utilidad a la hora de actuar rápidamente ante una incidencia. Por eso estos diagramas deben formar parte de los anejos característicos correspondientes a la planta, rea-

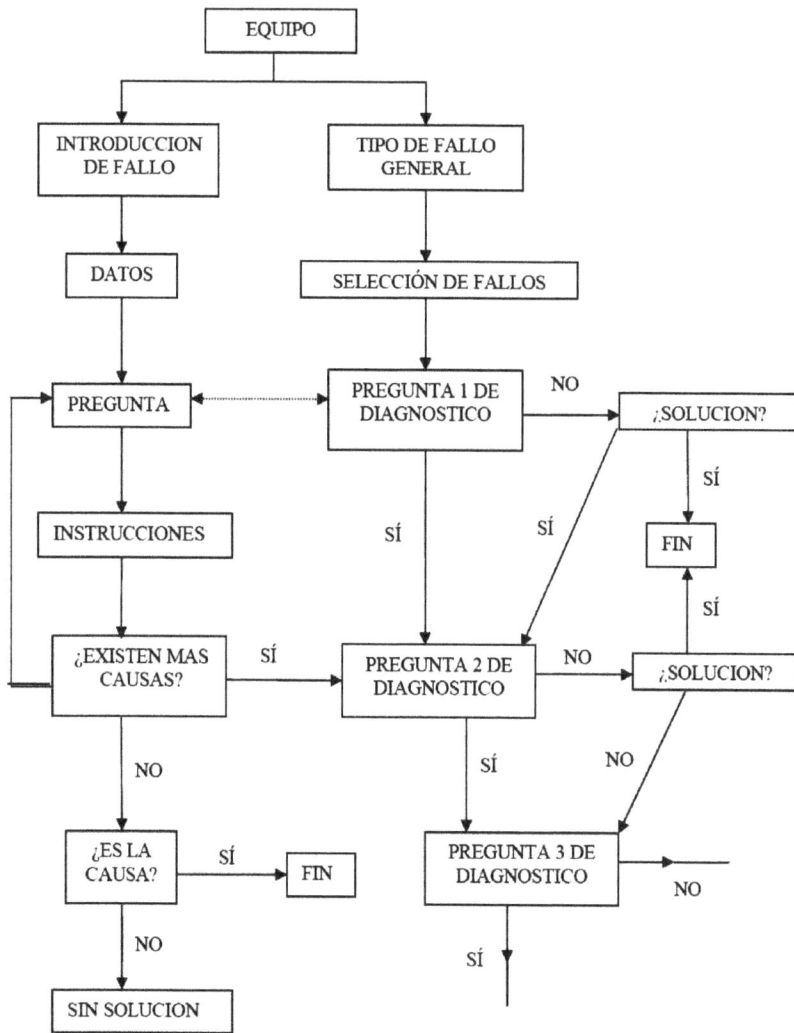

Figura 34. Esquema orientativo para la realización de un procedimiento de decisión ante fallos.
Fuente: elaboración propia

lizados de una manera reflexiva y analítica por el grupo de expertos operativos de mantenimiento de la propia factoría (Figuras 34 y 35).

Sistema de partes de trabajo

Un parte de trabajo es un documento normalizado sobre la base de una plantilla estándar, diseñada en función de las necesidades de cada empresa, utilizado normalmente en todas las organizaciones de mantenimiento, y normalmente gestionado por programas comerciales estándares de administración de mantenimiento.

AVERIAS COMUNES EN LOS GRUPOS ELECTROGENOS.
Averías en los Alternadores sin Escobillas.

AVERIA	CAUSA	REMEDIO

A

VELOCIDAD DE ACCIONAMIENTO DEMASIADO BAJA

A

COMPROBAR REGULADOR DE VELOCIDAD DEL MOTOR DE ACCIONAMIENTO.COMPROBAR TRANSMISION AL ALTERNADOR

B

REGULADOR TRANSISTORIZADO DEFECTUOSO

B

CORTAR CORRIENTE EN EL CAMPO DEL REGULADOR KR-KL. SI EL ALTERNADOR SE EXCITA, CORREGIR LA FALTA EN EL REGULADOR TRANSISTORIZADO

C

RECTIFICADOR (N3) O SUPRESOR DE TENSION DEFECTUOSO

C

COMPROBAR LOS DIODOS Y CAMBIAR LOS DEFECTUOSOS

D

INTERRUPCION EN EL CIRCUITO DE EXCITACION. ALTERNADOR (M1) REACTANCIA (M4) TRANSFORMADOR DE INTENSIDAD (M3) RECTIFICADOR (N3) CAMPO DE COMPENSACION (JK)

D

COMPROBAR TODAS LAS CONEXIONES

E

COMPROBAR LAS CONEXIONES

1

EL ALTERNADOR NO SE EXCITA

E

DIODOS DEL RECTIFICADOR GIRATORIO (N1) O SUPRESOR DE TENSION (N2) DEFECTUOSOS

E

COMPROBAR CON OHMIOMETRO Y SUSTITUIR LOS DEFECTUOSOS

E

INTERRUPCION EN EL BOBINADO DE RUEDA POLAR (M1)

E

ELIMINAR LA INTERRUPCION

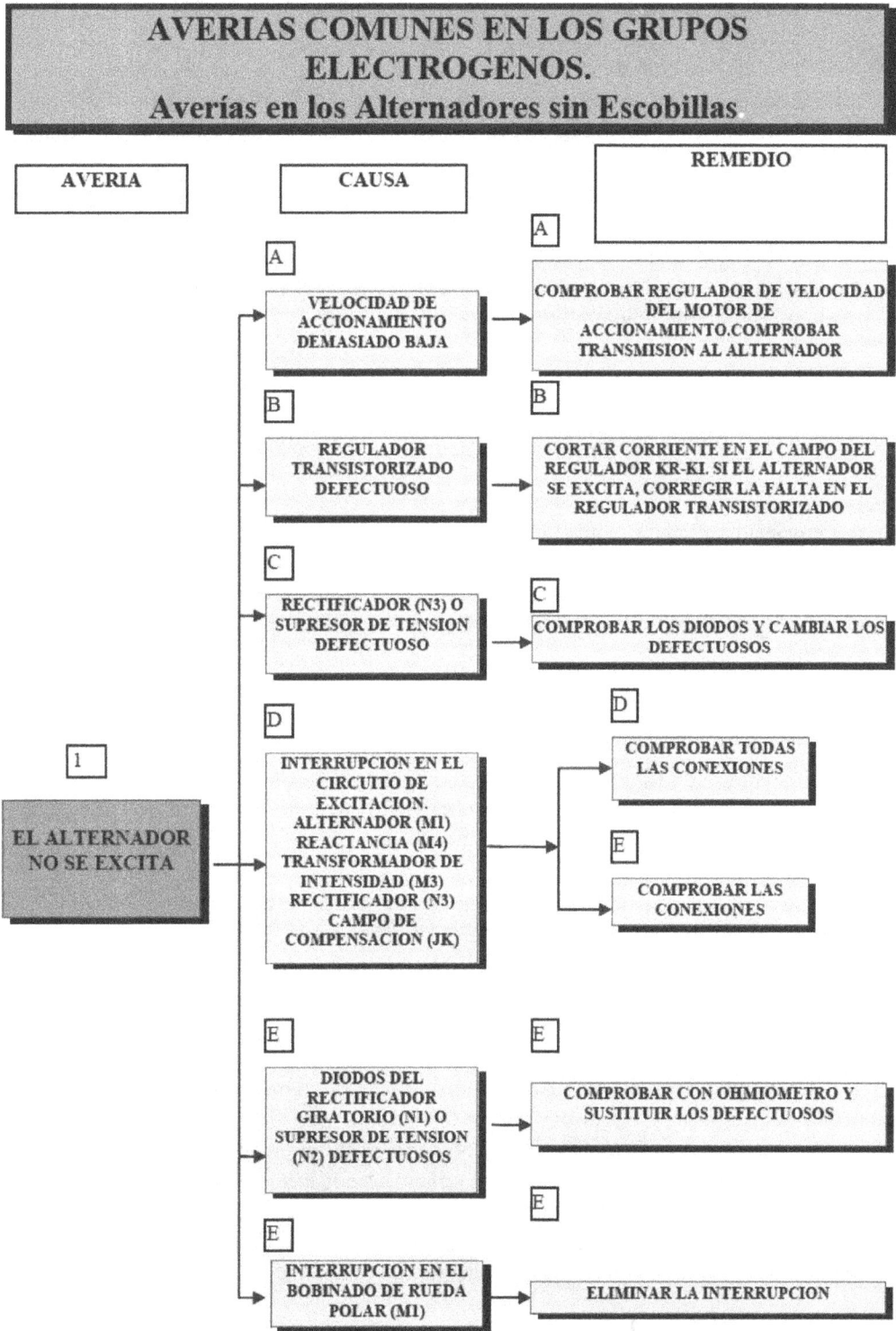

Figura 35. Esquema orientativo para la realización de un diagrama de fallos. Fuente: elaboración propia

Este documento tiene varias funciones:

- En primer lugar, se utilizan para asignar trabajos en general, ya sean revisiones, averías que puedan surgir, o cualquier otro tipo de trabajo que se desee asignar, así como gestionar los recursos de almacén, herramientas, cuadrantes de mantenimiento, mediciones de consumos de energía, fluidos, control horario, tipos de mantenimiento realizados, la gestión administrativa de pedidos y gestión de personal, etc..

- En segundo lugar, estos documentos se utilizan para planificar mejor las tareas a realizar por la Unidad de Mantenimiento, así como, para que quede constancia de qué operario ha realizado cada tarea, qué materiales ha empleado, cuánto tiempo ha invertido en dichos trabajos, etc.

El parte de trabajo contiene gran cantidad de información que servirá para diferentes cometidos como, por ejemplo, control horario, gestión del almacén, históricos de incidencias y mantenimientos, etc.

Los datos que incluye el parte se pueden clasificar en dos grandes grupos:

- El primero de ellos incluye toda la información que va implícitamente en el parte, es decir, aquellos datos que el superior correspondiente ha decidido incluir para una correcta ejecución del trabajo,

- El segundo grupo incluye los datos que el operario que realiza el trabajo debe rellenar.

Con relación al adecuado tratamiento de la información generada y el conocimiento producido por las acciones definidas en los diversos partes de mantenimiento, normalmente gestionado por programa comercial de administración del mantenimiento, se debe tener en cuenta lo siguiente:

- Debe permitir el tratamiento de los diferentes indicadores del desempeño de mantenimiento tales como tiempo medio entre fallos (MTBF), tiempo medio de reparación (MTTR), número de fallos por equipo e instalaciones en función de tiempo, tiempos medios de resolución de las diferentes acciones de mantenimiento preventivo o correctivo, tiempos ante diversas averías, etc.

- El parte de trabajo (normalmente portado por los operarios de manera física en papel), debe contener los apartados donde se registren las acciones, que por la especial relevancia, deben ser tratados para la introducción en el contenedor de conocimiento (acciones de cómo se ha resuelto una avería cíclica o no, acciones operativas que inciden en la producción o servicio a prestar, la conveniencia de realizar fotografías, vídeos, etc.), y que será gestionado por los propios operarios y coordinado, formalizado y validado por el gestor del conocimiento designado de la organización de mantenimiento.

- El programa utilizado de administración del mantenimiento, debe tener enlaces, o permitir acceder a él desde el contenedor de mantenimiento, para la consulta de información relevante, tratamiento estadístico de los indicadores, que fomenten de manera fluida el conocimiento de las acciones estratégicas de mantenimiento.

En el tratamiento final administrativo de los partes de mantenimiento, además de rellenar todos los datos de normal gestión de su desempeño, también se introducen las mediciones correspondientes, tanto en el parte de trabajo como en el ordenador, así como, si se ha producido alguna avería o incidencia que quiera hacerse constar para un posterior análisis, por parte del gestor del conocimiento, en trabajo conjunto con los operarios que han introducido sus criterios y experiencia para la realización o ejecución de una incidencia significativa.

En los partes de trabajo, tanto los de revisiones como los de empresa externa, como cualquier otro tipo de parte de trabajo, se refleja de manera descriptiva, no sólo en qué ha consistido la tarea realizada, señalando la máquina ó instalación que ha sido objeto del trabajo, sino que también se indica si ésta ha sufrido algún tipo de incidencia o avería destacable.

Con esto se lleva un histórico de las averías e incidencias ocurridas en todas y cada una de las máquinas y/o instalaciones de la empresa. Este histórico consiste en una recopilación de todas las incidencias o averías localizadas en cada parte de trabajo, sea éste del tipo que sea, con el fin que formen parte del contenedor de conocimiento.

Empresas externas y subcontratación

La subcontratación de servicios técnicos de mantenimiento, muy extendida hoy en día como externerización de los servicios y abaratamiento de costes, no elimina la necesidad de información sobre la actividad histórica desarrollada, la situación actual y las previsiones futuras. Un sistema de información centralizado y basado en el conocimiento y en la experiencia de la planta, se convierte así en un recurso crítico para los técnicos de las empresas externas subcontratadas. En este caso, las características de disponibilidad, accesibilidad, claridad, homogeneidad, fácil interpretación, etc. del conocimiento puesto a disposición, son si cabe más relevantes. Además, con la captura de la experiencia y conocimiento externo, la empresa cuenta con las experiencias operativas, tácticas y estratégicas que le afectan directamente, mitigando la transcendencia que produciría, por ejemplo, el cambio de la subcontrata. De igual manera, las experiencias o trabajos realizados con empresas externas en relación a mantenimiento, quedan como capas de conocimiento a utilizar por la propia organización.

Los Informes técnicos

Mucha de la información y conocimiento generado en las funciones de mantenimiento, viene como consecuencia de la planificación de nuevos proyectos, reformas y reestructuración de maquinaria e instalaciones de cualquier índole, informes de viabilidad de soluciones, etc.

Un aspecto importante a la hora de gestionar estos informes, es poseer un único soporte de información suficientemente potente, rápido y ágil para ello, donde se pueda capturar el conocimiento

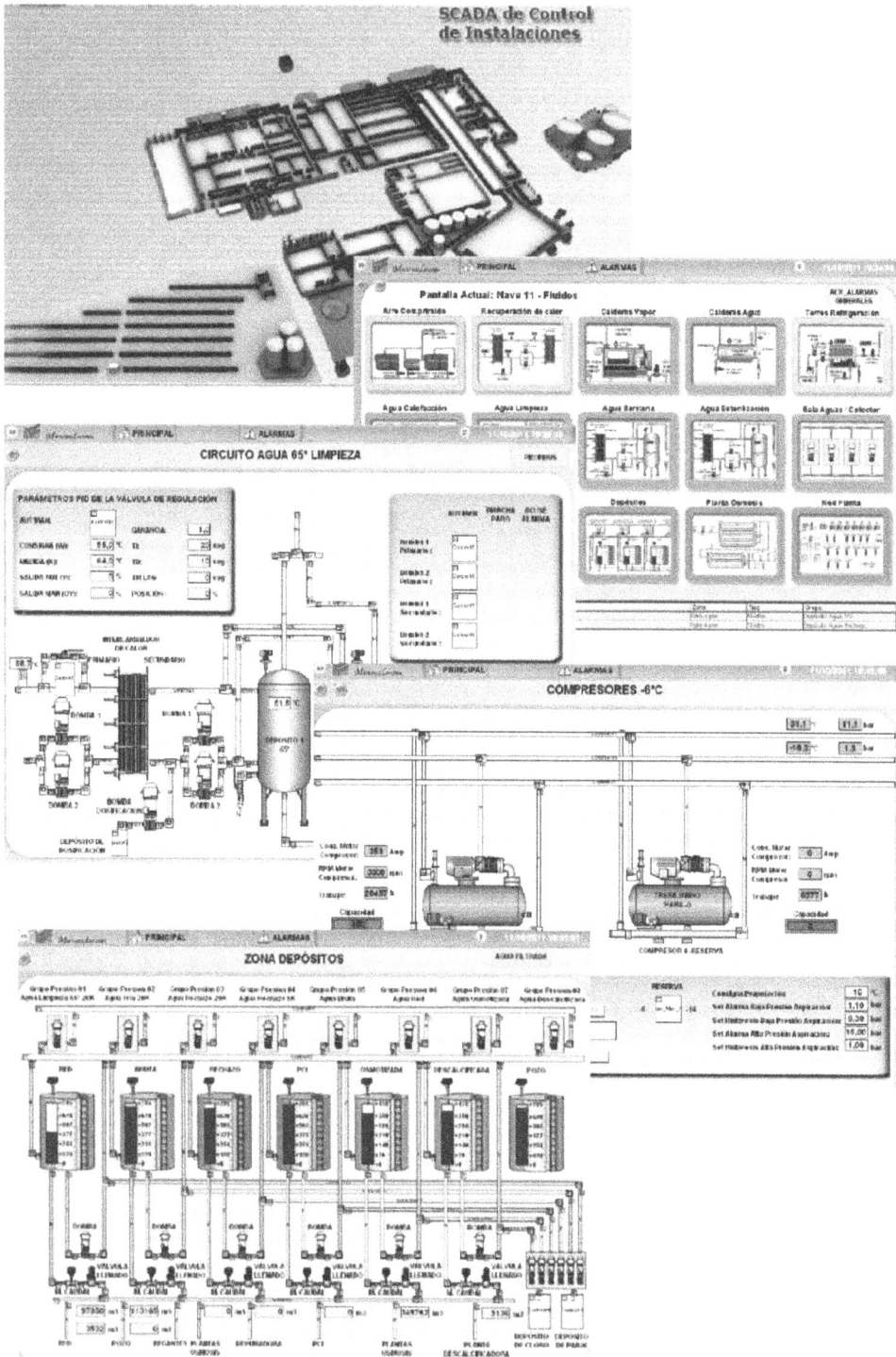

*Figura 36. Detalle del sistema de captura y gestión de la información técnica
por medio de una aplicación Scada. Fuente: elaboración propia*

generado y la experiencia para abracar nuevos retos o basarse en la experiencia acumulada para nuevos procesos de la misma índole.

Recogida de información y datos por métodos cuantitativos

Los métodos cuantitativos de captura de datos operativos y supervisión de instalaciones y equipamiento del tipo "Scada", son herramientas comunes utilizadas en el campo de mantenimiento en el entorno de grandes instalaciones (Figura 36).

Estos sistemas de captura y gestión de información técnica de las instalaciones y equipamiento, cuya misión fundamental es el control, visualización, obtención de datos operativos y registro de fallos, que permite tener controlado todos los parámetros fundamentales de las instalaciones y equipos, que optimizan el control de la fiabilidad de las instalaciones, la previsión de los programas de mantenimiento, así como un control y optimización de la eficiencia energética, ofrecen una información relevante sobre el estado técnico de la empresa donde se aplica, y la predisposición hacia la gestión de la información y como consecuencia en su tratamiento y asimilación, conocimiento. Los sistemas scada son de vital importancia en la generación del conocimiento estratégico de la actividad de mantenimiento en empresas con diversas sedes o factorías, dado que las experiencias obtenidas por datos cuantitativos pueden ser extrapoladas al resto de las sedes, produciéndose una sinergia de las mejores prácticas entre los diferentes emplazamientos, produciéndose un conocimiento de crecimiento exponencial entre los diferentes miembros de la organización, facilitando la visión y realización de acciones contrastadas en otros puntos (acciones de fiabilidad, de operación, de mantenibilidad y de eficiencia energética).

b) *Los criterios estratégicos y procesos clave en mantenimiento*

Todas las organizaciones deben tener una meta que marquen todos los procesos y estrategias para conseguirlas. El clarificar cuales son los criterios estratégicos, y los procesos clave que llevan a cumplirlos es de vital importancia, y unifica el esfuerzo de gestión de conocimiento en esa dirección. Por ello existe una fase metodológica donde se realiza una revisión general de la organización de mantenimiento que contempla los aspectos estratégicos, de procesos y los de criterios para su valoración y ponderación. Como herramienta se han diseñado unas guías (Figura 37). Con esto se extrae y pondera en función de su importancia, para priorizar la secuencia de análisis, y conocer la información y conocimiento estratégico e identificar los procesos de la organización, establecer los criterios de medición estratégicos e identificar los procesos clave que debe llevar a cabo el área de mantenimiento.

Estas guías, nos dan y reafirman una visión general de la organización para conocer su razón de ser y a lo que aspira en un futuro, además, genera un mayor conocimiento de todos los procesos de la organización, y las necesidades conocimiento necesario para llevarlos a cabo (Tabla 4). Cumplimentadas en reuniones con los jefes o directivos de mantenimiento, pasan desde la revisión de los criterios estratégicos de la empresa, donde se clarifica lo que la empresa espera de la organización de mantenimiento (producción eficiente, o servicio con calidad) (Guía T-2), y la ponderación subjetiva

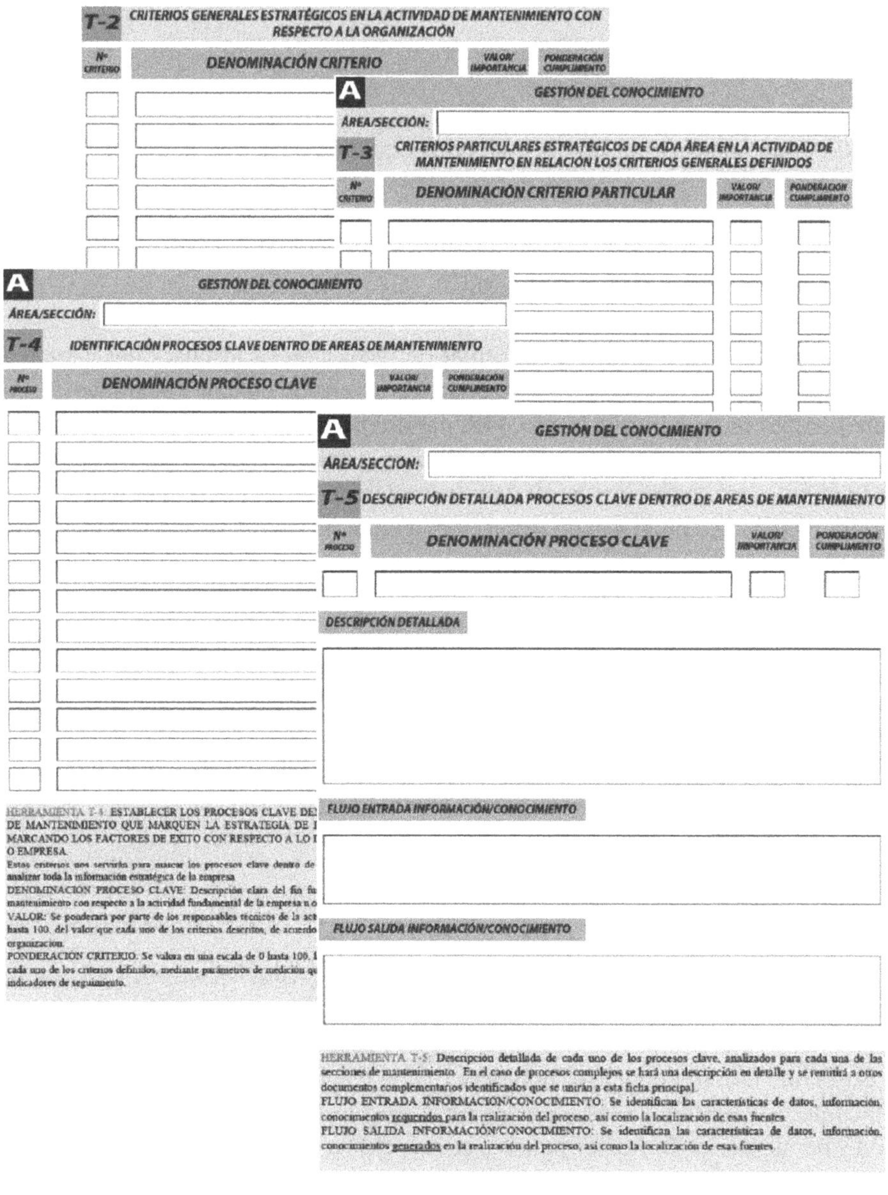

Figura 37. Detalle de guías para detectar los procesos estratégicos de la organización de mantenimiento. Fuente: elaboración propia

sobre su cumplimiento y la importancia de dicho criterio. Del estudio cualitativo realizado, se estableció como criterios estratégicos la fiabilidad, la mantenibilidad para conseguir la disponibilidad requerida, la eficiencia energética y la operación u explotación de las instalaciones y equipamiento; con la guía T-3, se identifican desde todas la áreas de mantenimiento los criterios particulares que motivan el cumplimiento de los criterios estratégicos, y de igual manera se valora el cumplimento y su ponderación en importancia para conseguir la meta.

Denominación herramienta	Objetivo	Tarea	Valor	Ponderación
Herramienta T-2: establecer los criterios generales que marquen la estrategia de la actividad de mantenimiento, marcando los factores de exito con respecto a lo demandado por la organización o empresa	Nos servirá para marcar los criterios estratégicos que puede ofrecer la actividad de mantenimiento hacia lo esperado por la empresa, después de analizar toda la información estratégica de la empresa	Descripción clara del fin fundamental de la actividad de mantenimiento con respecto a la actividad fundamental de la empresa u organización	Se ponderará por parte de los responsables técnicos de la actividad de mantenimiento en una escala de 0 hasta 100, del valor que cada uno de los criterios descritos, de acuerdo a su nivel de importancia con respecto a la organización	Se valora en una escala de 0 hasta 100, la percepción en el nivel de cumplimiento de cada uno de los criterios definidos, mediante parámetros de medición que se establezcan, en referencia a encuestas o indicadores de seguimiento
Herramienta T-3: establecer los criterios particulares de cada una de las áreas que marquen la estrategia de la actividad de mantenimiento, marcando los factores de exito con respecto a lo demandado por la organización o empresa	Nos servirá para marcar los criterios particulares estratégicos de cada área de mantenimiento en relación a los criterios generales definidos por la empresa	Descripción clara del fin fundamental de la actividad de cada área de mantenimiento con respecto a la actividad fundamental de la empresa u organización	Se ponderará por parte de los responsables técnicos de la actividad de mantenimiento en una escala de 0 hasta 100, del valor que cada uno de los criterios descritos, de acuerdo a su nivel de importancia con respecto a la organización	Se valora en una escala de 0 hasta 100, la percepción en el nivel de cumplimiento de cada uno de los criterios definidos, mediante parámetros de medición que se establezcan, en referencia a encuestas o indicadores de seguimiento
Herramienta T-4: establecer los procesos clave dentro de cada área de actividad de mantenimiento que marquen la estrategia de la actividad de mantenimiento, marcando los factores de exito con respecto a lo demandado por la organización o empresa	Nos servirá para la identificación de los procesos clave o tareas fundamentales para conseguir el cumplimiento de los criterios estratégicos que tiene asignados la organización de mantenimiento	Descripción clara del fin fundamental de la actividad de cada área de mantenimiento con respecto a la actividad fundamental de la empresa u organización	Se ponderará por parte de los responsables técnicos de la actividad de mantenimiento en una escala de 0 hasta 100, del valor que cada uno de los criterios descritos, de acuerdo a su nivel de importancia con respecto a la organización	Se valora en una escala de 0 hasta 100, la percepción en el nivel de cumplimiento de cada uno de los criterios definidos, mediante parámetros de medición que se establezcan, en referencia a encuestas o indicadores de seguimiento

Continúa

Denominación herramienta	Objetivo	Tarea	Valor	Ponderación
Herramienta T-5: descripción detallada de cada uno de los procesos clave, analizados para cada una de las secciones de mantenimiento. En el caso de procesos complejos se hará una descripción en detalle y se remitirá a otros documentos complementarios identificados que se unirán a esta ficha principal	Descripción detallada de los diferentes procesos clave. Determinación de la información y conocimiento relevante necesario para su cumplimiento, y determinar el flujo de salida de información/ conocimiento de salida para la utilización de todos los miembros de la organización	**Flujo entrada información/ conocimiento:** Se identifican las características de datos, información, conocimientos requeridos para la realización del proceso, así como la localización de esas fuentes **Flujo salida información/ conocimiento:** Se identifican las características de datos, información, conocimientos generados en la realización del proceso, así como la localización de esas fuentes	Se ponderará por parte de los responsables técnicos de la actividad de mantenimiento en una escala de 0 hasta 100, del valor que cada uno de los criterios descritos, de acuerdo a su nivel de importancia con respecto a la organización	Se valora en una escala de 0 hasta 100, la percepción en el nivel de cumplimiento de cada uno de los criterios definidos, mediante parámetros de medición que se establezcan, en referencia a encuestas o indicadores de seguimiento

Tabla 4. Características fundamentales de las guías para detectar los procesos clave de la organización de mantenimiento. Fuente: elaboración propia

Con la guía T-4, se clarifican todos los procesos clave necesarios para el cumplimiento de los criterios particulares estratégicos extraídos en las guías T-3.

A partir de las guías T-5, se realiza una descripción detallada de los diferentes procesos clave. Determinación de la información y conocimiento relevante necesario para su cumplimiento, y determinar el flujo de salida de información/conocimiento de salida para la utilización de todos los miembros de la organización.

Es necesario tener reuniones de trabajo inicial con los responsables de cada área de mantenimiento. Estas reuniones sirven para plantear la importancia de gestionar el conocimiento, que permita identificar los activos de conocimiento y cómo fluye el conocimiento dentro de la organización. Se pueden requerir varias reuniones de trabajo dependiendo del tamaño de la organización, número de personas responsables, áreas involucradas en el proyecto o del alcance del estudio.

Para identificar los procesos de la organización, hay que analizar la información documental que tenga la organización donde se encuentre todo lo relacionado a sus procesos, forma de realizarlos, entradas, salidas, proveedores de información y clientes directos del proceso, así como el resultado de las auditorias establecidas que marcan los puntos de referencia.

Entre los resultados intangibles que ofrece el completar las guías, destacaremos la información estratégica sobre la misión, visión y estructura de la organización de mantenimiento, que permite una visión estratégica de los mandos de mantenimiento, que permite familiarizarse en los resultados esperados en un proyecto de gestión de conocimiento. Los resultados esperados tangibles en cuanto a los procesos de la organización son: un listado de todos sus procesos, sus responsables y personas participantes en ellos. Los resultados tangibles deberán plasmarse en un documento que contenga dicha información.

El priorizar los procesos clave, no implica que los demás carezcan de interés, dado que un proyecto de gestión de conocimiento en mantenimiento es a largo plazo, nos centraremos primero en los más relevantes en relación al conocimiento que conllevan, y donde, además, se sabe que concentran mayores beneficios para la organización.

c) Los mapas de conocimiento, información y conceptuales en mantenimiento

Con la información recabada en las tareas anteriores, se realizan los mapas de conocimiento preliminar tomando como base, que el conocimiento y la información estratégica debe estar estructurado desde lo general a lo particular, y teniendo como núcleo centralizador lo que denominamos "elemento" (parte final de la estructuración de conocimiento y que define los sub-sistemas, sistemas, factorías y empresa) y en función de los cuatro aspectos estratégicos que desempeña: la fiabilidad, la operación en explotación, la mantenibilidad y la eficiencia energética (Figura 38).

La Gestión del Conocimiento en la ingeniería del mantenimiento industrial, debe tener como objetivo aumentar la eficiencia de los procesos que desempeña con alta repercusión en la empresa, mediante por medio de la concienciación, compartir, conservar, actualizar y hacer crecer el conocimiento dentro de la organización, con la utilización de estrategias, actividades, herramientas y mecanismos asociados, cuyo objetivo es que se convierta en un activo que genere valor y que refuerce las ventajas competitivas. Es aquí, donde los Mapas de Conocimiento son una herramienta de apoyo a la gestión del conocimiento, que propicia conocimiento, mediante la facilitación de la identificación de interlocutores para interactuar y compartir conocimiento. Así mismo, la forma en que se construye dicho mapa, se concibe como actividades que apoyan la gestión del conocimiento.

Con el mapa de conocimiento se consiguen directorios que facilitan la localización del conocimiento dentro de la organización mediante el desarrollo de guías y listados de personas, o documentos, por áreas de actividad o materias de dominio (Pérez, et al., 2007), y con la utilización de plataformas tecnológicas son expuestos como directorios o gráficos que muestran en dónde se encuentra el conocimiento (Davenport, T. et al. 1998).

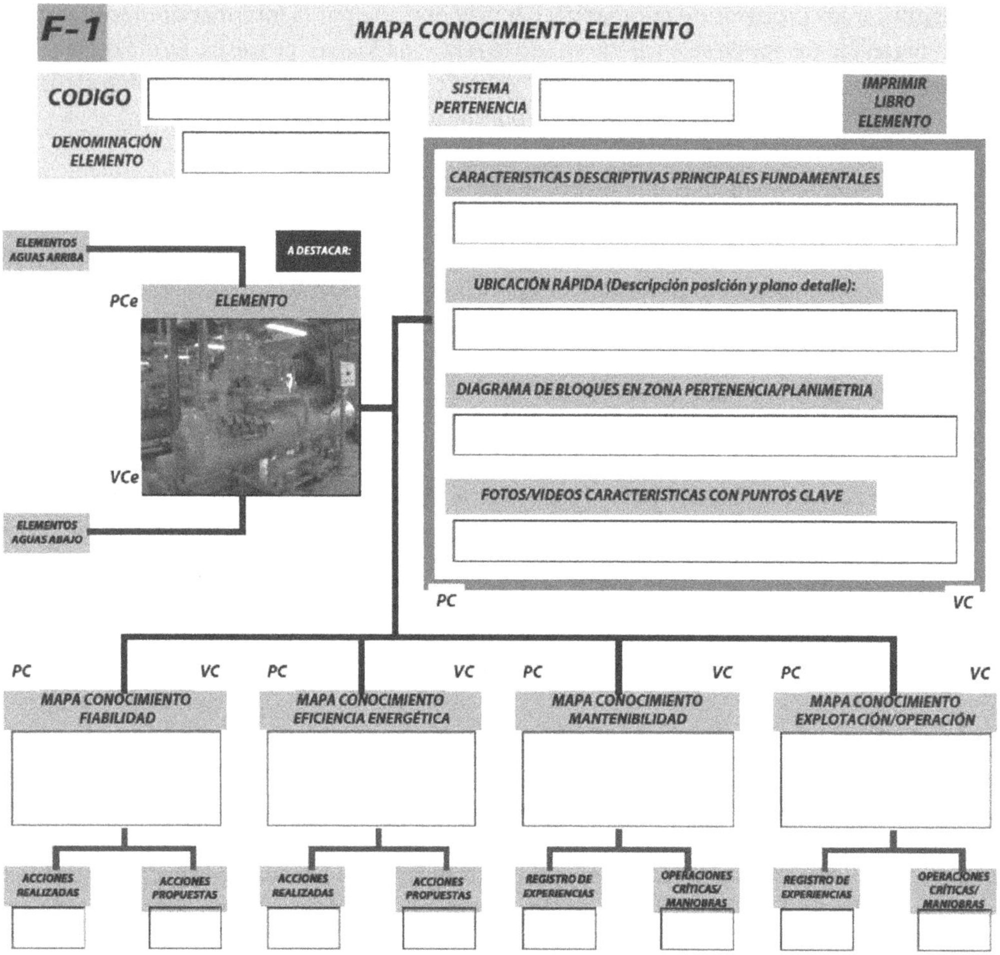

Francisco Javier Cárcel Carrasco

Figura 38. Estructuración del mapa de conocimiento de un elemento, en función de la información y el conocimiento tácito. Fuente: elaboración propia

Para definir el mapa, se puede usar las preguntas que clarifican lo que debemos buscar y obtener (Tabla 5), como base para la elaboración del mapa preliminar (Figura 39).

Se debe elaborar el mapa de conocimiento de cada proceso clave seleccionado indicando el conocimiento involucrado en dicho proceso y cómo fluye dentro de él, considerando en primer lugar

PREGUNTA	MISIÓN A DEFINIR	OBJETIVO	META
¿QUÉ?	Tipo de conocimiento	Saber qué hace falta para su completa definición. Saber quién tiene el conocimiento que queremos captar	se identifica el tipo de conocimiento que tiene que ser transferido , y las personas o fuentes desde donde parte
¿POR QUÉ?	Función que realiza en la gestión del conocimiento, y su relación con la actividad de mantenimiento	Identificación y Transferencia del conocimiento	La implicación del conocimiento introducido sobre la organización.
¿PARA QUIEN?	Las personas o grupos hacia los que está dirigido dentro de la organización de mantenimiento	Uso del conocimiento estratégico , con mayor repercusión en la empresa	Establecer las personas o grupos que le darán mayor uso al conocimiento adquirido
¿CUANDO?	La manera en que se realizan las transferencias de conocimiento	Utilización de plataforma tecnológica, fomento de la comunicación y reuniones entre personas	En que situaciones será usado
¿CÓMO?	Formato de visualización	Visualización mediante el contenedor de conocimiento, mapa de conocimiento y archivos anexos	Utilización de una palataforma común.

Tabla 5. Las preguntas para la elaboración del mapa de conocimiento. Fuente: elaboración propia

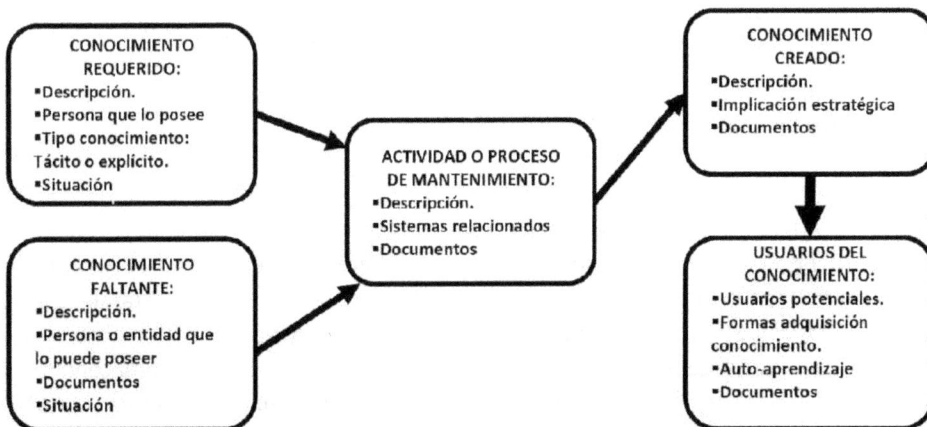

Figura 39. Estructura para la preparación del mapa de conocimiento en función de los procesos o actividades de mantenimiento. Fuente: elaboración propia

aquellas tareas que tengan un mayor impacto en el proceso clave y jerarquizarlas de acuerdo al impacto con el proceso clave que se está analizando.

Se extrae el conocimiento requerido que se necesita para llevar a cabo la tarea, con una descripción sobre el conocimiento requerido, las personas o entidades que disponen dicho conocimiento, y la característica del conocimiento requerido (tácito o explícito, individual o grupal). Debe indicarse en el mapa cuál es el conocimiento más importante para dicho proceso.

Se debe clarificar el conocimiento Faltante, con la descripción del conocimiento que se considera que hace falta o ayudaría a realizar eficientemente la tarea, y donde se puede encontrar (persona, documento, sistema informático, externo, formación).

Se visualiza el conocimiento generado, como resultado de la creación del mapa y que permite realizar esta tarea más eficientemente.

Describiendo quiénes son los usuarios que más utilizan ese conocimiento y el uso que se le da al conocimiento creado producto de esta tarea, es la otra misión del mapa, ayudando a mejorar los procesos estratégicos de mantenimiento y su uso como auto-aprendizaje de la organización.

Realizando estos procesos en cada proceso clave donde se muestre el conocimiento existente y la manera como fluye dentro de él, muestra unos resultados tangibles que deberán plasmarse en un diagrama que representa el mapa de conocimiento, y la captura de la información en la plataforma tecnológica diseñada para la investigación.

d) Los agentes de gestión del conocimiento en mantenimiento

La gestión de conocimiento dentro de las actividades de mantenimiento, es un proyecto a largo plazo, variable en el tiempo en función de los recursos disponibles, y basado en la concienciación de todos los miembros humanos de la organización de mantenimiento y de la dirección de la empresa. De ahí la importancia de designar y dar soporte a los agentes humanos que deben guiar y gestionar la adecuada continuidad del sistema. Estos agentes son el gestor de conocimiento de mantenimiento y los coordinadores de gestión de conocimiento.

Gestor de conocimiento en mantenimiento: Debe ser una persona interna de la organización con carácter emprendedor y con amplia experiencia en las funciones de mantenimiento industrial, que conozca de primera mano el desempeño diario de las acciones de mantenimiento, su manera de funcionamiento en el entorno de la empresa, y acostumbrado a utilizar herramientas organizativas e informáticas. Su misión es unificar criterios, normalizar y dar validación al conocimiento introducido e impulsar el sistema que integra la generación, la captación, el almacenamiento, la reutilización y la aplicación del conocimiento en la organización de mantenimiento. Su dedicación puede ser parcial o total, según la predisposición y recursos disponibles, y será interlocutor con todos los órganos que intervienen en el conocimiento estratégico de la organización. Los principales elementos que debe gestionar son:

- El conocimiento introducido y utilizado por las personas operativas de mantenimiento y empresas externas o sub-contratadas.

- Homogenizar el formato y la forma en que se debe introducir el conocimiento y experiencias generadas, y dictaminar si es necesario ampliarlo o modificarlo (nuevas fotos, textos, gráficos, videos, etc)

- Búsqueda de otra información relevante para el asentamiento del conocimiento.

- La ponderación y valoración del conocimiento gestionado, en base a la repercusión en la empresa, y los criterios expresados por los diferentes grupos de mantenimiento.

- La medición del conocimiento estratégico almacenado en función de los ítems introducidos, y coordinar las diferentes islas de conocimiento que se visualicen.

- Coordinar los equipos humanos hacia la gestión del conocimiento, eliminar barreras, y relaciones con el cliente final de mantenimiento (el resto de departamentos de la empresa).

- Coordinar las acciones de formación y auto-aprendizaje en base al contenedor de conocimiento.

Coordinadores de conocimiento en mantenimiento: Estas personas de la propia organización, introducidas diariamente en su labor profesional y son los principales observadores de primera línea y con conocimiento de las acciones y experiencias útiles y estratégicas, y con contacto diario con el resto de componentes operativos que captan y operan las instalaciones y equipos que redundan en la eficiencia de los procesos productivos o de servicios que realiza la empresa. La misión del coordinador, es la de ser el interlocutor entre los miembros operativos y el gestor del conocimiento, marcando las tendencias del personal experto, su motivación, el fomento de la utilización de las experiencias hacia el auto-aprendizaje, y detectar las barreras y fomentar los beneficios de la participación en el proyecto de gestión de conocimiento. Pueden designarse tantos coordinadores como áreas o secciones de mantenimiento existan en la empresa (instalaciones, máquinas, sistemas, administración, etc.), siendo su disponibilidad parcial, como parte de sus competencias dentro de su desempeño en la organización.

Pueden designarse asesores o consultores externos, mediante el apoyo de personal muy experto ajeno a la propia organización, cuya misión sea el estructurar, definir las fases de comienzo y auditar los sistemas desde un punto de vista externo, pero de ninguna manera, se debe externalizar el gestor y los agentes del conocimiento definidos, dado que al ser un proyecto a largo plazo, debe ser tomado como parte de la filosofía operativa de la organización (como cualquier filosofía empresarial de gestión de la calidad), que debe ser captada por los propios componentes.

e) La ponderación del conocimiento estratégico en mantenimiento

Toda la información estratégica, conocimiento del entorno y las experiencias operativas que predominan en el conocimiento tácito en los miembros de mantenimiento, se centran en los mapas de conocimiento de los elementos, que forman los sub-sistemas, que a la vez forman los sistemas, que ellos a la vez definen todo el entorno de las factorías y con ello el conocimiento operativo de la empresa en relación a las acciones estratégicas de mantenimiento que hemos definido que son la fiabilidad, la eficiencia energética, la mantenibilidad y las acciones de operación/explotación.

Todo ello debe introducirse en el contenedor de conocimiento de la organización de mantenimiento y gestionado por una plataforma tecnológica que sirva como base para la captación, generación y utilización de dicho conocimiento estratégico.

No todos los elementos y sistemas influyen de igual manera en las acciones estratégicas, por lo cual mediante reuniones y grupos de discusión, se establece lo que denominaremos el peso del conocimiento del elemento "n", y el valor del conocimiento introducido del elemento "n":

Peso del conocimiento (PC): Se fija en función de la incidencia de cada uno de los factores estratégicos, del elemento o sistema considerado, ponderado en función del grado de importancia, del elemento estudiado, en el entorno considerado. Se realiza por un grupo de expertos de la empresa, siendo el peso total 100%.

Valor del conocimiento (VC): en función de cada uno de los factores estratégicos, toman valores del 0% al 100%, en función de los datos y conocimiento introducido.

La ponderación del peso de conocimiento en función de las acciones estratégicas, puede variar de una empresa a otra, en función de la incidencia en sus procesos principales. Para este caso en particular aplicado a una empresa industrial, la ponderación que se hizo, en base a técnicas de consenso mediante reuniones de grupo de expertos, para conseguir un peso total del 100% fue la siguiente:

- Peso conocimiento general (PCG): 20%

- Peso conocimiento fiabilidad (PCF): 30%

- Peso conocimiento ef. energética (PCEE): 20%

- Peso conocimiento mantenibilidad (PCM): 15%

- Peso conocimiento operación/explotación (PCO): 15%

Los valores de conocimiento de cada uno de los factores, se definirán en función del número de ítems que el grupo de expertos de la organización de mantenimiento definan, coordinados con el gestor de conocimiento designado. Cuando se alcancen el número de ítems considerado, el valor de conocimiento (VC), de ese proceso estratégico en relación a ese elemento se considerará el máximo (100%).

Dado que el proyecto de gestión de conocimiento es dinámico, el número de ítems podrá aumentarse o variarse cuando el gestor del conocimiento considere que puede haber datos y conocimiento relevante que es necesario considerar en relación a ese elemento, reajustándose en este caso la valoración de conocimiento de dicho elemento.

Esto nos permite de una manera rápida valorar el conocimiento introducido, en relación a diferentes elementos o sistemas (Puede ser que un sistema se haya introducido un 80% y en otro sólo el 10%), en función de la dedicación de los diferentes equipos de mantenimiento, o el acuerdo de haber comenzado por un sistema determinado.

En apartados siguientes se define el árbol de conocimiento, y se formula con claridad el procedimiento empírico diseñado para el conocimiento estratégico de toda la empresa, en función de los que hemos denominado el árbol y las ramas de conocimiento en la ingeniería del mantenimiento industrial.

3.3. FASE 3: Generación, producción y utilización del conocimiento

En la tercera fase, se produce el asentamiento y continuidad del sistema de GC, definiendo la plataforma tecnológica que será el contenedor del conocimiento, dando soporte a los elementos generadores con la captación del conocimiento estratégico y fortaleciendo los ambientes de aprendizaje y las comunidades de prácticas. El seguimiento debe ser continuo marcando estrategias de incentivos y bonificaciones para la correcta gestión del conocimiento. Cuando se llega a un nivel de difusión de la GC a nivel de la organización de mantenimiento, se producen transformaciones visibles en la forma en que se enfrentan a los problemas, averías y experiencias diarias, produciéndose una mayor eficiencia en los procesos, reduciendo tiempos de actuación, y reduciendo los periodos de acoplamiento de nuevos operarios. El sistema es utilizado como parte fundamental en el autoaprendizaje de los operarios, teniendo en cuenta los criterios y punto de vista de ellos para tener éxito el sistema. De igual manera, y dado que un proyecto de GC debe ser considerado en un ciclo continuo a lo largo de tiempo, se deben hacer estrategias de medición en relación a la generación y el uso, así como utilizar eventos kaizen que permitan el aprendizaje, y la evaluación del uso.

Se crea nuevo conocimiento mediante la conversión de conocimiento tácito en conocimiento explícito y se identifican dos dimensiones en la creación del conocimiento. La primera en la cual se concibe que el conocimiento es creado por los individuos, donde la organización provee contextos para que ellos creen conocimiento, generando una comunidad de interacción. La segunda dimensión, la epistemológica, en la cual hacen la distinción entre el conocimiento tácito y el explícito (Nonaka, et al., 1995).

Se propone un modelo de creación del conocimiento mediante un proceso dinámico, donde mediante la interacción de los individuos, el conocimiento tácito y el explícito, se intercambia y se transforma. Esto se describe como una espiral del conocimiento (Nonaka, et al., 1995), en la que presentan cuatro modos de conversión (Tabla 6):

- De conocimiento tácito a conocimiento tácito: Socialización.

- De conocimiento tácito a conocimiento explícito: Exteriorización.

- De conocimiento explícito a conocimiento explícito: Combinación.

- De conocimiento explícito a conocimiento tácito: Interiorización.

Modo de Conversión del conocimiento	Descripción del proceso
Socialización	Conversión de conocimiento tácito a conocimiento tácito (principal modo de conversión del conocimiento en la actividad de mantenimiento). Proceso donde se comparten experiencias y se crea conocimiento tácito tal como modelos mentales y habilidades técnicas compartidas. Los individuos también pueden adquirir conocimiento tácito de otros directamente sin utilizar el lenguaje, por lo cual, el conocimiento se asimila a través de la observación, la imitación y la práctica
Exteriorización	Conversión de conocimiento tácito a conocimiento explícito. Proceso donde se expresa el conocimiento tácito de manera tal que pueda ser comprendido y utilizado por otros. En este proceso se usan metáforas, analogías, conceptos, hipótesis o modelos para facilitar la explicitación del conocimiento. Considerado como la clave para la creación del conocimiento
Combinación	Conversión de conocimiento explícito en conocimiento explícito. Proceso de sistematización de conceptos dentro de un sistema de conocimiento. Envuelve la combinación de conocimiento explícito existente, para crear conocimiento explícito más complejo. Aquí se hacen claves los procesos de comunicación, difusión y sistematización del conocimiento
Interiorización	Conversión de conocimiento explícito en conocimiento tácito. Está relacionado con el aprender haciendo. En este modo de conversión se cierra un ciclo en el que el individuo interioriza nuevo conocimiento, siendo para él nuevo conocimiento tácito y es aquí donde se abre un nuevo ciclo al socializar con otros su conocimiento, con miras a que este conocimiento sea compartido en la organización y se siga creando nuevo conocimiento

Tabla 6. Modos de conversión del conocimiento según Nonaka. Fuente: Nonaka et al., 1995

En el marco de esta interacción, participa inicialmente el individuo, luego grupos de individuos y finalmente la organización, aportando así al crecimiento de la espiral, mediante la generación y transferencia de conocimiento cada vez más complejo.

Resulta indispensable marcar incentivos o reconocimientos de algún tipo, para motivar a los operarios a compartir y aplicar conocimiento. Algunos estudios, como los de Yahya y Hauschild (Yahya et al., 2002; Hauschild et al., 2001), analizan qué incentivos monetarios y no monetarios se pueden incorporar en el sistema de retribución y evaluación de los empleados para conseguir objetivos de motivación.

a) La plataforma tecnológica (El contenedor del conocimiento)

Con el fin de servir de contenedor y plataforma experimental para la gestión del conocimiento en la ingeniería del mantenimiento industrial, se ha diseñado un prototipo informático con soporte sobre Excel de la empresa Microsoft (Figuras 40 y 41).

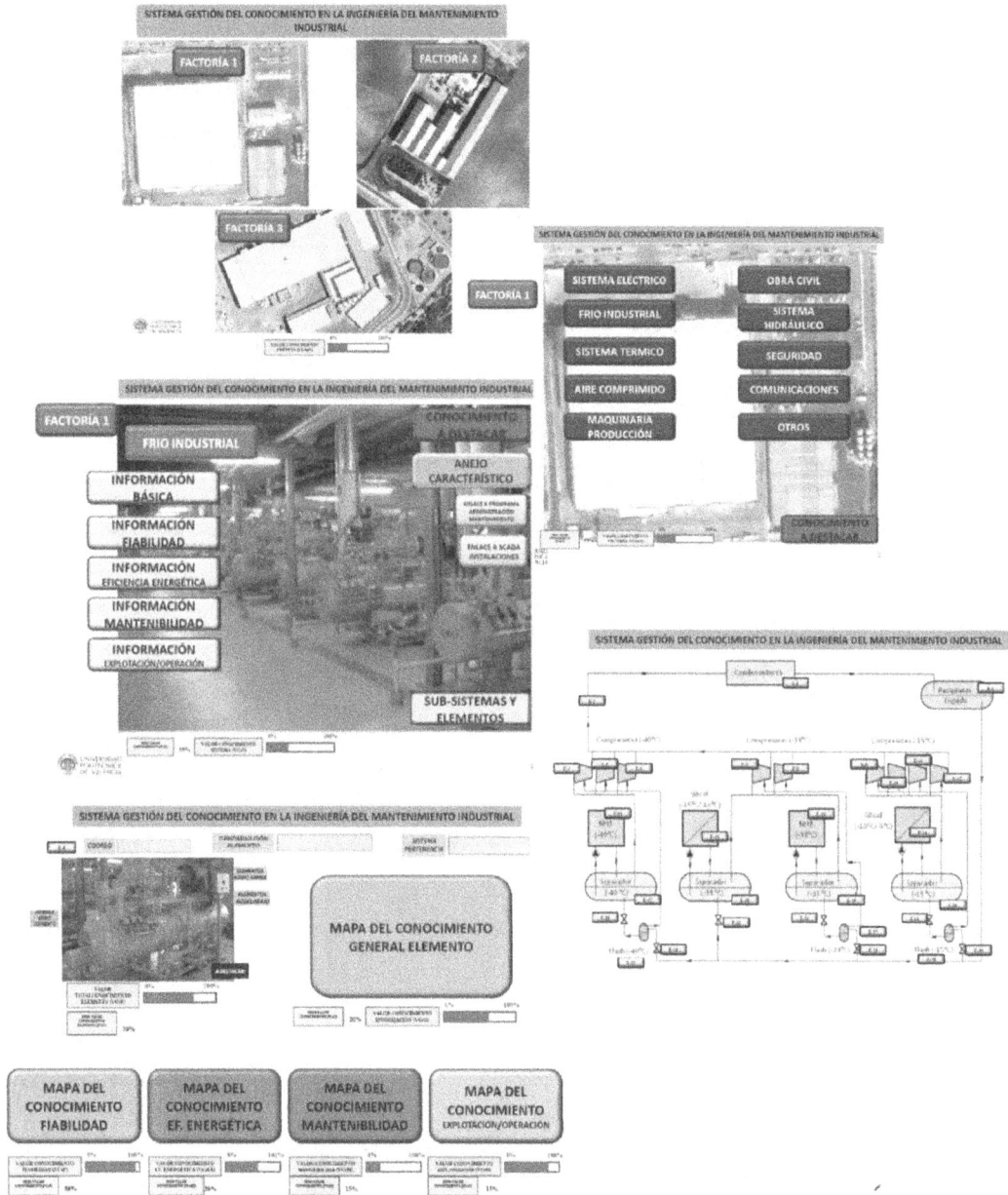

Figura 40. Detalle de pantallas de la plataforma tecnológica para la GC en mantenimiento.
Fuente: elaboración propia

Se ha estructurado la plataforma de gestión de conocimiento para mantenimiento para una empresa industrial, con diferentes factorías distribuidas en diferentes puntos geográficos. Cada factoría está distribuida con los diferentes sistemas que conforman las instalaciones y equipos que le dan sustento operativo (electricidad, refrigeración industrial, fluidos térmicos, comu-

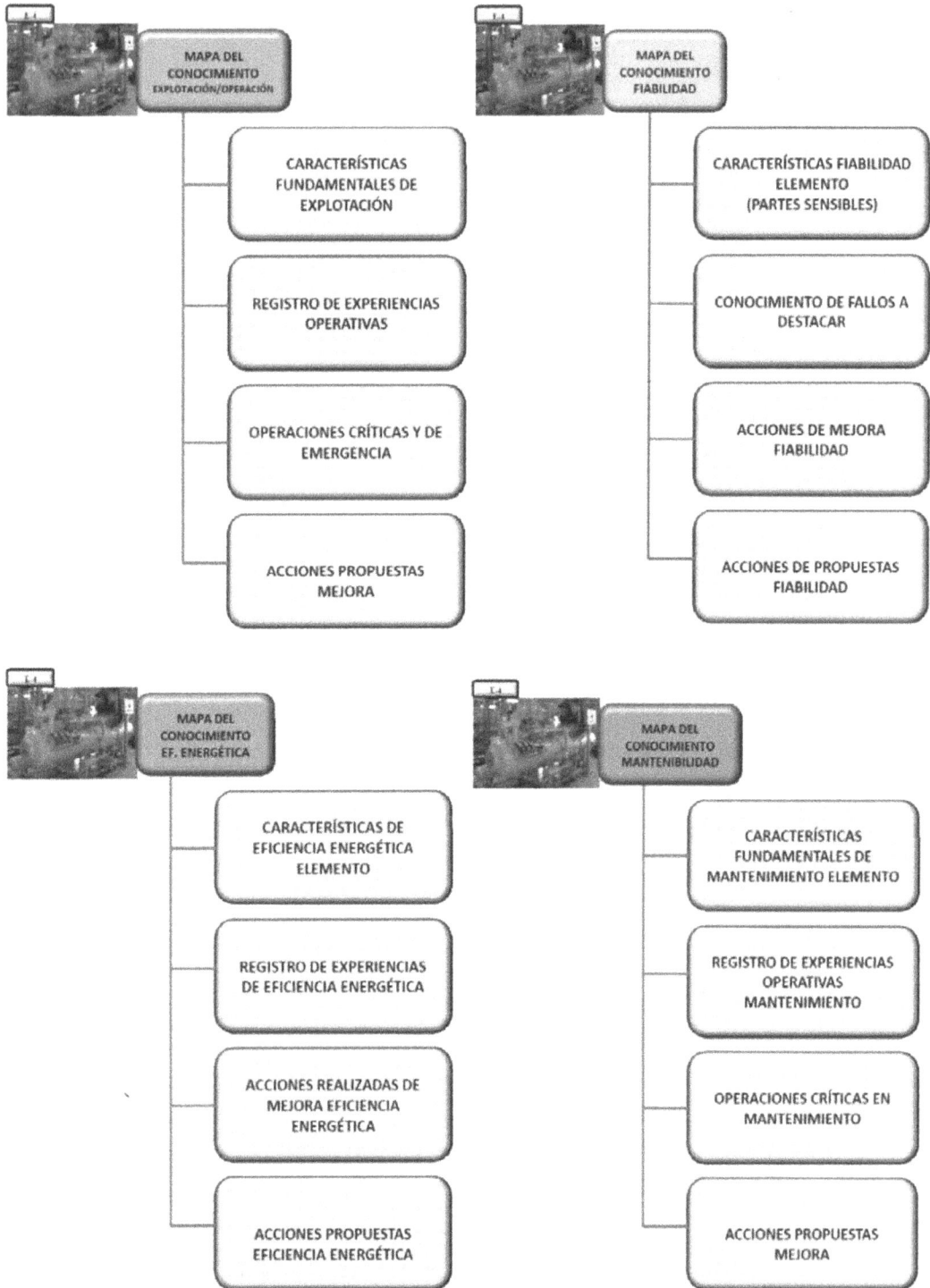

Figura 41. Detalle de pantallas de la plataforma tecnológica para la GC en mantenimiento, según los conocimientos estratégicos. Fuente: elaboración propia

nicaciones, obra civil, etc.), cada uno de los sistemas se distribuye según su complejidad en diferentes subsistemas (por ejemplo, en el sistema de frío industrial, se subdivide en compresores, evaporadores, condensadores, circuitos, etc.), y a su vez cada subsistema se divide en los diferentes elementos que son el soporte fundamental de toda la información y conocimiento.

En la primera fase de la implantación de datos en la aplicación, se introducen los datos explícitos y cualitativos detectados durante las dos primeras fases definidas del modelo de gestión del conocimiento, en función a la información general que ayuda a posicionarse en el entorno de la factoría o cualquier sistema (mapa de conocimiento general del elemento, sistema, etc.), y en función en los cuatro aspectos estratégicos de mantenimiento en relación a la empresa (Fiabilidad, ef. Energética, mantenibilidad y operación/explotación). Para ello se ha analizado, los cuestionarios de conocimiento, las auditorías de mantenimiento y eficiencia energética, para recabar datos e información relevante con objeto de mejora, se han realizado diagramas de bloques generales de las instalaciones y equipos, los mapas de conocimiento de las diferentes instalaciones y equipos, diagramas de fallo de equipamiento e instalaciones.

De igual manera y con el fin de capturar conocimiento tácito, mediante técnicas cualitativas (reuniones individuales y de grupo, grupos de discusión, técnicas de observación, etc.), donde se documentan experiencias, fallos y maniobras críticas, procesos de mantenimiento y maniobras y procesos para eficiencia y control energético. Todas las reuniones son coordinadas por el gestor de conocimiento, y dependiendo de las áreas, con los coordinadores de conocimiento. Los datos y conocimiento estratégico son introducidos en la plataforma tecnológica (diagramas de bloques, textos, fotos comentadas, vídeos, procedimientos de mantenimiento, experiencias de los operarios comentadas, etc.). Dado que la gestión del conocimiento es un proyecto dinámico a largo plazo, y normalmente no está dotado de recursos adicionales, se puede empezar por el sistema considerado más crítico, para después ir implementado el resto de sistemas, siempre que exista una continuidad y un compromiso y concienciación de la organización de mantenimiento. Cada uno de los elementos considerados, se ponderará, después de las reuniones con los expertos de cada área de los ítems o extractos de conocimiento que de besn ser introducidos para que dicho mapa de conocimiento de ese elemento tenga un valor del 100% (Por ejemplo en el mapa de conocimiento de fiabilidad del elemento "compresor 8", se estima en base a la experiencia en 30 ítems para el 100% de conocimiento en esa área estratégica de ese elemento), dicho número podrá ser considerado en cualquier momento, para recalcular el valor cuando se considere que hacen falta más ítems para conseguir el 100% de conocimiento. Otros elementos podrán tener un número de ítems, superior o inferior en número, para conseguir la saturación de la información y conocimiento estratégico. En todo momento y mediante los algoritmos diseñados en lo que hemos llamado "árbol de conocimiento de mantenimiento", se puede observar el conocimiento almacenado en un elemento, subsistema, sistema y una factoría, en función del conocimiento general, así como en función de los aspectos estratégicos. A partir de la puesta en marcha de la plataforma tecnológica, el sistema es utilizado por toda la organización de mantenimiento, introduciendo los operarios acciones relevantes producidas, que generan conocimiento y transmisión al resto de sus compañeros. La plataforma debe ser utilizada como sistema de auto-aprendizaje, y usada para la formación y acoplamiento de nuevo personal.

b) El árbol de conocimiento en función de los aspectos estratégicos de mantenimiento

Definimos los árboles de conocimiento en mantenimiento, como la ponderación y valoración del conocimiento introducido en el contenedor de conocimiento dentro de la plataforma tecnológica, que ayuda de una manera ágil, a la percepción del conocimiento introducido y el que nos falta por obtener, con el objetivo de retener y compartir el conocimiento estratégico que la organización de mantenimiento necesita en sus acciones fundamentales.

El árbol de conocimiento (Figura 42) está estructurado en función del conocimiento básico global o general, y las diferentes ramas del árbol que marcan el conocimiento hacia las acciones estratégicas de mantenimiento creciendo desde los elementos, sub-sistemas, sistemas, factorías, hasta formar el conocimiento general estratégico que necesita la empresa en relación a la ingeniería de mantenimiento:

Conocimiento general: Da la visión general que ayuda a posicionarse y entender de manera global y ágil las características de un elemento, sub-sistema, sistema, factoría o empresa.

Rama Conocimiento Fiabilidad: El conocimiento y experiencias en relación a la fiabilidad y resolución de fallos, averías, y propuestas o soluciones para aumentar la fiabilidad que redunda estratégicamente en la empresa.

Rama Conocimiento Eficiencia Energética: El conocimiento y experiencias en relación a la Eficiencia energética y en general los procesos de gestión de la energía para su uso eficiente.

Rama Conocimiento Mantenibilidad: El conocimiento y experiencias en relación a la mantenibilidad y disponibilidad de los equipos e instalaciones, tanto en mantenimiento preventivo, correctivo y predictivo.

Rama Conocimiento Operación/Explotación: Aquellas maniobras de explotación u operación de las instalaciones y equipos, que redundan en la mejora operativa de producción o servicios a prestar.

Se ha definido en apartados anteriores lo que definimos como peso de conocimiento (PC) y valor del conocimiento (VC):

Peso del conocimiento (PC): Se fija en función de la incidencia de cada uno de los factores estratégicos, del elemento o sistema considerado, ponderado en función del grado de importancia, del elemento estudiado, en el entorno considerado. Se realiza por un grupo de expertos de la empresa, siendo el peso total 100%.

Valor del conocimiento (VC): en función de cada uno de los factores estratégicos, toman valores del 0% al 100%, en función de los datos y conocimiento introducido.

Cada uno de los componentes del árbol tendrá asignado dos valores, el peso del conocimiento "PC" y el valor del conocimiento "VC". El primer valor, PC, supone el valor ponderado que representa en todo el sistema del conocimiento del elemento "n" (de elemento, sub-sistema, sistema, factoría, empresa), asignado por el grupo de expertos de mantenimiento de la empresa, en función de la repercusión que supone tener un grado de conocimiento del elemento considerado en función de su repercusión en las acciones estratégicas; El segundo valor, VC, representa el valor asignado del conocimiento del elemento "n", en función de los datos y conocimiento introducidos hasta ese momento.

Los pesos se deben consensuar entre un grupo de expertos de mantenimiento de la propia empresa, en función de la relevancia que afecta a la empresa el conocimiento que se han considerado estratégico y manejado por los servicios de mantenimiento (fiabilidad, mantenibilidad, eficiencia energética y operación/explotación), así como el conocimiento general, que define el elemento y su entorno, y que ayuda a posicionarse y tener una visión global.

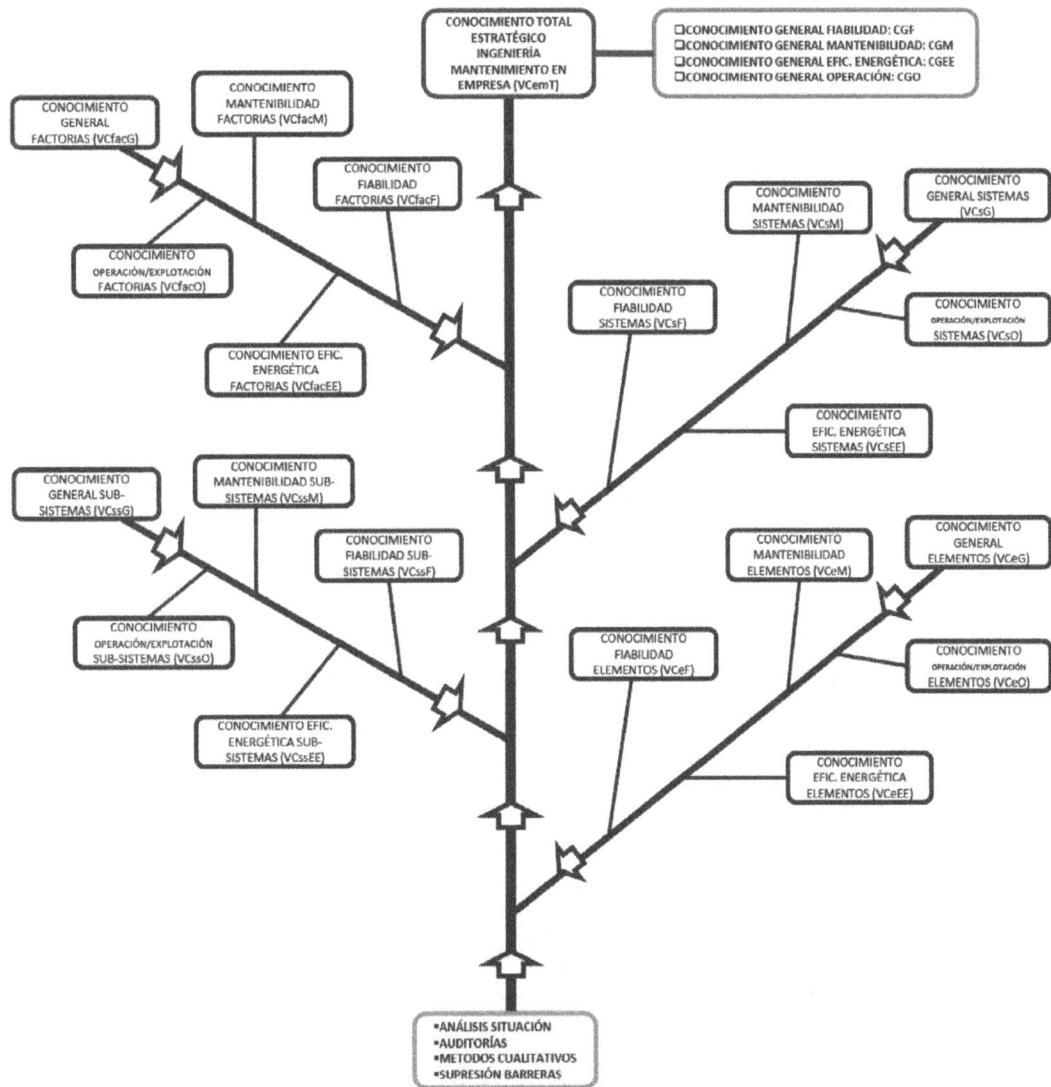

Figura 42. Árbol del conocimiento de la empresa en función de las acciones estratégicas.
Fuente: elaboración propia

La ponderación del peso de conocimiento en función de las acciones estratégicas, puede variar de una empresa a otra, en función de la incidencia en sus procesos principales. Para este caso en particular aplicado a una empresa industrial del sector alimentario, la ponderación que se hizo, en base a técnicas de consenso mediante reuniones de grupo de expertos, para conseguir un peso total del 100% fue la siguiente:

- Peso conocimiento general (PCG): 20%

- Peso conocimiento fiabilidad (PCF): 30%

- Peso conocimiento ef. energética (PCEE): 20%

- Peso conocimiento mantenibilidad (PCM): 15%

- Peso conocimiento operación/explotación (PCO): 15%

Partiendo desde lo que hemos definido como elementos (partes significativas de un sub-sistema o sistema), se consideran de igual manera las siguientes definiciones:

Las matrices de conocimiento estarán formadas por la introducción de todos los pesos y valores del conocimiento de todos los elementos que forman los sistemas, y que estos a la vez conforman la factoría. Tendrían la forma, en relación a la información y conocimiento general:

$$PCeG = \begin{bmatrix} PCeG_{11} & PCeG_{12} & .. & PCeG_{1n} \\ PCeG_{21} & PCeG_{22} & .. & PCeG_{2n} \\ .. & .. & .. & .. \\ PCeG_{m1} & PCeG_{m2} & .. & PCeG_{mn} \end{bmatrix}$$

$$VCeG = \begin{bmatrix} VCeG_{11} & VCeG_{12} & .. & VCeG_{1n} \\ VCeG_{21} & VCeG_{22} & .. & VCeG_{2n} \\ .. & .. & .. & .. \\ VCeG_{m1} & VCeG_{m2} & .. & VCeG_{mn} \end{bmatrix}$$

Y en relación a los cuatro tipos de conocimiento estratégico:

$$PCe = \begin{bmatrix} \begin{pmatrix} PCeF_{11} & PCeF_{12} & .... & PCeF_{1n} \\ PCeF_{21} & PCeF_{22} & ... & PCeF_{2n} \\ .. & .. & .. & .. \\ PCeF_{m1} & PCeF_{m2} & .. & PCeF_{mn} \end{pmatrix} & \begin{pmatrix} PCeEE_{11} & PCeEE_{12} & .. & PCeEE_{1n} \\ PCeEE_{21} & PCeEE_{22} & .. & PCeEE_{2n} \\ .. & .. & .. & .. \\ PCeEE_{m1} & PCeEE_{m2} & .. & PCeEE_{mn} \end{pmatrix} \\ \begin{pmatrix} PCeM_{11} & PCeM_{12} & .. & PCeM_{1n} \\ PCeM_{21} & PCeM_{22} & .. & PCeM_{2n} \\ .. & .. & .. & .. \\ PCeM_{m1} & PCeM_{m2} & .. & PCeM_{mn} \end{pmatrix} & \begin{pmatrix} PCeO_{11} & PCeO_{12} & .... & PCeO_{1n} \\ PCeO_{21} & PCeO_{22} & .. & PCeO_{2n} \\ .. & .. & .. & .. \\ PCeO_{m1} & PCeO_{m2} & .. & PCeO_{mn} \end{pmatrix} \end{bmatrix}$$

$$VCe = \begin{bmatrix} \begin{pmatrix} VCeF_{11} & VCeF_{12} & \ldots & VCeF_{1n} \\ VCeF_{21} & VCeF_{22} & \ldots & VCeF_{2n} \\ .. & .. & .. & .. \\ VCeF_{m1} & VCeF_{m2} & .. & VCeF_{mn} \end{pmatrix} \begin{pmatrix} VCeEE_{11} & VCeEE_{12} & .. & VCeEE_{1n} \\ VCeEE_{21} & VCeEE_{22} & .. & VCeEE_{2n} \\ .. & .. & .. & .. \\ VCeEE_{m1} & VCeEE_{m2} & .. & VCeEE_{mn} \end{pmatrix} \\ \begin{pmatrix} VCeM_{11} & VCeM_{12} & .. & VCeM_{1n} \\ VCeM_{21} & VCeM_{22} & .. & VCeM_{2n} \\ .. & .. & .. & .. \\ VCeM_{m1} & VCeM_{m2} & .. & VCeM_{mn} \end{pmatrix} \begin{pmatrix} VCeO_{11} & VCeO_{12} & \ldots & VCeO_{1n} \\ VCeO_{21} & VCeO_{22} & .. & VCeO_{2n} \\ .. & .. & .. & .. \\ VCeO_{m1} & VCeO_{m2} & .. & VCeO_{mn} \end{pmatrix} \end{bmatrix}$$

Cada una de las filas de la matriz, serían los datos de todos los elementos de un sistema determinado.

Teniendo los datos de información y conocimiento de un **elemento**, podremos definir (Ver algoritmo, Figura 43):

- Peso del conocimiento total del elemento (PCeT): Ponderado en función de la incidencia del elemento, considerando el número de elementos totales de que está compuesto un sistema determinado. El valor de PCeT, varía entre el 0 y el 100%, siendo la suma de todos los pesos individuales de todos los elementos de un sub-sistema el 100%. Dicho peso queda consensuado por el grupo de expertos.

- Valor del conocimiento total del elemento (VCeT): Ponderado en función de todos los componentes del conocimiento que afectan al elemento, formulado mediante:

$$VCeT = \sum_{\forall i} \left[PCe_i \times VCe_i \right]$$

$$VCeT = PCeG \times VCeG + PCeF \times VCeF + PCeEE \times VCeEE + PCeM \times VCeM + PCeO \times VCeO$$

Subiendo un nivel sobre los elementos, definiremos el conocimiento en los **sub-sistemas** (Ver algoritmo, Figura 44):

- Peso del conocimiento total del sub-sistema (PCssT): Ponderado en función de la incidencia del sub-sistema, considerando el número de sub-sistemas totales de que está compuesto un sistema determinado. El valor de PCssT, varía entre el 0 y el 100%, siendo la suma de todos los pesos individuales de todos los sub-sistemas de un sistema el 100%. Dicho peso queda consensuado por el grupo de expertos.

- Valor del conocimiento total del sub-sistema (VCssT): Ponderado en función de todos los componentes del conocimiento que afectan al sub-sistema, que son el resto de elementos que lo forman, formulado mediante:

$$VCssT = \left[\sum_{\forall i} \left[PCeT_i \times VCeT_i \right] \times 0.9 \right] + VCssI_i \times 0.1$$

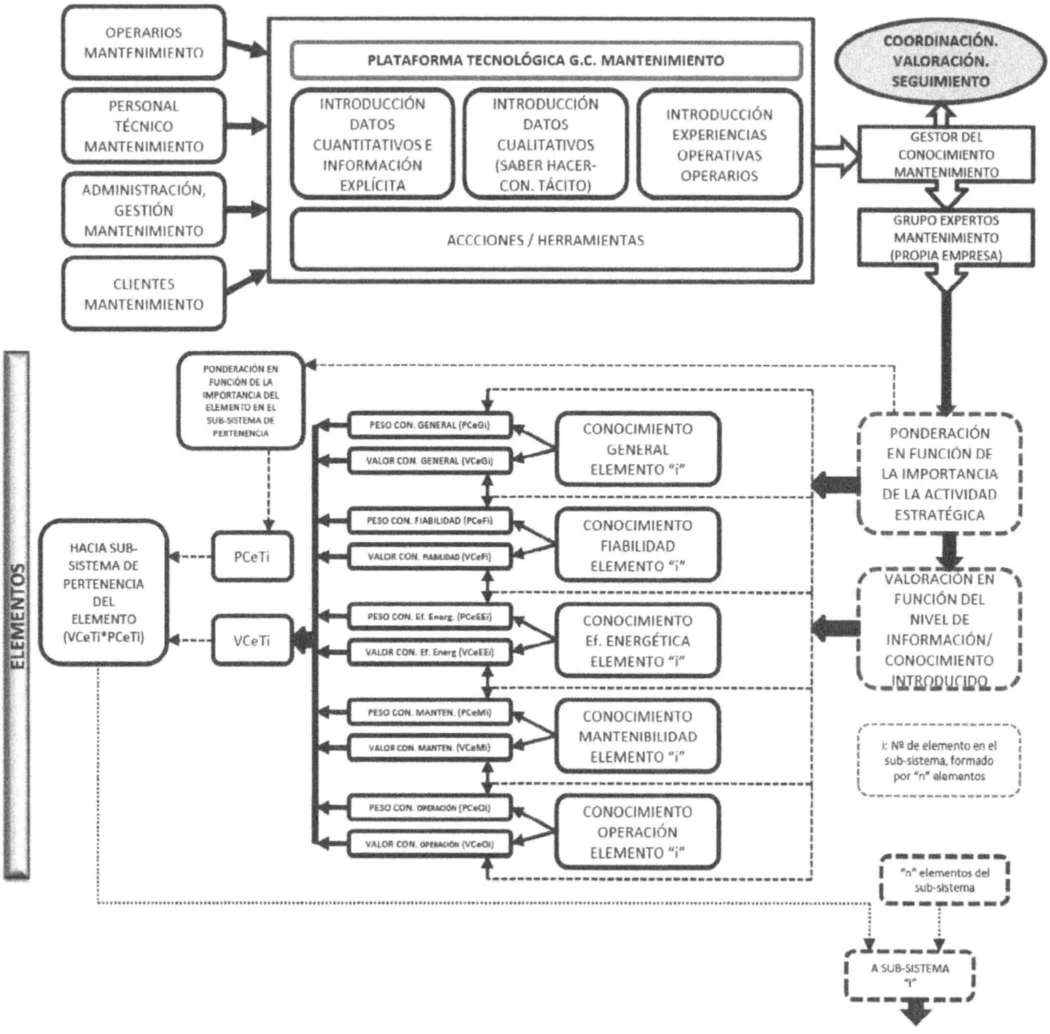

Figura 43. Algoritmo de ponderación y valoración del conocimiento en mantenimiento, fase "elemento".
Fuente: elaboración propia

En la formula anterior, se pondera en un 90% como máximo lo relacionado con los elementos del sub-sistema, dejándose un 10% para el conocimiento de integración del sub-sistema (VCssI).

El siguiente nivel de conocimiento serían los **sistemas** (Ver algoritmo, Figura 44):

- Peso del conocimiento total del sistema (PCsT): Ponderado en función de la incidencia del sistema considerando el número de sistemas totales de que está compuesto una factoría determinada. El valor de PCsT, varía entre el 0 y el 100%, siendo la suma de todos los pesos individuales de todos los sistemas de una factoría el 100%. Dicho peso queda consensuado por el grupo de expertos.

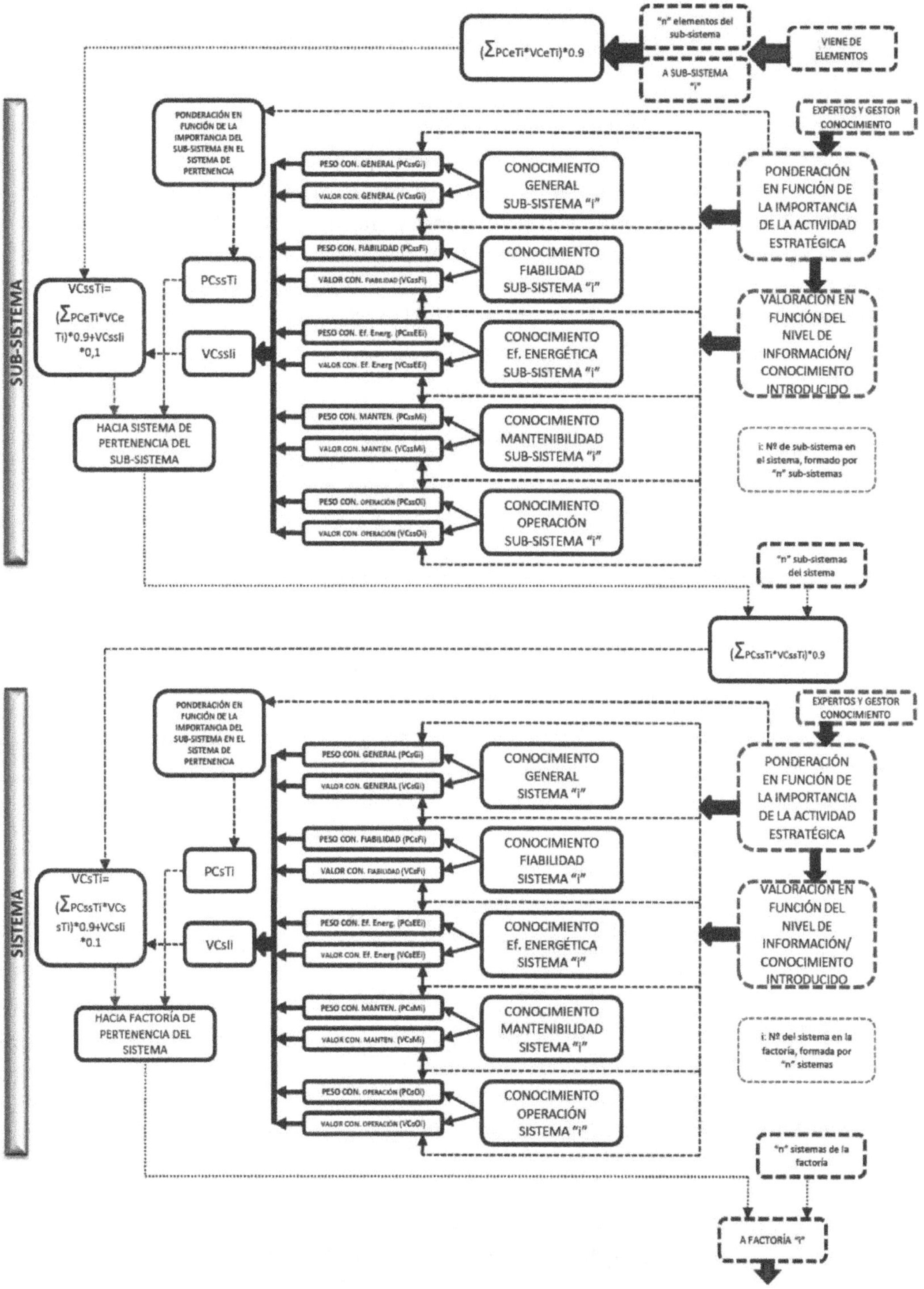

Figura 44. Algoritmo de ponderación y valoración del conocimiento en mantenimiento, fase "sub-sistema y sistema". Fuente: elaboración propia

- Valor del conocimiento total del sistema (VCsT): Ponderado en función de todos los componentes del conocimiento que afectan al sistema, que son el resto de sub-sistemas que lo forman, formulado mediante:

$$VCsT = \left[\sum_{\forall i}[PCssT_i \times VCssT_i]\times 0.9\right] + VCsI_i \times 0.1$$

En la formula anterior, se pondera en un 90% como máximo lo relacionado con los elementos del sub-sistema, dejándose un 10% para el conocimiento de integración del sistema (VCsI).

El siguiente nivel de conocimiento serían las **factorías** (Ver algoritmo, Figura 45):

- Peso del conocimiento total del sistema (PCfacT): Ponderado en función de la incidencia de la factoría considerando el número de factorías totales de la empresa. El valor de PCsT, varía entre el 0 y el 100%, siendo la suma de todos los pesos individuales de todas las factorías de una empresa el 100%. Dicho peso queda consensuado por el grupo de expertos.

- Valor del conocimiento total del sistema (VCfacT): Ponderado en función de todos los componentes del conocimiento que afectan a la factoría, que son el resto de sistemas que lo forman, formulado mediante:

$$VCfacT = \left[\sum_{\forall i}[PCsT_i \times VCsT_i]\times 0.9\right] + VCfacI_i \times 0.1$$

En la formula anterior, se pondera en un 90% como máximo lo relacionado con los elementos del sistema, dejándose un 10% para el conocimiento de integración de la factoría (VCfacI).

El siguiente nivel final de medición del conocimiento sería la **empresa**, compuesta de "n" factorías (algoritmo, Figura 45):

- Peso del conocimiento total del sistema (PCemT): Ponderado en función de las factorías totales de que está compuesto la empresa.

- Valor del conocimiento total de la empresa (VCemT): Ponderado en función de todos los componentes del conocimiento que afectan a la empresa, que son el resto de factorías que lo forman, formulado mediante:

$$VCemT = \left[\sum_{\forall i}[PCfacT_i \times VCfacT_i]\times 0.9\right] + VCemI_i \times 0.1$$

En la formula anterior, se pondera en un 90% como máximo lo relacionado con las factoría de la empresa, dejándose un 10% para el conocimiento de integración de la empresa (VCemI).

Con todo ello, el sistema de ponderación mediante el árbol de conocimiento en mantenimiento, permite una valoración parcial o total del conocimiento captado, partiendo de cada una de los

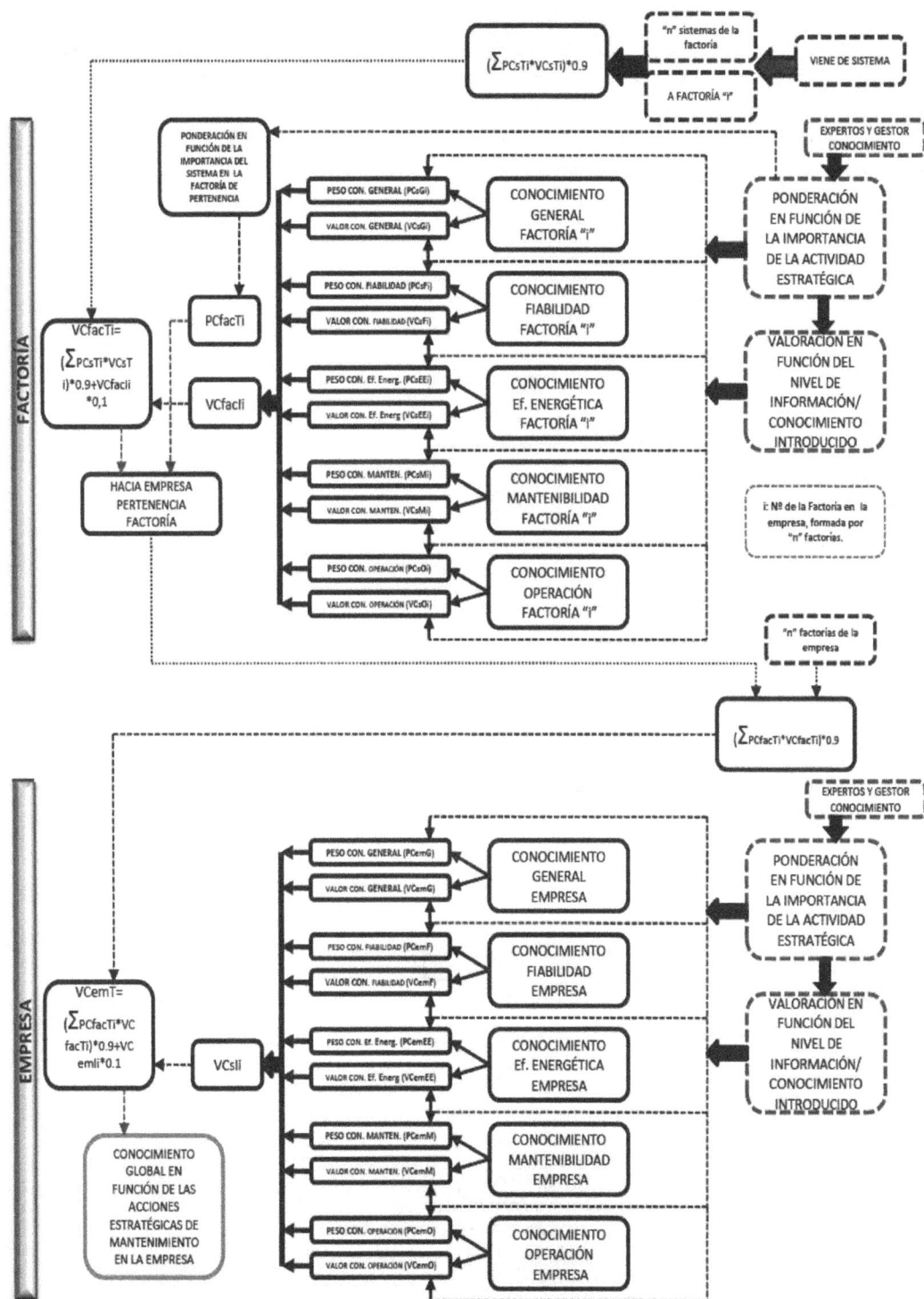

Figura 45. Algoritmo de ponderación y valoración del conocimiento en mantenimiento,
fase "factoría y empresa". Fuente: elaboración propia

elementos hasta las factorías, visionándose de una manera ágil el nivel conseguido por cada área de equipamiento o por cada actividad estratégica (Figura 46). Esto permite a la organización, ver mediante gráficos en el contenedor de conocimiento, el estado en que se encuentra, en relación a la información/conocimiento almacenado (Figura 47), marcando las tendencias de implicación según asignación de recursos o tiempo. En la Tabla 7, se encuentra la relación de variables utilizadas y valores de las expresiones utilizadas en el árbol de conocimiento.

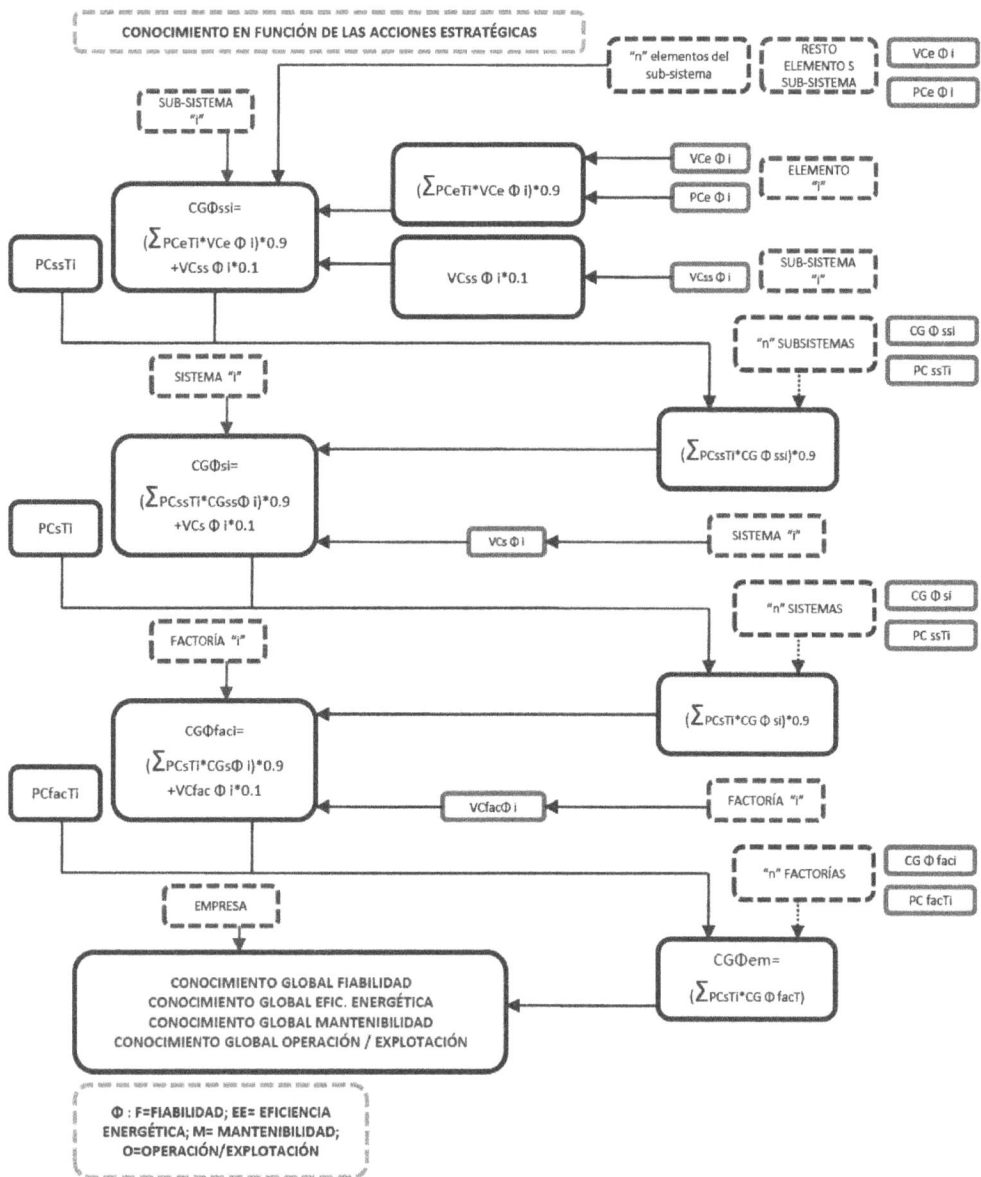

Figura 46. Algoritmo de ponderación y valoración del conocimiento en mantenimiento, fase "actividades estratégicas". Fuente: elaboración propia

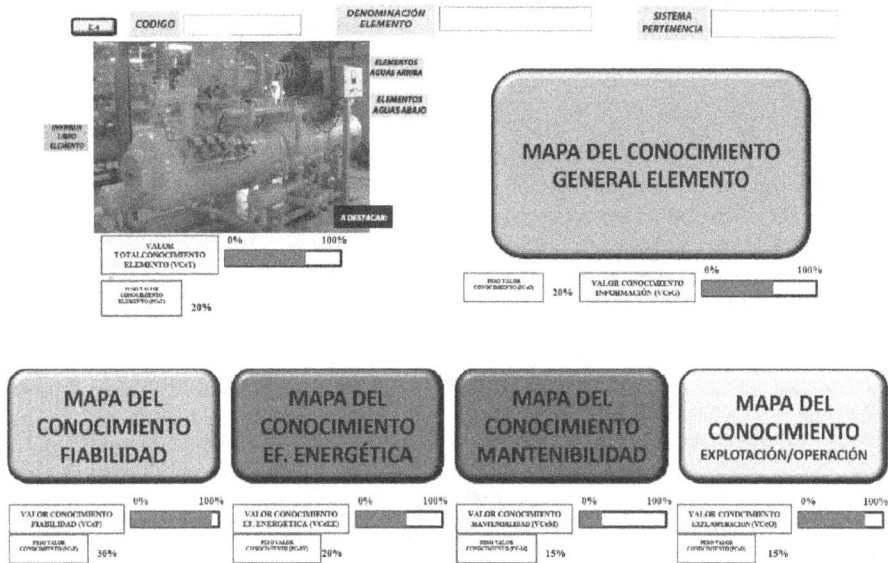

Figura 47. Imagen de pantalla de la plataforma tecnológica de GC, con la valoración porcentual en función del conocimiento introducido. Fuente: elaboración propia

Tabla de denominación de variables del árbol de conocimiento en la ingeniería del mantenimiento industrial		
Denominación	Descripción	Valor/formulación
$PC_{\beta}G_i$	Peso ponderado del conocimiento estratégico general, en función de la **Información global** del elemento, subsistema, sistema o factoría Nº "i": (β: e = elemento; ss = sub-sistema; s = sistema; fac = factoría; em = empresa)	Ponderado por el grupo de expertos de mantenimiento en función de la incidencia del tipo de conocimiento estratégico en la empresa. Valor entre 0 y 100%
$PC_{\beta}F_i$	Peso ponderado del conocimiento estratégico, en función de la información sobre **Fiabilidad** del elemento, subsistema, sistema o factoría Nº "i": (β: e = elemento; ss = sub-sistema; s = sistema; fac = factoría; em = empresa)	Ponderado por el grupo de expertos de mantenimiento en función de la incidencia del tipo de conocimiento estratégico en la empresa. Valor entre 0 y 100%
$PC_{\beta}EE_i$	Peso ponderado del conocimiento estratégico, en función de la información sobre **Eficiencia energética** del elemento, subsistema, sistema o factoría Nº "i": (β: e = elemento; ss = sub-sistema; s = sistema; fac = factoría; em = empresa)	Ponderado por el grupo de expertos de mantenimiento en función de la incidencia del tipo de conocimiento estratégico en la empresa. Valor entre 0 y 100%

Continúa

Tabla de denominación de variables del árbol de conocimiento en la ingeniería del mantenimiento industrial		
Denominación	**Descripción**	**Valor/formulación**
$PC_\beta M_i$	Peso ponderado del conocimiento estratégico, en función de la información sobre *Mantenibilidad* del elemento, subsistema, sistema o factoría Nº "i": (β: e = elemento; ss = sub-sistema; s = sistema; fac = factoría; em = empresa)	Ponderado por el grupo de expertos de mantenimiento en función de la incidencia del tipo de conocimiento estratégico en la empresa. Valor entre 0 y 100%
$PC_\beta O_i$	Peso ponderado del conocimiento estratégico, en función de la información sobre *Operación/ explotación* del elemento, subsistema, sistema o factoría Nº "i": (β: e = elemento; ss = sub-sistema; s = sistema; fac = factoría; em = empresa)	Ponderado por el grupo de expertos de mantenimiento en función de la incidencia del tipo de conocimiento estratégico en la empresa. Valor entre 0 y 100%
$VC_\beta G_i$	Valor introducido del conocimiento estratégico, en función de la *Información global* del elemento, subsistema, sistema o factoría Nº "i": (β: e = elemento; ss = sub-sistema; s = sistema; fac = factoría; em = empresa)	Valorado en función del número de registros de información/conocimiento introducido. Cuando el número de registros sea igual al máximo de registros considerado por el grupo de expertos, toma el valor de 100%
$VC_\beta F_i$	Valor introducido del conocimiento estratégico, en función de la *Fiabilidad* del elemento, subsistema, sistema o factoría Nº "i": (β: e = elemento; ss = sub-sistema; s = sistema; fac = factoría; em = empresa)	Valorado en función del número de registros de información/conocimiento introducido. Cuando el número de registros sea igual al máximo de registros considerado por el grupo de expertos, toma el valor de 100%
$VC_\beta EE_i$	Valor introducido del conocimiento estratégico, en función de la *Eficiencia energética* del elemento, subsistema, sistema o factoría Nº "i": (β: e = elemento; ss = sub-sistema; s = sistema; fac = factoría; em = empresa)	Valorado en función del número de registros de información/conocimiento introducido. Cuando el número de registros sea igual al máximo de registros considerado por el grupo de expertos, toma el valor de 100%
$VC_\beta M_i$	Valor introducido del conocimiento estratégico, en función de la *Mantenibilidad* del elemento, subsistema, sistema o factoría Nº "i": (β: e = elemento; ss = sub-sistema; s = sistema; fac = factoría; em = empresa)	Valorado en función del número de registros de información/conocimiento introducido. Cuando el número de registros sea igual al máximo de registros considerado por el grupo de expertos, toma el valor de 100%
$VC_\beta O_i$	Valor introducido del conocimiento estratégico, en función de la *Operación/ explotación* del elemento, subsistema, sistema o factoría Nº "i": (β: e = elemento; ss = sub-sistema; s = sistema; fac = factoría; em = empresa)	Valorado en función del número de registros de información/conocimiento introducido. Cuando el número de registros sea igual al máximo de registros considerado por el grupo de expertos, toma el valor de 100%

Continúa

Tabla de denominación de variables del árbol de conocimiento en la ingeniería del mantenimiento industrial		
Denominación	**Descripción**	**Valor/formulación**
$PC_\beta T_i$	Peso del conocimiento total en función de todos los conocimientos estratégicos del elemento, subsistema, sistema o factoría Nº "i": (β: e = elemento; ss = sub-sistema; s = sistema; fac = factoría; em = empresa)	Ponderado por el grupo de expertos de mantenimiento en función de la incidencia del elemento en el conjunto considerado. Valor entre 0 y 100%, repartido entre todos los elementos que componen el sistema
$VC_e T_i$	Valor total del conocimiento del elemento "i", en función de las acciones estratégicas, y el peso de importancia del elemento con respecto al sistema de pertenencia	$VCeT = \sum_{\forall i} \left[PCe_i \times VCe_i \right]$
$VC_\mu I_i$	Valor parcial del conocimiento del subsistema, sistema o factoría "i", en función de las acciones estratégicas, y la de importancia con respecto al sistema de pertenencia: (μ: ss = sub-sistema; s = sistema; fac = factoría; em = empresa)	$VC\mu li = \sum_{\forall i} \left[PC\mu_i \times VC\mu_i \right]$
$VC_{ss} T_i$	Valor total del conocimiento del **sub-sistema** "i", en función del conocimiento de los elementos aguas abajo y el valor de la información del propio sub-sistema	$VCssTi = \left[\sum_{\forall i} \left[PCeT_i \times VCeT_i \right] \times 0.9 \right] + VCssI_i \times 0.1$
$VC_s T_i$	Valor total del conocimiento del **sistema** "i", en función del conocimiento de los sub-sistemas aguas abajo y el valor de la información del propio sistema	$VCssTi = \left[\sum_{\forall i} \left[PCssT_i \times VCssT_i \right] \times 0.9 \right] + VCsI_i \times 0.1$
$VC_{fac} T_i$	Valor total del conocimiento de la **factoría** "i", en función del conocimiento de los sistemas aguas abajo y el valor de la información de la propia factoría	$VCfacTi = \left[\sum_{\forall i} \left[PCsT_i \times VCsT_i \right] \times 0.9 \right] + VCfacI_i \times 0.1$
$VC_{em} T$	Valor total del conocimiento de la **empresa**, en función del conocimiento de las factorías aguas abajo y el valor de la información de la propia empresa	$VCemT = \left[\sum_{\forall i} \left[PCfacT_i \times VCfacT_i \right] \times 0.9 \right] + VCemI_i \times 0.1$
$CG\Phi_{ss} i$	Valor del conocimiento en relación a la actividad estratégica "**Φ**" del **subsistema**, en función del conocimiento de los elementos aguas abajo y el valor de la información del propio sub-sistema: (Φ: F = Fiabilidad; EE = Eficiencia energética; M = Mantenibilidad; O = Operación/explotación)	$CG\Phi ssi = \left[\sum_{\forall i} \left[PCeT_i \times VCe\Phi_i \right] \times 0.9 \right] + VCss\Phi_i \times 0.1$

Continúa

125

Tabla de denominación de variables del árbol de conocimiento en la ingeniería del mantenimiento industrial		
Denominación	Descripción	Valor/formulación
$CG\Phi_s i$	Valor del conocimiento en relación a la actividad estratégica "Φ" del **sistema**, en función del conocimiento de los sub-sistemas aguas abajo y el valor de la información del propio sistema: (**Φ: F = Fiabilidad; EE = Eficiencia energética; M = Mantenibilidad; O = Operación/explotación**)	$CG\Phi ssi = \left[\displaystyle\sum_{\forall i}\left[PCssT_i \times CGss\Phi_i\right]\times 0.9\right] + VCs\Phi_i \times 0.1$
$CG\Phi_{fac} i$	Valor del conocimiento en relación a la actividad estratégica "Φ" de la **factoría**, en función del conocimiento de los sistemas aguas abajo y el valor de la información de la propia factoría: (**Φ: F = Fiabilidad; EE = Eficiencia energética; M = Mantenibilidad; O = Operación/explotación**)	$CG\Phi ssi = \left[\displaystyle\sum_{\forall i}\left[PCsT_i \times CGs\Phi_i\right]\times 0.9\right] + VCfac\Phi_i \times 0.1$
$CG\Phi_{em} i$	Valor del conocimiento en relación a la actividad estratégica "Φ" de la **empresa**, en función del conocimiento de las factorías aguas abajo y el valor de la información de la propia empresa: (**Φ: F = Fiabilidad; EE = Eficiencia energética; M = Mantenibilidad; O = Operación/explotación**)	$CG\Phi em = \left[\displaystyle\sum_{\forall i}\left[PCfacT_i \times CGFfac\Phi_i\right]\right]$

Tabla 7. Denominación y valores utilizados en el árbol del conocimiento de mantenimiento.
Fuente: elaboración propia

El método de valoración del conocimiento por el árbol, permite un cálculo y una visualización rápida, de la implicación de la empresa en la gestión de la información estratégica y el conocimiento basado en la experiencia y conocimiento tácito introducido por los operarios. Permite la introducción de datos según los recursos disponibles, y hacer mayor incidencia, según las necesidades en un área concreta (comenzar, por ejemplo, con el sistema "refrigeración industrial" de una factoría determinada, para continuar en el resto de elementos y sistemas.

c) Estrategias de participación, utilización y auto-aprendizaje

El éxito de un proyecto de gestión del conocimiento en la ingeniería del mantenimiento industrial, depende en gran medida en la concienciación del personal operativo que es el que realmente maneja, de manera tácita, el saber intangible y valioso que es vital para la empresa.

El gestor y los coordinadores del conocimiento designados, juegan una importante misión en el resultado continuo, y la utilización de la plataforma por todos los órganos intervinientes.

El comienzo de la plataforma, determina una importante cantidad de recursos (sobre todo en tiempo), dado que requiere las fases cuantitativas y cualitativas que determinen el estado actual en base a la información explícita y las experiencias pasadas captadas mediante técnicas cualitativas. Una vez puesto en marcha, cualquier operario de mantenimiento podrá introducir (dando el visto final el gestor de conocimiento), cualquier experiencia operativa, trabajo de mantenimiento, resolución de avería, etc., deberá ser captado y tratado con la información pertinente (fotos, video, gráficos, etc.), que ayude a cualquier otro operario de esa factoría o de cualquier otra a resolver más eficiente la situación descrita. La plataforma se utiliza periódicamente como sistema de auto-aprendizaje por el propio personal, ayudando a reducir tiempo de acoplamiento de nuevo personal, tener la visión (y hacer como propia) las experiencia captadas por otros compañeros, ser más ágil en la resolución de averías, toma de decisiones y procesos de operación y mantenimiento, etc.

d) Medición y estrategias de mejora

La medición de la eficiencia de un modelo de gestión del conocimiento, parte de la complejidad de medir un activo intangible y referente a un grupo de actividad humano. En la presente investigación realizada durante un periodo de dos años en una empresa del sector industrial con diferentes factorías de producción, se recopilaron datos objetivos sobre diferentes indicadores que sirvieran para marcar la evolución de un sistema de gestión del conocimiento en mantenimiento. Los indicadores más evidentes objetivos que se tomaron fueron:

- Tiempo de acoplamiento de nuevo personal de mantenimiento.

- Tiempo de resolución de fallos históricos o recurrentes.

- Tiempo de resolución de averías no cíclicas.

- Tiempo de acciones de mantenimiento preventivo.

- Tiempo de maniobras de operación de maquinaria e instalaciones.

- Nº de acciones de mejora en de eficiencia energética.

- Tiempo medio entre fallos MTBF.

- Tiempo medio de reparación MTTR.

- Medición de la energía consumida.

De igual manera es preciso realizar mediciones sobre el uso de la plataforma tecnológica para la GC:

- Uso de la plataforma por operario.

- Items introducidos por periodo de tiempo determinado.

- Tiempo utilizado para auto-aprendizaje por empleado.

La utilización de los algoritmos mostrados en la valoración del árbol del conocimiento de mantenimiento, permite la medición y valoración del conocimiento en la plataforma, orientando de una manera precisa, nuevas estrategias de intensificación de captación de información/conocimiento, así como detectar posibles barreras de colaboración de los equipos operativos de las diferentes secciones de mantenimiento.

Así mismo la utilización de eventos Kaizen, planteados como herramientas para la medición, visualización, captura, aprendizaje y utilización del conocimiento gestionado (Rees et al., 2009), mediante acciones periódicas con diferentes grupos de mantenimiento, constatando con su aplicación los resultados asociados a las variables que se han establecido en los criterios de desempeño, y detectando diferentes estrategias de mejora y detección de barreras que se plantean en un proceso dinámico que debe ser un modelo de gestión del conocimiento.

Los eventos Kaizen, herramienta frecuente en los círculos de calidad, y cuyo origen parecen estar en la segunda guerra mundial (Huntzinger 2002), puede ser variados, utilizados como planeamientos de actividades para identificar que procesos sistemáticamente ocultan desperdicios y eliminarlos, mejorar actividades y respuesta de los operarios ante situaciones no previstas, y mejorar acciones que redunden en todas las acciones estratégicas de mantenimiento como la mejora de la fiabilidad y la mantenibilidad, la eficiencia energética y los trabajos habituales de explotación de instalaciones.

4. Discusión y resultados

La aplicación de un modelo de gestión de conocimiento en la ingeniería de mantenimiento, es un proyecto complejo, que necesita la sinergia de varios factores para su aplicación inicial. La implicación de la dirección, la fijación de objetivos, la necesidad de un gestor de conocimiento en mantenimiento, la implicación y concienciación de los operarios, y dotar de los recursos necesarios, son piezas fundamentales para el éxito del proyecto.

La implicación de los operarios y los técnicos de mantenimiento es un facilitador y condición indispensable, en un proceso que podríamos definir en mejora continua. Por propia definición de mejora continua los operarios deben participar en el proceso y sin ello, no se puede llevar a cabo su realización (Jorgensen et al., 2003).

La existencia del gestor de gestión del conocimiento, es vital para la continuidad del proyecto, que normalmente y por la propias características de los servicios de mantenimiento (recursos muy restringidos), hace que no se pueda dedicar a tiempo completo a dicha tarea. Se hace necesaria una estricta división de funciones y tiempo para este líder que deba encargarse de ello, de modo que la actividad principal en mantenimiento no le impida desarrollar su trabajo en el proyecto de gestión de conocimiento.

La implicación de los operarios, que son los que principalmente realimentan y sustentan el modelo, se puede conseguir de diferentes maneras, comenzando con la concienciación, siendo recomendable tener incentivos. Una vez conseguido el cambio cultural, la sostenibilidad del sistema se puede considerar continua.

De igual manera, la implicación de la dirección es decisiva en la implantación y sostenibilidad del modelo, pero dicha implicación, debe variar a lo largo del tiempo. En las fases 1 y 2 del desarrollo del modelo de GC, la implicación debe estar basada en la dotación de recursos y el impulso hacia el desarrollo de la concienciación y la fijación de una nueva cultura. A partir de la fase 3, los esfuerzos deben estar dirigidos fundamentalmente hacia el enlace y seguimiento de los objetivos estratégicos de la empresa, sin olvidar que la implicación de los operarios debe seguir estando presente.

La implantación sólo puede ser realizada con un esfuerzo importante por parte de toda la organización de mantenimiento de la empresa y, por tanto, ésta no puede estar metida de lleno en una estrategia de crecimiento desmesurado ya que los recursos, tanto materiales como personales deberían ser muy elevados, propiciando en un momento dado su abandono. Es decir, el desarrollo de un modelo de GC únicamente puede ser iniciada y estabilizada en situaciones de crecimiento sostenido. Sólo cuando la cultura y la concienciación este consolidada, acelera los procesos de generación, transferencia y utilización del conocimiento, que repercuten en las acciones tácticas del mantenimiento industrial.

De la aplicación del modelo expuesto a una compañía del sector industrial, de primer nivel dedicada al sector agro-alimentario con una plantilla total de 1137 empleados distribuida en tres sedes y un grupo de mantenimiento formado por 230 personas, se han podido observar las siguientes consideraciones:

- *La fase I,* lleva de por si implícito que se ha vencido una de las principales barreras, que es la concienciación en los órganos de dirección del mantenimiento, sobre la importancia y beneficios que puede conllevar a la propia organización.

  Con la utilización de cuestionarios preparados, se observaron las características principales de comunicación y relación de la propia organización de mantenimiento, normalmente basada en procesos informales (reuniones informales o de pasillo, comunicación telefónica, partes sin detalle, etc.), así como detectar las principales barreras que se detectan (rechazo al cambio, miedo a explicitar el propio conocimiento tácito, etc.), con ello se plantean una serie de sesiones de concienciación y explicación al personal operativo de lo esperado con un proyecto de GC y los beneficios que supone para las personas y para toda la organización (conocimiento colectivo, mayor capacidad de aprendizaje compartiendo el conocimiento, tener capacidad de decisión ante acciones no previstas, etc.)

  Las auditorías de mantenimiento y eficiencia energética, sirvieron para extraer conocimiento nuevo sobre acciones de mejora, conocer acciones simples que podían repercutir para mejorar en gran medida los procesos de mantenimiento y eficiencia energética, y cuantificar procesos y acciones conocidas y que sin embargo suponían un gran coste energético, por no saber su valoración.

- *La fase II,* requiere un profundo estudio, para extraer el conocimiento tácito implícito en el personal operativo de mantenimiento, así como el aligeramiento de la información explícita que existe en la organización, con el fin de articular la plataforma tecnológica que dará soporte al contenedor del conocimiento, siendo la etapa más intensa de trabajo y donde se asienta la mayoría del conocimiento estratégico.

El conocimiento debe estar estructurado desde lo general a lo particular teniendo en cuenta la disposición del árbol de conocimiento de las infraestructuras de la compañía (elementos, sub-sistemas, sistemas, factorías) y en función de los cuatro aspectos estratégicos que desempeña: la fiabilidad, la operación en explotación, la mantenibilidad y la eficiencia energética.

Mediantes técnicas cualitativas, se capturó acciones estratégicas y el mejor saber-hacer, basado en la experiencia propia de los empleados (conocimiento tácito). Todo debía documentarse de una manera esquemática, concisa y clara, con la utilización de fotografías, videos, planos, diagramas de bloques, que ayudaran a entender la acción por cualquier otro operario que no hubiera vivido dicha experiencia.

Los anejos característicos en combinación con los mapas de información/conocimiento, fueron una gran herramienta para asentar la información explícita útil y de relevancia. Estos estarán diseñados como un libro del conocimiento resumido, puntual y ágil en donde estén recogidos los datos técnicos, operativos, de entorno y experiencias de un sistema determinado, con el fin de conseguir un profundo conocimiento del sistema determinado, y en base a ello, sea base fundamental para el auto-aprendizaje de todos los miembros operativos de mantenimiento. Permitió el aligeramiento y aglutinar la planimetría de mayor incidencia (diagramas de bloques y estructuración para su uso práctico), los diagramas de fallo característicos, estructuración y revisión de los partes de trabajo propios y de empresas externas, los informes técnicos con especial relevancia para el conocimiento, y la información sobre datos y mediciones cuantitativas que se pueden recabar mediante herramientas scada de monitorización de las instalaciones.

Las guías de criterios estratégicos, marcaron la tendencia y orientación del trabajo hacia donde debe tender la organización de mantenimiento, priorizando lo que espera la empresa de mantenimiento, y lo que debe hacer en mayor intensidad mantenimiento para conseguir los objetivos.

El desempeño del gestor y los coordinadores de conocimiento, marcan el éxito de la continuidad del modelo de GC, unificando criterios, normalizando y validando el conocimiento introducido e impulsando el sistema que integra la generación, la captación, el almacenamiento, la reutilización y la aplicación del conocimiento en la organización de mantenimiento, venciendo las barreras de las reticencias observadas entre el equipo humano operativo, y coordinando el grupo de expertos dentro de la propia organización que ponderarán el

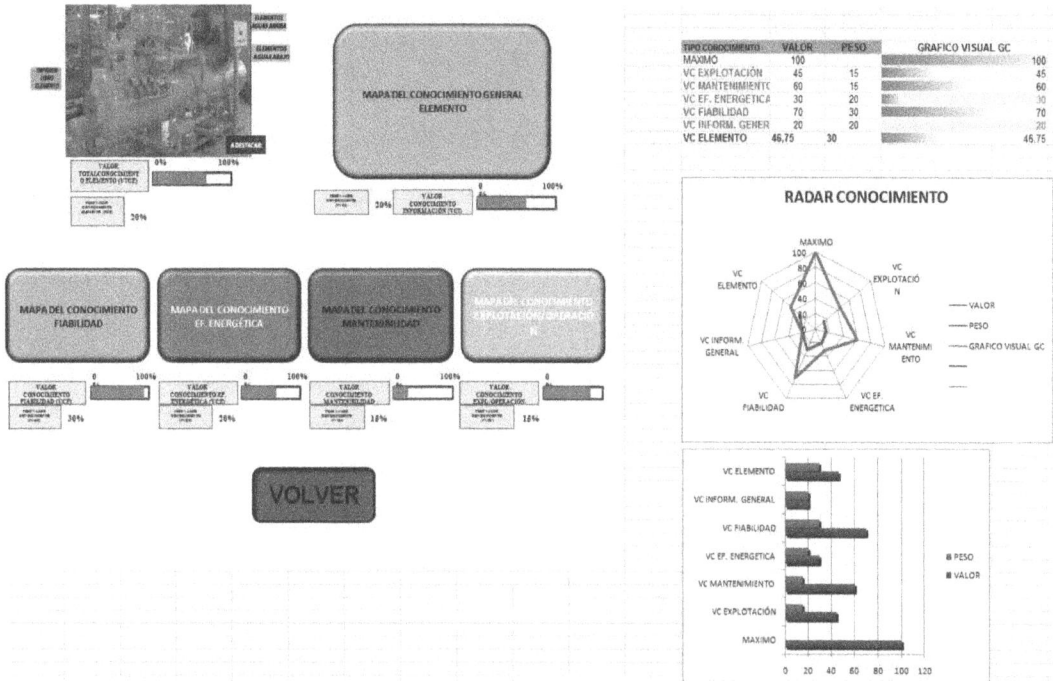

Figura 48. Imagen de pantalla de la plataforma tecnológica de GC, con la visión del radar de conocimiento de un elemento. Fuente: elaboración propia

peso de las acciones estratégicas y la cantidad de ítems de información por elemento, que marcarán el valor del nivel de conocimiento introducido.

- *La fase III,* produce el asentamiento y continuidad del sistema de GC, definiendo la plataforma tecnológica que será el contenedor del conocimiento, dando soporte a los elementos generadores con la captación del conocimiento estratégico y fortaleciendo los ambientes de aprendizaje y las comunidades de prácticas.

Mediante los algoritmos de medición del conocimiento estratégico de mantenimiento, se consigue una estimación rápida y sencilla del estado del contenedor de conocimiento (Figura 48), líneas de acciones y mejora, marcando los radares visuales de conocimiento del elemento, sistema, etc. (Figura 49).

Tras un periodo de uso de utilización del modelo de GC en la actividad de mantenimiento, se observó de una manera significativa la mejora en las acciones de mantenimiento. En la Tabla 8, se muestran algunas de las acciones contrastadas (de las miles que pueden darse dentro de sus actividades). Esto se visionó, tomando como indicador las medidas anteriores a la puesta en marcha de acciones de GC, y la medición tras un periodo de aplicación de seis meses, en donde se observa la reducción de tiempo en acoplamiento de nuevo personal (44%), así como la mejora en la realización de otras acciones de relevancia.

TIPO CONOCIMIENTO	VALOR	PESO	GRAFICO VISUAL GC	
MAXIMO	100			100
VC EXPLOTACIÓN	45	15		45
VC MANTENIMIENTC	60	15		60
VC EF. ENERGETICA	30	20		30
VC FIABILIDAD	70	30		70
VC INFORM. GENER	20	20		20
VC ELEMENTO	**46,75**	**30**		46,75

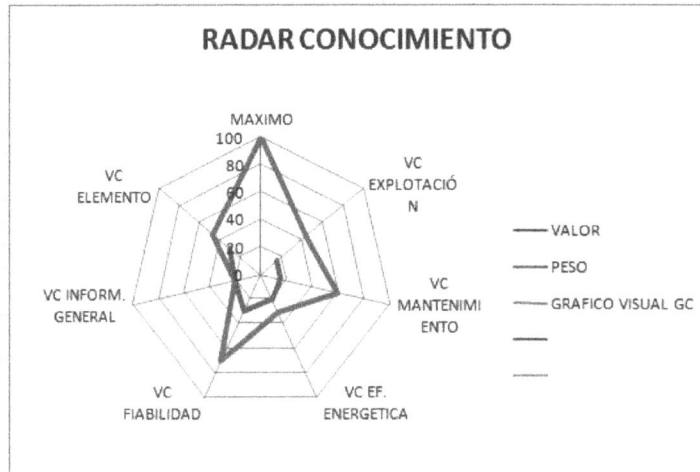

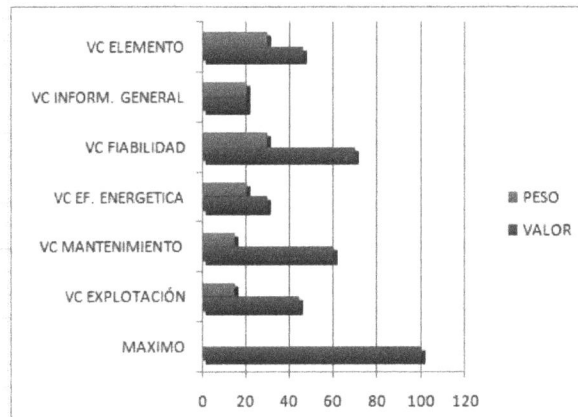

*Figura 49. Radar del conocimiento de un elemento determinado en función
del conocimiento estratégico. Fuente: elaboración propia*

Esta mejora en las acciones de desempeño habitual de mantenimiento, no sólo influyen en hacer más eficiente el servicio y reducción de costes directos dentro de la organización de mantenimiento, sino también, el efecto cascada de cualquier acción mejorada, que repercute en el resto de departamentos de la empresa (cada minuto de reducción de parada, por ejemplo, repercute en parada de todo el personal de producción involucrado, y la pérdida de un tiempo importante de fabricación u otras incidencias colaterales), con unos costes importantes.

Acciones monitorizadas	Media medida anterior	Media medida tras periodo gc. (6 meses)	% Mejora	Ud. medida
1 Tiempo acoplamiento nuevo personal	41	23	44%	Semanas
2 Avería correctiva	1,45	1,15	21%	Horas
3 Mantenimiento prev. compresor	3,2	2,6	19%	Horas
4 Maniobras operación equipos producción	4	3,5	13%	Minutos
5 Maniobra redes alta tensión	8	5	38%	Minutos
6 Tiempo paradas producción/día	23	18	22%	Minutos

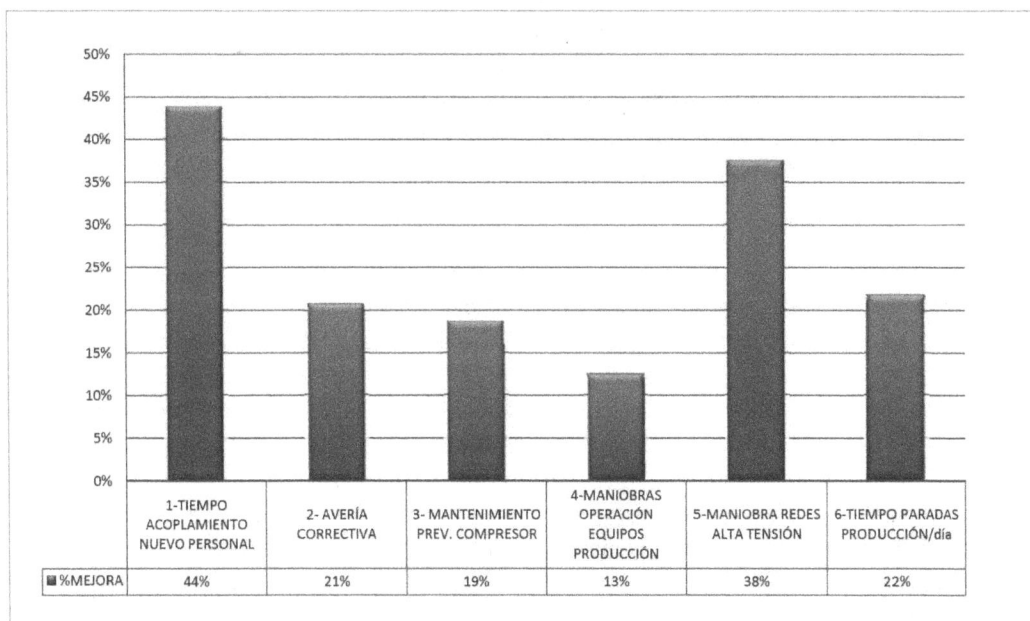

	1-TIEMPO ACOPLAMIENTO NUEVO PERSONAL	2- AVERÍA CORRECTIVA	3- MANTENIMIENTO PREV. COMPRESOR	4-MANIOBRAS OPERACIÓN EQUIPOS PRODUCCIÓN	5-MANIOBRA REDES ALTA TENSIÓN	6-TIEMPO PARADAS PRODUCCIÓN/día
%MEJORA	44%	21%	19%	13%	38%	22%

Tabla 8. Mejora de diversas acciones tácticas por introducción de técnicas de GC. Fuente: elaboración propia

De igual manera, con la adopción de un modelo de GC en mantenimiento se consiguieron otras ventajas de medición mas subjetiva, como son la mejora en los procesos de trabajo en grupo, mayor implicación y motivación de los operarios, concienciación de las acciones e importancia de la eficiencia energética, y mayor sentido de la seguridad ante decisiones y acciones no cíclicas por parte de los operarios de mantenimiento, así como la detección y previsión de averías y maniobras de emergencia, que con su eliminación supondría acotar costes económicos de dimensiones importantes, que sólo por ello justificaría el esfuerzo en tiempo y económico que supone a la empresa el plantear un modelo de GC.

5. Conclusiones

El presente artículo pretende dotar a los responsables de mantenimiento y en general a los directivos de una empresa de un modelo de GC en su aplicación directa a la organización de mantenimiento de la empresa, donde existe un alto componente de experiencia y conocimiento tácito que está implícito en la mayor parte de sus acciones, y que dificulta su transferencia. Este modelo permite a las empresas conocer que aspectos deben tener en cuenta para implantar y sostener un proyecto de gestión de conocimiento en las actividades normalmente asignadas a la organización de mantenimiento. Además el artículo ayuda a las empresas a identificar los elementos y procesos claves para poder mejorar sus servicios de mantenimiento y facilitar la extensión de la misma a todas las áreas de la empresa.

Las principales contribuciones de la investigación que se presentan en este artículo y permiten extender el conocimiento en las acciones de mantenimiento y la gestión de su conocimiento operativo, son:

- Se resumen los principales factores que marcan la relevancia de la gestión del conocimiento que influyen en las acciones tácticas de mantenimiento, indicando los principales facilitadores/barreras, que influyen en la puesta en marcha de un proyecto de GC en la ingeniería de mantenimiento (implicación de la dirección y estrategias, implicación de los trabajadores, estrategias de aprendizaje, necesidad de definir y medir acciones estratégicas, motivación de los trabajadores, recursos, ...).

- Se muestra un modelo de GC basado en las actividades estratégicas que tiene asignado la organización de mantenimiento (Fiabilidad, mantenibilidad, eficiencia energética y operación/explotación de instalaciones), que permite un conocimiento profundo y estratificado, con el uso de herramientas como las auditorias técnicas y el aligeramiento de la información explícita.

- Se define los beneficios y características fundamentales de la herramienta "anejos características" , como parte fundamental en la sustentación y filtrado de la documentación explícita , que en forma de manuales, planos, registros, mediciones, partes de trabajo, etc., suponen en muchas ocasiones en las organizaciones de mantenimiento una selva de difícil paso y almacenada en armarios y archivadores consultados en escasas ocasiones.

- Se identifica el facilitador "gestor y coordinador del conocimiento en mantenimiento", como actores fundamentales para dar continuidad e impulsar el modelo de gestión de conocimiento.

- Con el árbol del conocimiento de mantenimiento, se muestra un método de ponderación y valoración de todo el conocimiento e información estratégica introducida y almacenada en la plataforma tecnológica, y que permite visualizar de una manera sencilla y ágil los recursos almacenados, y marcar acciones de seguimiento y estructuración de los trabajos hacia las diferentes sistemas de la factoría.

Este modelo planteado está siendo aplicado a una organización de mantenimiento industrial de una empresa industrial del sector alimentario. Esta es la principal limitación del estudio, dado que el modelo no puede generalizarse a cualquier tipo de empresa, sin adaptar y estudiar previamente la incidencia de las acciones estratégicas de mantenimiento en otros sectores y regiones. Por ello, se considera adecuado que en investigaciones futuras se contraste si los resultados de esta investigación son también representativos en otros sectores o países.

La principal limitación de este estudio está en que la empresa donde se ha investigando y modelado la implantación del modelo planteado, pertenece al sector industrial alimentario, con diversas factorías a nivel nacional. Los autores piensan que el resultado es extensible a otros sectores y otros ámbitos territoriales, dado que aunque las instalaciones y los procesos productivos pueden variar de una empresa a otra, la esencia de las acciones estratégicas de mantenimiento están presentes en todas ellas, aunque con otra posible ponderación de su incidencia, diferente a la planteada en este estudio.

Debido a esto, los autores piensan que el resultado de la investigación puede ser generalizable a diferentes sectores y no sólo al sector alimentario. Este modelo en sectores de servicios como pueden ser el de infraestructuras hoteleras, grandes centros comerciales, empresas de distribución de energía eléctrica o distribución de agua sanitaria, etc., podría ser adaptado, teniendo en cuenta el desempeño del sector tratado.

Sería conveniente también, continuar con la línea de investigación realizando un análisis cuantitativo que permita validar los resultados cualitativos del presente estudio, tanto en el alimentario, como en otros sectores.

6. Referencias

Adán, I. (2004). Los estilos de aprendizaje en el desarrollo de la orientación y la tutorial. *I Congreso Internacional de Estilos de Aprendizaje*. UNED. Madrid.

AEM (Asociación Española de Mantenimiento) (2010). *Encuesta sobre la evolución y situación del mantenimiento en España*.

Alonso, C.M., Gallego, D.J., & Honey, P. (1994). *Los estilos de aprendizaje. Procedimientos de diagnóstico y mejora*. Ed. Mensajero. Bilbao.

Bateman, N., & Rich, N. (2003): Companies perceptions of inhibitors and enablers for process improvement activities. *International Journal of Operations & Production Management*, 23(2), 185. http://dx.doi.org/10.1108/01443570310458447

Bhatt, G.D. (2002). Management strategies for individual knowledge and organizational knowledge. *Journal of Knowledge Management*, 6(1), 31-39. http://dx.doi.org/10.1108/13673270210417673

Bueno, E. (2002). La sociedad del conocimiento: un nuevo espacio de aprendizaje de las personas y organizaciones, en La Sociedad del Conocimiento. *Monografía de la Revista Valenciana de Estudios Autonómicos*. Presidencia de la Generalitat Valenciana, Valencia.

Cárcel, J. (2010). *Aspectos estratégicos del mantenimiento industrial relativos a la eficiencia energética. Artículo 1er Congreso de dirección de operaciones en la empresa*. 25 y 26 de Junio, Madrid.

Coakes, E., Amar, A.D., & Luisa Granados, M.L. (2010). Knowledge management, strategy, and technology: a global snapshot. *Journal of Enterprise Information Management*, 23(3), 282-304. http://dx.doi.org/10.1108/17410391011036076

COVENIM 2500-93. (1993). *Manual para evaluar los sistemas de mantenimiento en la industria*. 1ª Revisión. Comisión Venezolana de Normas Industriales. Ministerio de fomento. Caracas: Fondonorma.

Davenport, T., & Prusak, L. (1998). *Working Knowledge. How organizations manage what they know*. Boston, Massachusetts: Harvard Business School Press.

Desouza, K., & Evaristo, R. (2003). Global knowledge management strategies. *European Management Journal*, 21(1), 62-67. http://dx.doi.org/10.1016/S0263-2373(02)00152-4

Gargallo, B., Suárez-Rodríguez, J. M., & Pérez-Pérez, C. (2009). El cuestionario CEVEAPEU. Un instrumento para la evaluación de las estrategias de aprendizaje de los estudiantes universitarios. *Relieve*, 15(2), 1-31. http://www.uv.es/RELIEVE/v15n2/RELIEVEv15n2_5.htm

Halawi, L., Aronson, J. & McCarthy, R. (2005). Resource-Based View of Knowledge Management for Competitive Advantage. *The Electronic Journal of Knowledge Management*, 3(2), 75-86. Available online at www.ejkm.com

Hauschild, S., Licht, T., & Stein, W. (2001). Creating a knowledge culture. *The McKinsey Quarterly*, 1, 74-81.

Huntzinger, J. (2002). The Roots of Lean.Training Within Industry: The Origen of Kaizen. *Association for manufacturing Excellence*, 18(2).

INE (Instituto Nacional de Estadística) (2008). *Panorámica de la industria*. Madrid.

Jackson, M. (2005). Reflections on knowledge management from a critical systems perspective. *Knowledge Management Research and Practice*, 3(4), 187-196. http://dx.doi.org/10.1057/palgrave.kmrp.8500067

Jennex, M.E., & Olfman, L. (2006). A Model of Knowledge Management Success. *International Journal of Knowledge Management*, 2(3), 51-68. http://dx.doi.org/10.4018/jkm.2006070104

Jorgensen, F., Boer, H., & Gertsen, F. (2003). Jump-Starting Continuous Improvement Through Self-Assessment. *International Journal of Operations & Production Management*, 23(10), 1260-1278. http://dx.doi.org/10.1108/01443570310496661

Kalkan, V.J. (2008). An overall view of knowledge management challenges for global business. *Business Process Management Journal*, 14(3), 390-400. http://dx.doi.org/10.1108/14637150810876689

Lehner, F., & Haas, N. (2010). Knowledge Management Success Factors-Proposal of an Empirical Research. *Electronic Journal of Knowledge Management*, 8(1), 79-90.

Lugger, K., & Kraus, H. (2001). Mastering Human barriers in Knowledge Management. *Journal of Universal Computer Science*, 7(6), 488-497.

Minonne, C., & Turner, G. (2009). Evaluating Knowledge Management Performance. *Electronic Journal of Knowledge Management*, 7(5), 583-592. Available online at www.ejkm.com

Nonaka, I., & Takeuchi, H. (1999). *La Organización Creadora de Conocimiento*. México: Oxford.

Nonaka, I., & Takeuchi, N. (1995). *The knowledge-creating company: how Japanese companies create the dynamics of innovation*. New York, Oxford: Oxford University Press.

Pawlowski, J., & Bick, M. (2012). The Global Knowledge Management Framework: Towards a Theory for Knowledge Management in Globally Distributed Settings. *The Electronic Journal of Knowledge Management*, 10(1), 92-108. Available online at www.ejkm.com

Peluffo, M., & Catalán, E. (2002). *Introducción a la gestión del conocimiento y su aplicación al sector público*. Ed. Instituto Latinoamericano y del Caribe de Planificación.

Pérez, D., & Dressler M. (2007). Tecnologías de la información para la gestión del conocimiento. *Intangible Capital*, 15(3), 31-59.

Polanyi, M. (1966) *The Tacit Dimension*. London:.Routledge & Kegan Paul Ltd.

Rees, S.J., & Protheroe, H. (2009). Value, Kaizen and Knowledge Management: Developing a Knowledge Management Strategy for Southampton Solent University. *The Electronic Journal of Knowledge Management*, 7(1), 135-144. Available online at www.ejkm.com

SEPI (2009). *Encuesta sobre estrategias empresariales*. Fundación Sepi. Ministerio Industria, Turismo y Comercio. Madrid.

Sheffield, J. (2011). Pluralism in Knowledge Management: a Review. *Electronic Journal of Knowledge Management*, 7(3), 387-396. Available online at www.ejkm.com

Tan, C.L., & Nasurdin, A.M. (2011). Human Resource Management Practices and Organizational Innovation: Assessing the Mediating Role of Knowledge Management Effectiveness. *The Electronic Journal of Knowledge Management*, 9(2), 155-167. Available online at www.ejkm.com

Turner, G., & Minonne, C. (2010). Measuring the Effects of Knowledge Management Practices. *Electronic Journal of Knowledge Management*, 8(1), 161-170, Available online at www.ejkm.com

UNE 16001 (2010). *Sistemas de gestión energética. Requisitos con orientación para su uso*. Aenor, Febrero.

UNE 216501 (2009). *Auditorías energéticas. Requisitos*. Aenor.

UNE-EN 13306 (2010). *Mantenimiento: Terminología de mant*enimiento. Aenor.

UNE-EN 13460 (2009). *Terminología de mantenimiento*. Aenor.

UNE-EN 15341 (2008). *Mantenimiento. Indicadores clave de rendimiento del mantenimiento*. Aenor.

UNE-EN 20464 (2002). *Planificación del mantenimiento y de la logística de mantenimiento*. Aenor.

UNE-EN 60706-2 (2006). *Requisitos y estudios de mantenibilidad durante la fase de diseño y desarrollo*. Aenor.

Wiig, K.M. (1997). Integrating Intellectual Capital and Knowledge Management. *Long Range Planning*, 30(3). http://dx.doi.org/10.1016/S0024-6301(97)90256-9

Yahya, S., & Goh,W. (2002). Managing human resourcetoward achieving knowledge management. *Journal of Knowledge Management*, 6(5), 457-468. http://dx.doi.org/10.1108/13673270210450414

Aplicación del Sistema Propuesto y Resultados

Introducción al Capítulo III

Objetivo del Capítulo III

Durante un periodo de dos años, se observan y cuantifican los resultados con la utilización de eventos kaizen, usados para medir y seguir desarrollando los procesos que hacen más eficiente la gestión del conocimiento en la organización de mantenimiento, realizándose un análisis de los resultados.

Artículos relacionados con el Capítulo II

Este capítulo está estructurado en dos artículos, el primero titulado *"Eventos Kaizen como estrategia de medición y mejora de modelos de gestión del conocimiento en la ingeniería del mantenimiento industrial: Análisis de resultados en una empresa industrial"*. En este artículo, se analizan los diferentes eventos utilizados dentro de dicha organización como base empírica para el desarrollo del modelo, así como conseguir unas mediciones cuantitativas, que permitan visualizar y detectar los principales beneficios y mejoras que se consiguen dentro de la empresa con la aplicación de un modelo de gestión del conocimiento aplicado al desempeño del mantenimiento industrial, basado en cuatro aspectos estratégicos que desempeña: la fiabilidad, la operación en explotación, la mantenibilidad y la eficiencia energética. El artículo describe los eventos fundamentales realizados como base para medición de la aplicación de dicho modelo de GC, los resultados conseguidos, la discusión y las conclusiones observadas en la aplicación de la gestión del conocimiento dentro de la organización de mantenimiento de una empresa industrial, donde de una manera experimental ha comenzado su implementación.

El segundo artículo preparado en este capítulo III titulado *"El trinomio "Eficiencia energética, Fiabilidad, Mantenibilidad": Relaciones y mejora con técnicas de gestión del conocimiento"*. En este artículo, tras una pequeña revisión de las variables que condicionan la fiabilidad operacional, la mantenibilidad y la eficiencia energética, se pretende hacer una aproximación a las relaciones entre estos tres factores estratégicos y su relación con la aplicación de técnicas de mejora de la transmisión del conocimiento.

3.1. Eventos Kaizen como estrategia de medición y mejora de modelos de gestión del conocimiento en la ingeniería del mantenimiento industrial: Análisis de resultados en una empresa industrial

Resumen: Dentro de las áreas funcionales de la empresa, la actividad de mantenimiento tiene un peso fundamental en la consecución de objetivos y la eficiencia de la empresa (fiabilidad en los procesos de producción o servicios a prestar, mejora de la eficiencia energética, aumento de la disponibilidad en base a la mantenibilidad y aumento del ciclo de vida del equipamiento e instalaciones). Esta área estratégica, por sus propias características de capacitación técnica y experiencia requerida en sus operarios, tiene un alto componente de conocimiento tácito, y normalmente existe poca costumbre de documentar las experiencias o trabajos estratégicos que pueden ser un conocimiento estratégico de la organización. Mediante un proyecto de gestión del conocimiento, se pretende gestionar ese valor intangible que es el conocimiento que afecta a las actividades estratégicas de la empresa, mejorando los procesos de la organización. Para medir los efectos que introduce un modelo de gestión del conocimiento dentro de una organización de mantenimiento, se han realizado unos eventos kaizen dentro de una organización de mantenimiento, con el fin de cuantificar mediante métodos empíricos, los efectos de dicho modelo dentro del mantenimiento en su relación con la empresa. En este artículo se muestran dichos eventos kaizen, en un proceso de investigación de 2 años dentro de una empresa industrial de primer orden en el sector alimentario español.

Palabras Clave: Eventos kaizen, Mantenimiento industrial, Gestión del conocimiento.

1. Introducción

Los eventos Kaizen, herramienta frecuente en los círculos de calidad, y cuyo origen parecen estar en la segunda guerra mundial (Huntzinger, 2002), de planteamientos variados, y utilizados para planificación de actividades para identificar que procesos sistemáticamente ocultan desperdicios y eliminarlos, así como mejorar actividades y respuesta de los operarios ante situaciones no previstas, y mejorar aptitudes que redunden en todas las acciones estratégicas de mantenimiento, tales como la mejora de la fiabilidad y la mantenibilidad, la eficiencia energética y los trabajos habituales de explotación de instalaciones.

Maasaki Imai plantea el kaizen como la conjunción de dos términos japoneses, kai, cambio y, zen, para mejorar, luego se puede decir que Kaizen es «cambio para mejorar», pero haciendo más extensivo el concepto, Kaizen implica una cultura de cambio constante para evolucionar hacia mejores prácticas involucrando a toda la organización (Imai, 1998, 2006), y que marca la tendencia desde pequeñas mejoras incrementales a innovaciones drásticas y radicales.

El Kaizen ha sido considerado como un elemento clave para la competitividad de las organizaciones japonesas en los últimas tres décadas del siglo xx (Imai 1986; Brunet 2000), que sustenta su presencia en la participación de los operarios en la mejora de los procesos trabajo (Elgar et al., 1994), generando un medio para que puedan contribuir en el desarrollo de la empresa (Bessant, 2003, Malloch, 1997).

Existe una amplia variedad de cómo se comprende y se aplica el Kaizen, dependiendo de las características de la organización de cómo definen el kaizen (Brunet et al., 2003).

Los kaizen tienen un efecto motivador entre los empleados según avalan diversos estudios empíricos en la industria manufacturera japonesa (Cheser, 1998; Brunet et al., 2003), siendo extrapolable su filosofía a la cultura industrial occidental (Aoki, 2008), si se aplican sus principios básicos.

Dentro de esta orientación más occidental, el Kaizen también ha sido abordado desde un ángulo gerencial y organizacional más práctico, delimitando al término mismo, en forma de metodología y/o técnica conformada por conjunto de herramientas necesarias para eliminar las actividades que no agregan valor a los procesos de trabajo, los llamados «mudas» en japonés (Suarez et al., 2009A). En este sentido puede ser definido como una filosofía de trabajo que debe impregnar la organización (Bhuiyan, et al., 2005).

Con la realización de eventos kaizen, se da un paso importante en la organización hacia la resolución o mejora de diversos procesos, reconociendo que existe un problema o una actividad ineficiente, existiendo un potencial para su mejoramiento (Manos, 2007; Ortiz, 2009).

La ingeniería del mantenimiento industrial requiere de conocimientos técnicos muy específicos, un alto requerimiento de experiencia del personal que lo desenvuelve con un alto componente de conocimiento tácito, y con poca tradición en transcribir las experiencias que se producen. La adecuada gestión del conocimiento y la aplicación del conocimiento adquirido en las actividades rutinarias de mantenimiento en la empresa, y su mejora, puede ser observado como un factor o proceso importante que puede influir positivamente en diversas acciones que afectan estratégicamente a toda la empresa, tales como (Cárcel, 2010):

- Resolución averías.

- Actuación ante acciones de emergencia.

- Conocimiento del entorno.

- Ver oportunidades de nuevas acciones.

- Planificación del mantenimiento.

- Marcar prioridades de inversión, fiabilidad y eficiencia energética.

- Optimizar recursos técnicos.

- Optimización económica.

- Mejora de la fiabilidad y tiempos de respuesta operativa.

Una continua reducción de errores y mejora en la gestión del conocimiento en las actividades estratégicas de mantenimiento, implica, según los datos preliminares de la investigación, una continua mejora de la calidad del servicio prestado, implicando costos cada vez más bajos, menos reproceso en la fabricación, menos desperdicio de materiales, de tiempo de equipos, de herramientas y de esfuerzo humano.

En este artículo, tras un breve análisis de la relevancia de la gestión del conocimiento en la ingeniería del mantenimiento industrial y una descripción de un modelo de gestión de conocimiento introducido en los departamentos de mantenimiento de una empresa industrial, se analizan los diferentes eventos utilizados dentro de dicha organización como base empírica para el desarrollo del modelo, así como conseguir unas mediciones cuantitativas, que permitan visualizar y detectar los principales beneficios y mejoras que se consiguen dentro de la empresa con la aplicación de un modelo de gestión del conocimiento aplicado al desempeño del mantenimiento industrial, basado en cuatro aspectos estratégicos que desempeña: la fiabilidad, la operación en explotación, la mantenibilidad y la eficiencia energética. El artículo describe los eventos fundamentales realizados como base para medición de la aplicación de dicho modelo de GC, los resultados conseguidos, la discusión y las conclusiones observadas en la aplicación de la gestión del conocimiento dentro de la organización de mantenimiento de una empresa industrial, donde de una manera experimental ha comenzado su implementación.

2. Relevancia de la gestión del conocimiento en el mantenimiento industrial

Dentro del contexto táctico de mantenimiento, si definimos la gestión del conocimiento como un proceso a tener en cuenta dentro de dicha actividad, un enfoque de este podría estar integrado básicamente, por la generación, la codificación, la transferencia y la utilización del conocimiento (Nonaka et al., 1995, 1999; Wiig, 1997; Bueno 2002).

Con un cambio hacia un modelo basado en el Conocimiento y el Aprendizaje, la organización se centra en la capacidad de innovar y aprender, para resolver de una manera más eficiente sus trabajos cotidianos, así como resolver acciones nuevas o no rutinarias, creando un valor de lo intangible en base al conocimiento y a su rápida actualización en el ámbito del entorno de trabajo de la organización de mantenimiento. Debe ser asumido como una estrategia de desarrollo a largo plazo, visualizando el conocimiento como factor estratégico, por ello la resolución de problemas y las tomas de decisiones deben tener un soporte basado en las siguientes características (Peluffo et al, 2002):

- La disponibilidad de la información y conocimiento clave en todos los miembros de la organización, en función de las acciones tácticas fundamentales del mantenimiento industrial.

- La capacidad de analizar, clasificar, modelar y relacionar sistémicamente datos e información sobre valores fundamentales para dicha Sociedad.

- La capacidad de construir futuro de esa sociedad de forma integral y equitativa (direccionalidad a metas).

Debe estar acompañado por transformaciones claves en la administración y desarrollo de la organización, que se focalizan en:

- La forma en cómo se hacen las cosas (se tiende a administrar por competencias más que por puesto de trabajo),

- Las formas de encarar la combinación del uso de la tecnología con los saberes individuales y organizacionales acumulados (se enfatiza en las destrezas de pensamiento, de búsqueda activa de conocimiento, las comunidades de prácticas, etc.),

- La formación y el auto-aprendizaje, para la consecución de competencias.

- Las nuevas formas de comunicar el conocimiento y de construirlo (conocimiento tácito almacenado, técnicas para el análisis de la información, los bancos de ideas, de conocimiento, las mejores prácticas).

- El cambio cultural experimentado por la aceptación de los beneficios del nuevo modelo sobre el tradicional entre otros (nuevas formas de valorización del trabajo, el papel del factor humano, la mayor autonomía para desarrollar tareas, el alineamiento entre los intereses individuales y los organizacionales).

La actividad de mantenimiento, tal y como está organizada y por su propia especificidad, genera fundamentalmente conocimiento tácito basado en la experiencia, a niveles muy superiores al explícito, que además se registra de forma fragmentada. En general, se cuenta con trabajadores maduros, con mucha experiencia debido a la gran especialización requerida y, además, se confecciona un tipo de información poco elaborada y débilmente orientada a la toma de decisiones.

Los principios básicos en que se debe centrar un modelo de gestión del conocimiento en su aplicación al mantenimiento industrial deben basarse en los mecanismos que se observan en cómo se produce la adquisición del conocimiento, cómo se produce su retención, la recuperación y su utilización. Ello conllevará al estudio de cómo se produce el aprendizaje y su agregación y estructuración a los esquemas de memoria para su retención y recuperación y los ajustes pertinentes que se deben tener en cuenta para utilización del conocimiento estratégico y táctico que hace mejorar la eficiencia de dicho servicio. El sistema propuesto debe tratar de integrar conceptos y técnicas de aplicación al Mantenimiento, con objeto de dar respuesta al problema de la pérdida de la experiencia, reducir los tiempos de actuación y aumentar la eficiencia del servicio de mantenimiento (ante la operación, fiabilidad y mejora de la eficiencia energética).

Aunque se puede considerar al conocimiento como un ente independiente entre las personas que lo generan y lo utilizan (Rodríguez, 2006), el modelo se debe centrar en la creación de metodologías, estrategias y técnicas que permitan almacenar el conocimiento y faciliten su acceso y posterior transferencia entre los miembros que intervienen, facilitando y mejorando las acciones estratégicas que tiene definidas la organización de mantenimiento.

Las personas adquieren un papel activo y central, pues el conocimiento nace, se desarrolla y cambia desde ellas.

Se debe buscar fortalecer los espacios para que los agentes obtengan mejores resultados en las acciones de gestión del conocimiento estratégico, entre los que se pueden mencionar:

a) Se deben marcar los mecanismos necesarios para conseguir la información y el conocimiento que precisa una persona, y fortalecer la capacidad de responder a las ideas que se obtienen a partir de esa información y del conocimiento tácito que estos poseen.

b) Administrar el conocimiento y el aprendizaje organizacional con el fin de fomentar estrategias de desarrollo de mediano y largo plazo.

c) Definir el conocimiento estratégico que le dará eficacia y seguridad al proceso en una organización de mantenimiento, y que puede conseguir una visión de la utilidad y resultados económicos o de eficiencia en los procesos.

d) Crear una base tecnológica sencilla donde resida el conocimiento gestionado y su transferencia a los diversos usuarios para su utilización, aprovechando las experiencias más exitosas y las formas en que fueron solucionados los errores más frecuentes. Esto permite solucionar con mayor velocidad los problemas y adaptarse con más flexibilidad.

e) Definir los agentes que perseguirán la adecuada gestión durante todos los procesos que se manifiesta (generación, producción, transferencia y utilización).

La Gestión del Conocimiento se ve enfrentada a una serie de dificultades que provienen del mismo entorno, especialmente de los factores culturales (los individualismos, la falta de una cultura basada en el conocimiento, el aislamiento del entorno y de los integrantes de ese entorno, las orientaciones a corto plazo, etc.) (Peluffo et al, 2002).

La evolución hacia un modelo de gestión del conocimiento aplicado al mantenimiento industrial debe pasar por tres fases fundamentales, desde la identificación del conocimiento intangible y tangible útil, detentando las barreras para su implantación, la transformación de lo intangible en tangible, finalizando en los procesos para la generación, producción y utilización del conocimiento (Figura 50).

En una primera fase fundamental, se identifica el valor del conocimiento intangible (conocimiento tácito), así como la situación de la información tangible existente (planimetría, memorias, proyectos, manuales, etc.), para en fases posteriores desbrozar o resumir la información fundamental. Para ello se deberán identificar las barreras existentes para que los procesos de

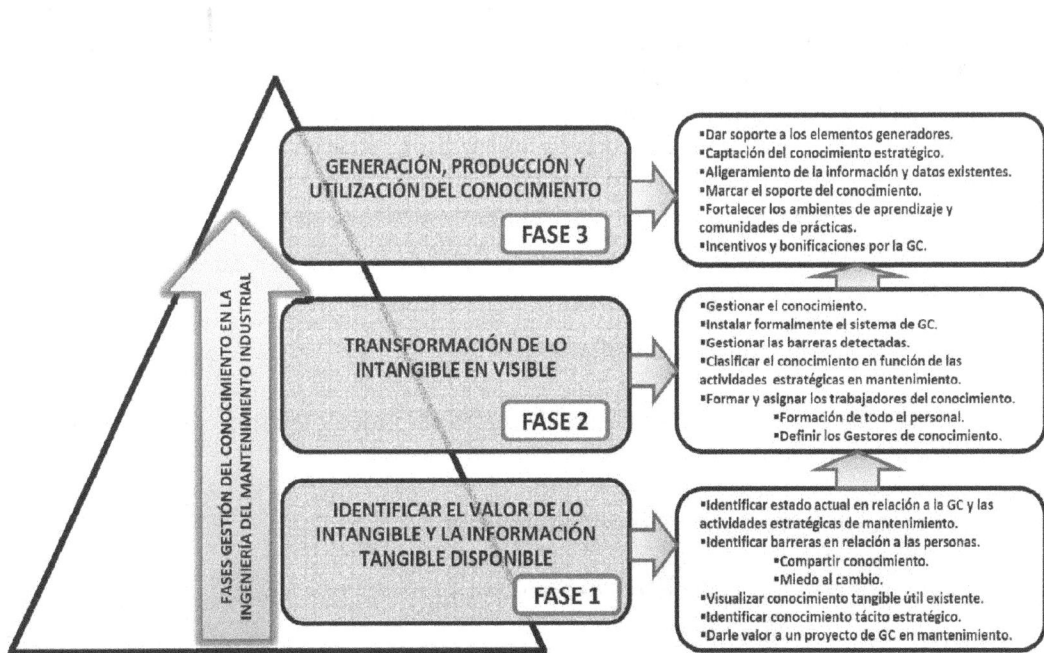

Figura 50. Fases de la evolución de la gestión del conocimiento en mantenimiento industrial.
Fuente: elaboración propia

gestión del conocimiento sean fluidos y asumidos por la organización, así como formar y explicar de una manera clara a todos los miembros integrantes, que supondrá un proyecto de GC en mantenimiento, con el fin de motivar y marcar las mejores condiciones para el éxito en su implementación.

Posteriormente en una segunda fase, se formalizan los procedimientos y estrategias para el soporte del modelo de GC, donde se va transformando lo intangible en visible, para la utilización posterior de un banco común de sustentación del conocimiento, mediante cualquier tipo de herramienta (Lo común es una herramienta informática, aunque no tiene porqué ser así), comenzándose a gestionar el conocimiento, superando las barreras detectadas, y clarificando el conocimiento en función de las actividades estratégicas de la empresa. Es en esta fase donde se deben definir las personas que harán las funciones de gestores de conocimiento, cuya misión es dar soporte, coordinación y generar pro-actividad entre todos los miembros de la organización, para llevar el proyecto de GC por una senda o dirección definida en la uniformidad en los procesos fundamentales de generación, transmisión y utilización del conocimiento.

Esta segunda fase requiere un profundo estudio, para extraer el conocimiento tácito implícito en el personal operativo de mantenimiento, así como el aligeramiento de la información explícita que existe en la organización, con el fin de articular la plataforma tecnológica que dará soporte al contenedor del conocimiento.

En la tercera fase, se produce el asentamiento y continuidad del sistema de GC, dando soporte a los elementos generadores con la captación del conocimiento estratégico y fortaleciendo los ambientes de aprendizaje y las comunidades de prácticas. El seguimiento debe ser continuo marcando estrategias de incentivos y bonificaciones para la correcta gestión del conocimiento. Cuando se llega a un nivel de difusión de la GC a nivel de la organización de mantenimiento, se producen transformaciones visibles en la forma en que se enfrentan a los problemas, averías y experiencias diarias, produciéndose una mayor eficiencia en los procesos, reduciendo tiempos de actuación, y reduciendo los periodos de acoplamiento de nuevos operarios. El sistema es utilizado como parte fundamental en el auto-aprendizaje de los operarios, teniendo en cuenta los criterios y punto de vista de ellos para tener éxito el sistema.

3. Kaizen en el mantenimiento industrial

La aplicación del kaizen consiste básicamente de cuatro pasos que conforman un proceso estructurado, a saber:

- Verificación de la misión: planeamiento estratégico.

- Diagnostico de la causa raíz: identificación y diagnóstico de problemas.

- Solución de la causa raíz.

- Medición y mantenimiento de resultados

Una vez que se ha logrado cumplir con estos cuatro paso y se ha conseguido mejorar en cuanto a la eficiencia del servicio prestado, se debe proceder a buscar nuevos objetivos que permitan reiniciar el proceso, realizando esto de manera fluida y continua en cada área. Cada vez que se logra finalizar el proceso, es decir cuando se llega al paso de mantenimiento de resultados, resulta oportuno que se recompense al equipo involucrado en la mejora, dicha recompensa debe ser proporcional al logro alcanzado.

En la definición del evento, se deben clarificar las siguientes preguntas básicas, que marcan la visión general:

- ¿Cuál es el problema? (Propósito)

- ¿Por qué hoy? (Importancia)

- Límites del evento (Alcance)

- ¿Cuál será la métrica a usar? (Medición)

- ¿Cuáles son las metas? (Decisiones)

- Participantes (Recursos)

Para la obtención de éxito en los eventos kaizen organizados, se ha de basar en ciertas premisas básicas:

- *Implicación de las personas:* Es vital la implicación del personal operativo y la dirección como fase fundamental, basada en una formación y concienciación inicial, así como rotura de barreras que se pudieran producir.

- *Centrarse en el problema a solucionar, o medición del factor a cuantificar:* Se debe observar con claridad cuál es el problema a resolver, centrando la actividad en su resolución o mejora, observando los resultados por los participantes, motivando al equipo que puede ver los resultados.

- *Promoción de la participación:* La promoción debe ser promovida desde la motivación de todos los empleados implicados en el proceso a mejorar.

- *Comunicación:* Los resultados deben ser compartidos por todos, y debe estar integrado en la plataforma de gestión del conocimiento que ayude a aprender a toda la organización, perdiendo el miedo al cambio y compartir el conocimiento con el resto de áreas.

Normalmente, los procesos de innovación suponen cambios tecnológicos productivos y administrativos con un coste muy relevante. Por el contrario, mediante eventos kaizen, con técnicas sencillas y de bajo impacto económico, se pueden conseguir resultados apreciables en toda la organización de mantenimiento, y colateralmente y de manera exponencial, en toda la empresa. La metodología usada para pasar de la oportunidad al proyecto se basó principalmente en eventos Gemba Kaizen. Estos eventos son la base para poner en marcha los principios del pensamiento "Lean" en las organizaciones. Consisten en una serie de acciones que se realizan sobre el terreno en el transcurso de pocos días. La finalidad es alcanzar rápidamente un objetivo cuantitativo de mejora, con resultados medibles, relevantes y sostenibles en el tiempo. "Gemba Kaizen" es una expresión japonesa construida a partir de los términos "Gemba" (lugar de trabajo) y "Kaizen" (mejora). Los eventos Kaizen, para conseguir los objetivos, se centraran en tres pasos concéntricos, La formación y concienciación para la gestión del conocimiento de las acciones estratégicas de mantenimiento industrial, el paso de afianzar las metodologías, y por último, los eventos para la medición y cuantificación de resultados (Figura 51)

Los eventos Gemba Kaizen que se realizaron involucrando al personal de mantenimiento en las diversas zonas operativa donde actúa dicha organización en la empresa, perseguían los siguientes objetivos principales:

a) Para la preparación y concienciación de la organización de mantenimiento, para utilizar plataformas de gestión de conocimiento con el fin de captar el conocimiento estratégico y compartirlo con el resto de miembros.

b) Como medio de mejora en las actividades estratégicas del mantenimiento industrial (fiabilidad, mantenibilidad, eficiencia energética y operación /explotación), así como medición de dicha mejora, cotejándolo con datos anteriores a la introducción de modelos de gestión del conocimiento y auto-aprendizaje del personal.

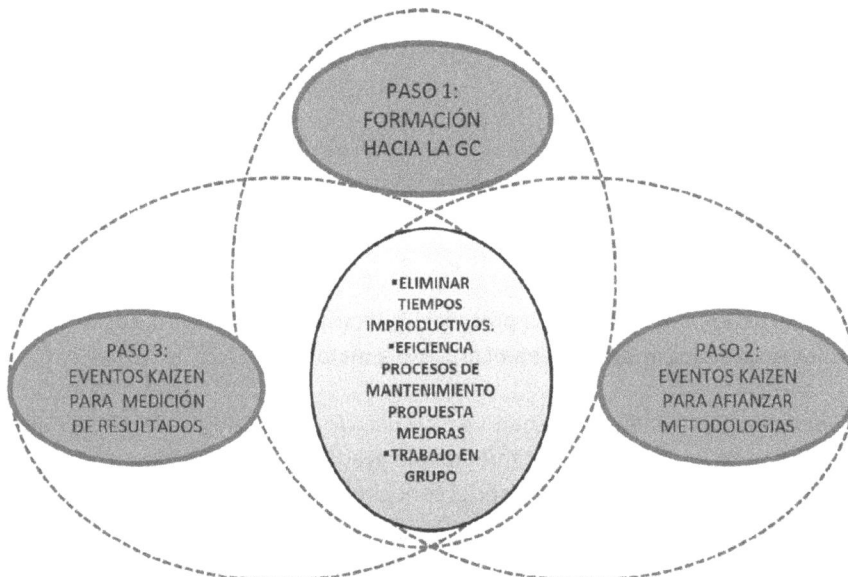

Figura 51. Pasos en la evolución del kaizen de la gestión del conocimiento en mantenimiento industrial.
Fuente: elaboración propia

Kaizen Como parte de un método para lograr mejoras es usualmente entendido como parte de Lean o pensamiento esbelto, caracterizado por la participación de los empleados en la solución de los problemas o desperdicios que surgen en el trabajo cotidiano (Likert, 2004; Spear, 2004; Hino, 2006; Dahlgaard et al, 2006), de cualquier forma el término Kaizen es usado en dos formas: la primera se refiere a la búsqueda de la perfección de todo lo que hacemos. En este sentido Kaizen representa el elemento de la mejora continua que es parte fundamental del modelo de Calidad de las acciones y procesos en diversas actividades y sectores (Suarez, 2001, 2007, 2008; 2009B; Montabon, 2005; Ablanedo et al., 2010; Jaca et al., 2010), que permiten una sostenibilidad y man-tenibilidad de su gestión (Svensson, 2006; Evans, 2005).

En un contexto de negocios esto incluye todas las actividades individuales y de grupo que permiten hacer un proceso mejor y satisfacer los requerimientos del cliente final (en este caso los propios departamentos de la empresa, para mejorar de una manera constante (Deming, 1989), y encontrar los caminos específicos para lograr dichas mejoras.

Para mejorar los procesos de gestión de conocimiento dentro de la actividad de mantenimiento, son adecuados los métodos que se han etiquetado como Kaizen, planteándolo como sistemas de planeación de eventos para identificar que procesos sistemáticamente ocultan desperdicios y eli-minarlos, como puede ser, por ejemplo, las actuaciones o reacciones ante averías o fallos críticos en las instalaciones y equipamiento de la empresa (Figura 52).

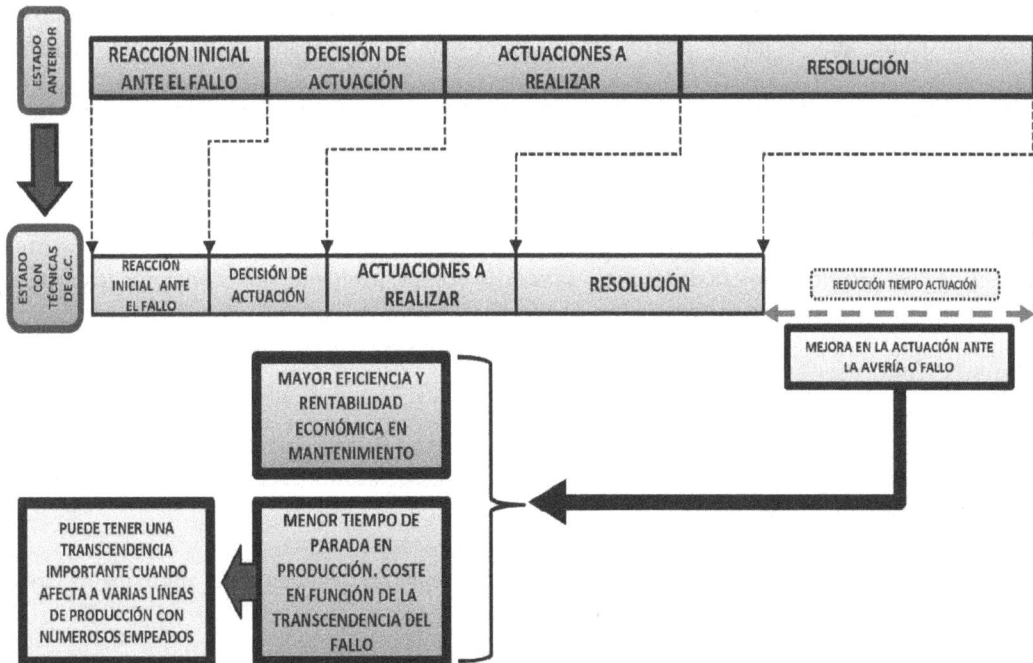

Figura 52. Diagrama Yamazumi con reducción de desperdicios en la actuación ante averías.
Fuente: elaboración propia

Las variedades del Kaizen, pueden variar su orientación según el objetivo que se plantea conseguir:

a) *Individual: m*ientras que todos los enfoques de Kaizen usan un enfoque de equipo, este método conocido como Kaizen Teian ó Kaizen personal se refiere a como los empleados realizan mejoras en el curso de sus actividades día a día.

b) *Grupal:* aquí un equipo de trabajo de la misma sección o área de trabajo (gente que trabaja en la misma área, con el mismo tipo de desempeño, utilizando mismos equipos, etc.) usan sus observaciones acerca de su trabajo para identificar oportunidades de mejora, durante el día ó al termino de la semana el equipo se reúne y selecciona un problema, ellos analizan las fuentes y generan ideas de cómo eliminarlas. Actualmente cuando la mayoría de las personas hablan de Kaizen como un método se refieren a eventos especiales (uno que es planeado y realizado en un periodo de tiempo para eliminar desperdicios en un proceso o área determinado). Si está orientado hacia un sector o zona de la empresa se denomina Gemba Kaizen.

c) *Orientado al Proceso:* cuando se realiza un evento Kaizen cuyo objetivo es cambiar completamente un proceso se llama Kaikaku Kaizen.

Todos los Kaizen que incluyen realizar cambios tienen los siguientes puntos en común:

- Enfoque en realizar mejoras al detectar y eliminar desperdicios, que hace aumentar la eficiencia en las acciones de mantenimiento.

- Uso de un enfoque de solución de problemas que observa cómo opera el proceso, desperdicio oculto, generación de ideas acerca de cómo eliminar ese desperdicio y realizar mejoras.

- Uso de medidas para describir el problema y los efectos sobre la mejora. Documentar y comentar la experiencia para ser compartida por todos los miembros de la organización de mantenimiento, con traslado al contenedor de conocimiento.

Los eventos Kaizen deben desarrollarse en base a problemas bien definidos, identificado fuentes obvias de desperdicio o mejora de las actividades o procesos, y teniendo en cuenta que los riesgos de implantación sean mínimos, buscando resultados y metas de mejora, con la total implicación de los órganos de dirección de mantenimiento y de la empresa.

Las fases de un evento Kaizen son:

1. *Planeación y preparación.* Definición y evaluación del alcance del evento, personal a participar, programación del evento.

2. *Implantación (evento Kaizen).* Entrenamiento y comienzo del evento por parte de los participantes. Verificación de los resultados.

3. *Comunicación y seguimiento.* Revisar resultados y extrapolar y explicitar las acciones en la plataforma de conocimiento de la organización del mantenimiento, con los resultados y las mejores lecciones y experiencias aprendidas.

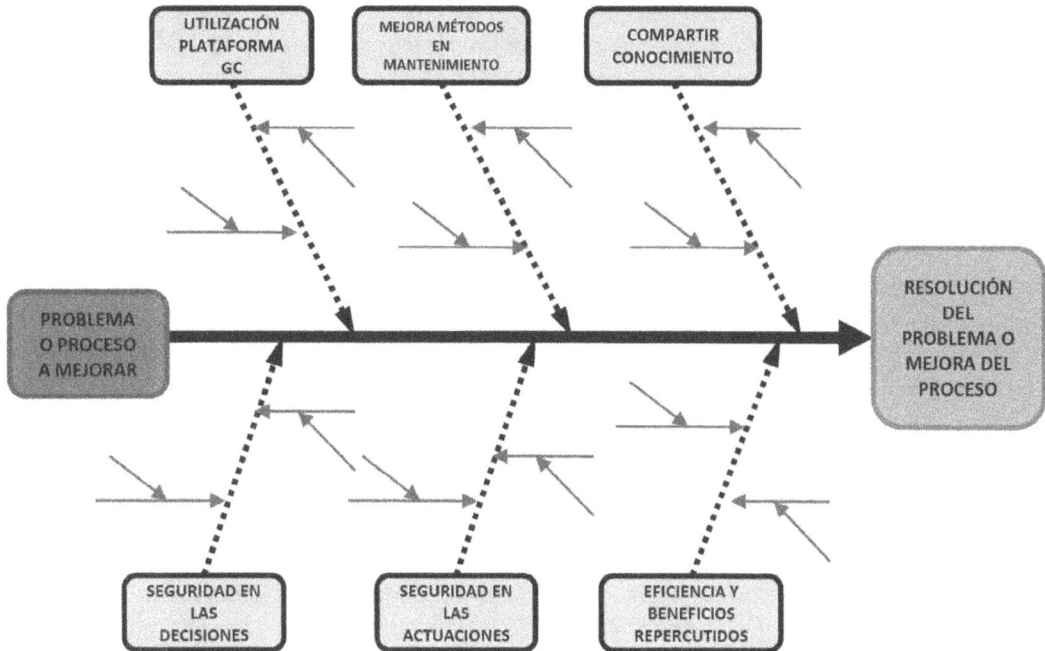

Figura 53. Estructura de los procesos ante actuaciones mediante diagrama de Ishikawa.
Fuente: elaboración propia

El objetivo de los eventos Kaizen es realizar cambios inmediatos por medio de actividades bien organizadas de corta duración (Figura 53), proporcionando un fundamento de análisis que acelere cambios y mejoras en los procesos estratégicos misión de mantenimiento, involucrando a todos sus miembros y generando un ambiente propicio al cambio, que supone el introducir metodologías de gestión del conocimiento, en un tipo de organización que tradicionalmente funciona en base al conocimiento tácito, implícito en los operarios de la organización.

Los participantes son miembros de la organización de mantenimiento de la empresa, así como los gestores de conocimiento en mantenimiento nombrados, quienes se involucran durante la apertura del evento Kaizen, en la revisión de los hallazgos y finalmente evaluando los resultados obtenidos.

4. Metodología

En relación al tiempo de ocurrencia de los hechos y registro de la información es prospectivo ya que al desarrollar la metodología Kaizen la información se va registrando en la medida que el evento plantea el período de ejecución y validación. La secuencia en la presentación de resultados ubica al presente trabajo en un desarrollo longitudinal ya que se evalúan diversas variables que afectan a las actividades estratégicas del mantenimiento industrial. También se desarrolló el estudio con una faceta experimental ya que al implementar la presente metodología, se prevé el ensayo y verificación como elemento esencial en el proceso de instrumentar las mejoras de los procesos, que tienen en la organización como consecuencia de utilizar metodologías de gestión del conocimiento, como forma de compartir y generar conocimiento.

Al aplicar los eventos Kaizen se plantea inicialmente la referencia de cómo se encontraba antes de la realización de la misma, con lo que se recaba toda la evidencia posible tanto de tipo cualitativo como cuantitativo en el período previo a su desarrollo, que para la presente investigación consiste en datos anteriores a enero de 2010, así como de las acciones derivadas del análisis realizado durante los eventos programados en el desarrollo del Kaizen. Se realizará inducción previa a los participantes para homologar los conceptos de mejora continua y gestión del conocimiento, así como la obtención de los recursos de disponibilidad de instalaciones para la realización de actividades a corregir y adecuar, que se externen como soluciones resultado del avance en la implementación, así como la estandarización de las operaciones.

La validación de resultados y los posteriores análisis se aplicarán tanto en el desarrollo de los trabajos de implementación, así como de las acciones posteriores de seguimiento que se requieran para dar la solidez de los resultados a mediano y largo plazo empleando para tal efecto el contenedor de conocimiento de la organización, permitiendo con ello la documentación necesaria para evidenciar los niveles de resultado en el sentido prospectivo. Las condiciones propias operativas sobre las que se experimentará para medir el impacto en los resultados quedarán registradas con la magnitud y autorización de los responsables de mantenimiento, con lo que se expresa una condición correlacionada específica y de impacto identificado para encontrar los elementos sensibles y definidos de modificación para asegurar los resultados o las tendencias logradas.

Se ha seleccionado aquel diseño que permita conocer lo más posible el fenómeno de estudio y que los casos concretos ofrezcan una oportunidad de aprender. Esto se logra en la medida en que: (1) se tenga fácil acceso a los casos, (2) exista una alta probabilidad de que se dé una mezcla de procesos, programas, personas, interacciones y/o estructuras relacionadas con las cuestiones de la investigación y, (3) se asegure la calidad y credibilidad del estudio (Zapata, 2001 extraído de Eisenhardt, 1989 y Rodríguez et al, 1996).

Para este estudio, se ha utilizado una población formada por técnicos y mandos de un departamento de mantenimiento de una empresa industrial del sector agro-alimentario. Los participantes son miembros de la organización de mantenimiento de la empresa, así como los gestores de conocimiento en mantenimiento nombrados, quienes se involucran durante la apertura del evento Kaizen, en la revisión de los hallazgos y finalmente evaluando los resultados obtenidos.

La característica de la empresa y del personal participante se encuentra referenciada en la Tabla 9. Esta empresa se ha seleccionado en base a estudios previos en un proyecto de investigación para la introducción de técnicas de gestión de conocimiento dentro de la organización de mantenimiento industrial, teniendo en cuenta que se ha buscado, la disponibilidad e interés de la empresa por el objeto de la investigación, que tenga alta incidencia sobre la eficiencia de la empresa el desempeño de los departamentos internos de mantenimiento y explotación, que se encuentre en un sector

Muestra de la investigación					
Personal total empresa	1137				
Sector empresa	Industria agro-alimentaria				
Personal total área mantenimiento	230				
Personal involucrado en los eventos kaizen	**Secciones**	**Instalaciones**	**Producción**	**Mecánicos**	**Sistemas**
	Mandos o jefes	1	1	1	1
	Técnicos operativos	32	47	36	26
Total participantes	145				

Tabla 9. Características de la empresa y población del estudio para los eventos propuestos en la organización de mantenimiento. Fuente: elaboración propia

altamente competitivo, tener una implantación a nivel nacional con factorías industriales distribuidas en diferentes puntos territoriales.

5. Los eventos kaizen como estrategia de medición y mejora en las acciones de mantenimiento usando técnicas de GC

Los eventos kaizen que se programaron, tenían dos misiones principales con la finalidad de cuantificar los beneficios de aplicar un modelo de gestión del conocimiento aplicado al mantenimiento industrial, que mejorara de manera significativa las actividades estratégicas que realiza el departamento de mantenimiento:

a) Preparar y concienciar a todo el personal de mantenimiento en un modelo de gestión de conocimiento, con el fin de captar y transmitir el conocimiento estratégico entre todos los miembros de la organización.

b) Utilizar los eventos como herramienta de medición y recopilación de datos que permita cuantificar la mejoría de diversas acciones, por una gestión eficiente del conocimiento. Para ello y con el fin de tener una comparativa fiable, en alguno de esos eventos, se comparó grupos que aplicaban sistemas de trabajo tradicionales con respecto a otros grupos formados en la utilización de plataformas de gestión del conocimiento.

Para dicho propósito, en un periodo de dos años, se realizaron dichos eventos (Tabla 10) con el fin de captar, tras un proceso inicial de captación del conocimiento estratégico de mantenimiento, la

Descripción de los eventos Kaizen				
Nº	Evento propuesto	Identificación del problema	Objetivo	Personal interviniente	Duración
1	Evento preliminar al resto: Implicación de los operarios de mantenimiento en un modelo de gestión del conocimiento en función de las actividades estratégicas	Conocimiento estratégico en base al conocimiento tácito de los empleados	Puesta en marcha de un modelo de gestión de conocimiento en mantenimiento, con el fin de capturar el conocimiento estratégico en base a la estructuración y aligeramiento de la información y la captura del conocimiento tácito de los operarios. Se persigue eliminar islas de conocimiento y la cohexión del equipo	Todo el personal perteneciente a la organización de mantenimiento	Durante tres días, con charlas formativas y de concienciación de tres horas diarias
2	Mejora en la eficiencia ante acciones de mantenimiento preventivo y correctivo	Acciones de mantenimiento preventivo y correctivo, basada en acciones anteriores. Tiempo de ejecución ineficiente. Dependencia de los empleados con experiencia	Mejora en los procesos de mantenimiento basado en las mejores experiencias del resto de los compañeros, a partir de la utilización de un modelo de gestión del conocimiento	4 operarios de mantenimiento que han utilizado la plataforma de gestión del conocimiento	Un día durante una sesión de cuatro horas
3	Análisis de fallos críticos instalación refrigeración industrial. Análisis de fallos instalación eléctrica alta tensión	No se tienen identificados los fallos críticos, diagramas de acciones ante su actuación, así como identificación del análisis de criticidad de diversas instalaciones con un alto factor de incidencia sobre las funciones de la empresa	Identificar los fallos críticos posibles de una gran instalación, marcar tendencia para su eliminación, y documentar los procesos para su rápida actuación por parte de los operarios, en el caso de su incidencia	4 jefes de área de mantenimiento, con apoyo de el coordinador de gestión de conocimiento en mantenimiento	Durante cuatro días, con sesiones de tres horas

Continúa

Descripción de los eventos Kaizen				
Nº	Evento propuesto	Identificación del problema	Objetivo	Personal interviniente	Duración
4	Reducción de las tasas de fallos en las líneas de producción. Maniobras en interruptores de alta tensión ante un disparo	Elevada tasa de paro de las líneas de producción por fallos o paradas fortuitas	Aumentar la relación marcha/paro en las líneas de producción. Medir los tiempos de actuación, ante una acción crítica definida (disparo de interruptores de alta tensión)	Todo el personal perteneciente al grupo de mecánicos productivos. Ocho operarios de mantenimiento de las áreas de instalaciones, cuatro que han utilizado con asiduidad el contenedor de conocimiento, y cuatro que continuaban con las técnicas tradicionales	Durante dos días en sesiones de cuatro horas. Medición de mejora tras periodos de 6 meses
5	Aumento de la eficiencia energética, mediante acciones puntuales	Perdidas energéticas por inoperancia o uso indebido del equipamiento. Falta de eficiencia de grandes equipos consumidores	Aumento de la mejora en eficiencia energética de la empresa, a partir de la utilización de un modelo de gestión del conocimiento	Operarios de instalaciones	Durante tres días en sesiones de tres horas. Medición de acciones realizadas tras 12 meses
6	Reducción de tiempos de acoplamiento de nuevo personal de mantenimiento	Tiempo de acoplamiento para ser operativo el personal de nuevo ingreso elevado	Utilización de plataforma tecnológica para la gestión del conocimiento, como medio de auto-aprendizaje del nuevo personal. Objetivo reducir elevados tiempos de acoplamiento del nuevo personal	4 operarios de mantenimiento que han utilizado la plataforma de gestión del conocimiento. 4 operarios que continuaban su función con los procedimientos tradicionales	Durante tres días en sesiones de tres horas. Observación de resultados tras 3, 6 y 8 meses

Tabla 10. Eventos propuestos en la organización de mantenimiento.
Fuente: elaboración propia

percepción cuantitativa y cualitativa del beneficio repercutido a la organización, y con ello a toda la empresa.

En todos los eventos participaba el gestor de conocimiento de mantenimiento, nombrado para llevar a cabo el modelo en la organización.

5.1. Evento Kaizen 1 (concienciación para compartir y utilizar conocimiento estratégico)

Introducción de los operarios en la gestión del conocimiento

Fomentar, concienciar y formar a todo el personal de mantenimiento, en las características de un modelo de gestión del conocimiento, que permita, una información esbelta y útil de la información en mantenimiento y captar el conocimiento tácito estratégico de todos los miembros, con el fin de recopilar experiencias que puedan ser utilizadas por todos los miembros de la organización.

Identificación del problema: Conocimiento estratégico en base al conocimiento tácito de los empleados. Dependencia de la empresa de los empleados. Dificultad para sustituir operarios con experiencia.

Objetivo: Puesta en marcha de un modelo de gestión de conocimiento en mantenimiento, con el fin de capturar el conocimiento estratégico en base a la estructuración y aligeramiento de la información y la captura del conocimiento tácito de los operarios. Se persigue eliminar islas de conocimiento y la cohexión del equipo.

Personal interviniente: Todo el personal operativo de mantenimiento.

Proceso del evento: En grupos de 10 personas, se comenzaba con la introducción y formación sobre la gestión del conocimiento en mantenimiento, descripción de los beneficios que se persiguen (a nivel individual, de grupo y de la empresa), y manera de documentar las experiencias operativas que sirvan de experiencia al resto de los compañeros de la organización. El personal trata de realizar una relación de experiencias operativas transcendentales vividas personalmente, y se deben documentar de una manera clara y precisa para ser entendida y utilizada por cualquier otro miembro de la organización (se pueden utilizar fotografías, videos, gráficos, etc., que ayuden a realizar dicha actividad de una manera eficiente por cualquier otra persona que no haya vivido dicha experiencia).

Duración: Durante tres días, con charlas formativas y de concienciación de tres horas diarias.

Factores a medir: Número de experiencias operativas introducidas por los miembros de la organización, a partir de la fecha del evento, en periodos de 3 meses.

Resultados: La implicación de los operarios y los técnicos de mantenimiento es un facilitador y condición indispensable, en un proceso de generación y utilización del conocimiento estratégico en la ingeniería de mantenimiento. Este evento permite clarificar a todos los miembros de la orga-

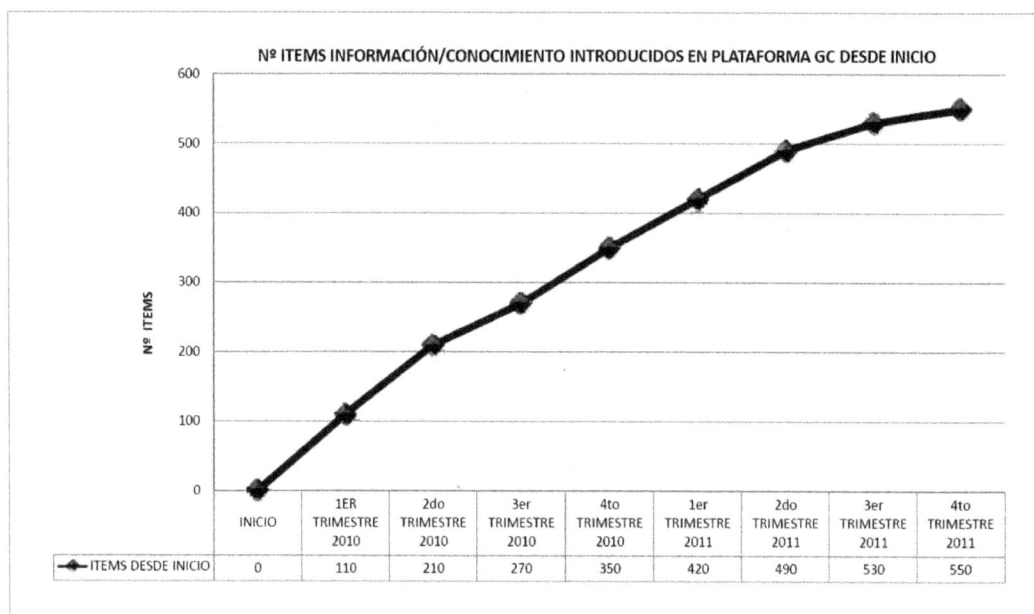

Nº ITEMS INFORMACIÓN/CONOCIMIENTO INTRODUCIDOS EN PLATAFORMA GC DESDE INICIO

	INICIO	1ER TRIMESTRE 2010	2do TRIMESTRE 2010	3er TRIMESTRE 2010	4to TRIMESTRE 2010	1er TRIMESTRE 2011	2do TRIMESTRE 2011	3er TRIMESTRE 2011	4to TRIMESTRE 2011
ITEMS DESDE INICIO	0	110	210	270	350	420	490	530	550

Figura 54. Items introducidos en la plataforma de conocimiento por los miembros de mantenimiento.
Fuente: elaboración propia

nización de mantenimiento, de las estrategias a seguir y los beneficios que repercuten a todos los miembros. Para recabar el nivel de seguimiento, se realizaron mediciones de los ítems (extractos de información fundamental, experiencias valiosas y conocimiento tácito introducido), dándose un nivel de aceptación y aportación importante en la organización de mantenimiento (Figura 54).

Otros resultados intangibles obtenidos, captados por métodos cualitativos a los seis meses del comienzo, fueron el aumento de la unión y trabajo en grupo, la tendencia a compartir en mayor medida el conocimiento con la desaparición de muchas de las islas de conocimiento, y la utilización del conocimiento almacenado como sistema de auto-aprendizaje, que infunde en los miembros de la organización un aumento en la seguridad de las decisiones en los trabajos a realizar.

5.2. Evento Kaizen 2 (mejora mantenibilidad)

Mantenimiento preventivo de un compresor de tornillo

El mantenimiento, base fundamental de la disponibilidad, requiere de tácticas sofisticadas, con gran repetitividad, y dado que actúa en todas las instalaciones y equipos, puede ser fuente de mejora de gran repercusión en los tiempos de operatividad del departamento de mantenimiento.

Identificación del problema: Acciones de mantenimiento preventivo y correctivo, basada en acciones anteriores. Tiempo de ejecución ineficiente. Dependencia de los empleados con experiencia.

Objetivo: Mejora en los procesos de mantenimiento basado en las mejores experiencias del resto de los compañeros, a partir de la utilización de un modelo de gestión del conocimiento. Capturar el conocimiento estratégico en las acciones de mantenimiento en base a la estructuración y aligeramiento de la información y la captura del conocimiento tácito de los operarios. Se persigue eliminar islas de conocimiento y optimización del proceso.

Personal interviniente: 4 operarios de mantenimiento que han utilizado la plataforma de gestión de conocimiento.

Proceso del evento: Grupo de 4 operarios que no habían participado anteriormente en la acción de mantenimiento que se iba a realizar. En base a los tiempos anteriores en realizar esta acción de mantenimiento, y el estudio de los procesos para hacer más eficiente los trabajos, documentado por compañeros que habían pasado la experiencia, se encontraba dicho conocimiento en la plataforma, utilizada por los miembros que se habían designado para la realización de dicho trabajo. Se miden los nuevos tiempos de actuación, y las mejoras observadas en la realización de dicho proceso.

Duración: Durante un día, durante una sesión de cuatro horas.

Factores a medir: Tiempos de actuación y comparación con los valores anteriores de la misma acción realizados de la manera tradicional por otros componentes de mantenimiento. Registro cualitativo de las mejoras observadas.

Resultados: El mantenimiento es fundamental para garantizar la disponibilidad de los equipos e instalaciones, y aumentar sus periodos de amortización mediante el aumento del ciclo de vida del equipamiento. Dentro de una gran empresa existen miles de acciones de mantenimiento, documentadas de manera breve, y basándose el aprendizaje en su realización, en el conocimiento compartido con otros compañeros o consultas de complejos manuales. En este caso el grupo, que previamente había utilizado el contenedor de conocimiento como método de aprendizaje y captar la experiencia de otros compañeros que habían realizado dicho trabajo anteriormente, se propuso realizar una operación de mantenimiento anual de uno de los 10 compresores de 500 Kw que existen en las instalación de refrigeración industrial, mejorando el proceso y haciendo sus propias aportaciones para futuros mantenimientos. Los resultados obtenidos (Figura 55) muestran una disminución en la realización de dicha acción de mantenimiento de un 26% en relación con acciones anteriores realizadas y anotadas en los partes de trabajo con métodos tradicionales y realizados normalmente por los mismos operarios (dependencia anterior de los operarios con dicha experiencia).

Como objetivos cualitativos observados en la investigación durante el proceso de este evento en relación a la acción de mantenimiento, se observó un aumento en la seguridad de las acciones a realizar por los miembros que actuaban, una mayor integración del grupo, y el concepto de explicitar aquellas acciones que hacían mejorar el proceso, para su utilización en las próximas actuaciones de mantenimiento. Hay que tener en cuenta que dentro de la empresa objeto de la presente investigación, las acciones de mantenimiento preventivo supone el 50% del tiempo total de toda la organización de mantenimiento, lo que implica, que aumentar en un determinado tanto por cien la eficiencia en tiempo en su realización (en este caso se ha estimado en un 26%), suponen unos ahorros importantes para toda la empresa.

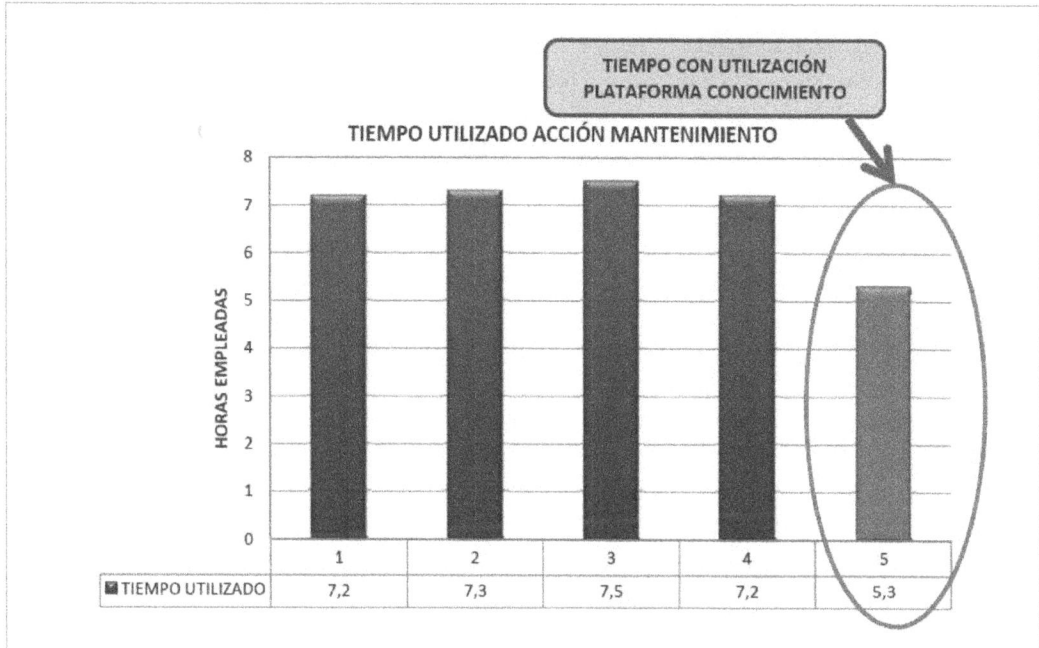

Figura 55. Tiempos utilizados en la acción de mantenimiento de un compresor. Fuente: elaboración propia

5.3. Evento Kaizen 3 (mejora fiabilidad)

La fiabilidad afecta directamente sobre la seguridad en la continuidad de la producción o servicio a prestar, y ante fallos críticos no cíclicos puede constituir quebrantos económicos importantes en la empresa debido a costes directos e indirectos.

Identificación del problema: No se tienen identificados los fallos críticos, diagramas de acciones ante su actuación, así como identificación del análisis de criticidad de diversas instalaciones con un alto factor de incidencia sobre las funciones de la empresa.

Análisis de fallos críticos instalación refrigeración industrial

Objetivo: Identificar los fallos críticos posibles de una gran instalación de refrigeración industrial, marcar tendencia para su eliminación, y documentar los procesos para su rápida actuación por parte de los operarios, en el caso de su incidencia.

Personal interviniente: 4 jefes de área de mantenimiento, con apoyo de el coordinador de gestión de conocimiento en mantenimiento.

Proceso del evento: Identificación de la instalación a tratar, realización de diagrama de bloques de la instalación, identificación mediante grupo de discusión de los puntos fundamentales críticos y decisiones de las mejores prácticas para su resolución o eliminación de la acción crítica. Posteriormente se documentan las acciones definidas para compartirlas con toda la organización y su agregación al contenedor de conocimiento como medio de auto-aprendizaje y consulta de todos los miembros. Se debe cuantificar el impacto económico sobre la empresa de los puntos críticos eliminados, o reducción del impacto por reducción de los tiempos de actuación.

Duración: Durante cuatro días, con sesiones de tres horas.

Factores a medir: Número de acciones identificadas que suponen un avance importante en la mejora de la fiabilidad de la instalación a tratar.

Análisis de fallos instalación eléctrica alta tensión

Objetivo: Identificar los fallos críticos posibles de una gran instalación de alta tensión, marcar tendencia para su eliminación, y documentar los procesos para su rápida actuación por parte de los operarios, en el caso de su incidencia.

Personal interviniente: 4 jefes de área de mantenimiento, con apoyo de el coordinador de gestión de conocimiento en mantenimiento.

Proceso del evento: Identificación de la instalación a tratar, realización de diagrama de bloques de la instalación, identificación mediante grupo de discusión de los puntos fundamentales críticos y decisiones de las mejores prácticas para su resolución o eliminación de la acción crítica. Posteriormente se documentan las acciones definidas para compartirlas con toda la organización y su agregación al contenedor de conocimiento como medio de auto-aprendizaje y consulta de todos los miembros. Se debe cuantificar el impacto económico sobre la empresa de los puntos críticos eliminados, o reducción del impacto por reducción de los tiempos de actuación.

Duración: Durante cuatro días, con sesiones de tres horas.

Factores a medir: Número de acciones identificadas que suponen un avance importante en la mejora de la fiabilidad de la instalación a tratar, así mismo se identifican las acciones críticas que se pueden eliminar.

Resultados: Las acciones, elementos críticos y la fiabilidad de las instalaciones, eran conocidas por algunos de los miembros de la organización, sobre todo de una manera tácita en base a sus experiencias vividas. Se hace necesario un estudio de criticidad y fiabilidad de las instalaciones, extrayendo los puntos clave para tener en cuenta ante emergencias, así como la propuesta de eliminación de aquellos que pudieran ser evitables. Se realizó por parte de 4 jefes de área del análisis de dos instalaciones (Frío industrial e instalación eléctrica en alta tensión), extrayéndose puntos críticos a tener en cuenta y acciones eliminadas para disminuir su criticidad (Figura 56). Con este evento se forma al grupo al análisis y documentación de los puntos críticos de las instalaciones (Figuras 57 y 58), se documentan manera de actuar ante acciones críticas, se eliminan puntos críticos evitables y que existían latentes en las instalaciones. El conocer cual son los puntos débiles y la fiabilidad de las instalaciones, tiene

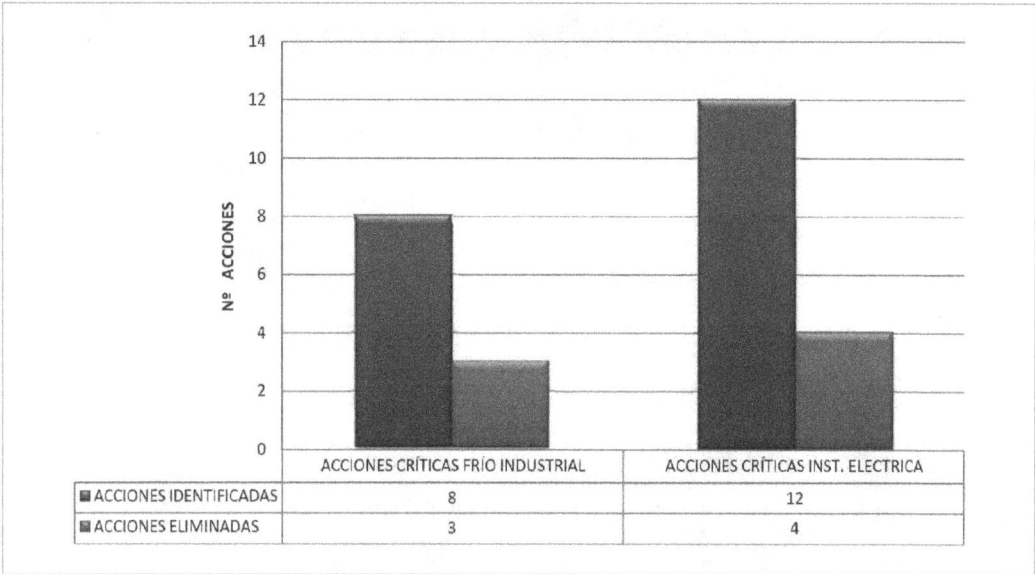

Figura 56. Acciones críticas detectadas/eliminadas en las instalaciones estudiadas. Fuente: elaboración propia

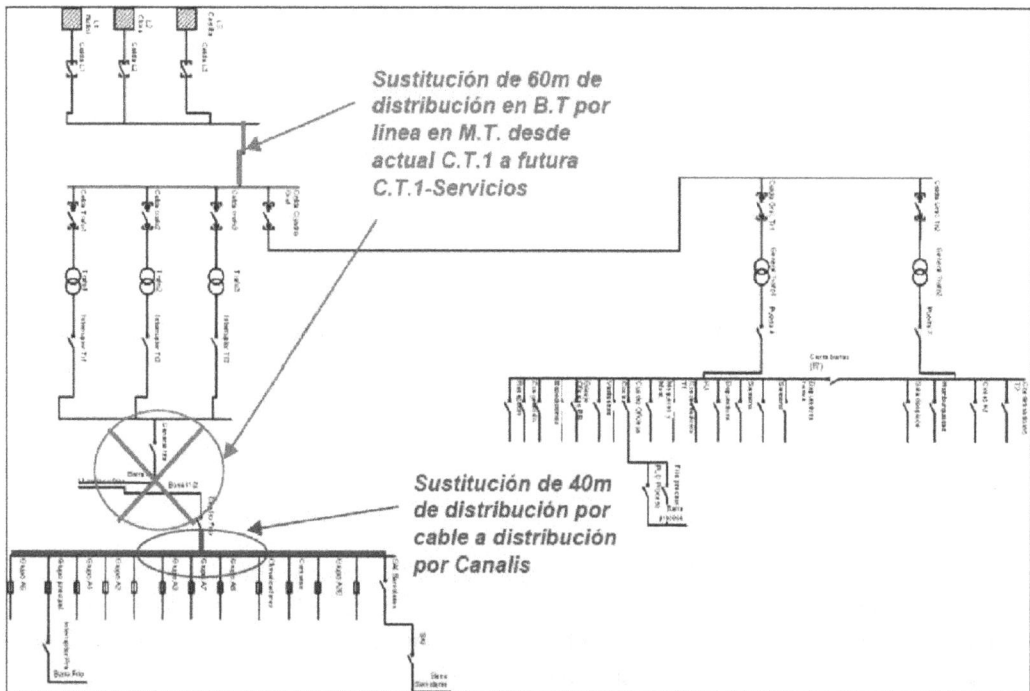

Figura 57. Ejemplo de una acción de aumento de la fiabilidad de la instalación eléctrica.
Fuente: elaboración propia

165

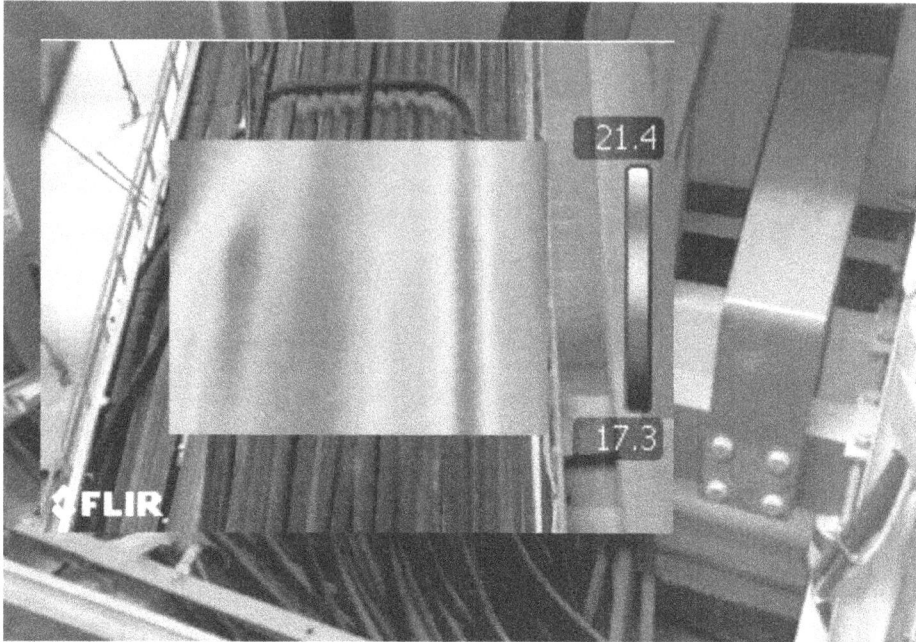

Figura 58. Ejemplo de una acción crítica por detección de posible fallo en la fiabilidad de una red general desde un centro de transformación, detectado por cámaras termográficas. Fuente: elaboración propia

un gran valor estratégico en la empresa, con la anticipación y reducción de los tiempos ante fallo, que pueden producir un gran quebranto económico no previsto a la empresa.

5.4. Evento Kaizen 4 (mejora operatividad/ explotación)

La operación de las instalaciones o las líneas de producción es la primera línea de combate de las áreas de mantenimiento. Su misión es conseguir la continuidad de los procesos de la manera más eficiente mediante una serie de maniobras o acciones de reposición de consumibles que afectan al área productiva de la empresa.

Eliminación de paradas en líneas de producción (aumento del grado marcha)

Identificación del problema: El grado de marcha (Número de horas disponibles para producir en relación a las horas que se produce), es un factor que marca la productividad de una empresa. Esta tasa de marcha se ve reducida por las acciones normales de operación que se deben realizar para la disponibilidad total de las líneas de producción

Objetivo: Aumento del grado de marcha que se tiene en las líneas de producción, mediante la utilización de las mejores prácticas y formación de los operarios de mantenimiento adscritos a esta área.

Personal interviniente: Todo el personal de mantenimiento adscrito al área de producción (mecánicos productivos), que tras la utilización y consulta del contenedor del conocimiento donde están descritas las mejores prácticas y las experiencias operativas que afectan a la tasa de marcha, están asignados a dichas áreas de trabajo.

Proceso del evento: Los supervisores y jefes de área de mecánicos productivos, identifican los procesos clave que afectan a las diferentes líneas de producción y la manera de hacer más eficiente dichos procesos. Los mecánicos productivos hacen uso de la plataforma de conocimiento, para el aprendizaje de las mejores prácticas o mejorar los procesos descritos con su aportación. El proceso es continuo durante un periodo que se ha medido su eficiencia de dos años.

Duración: En una primera fase, con formación y concienciación de todos los operarios en la utilización de las mejores experiencias operativas que afectan a las líneas de producción y utilización del contenedor del conocimiento. En una segunda fase con los supervisores y jefes de área para estudiar y documentar las mejores acciones que afectan a la tasa de marcha de producción, durante dos días en sesiones de cuatro horas. Posteriormente se han ido midiendo la evolución de la tasa de marcha, medido en periodos de seis meses durante dos años.

Factores a medir: Tasa de marcha en las líneas de producción, y cuantificación económica motivada por las mejoras debido a la adecuada utilización del conocimiento.

Resultados: El grado de marcha de las instalaciones dedicadas a la producción directa, es un factor importante, estudiado por el departamento de mantenimiento y el de producción, dado que afecta a todo el personal de producción y a la salida del producto previsto por la empresa. En base a los minutos repercutidos a producción (en base al número de personas involucradas en cada línea de producción y tiempos de reposición de la línea) (Tabla 11), se puede valorar la estimación de la repercusión económica de los minutos de parada que se suelen producir (por fallos mecánicos del equipamiento, reposición y cambios de consumibles, etc.). El grado de marcha antes de adopción de técnicas de gestión del conocimiento de la factoría estaba en torno al 90% en los años anteriores. Con la adopción de la recopilación de información estratégica, captura de las mejores prácticas, documentación de los fallos y paradas más comunes para saber su actuación, así como la formación y auto-aprendizaje de los empleados dedicados a dichas secciones por parte de mantenimiento (mecánicos productivos), se procedió a la medición de las mejoras detectadas, en base a la eliminación de la tasa de paro, haciendo aumentar de una manera significativa el grado de marcha de producción.

	ANTERIOR	1er SEMESTRE 2010	2º SEMESTRE 2010	1er SEMESTRE 2011	2º SEMESTRE 2011
Minutos totales producción	13902926	13902926	13902926	13902926	13902926
Minutos perdidos PRODUCCIÓN	981547	638144	425430	400404	340622
COSTE PERDIDAS (€)	569297	376505	251003	244247	207779
COSTE MINUTO	0,58	0,59	0,59	0,61	0,61
BENEFICIO SEMESTRE (EN REFERENCIA A SEMESTRE ANTERIOR)	- €	192.792 €	125.502 €	6.757 €	36.467 €
BENEFICIO SEMESTRE (EN REFERENCIA A ORIGEN)	- €	192.792 €	318.294 €	325.050 €	361.518 €
BENEFICIO TOTAL PERIODO 4 SEMESTRES		1.197.654 €			

Tabla 11. Análisis del grado de marcha de las líneas productivas. Fuente: elaboración propia

% GRADO DE PARADA LÍNEAS PRODUCCIÓN

TRAMO DISMINUCIÓN DE TIEMPOS DE PARADA, CON RESPECTO A ORIGEN

	ANTERIOR	1er SEMESTRE 2010	2º SEMESTRE 2010	1er SEMESTRE 2011	2º SEMESTRE 2011
Paro TOTAL producción	7,06	4,59	3,06	2,88	2,45
Paro mecánico	6,66	3,73	1,86	1,52	1,37
Asistencia a convocatorias	0,17	0,18	0,18	0,25	0,23
Falta de medios	0,23	0,68	1,02	1,11	0,85

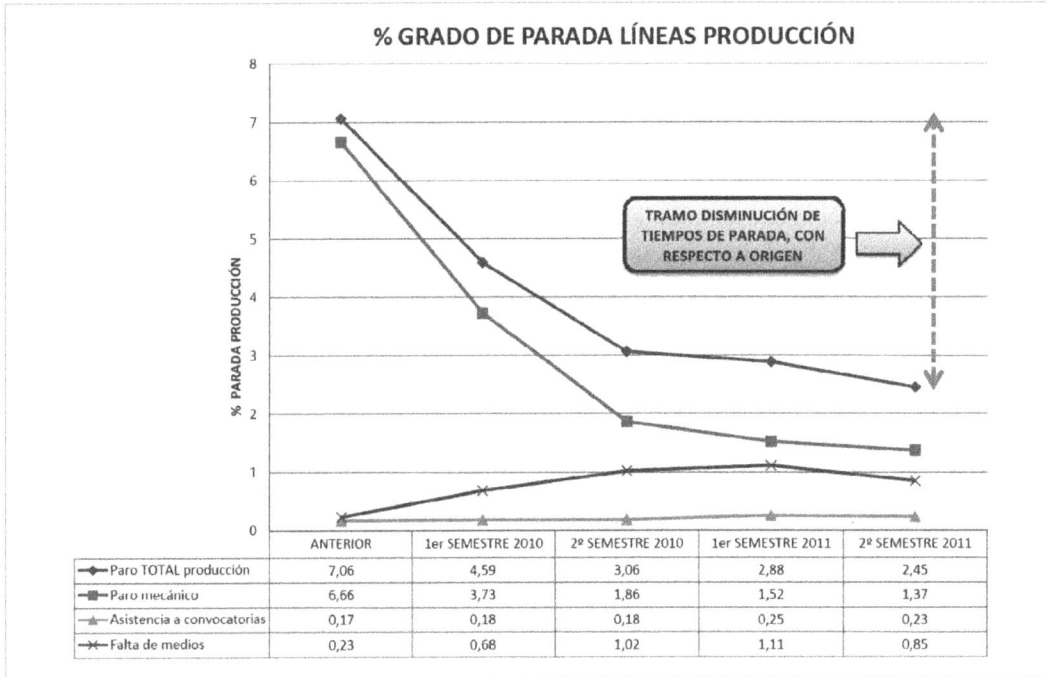

Figura 59. Reducción de la tasa de paro en las líneas de producción, a partir de métodos de GC.
Fuente: elaboración propia

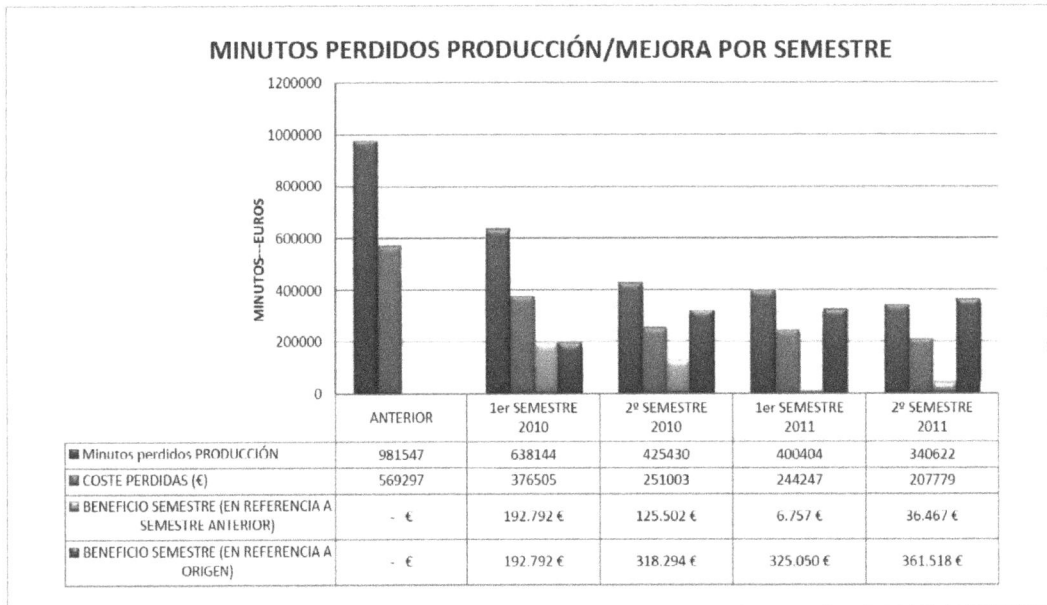

MINUTOS PERDIDOS PRODUCCIÓN/MEJORA POR SEMESTRE

	ANTERIOR	1er SEMESTRE 2010	2º SEMESTRE 2010	1er SEMESTRE 2011	2º SEMESTRE 2011
Minutos perdidos PRODUCCIÓN	981547	638144	425430	400404	340622
COSTE PERDIDAS (€)	569297	376505	251003	244247	207779
BENEFICIO SEMESTRE (EN REFERENCIA A SEMESTRE ANTERIOR)	- €	192.792 €	125.502 €	6.757 €	36.467 €
BENEFICIO SEMESTRE (EN REFERENCIA A ORIGEN)	- €	192.792 €	318.294 €	325.050 €	361.518 €

Figura 60. Evolución económica por tasa de paro en la líneas de producción, a partir de métodos de GC.
Fuente: elaboración propia

Se puede observar en base a las mediciones realizadas semestralmente (Figura 59), la disminución de los tiempos de parada (fundamentalmente por paro mecánico, la parte de mayor control de mantenimiento), que han hecho aumentar de manera sustancial el grado de marcha.

De igual manera se puede cuantificar de una manera aproximada los beneficios que repercuten a la empresa por la reducción de los tiempos de parada (Figura 60), que referenciándolos a los valores tradicionales obtenidos en los años anteriores, suponen un ahorro económico aproximado en 1.200.000 € en un periodo de medida de dos años.

Maniobras en interruptores de alta tensión ante un disparo

Identificación del problema: Ante maniobras de resolución de averías críticas y maniobras de aparamenta eléctrica ante un disparo fortuito no cíclico, suele haber unas fases de indeterminación e ineficiencia en las acciones a realizar que suponen un tiempo de parada superior en las áreas productivas de la empresa.

Objetivo: Medir los tiempos de actuación, ante una acción crítica definida (disparo de interruptores de alta tensión), y cuantificar la mejora que se produce en el personal que actúa que afecta a una de las instalaciones vitales para los desarrollos de producción de la empresa.

Personal interviniente: Ocho operarios de mantenimiento de las áreas de instalaciones, cuatro que han utilizado con asiduidad el contenedor de conocimiento, y cuatro que continuaban con las técnicas tradicionales.

Proceso del evento: En los contenedores de conocimiento están documentadas las acciones críticas y maniobras fundamentales que se deben realizar ante un evento de estas características. Estas maniobras fueron realizadas con anterioridad en diversas ocasiones debido a disparos fortuitos o fallo de la red de alimentación (tres veces en un periodo anterior de cuatro años). Se describe el fallo de una manera teórica a los dos grupos de operarios (los que han utilizado el contenedor de conocimiento y a los que continúan con acciones tradicionales), y se miden los tiempos de actuación y las impresiones que se producen en los dos grupos durante la realización del evento. Se cuantifican los factores tiempo y económico que afectan a la empresa y se registra explícitamente los factores de mejora.

Duración: Un día en una sesión de cuatro horas.

Factores a medir: Tiempo de resolución de la incidencia y factor económico a la empresa. Estimación cualitativa de otras mejoras que se detectan en las actuaciones.

Resultados: El tiempo de maniobra y actuación de elementos críticos de las instalaciones que alimentan a gran parte de las instalaciones de producción, es fundamental por la repercusión que tiene cada minuto de demora en su resolución. Se ha elegido de una manera teórica la propuesta de un fallo en el servicio eléctrico general de las instalaciones de producción por disparo de un interruptor de alta tensión (Figura 61). Este fallo se produjo en tres ocasiones anteriores (es un fallo

Figura 61. Zona de actuación de maniobras interruptores de alta tensión. Fuente: elaboración propia

no cíclico), en un periodo de ocho años, no siendo una maniobra común entre los miembros de mantenimiento, y la experiencia sólo está asumida por las personas que lo vivieron (de los cuales ninguno está en la empresa en la actualidad). Los tiempos de las tres incidencias comentadas que se vivieron, supusieron un tiempo de reposición de 55, 42 y 65 minutos respectivamente, supo-

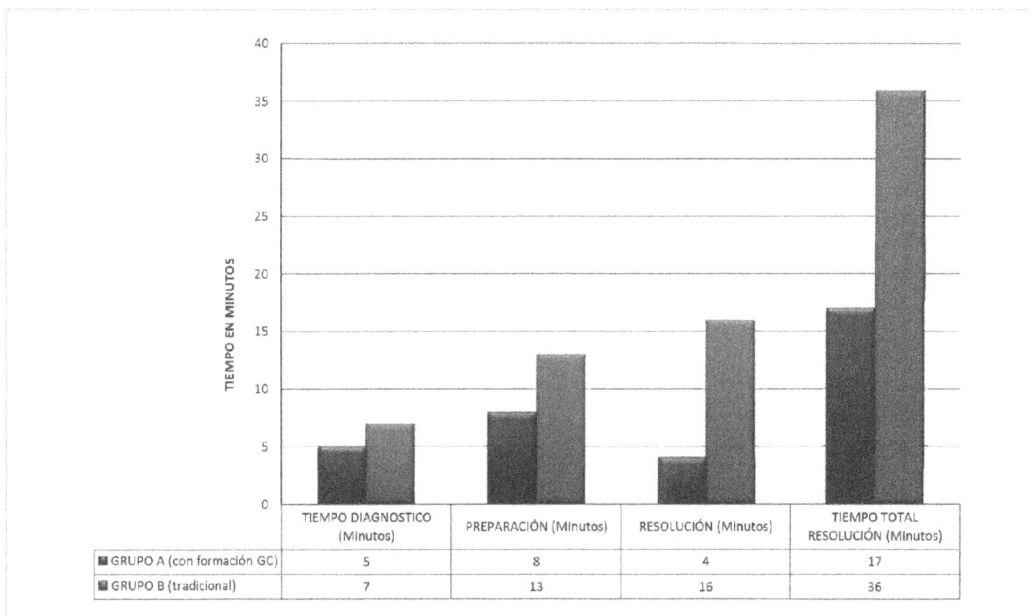

	TIEMPO DIAGNOSTICO (Minutos)	PREPARACIÓN (Minutos)	RESOLUCIÓN (Minutos)	TIEMPO TOTAL RESOLUCIÓN (Minutos)
GRUPO A (con formación GC)	5	8	4	17
GRUPO B (tradicional)	7	13	16	36

Figura 62. Tiempos de resolución de avería por rearmado celdas de alta tensión. Fuente: elaboración propia

niendo un coste económico mínimo de 72000 €, a la empresa. Para realizar la medición de una manera comparada (entre personal que ha utilizado el contenedor de conocimiento y personal que trabaja de manera tradicional), se han realizado dos grupos de trabajo, midiendo los tiempos de actuación en base a la realización del diagnostico, preparación para la resolución y las acciones para la resolución o reposición del servicio (Figura 62).

De las mediciones realizadas, se observa una mejora en los tiempos de resolución de la avería y reposición del servicio por parte de los operarios que han utilizado la plataforma de conocimiento, suponiendo el tiempo menor (52%) de la reposición de dicha incidencia, implica un beneficio del entorno de los 35.000 €. De igual manera y de una manera cualitativa, se observo mayor grado de seguridad en sus decisiones y acciones por parte del grupo con formación en gestión del conocimiento, así como la utilización de la experiencia para mejorar los procesos explicitados en la plataforma.

5.5. Evento Kaizen 5 (mejora eficiencia energética)

La energía es uno de los factores económicos de mayor incidencia dentro de la empresa, dado que es un recurso que afecta a su nivel competitivo. La mejora de la eficiencia energética es una de las acciones estratégicas de mantenimiento, mediante el estudio y la adopción de técnicas para su mejora. Existen acciones de baja intensidad (concienciación para el uso de la energía, fugas de baja intensidad, etc.), cuya resolución conlleva acciones simples y poca inversión. Otro tipo de acciones conllevan un estudio más profundo e inversiones para atajar el despilfarro energético.

Del estudio energético de la empresa, se produce un profundo conocimiento de las instalaciones y equipos consumidores. La fase principal de comienzo mediante una auditoría energética, que determina la sectorización y cuantificación de los diferentes tipos de energía utilizada por la empresa hacia diferentes áreas de trabajo o equipamiento (Figura 63), marca la tendencia de las diferentes acciones a realizar, unas de baja intensidad que conllevas pequeñas modificaciones o concienciación de uso para encontrar ahorros significativos, y otras acciones de mayor entidad que requieren modificaciones o cambios de tecnologías con un retorno de la inversión mayor para amortizar la inversión para el ahorro energético previsto.

Reducción de pérdidas energéticas de baja intensidad

Identificación del problema: Existen muchas acciones para la eficiencia energética, en principio no tenidas en cuenta, pero cuando se identifican las acciones y se estima cuantitativamente su efecto, toma magnitudes relevantes. Estas acciones en numerosas ocasiones no suponen una inversión significativa, y sin embargo suponen un cambio de actitud de los equipos de trabajo y una mejoría económica en el consumo energético de la empresa.

Objetivo: Mejora de la eficiencia energética de la empresa, mediante acciones de baja intensidad de inversión, mediante la utilización de las experiencias observadas y el contenedor de conocimiento en disposición de todos los operarios de mantenimiento.

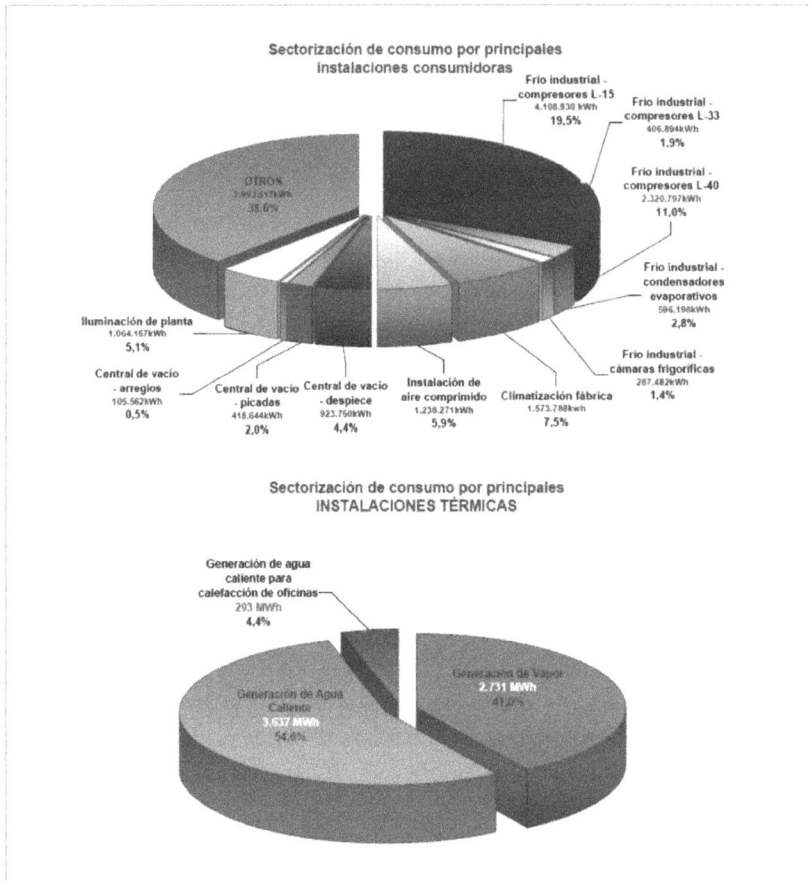

Figura 63. Sectorización y cuantificación del consumo energético, como base para el comienzo de la eficiencia energética. Fuente: elaboración propia

Personal interviniente: Todo el personal de mantenimiento, que tras la utilización y consulta del contenedor del conocimiento donde están descritas las mejores prácticas y las experiencias para conseguir ahorro energético, llevan un seguimiento en sus actividades diarias.

Proceso del evento: En una primera fase, mediante auditorías energéticas y entrevistas con personal operativo de mantenimiento, se reúnen los factores detectados que pueden afectar a la eficiencia energética. Las medidas y conclusiones son incluidas en el contenedor de conocimiento al alcance de toda la organización, animando a introducir o potenciar nuevas acciones que pudieran ser detectadas. Los operarios hacen uso de la plataforma de conocimiento, introduciendo nuevas acciones en un proceso continuado. El proceso es continuo durante un periodo que se ha medido su eficiencia de un año.

Duración: En una primera fase, con formación y concienciación de todos los operarios en la utilización de las mejores experiencias para la eficiencia energética. En una segunda fase con los supervisores y jefes de área para estudiar y documentar las mejores acciones de eficiencia y auditorias energéticas. Posteriormente se han ido midiendo la evolución de los ahorros energéticos a partir de la adopción de las medidas.

Factores a medir: Energía ahorrada en diversos periodos debido a acciones de baja intensidad, promovidas por la utilización del conocimiento y las mejores prácticas para llevarlas a cabo.

Resultados: Tras la formación y charlas con todo el personal para perseguir las mejores prácticas para el ahorro energético, con utilización del contenedor de conocimiento como modo de consulta e inserción por parte de todos los componentes de mantenimiento de medidas observadas para la mejora de la eficiencia energética. De la utilización de la plataforma y la implicación de personal, se observaron y eliminaron numerosas fugas energéticas de baja intensidad, pero con su cuantificación tomaban un valor relevante. Ejemplos de dichas acciones, que conllevaban fugas energéticas durante años, fue la identificación de fugas térmicas por diversos puentes térmicos en numerosos puntos de la empresa (Figura 64). Otras acciones consistieron en la detección de perdidas energéticas, como consecuencia de otros fallos colaterales (por ejemplo fugas de la red de aire comprimido) (Figura 65), que conlleva el uso ineficiente de los compresores, con pérdida de energía, desgaste del equipamiento y aumento de las acciones de mantenimiento por mayor número de horas de uso del equipamiento. La concienciación del equipo de mantenimiento en las mejores prácticas de ahorro energético, introduce nuevo conocimiento en la organización, un conocimiento más profundo de los procesos energéticos en la empresa, y colateralmente, adquiere información y conocimiento sobre la mantenibilidad y la fiabilidad del equipamiento, con el uso eficiente de la energía como una de las materias primas fundamentales de la empresa.

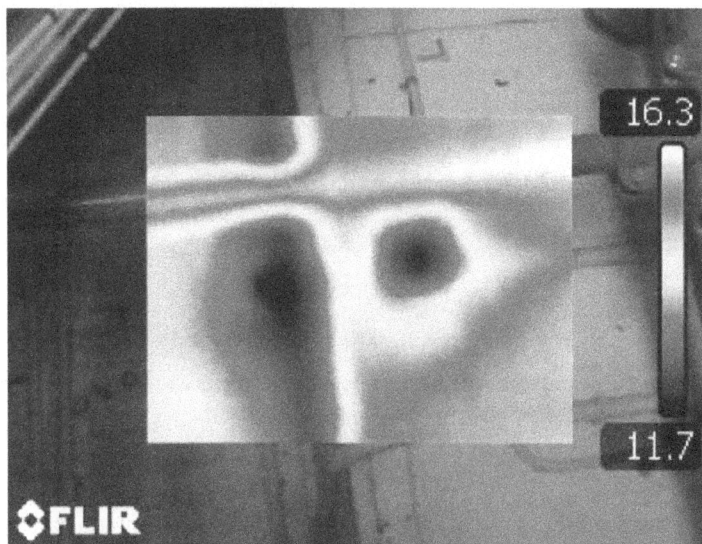

Figura 64. Detección de fugas térmicas de baja intensidad mediante cámaras termográficas.
Fuente: elaboración propia

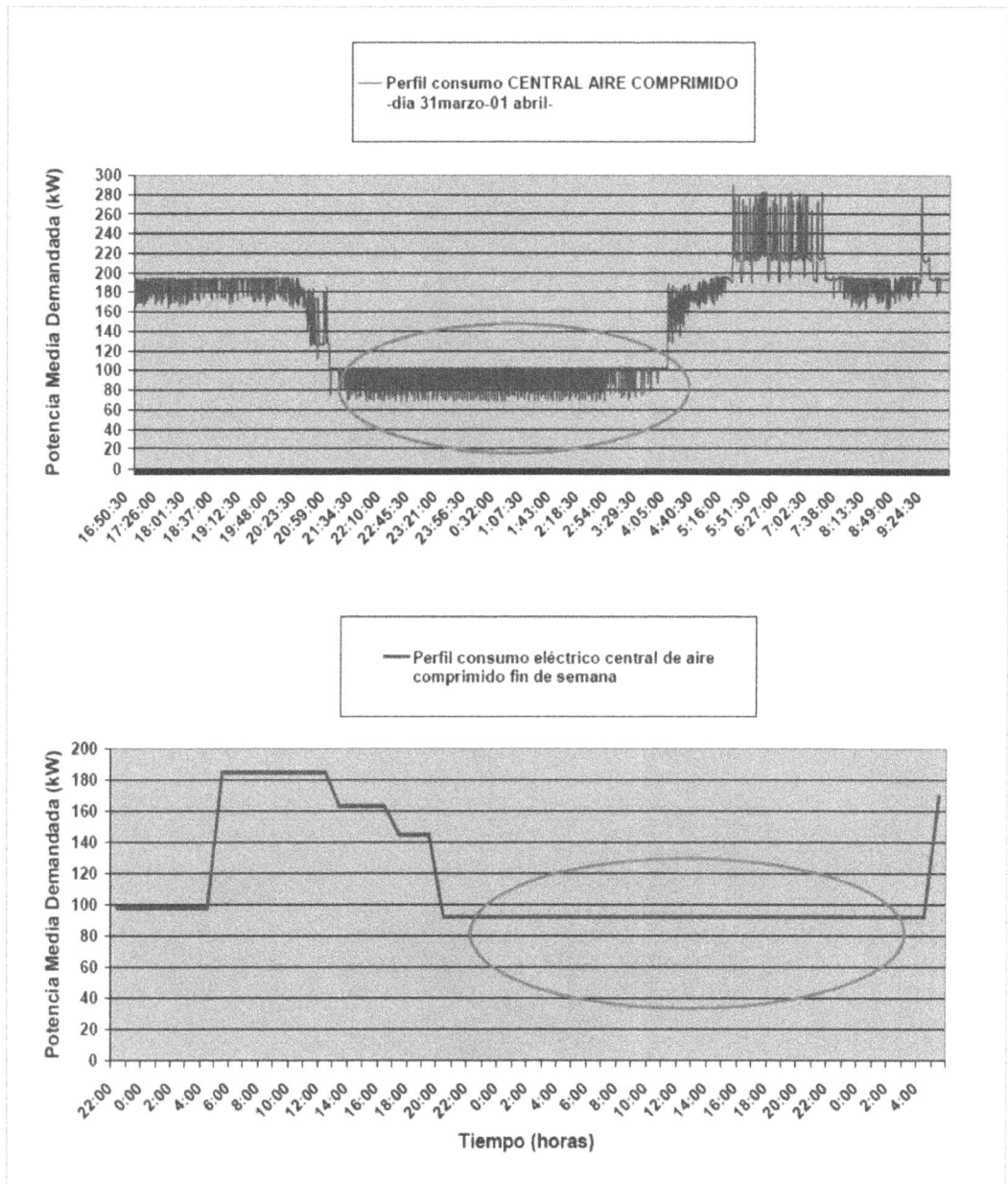

Figura 65. Ejemplo de detección de fuga energética por fugas en red de aire comprimido.
Fuente: elaboración propia

Cada una de las acciones detectadas o corregidas, debe estar documentada para introducirla en el contenedor de conocimiento, para la consulta y adquisición de conocimiento de cualquier miembro de la organización, que sirva para recordar u abordar acciones futuras, en el seno de dicha factoría u de otras dependientes de la empresa (Figura 66)

Ficha de Acción Nº. 9 :		Reducción de pérdidas térmicas, por mejoras en aislamiento de tuberías de fluidos térmicos y puentes térmicos en zonas de frio.	
Oportunidad de Ahorro	Ahorros estimados (k€/año)	Inversión estimada (k€)	ROI (años)
Nº.9	> 0,5	-	-
Total	> 0,5	-	-

Descripción:

• Dado el sistema de distribución térmico, existe una gran red de distribución de fluidos térmicos, tanto a alta como a muy baja temperatura, para todas las acciones de producción que se realizan en la factoría..

• En la zona de producción de la factoría (loncheado y procesado), está atemperada a una temperatura ambiente de 7ºC durante todo el año, teniendo numerosos puntos de entrada de satélites de diversas instalaciones para los diversos procesos y limpieza, produciéndose numerosos puentes térmicos.

Calificación energética actual

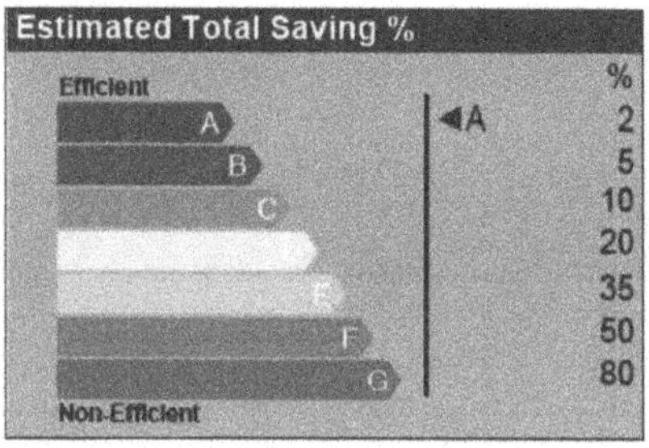

Oportunidades de Ahorro

Acción Nº 1 : Reducción de pérdidas térmicas, por mejoras en aislamiento de tuberías de fluidos térmicos y puentes térmicos en zonas de frio.
Descripción :

Se propone el realizar un seguimiento de mejora de los puntos revisados mediante inspección con cámara infrarroja, valorándose a continuación de una manera aproximada las pérdidas ocasionadas por estos fallos de aislamiento. Esta valoración aproximada servirá para la concienciación del personal de mantenimiento del valor de la energía no utilizada al año, y reforzar su plan de mantenimiento en cuanto a dichas instalaciones estáticas.

Figura 66. Ejemplo de ficha de acción de eficiencia energética de baja intensidad, para los procesos de conocimiento de la organización de mantenimiento. Fuente: elaboración propia

Mejora eficiencia energética en sistema refrigeración industrial

Identificación del problema: El sistema de refrigeración industrial, es la instalación de mayor consumo energético en el ámbito de la empresa de estudio. Se pueden establecer acciones para mejorar la eficiencia energética de dichas instalaciones, mediante el estudio y la observación de su proceso, que pueden suponer inversiones económicas para la empresa, pero determinan un retorno rápido de la inversión. Normalmente estas acciones no son llevadas a cabo por la falta del estudio profundo y la falta de la cuantificación de la repercusión de la empresa.

Objetivo: Identificar acciones posibles a realizar en el ámbito de las instalaciones de refrigeración industrial, para análisis de la factibilidad y extrapolar los procedimientos para realizarlo en otras instalaciones con elevado consumo energético.

Personal interviniente: 4 jefes de área de mantenimiento, con apoyo de el coordinador de gestión de conocimiento en mantenimiento.

Ficha de Acción Nº. 4 :		Optimización de la regulación de capacidad en compresores frigoríficos	
Oportunidad de Ahorro	Ahorros estimados (k€/año)	Inversión estimada (k€)	ROI (años)
Nº. 4.1	16,5	50,4	3,0
Nº. 4.2	14,8	58,6	4,0
Total	31,3	109,0	3,5
Descripción			

• La central frigorífica de la fábrica se compone de nueve compresores frigoríficos tipo tornillo que utilizan amoníaco (NH3) como refrigerante que se distribuye por tres líneas principales. La **Línea Nº1 a -40°C** de evaporación asociada a los túneles de congelación. **Línea Nº2 a -33°C** de evaporación para procesos de tratamiento de carnes y cámaras de congelación. Y **Línea Nº3 a -15°C** de evaporación para cámaras y áreas climatizadas de procesamiento de carnes.

Denominación (ID)	Marca	Modelo	Refrigerante	Presión evaporación (°c)	Presión condensación (°c)	Potencia nominal (Kw)	Caudal de descarga (m3/h)
A9/C9	MYCOM	250VLD	NH$_3$	-40	35	400	2.400
A1/C1	MYCOM	250VSD	NH$_3$	-40	35	250	1.600
A2/C2	MYCOM	250VSD	NH$_3$	-40	35	250	1.600
A3/C3	MYCOM	160VMD	NH$_3$	-33	35	90	527
A4/C4	MYCOM	160VMD	NH$_3$	-33	35	90	527
A5/C5	MYCOM	250VMD	NH$_3$	-15	35	400	2.010
A6/C6	MYCOM	250VMD	NH$_3$	-15	35	400	2.010
A7/C7	MYCOM	250VMD	NH$_3$	-15	35	400	2.010
A8/C8	MYCOM	250VMD	NH$_3$	-15	35	400	2.010

• La **regulación automática de la capacidad** se realiza mediante una función integrada PID (proporcional, integral, derivada) que modifica la ubicación de la **corredera mecánica** integrada en el compresor a fin de adaptar la relación volumétrica de compresión (Vi) a las condiciones de trabajo existentes (carga térmica) que se determinan a partir de la variación de la presión de aspiración (succión) de los compresores.

	Calificación energética actual

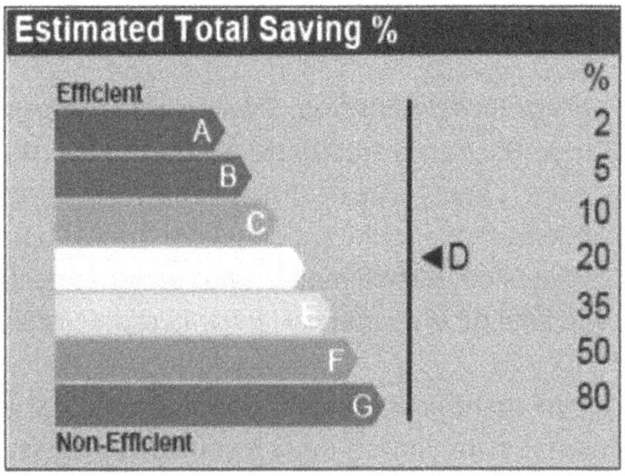

Figura 67. Ejemplo de ficha de acción de eficiencia energética de baja intensidad, para los procesos de conocimiento de la organización de mantenimiento. Fuente: elaboración propia

Proceso del evento: Basándose en las auditorías energéticas promovidas, y mediante reuniones de grupo, se identifican y cuantifican las mejores acciones y su cuantificación energética, que mediante un retorno de la inversión factible puedan ser ejecutadas.

Duración: En una primera fase, para la realización de las auditorias energéticas durante un periodo de tres meses. En una segunda fase con los supervisores y jefes de área para estudiar y documentar las mejores acciones de eficiencia y auditorias energéticas.

Factores a medir: Acciones detectadas en el ámbito de la instalación de refrigeración industrial y la cuantificación energética de las medidas detectadas.

Resultados: El sistema de refrigeración industrial es uno de los consumidores de energía principal de la empresa de estudio. Tras la formación y charlas con todo el personal para perseguir las mejores prácticas para el ahorro energético, con utilización del contenedor de conocimiento como modo de consulta e inserción por parte de todos los componentes de mantenimiento de medidas observadas para la mejora de la eficiencia energética. Las acciones de eficiencia energética de alta intensidad, como son las propuestas hacia una instalación de este tipo, conlleva un proceso por parte de la organización de mantenimiento, de conocimiento más profundo de dicha instalación que repercutirá en otros factores como son la fiabilidad y la mantenibilidad de dichos componentes. Del estudio profundo por parte de la organización de mantenimiento de las instalaciones de refrigeración industrial, dan como resultado acciones que afectan a diferentes componentes, como son la actuación sobre los compresores para la regulación de velocidad, con la variación de la capacidad frigorífica adecuada al consumo demandado (Figura 67 y 68), así como otros tipos de acciones sobre los evaporadores, distribución de fluidos y eficiencia energética de las redes eléctricas que alimentan los compresores.

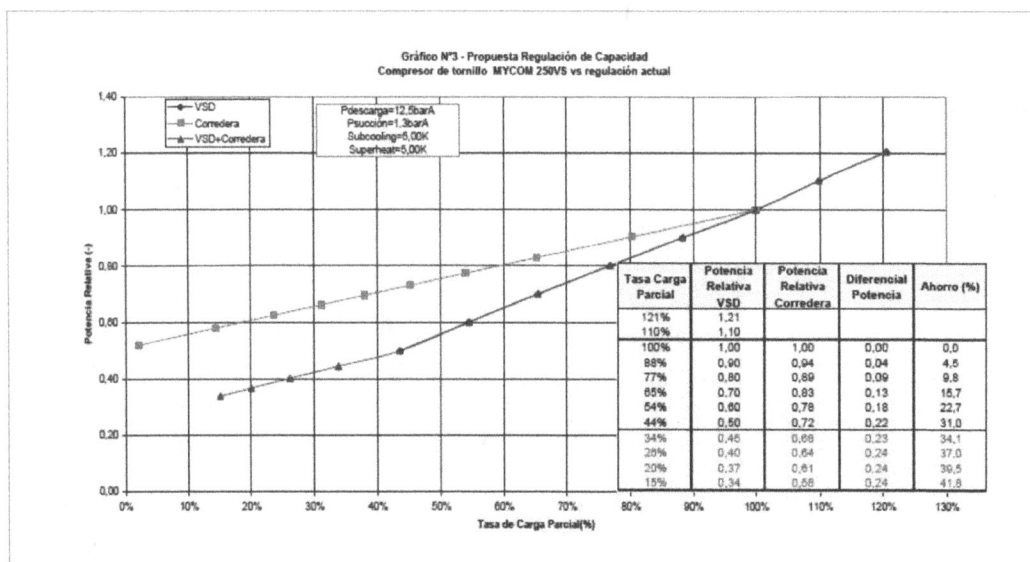

Figura 68. Gráfica de operación del compresor según carga. Fuente: elaboración propia

FICHA DE ACCIÓN Nº	Sector/ Aplicación	Ficha calificación energética actual	Ahorro estimado (KWH)	Reducción emisiones (TnCO2)	Ahorro estimado (K€/año)	Inversión estimada	ROI (años)
1	Suministro eléctrico - Aumento de potencia contratada		-	-	10,0	-	-
2	Instalación eléctrica de fábrica – Instalación de sistema de supervisión para el control y monitorización del consumo eléctrico de planta		409.411	151,4	33,6	60,6	1,8
3	Instalación eléctrica de fábrica – Mejora distribución eléctrica línea de CT1 a Cuadros de distribución de frío		29.986	11,1	2,5	-	-
4.1	Instalación de frío Industrial – Instalación de variación de velocidad en compresor de frío A6		201.707	74,6	16,5	50,4	3,0
4.2	Instalación de frío Industrial – Instalación de variación de velocidad en compresor de frío A9		184.522	68,3	14,8	58,6	4,0
5	Instalación de frío Industrial – Instalación de variadores de velocidad en condensadores evaporativos		192.897	71,4	15,8	24,5	1,5
6.1	Instalación de aire comprimido industrial - Instalación de centralita de control multicompresor		85.301	31,6	7,0	3,5	0,5
6.2	Instalación de aire comprimido industrial - Reducción de consumo residual		*incluido en acción nº2	*incluido en acción nº2	*incluido en acción nº2	*incluido en acción nº2	-
6.3	Instalación de aire comprimido industrial - Reducción de fugas		118.780	43,9	9,7	-	-

Continúa

FICHA DE ACCIÓN Nº	Sector/ Aplicación	Ficha calificación energética actual	Ahorro estimado (KWH)	Reducción emisiones (TnCO2)	Ahorro estimado (K€/año)	Inversión estimada	ROI (años)
7	Instalación de vacío - Reducción de consumo residual		*incluido en acción nº2	*incluido en acción nº2	*incluido en acción nº2	*incluido en acción nº2	-
8	Instalación eléctrica de fábrica – Optimización sistema de alumbrado interior		126.900	48,8	13,2	6,4	0,49
9	Instalación distribución de fluidos – Mejora aislamiento tuberías distribución de fluidos		4.120	1,58	> 0,43	-	-
TOTAL			1.353.624	499,8	113,5	204	1,8

Tabla 12. Resumen de fichas de acciones de eficiencia energética. Fuente: elaboración propia

Este tipo de acciones de alta intensidad, promueven mayor unión en el equipo de mantenimiento, se habilita y se forma para el trabajo en grupo, e introduce nuevo conocimiento en la organización, un conocimiento más profundo de la instalación de frío industrial, adquiriendo información y conocimiento sobre la mantenibilidad y la fiabilidad de dicho equipamiento, que hace reducir las acciones de mantenimiento y aumento de la vida útil de dicha instalación, consiguiendo una mejora medioambiental cuantificable en ahorro de emisión de toneladas de CO2 equivalentes.

Las Tabla 12, muestran un listado de las principales acciones de eficiencia energética detectadas que involucran un ahorro anual de 1355 MWh de energía, y evitar un impacto ambiental de alrededor de 500 TnCO2 equivalentes, con un ahorro aproximado anual tras la puesta en marcha de las acciones de 113000 €, motivo que debe ser informado a toda la organización y designación de compensaciones (monetarias o no), entre todos los miembros de la organización.

5.6. Evento Kaizen 6 (disminución tiempos acoplamiento nuevo personal)

Mejora en los tiempos de acoplamiento de nuevo personal

Cuando se acopla nuevo personal de mantenimiento en empresas con instalaciones de gran magnitud, se produce un desfase entre la fecha de entrada de dichos operarios, en relación a la fecha en que se considera por parte de la organización que es totalmente operativo, debido al conocimiento de las instalaciones, ubicación de los puntos fundamentales de maniobra, actuación ante fallos, etc. El uso de plataformas donde se encuentre la información útil y el conocimiento operativo del resto de los operarios, puede reducir dichos tiempos de actuación de una manera significativa.

Identificación del problema: Elevado tiempo de acoplamiento de nuevo personal dentro de las áreas de mantenimiento. Tiempo de ineficiente en la organización. Dependencia de los empleados con experiencia.

Objetivo: Medición de los tiempos de acoplamiento de mantenimiento, de nuevos empleados que han utilizado el contenedor de conocimiento con las mejores experiencias del resto de los compañeros, e información estratégica útil y concisa. Se persigue disminuir los tiempos de acoplamiento del nuevo personal.

Personal interviniente: 10 operarios de mantenimiento de nueva entrada en dos etapas (cinco en 2010 y cinco en 2011) que han utilizado la plataforma de gestión de conocimiento.

Proceso del evento: En una primera fase se comenzaba con la introducción y formación sobre la gestión del conocimiento en mantenimiento, y utilización de la plataforma como método de auto-aprendizaje en su aplicación en la empresa.

Duración: Durante tres días, con charlas formativas y de concienciación de tres horas diarias. Posteriormente se observa mediante observación cualitativa y percepción de sus jefes inmediatos, considerando la mejora en el acoplamiento de dicho personal, en el transcurso de los meses.

Factores a medir: Nuevo tiempo de acoplamiento de personal de nueva entrada, cotejándolo con los tiempos anteriores utilizados anteriores a la aplicación de técnicas de gestión del conocimiento.

Resultados: Los tiempos de acoplamiento de nuevo personal, en etapas anteriores, según la constancia y percepción de los diferentes jefes de mantenimiento, oscilaban entre las 36 y 45 semanas, dependiendo el área de actividad. Con el uso de plataformas donde se encuentre la información útil y el conocimiento operativo del resto de los operarios, puede reducir dichos tiempos de actuación de una manera significativa, utilizándose esta como parte del sistema de auto-aprendizaje de los nuevos operarios. Se midieron tiempos de acoplamiento inferiores (Figura 69), bajo el juicio de los responsable de mantenimiento, con una reducción aproximada de 13 semanas en los tiempos de acoplamiento (36%). Eso conlleva un beneficio económico importante en empresas con rotación importante de personal, y una mejora en la eficiencia de los trabajos de mantenimiento, según observaciones cualitativas de los responsables de mantenimiento.

6. Discusión

Los resultados obtenidos con los eventos kaizen implementados en esta investigación se consideran para tres fines principales:

a) Como medio para fomentar las mejores prácticas y las experiencias anteriores de los operarios, con el fin de preparar una organización de mantenimiento en las técnicas de gestión

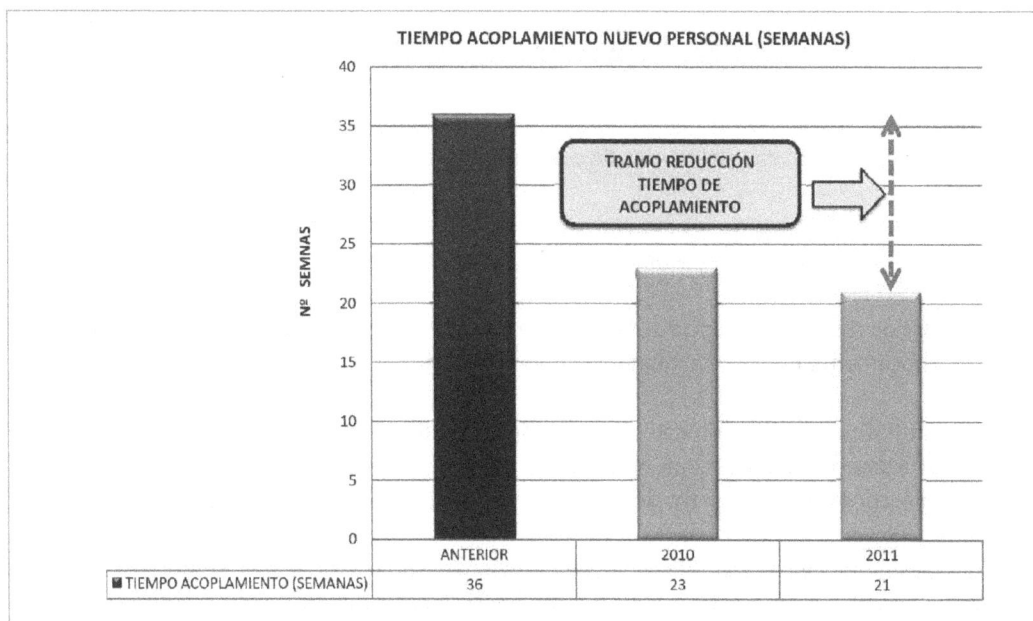

Figura 69. Tiempo de acoplamiento del personal y evolución con técnicas de GC.
Fuente: elaboración propia

del conocimiento, que permita socializar toda la información y conocimiento estratégico que tiene la organización de mantenimiento, para su transferencia y utilización entre todos los miembros.

b) Como medio de aprendizaje, y captación de nuevos métodos y estrategias de trabajo enfocado hacia el conocimiento de diferentes actividades estratégicas.

c) Como medio de medición de las bonanzas o barreras en la transferencia del conocimiento y el análisis cuantitativo y cualitativo que se detecta con ello.

De eventos presentados en la presente investigación se pueden hacer ciertas consideraciones avaladas por los resultados obtenidos:

• A nivel cualitativo se observo que la adopción de modelos de gestión de conocimiento en la ingeniería del mantenimiento industrial, infundía de manera general en todos los miembros de la organización:

• Un efecto multiplicador en el conocimiento adquirido, por absorción del las mejores experiencias y prácticas de trabajo relevantes del resto de los compañeros.

• Un aumento en la seguridad en la realización de los trabajos y decisiones ante averías por los miembros operativos de mantenimiento.

- Mayor integración del trabajo en grupo, rompiendo en gran medida las barreras individualistas, característica típica de la mayoría de las organizaciones de mantenimiento.

- Una mayor implicación del personal, por la relevancia de introducir sus propias experiencias de manera adecuada y utilizar las de sus compañeros.

- Reducción del stress de los supervisores y jefes de mantenimiento, por quitar el nivel de "imprescindibles", en todo momento.

- Reducción de la dependencia de la empresa en empleados considerados "insustituibles", por el conocimiento estratégico manejado de manera tácita.

A nivel cuantitativo y visible, en estos eventos se ha podido ver la adecuación y mejora que se produce en la organización de mantenimiento y a nivel económico en la empresa, por la adecuada utilización del conocimiento dentro de una organización de mantenimiento (Tabla 13).

Dentro de las mediciones realizadas en base al seguimiento de los eventos, se detecta la mejora sustancial hacia el aumento del grado de marcha en las líneas de producción, reduciéndose la tasa de fallo, fundamentalmente en la parte debida a paros mecánicos y cuantificándose los beneficios de la metodología en una repercusión en relación al origen (grado de marcha anterior entorno al 90%), dicho valor se ha cuantificado en aproximadamente en 1.200.000 €, validándose los procesos realizados y el esfuerzo requerido para la puesta en marcha de un modelo de gestión del conocimiento en mantenimiento.

De igual manera se ha confirmado que la utilización del contenedor de conocimiento, afianza la seguridad de los operarios, asumen de una manera progresiva las mejores experiencias de sus compañeros, y ayuda a mejorar los procesos normales de actividades de mantenimiento (en el evento propuesto se ha visto una reducción de tiempo en su ejecución de aproximadamente un 26%, con respecto a mediciones anteriores que se habían realizado mediante metodologías tradicionales basadas en el conocimiento tácito de los empleados. Esta mejoría extrapolada a todas las acciones de mantenimiento que se deben realizar en la empresa (aproximadamente el 50% de todos los trabajos realizados por los operarios de mantenimiento), supone una mejoría sustancial en la eficiencia de los procesos y un tiempo que puede ser utilizado en la mejora de otras acciones, que siempre existen, dado el carácter de saturación en que trabajan normalmente los departamentos de mantenimiento.

Por medio de las acciones para el conocimiento de las instalaciones, primero mediante auditorias energéticas y la captación de las mejores experiencias para conseguir ahorro energético, se estimo un ahorro anual en base sólo a las acciones fundamentales detectadas y documentadas de aproximadamente 113.000 €, así como la consecuencia repercusión en la mejora medio ambiental con la reducción de emisiones de aproximadamente 499 TnCO2, y un ahorro energético cifrado en 1350 MWh. Así mismo se aumentó la concienciación e implicación de la organización en relación a la eficiencia energética.

Se reducen los tiempos ante actuaciones de emergencia, que normalmente generan gasto no previsible por la organización y un quebranto de su nivel financiero, reduciéndose los tiempos de

Resumen resultados de los eventos Kaizen				
Nº	Evento	Resultados cuantitativos	Resultados cualitativos	Observaciones
1	Implicación de los operarios de mantenimiento en un modelo de gestión del conocimiento en función de las actividades estratégicas	Aumenta de una manera significativa la captación de conocimiento estratégico por parte de los operarios de mantenimiento en el contenedor de conocimiento	Mayor sentido de seguridad personal en las decisiones a realizar; Aumento del sentido de trabajo en grupo y cohexión del equipo; Aumento del conocimiento compartido; Mayor proactividad de los empleados. Se persigue eliminar islas de conocimiento y la cohexión del equipo	Se observa continuidad en los proyectos de gestión del conocimiento, por la implicación del personal
2	Mejora en la eficiencia ante acciones de mantenimiento preventivo y correctivo	Los procesos de acciones de mantenimiento preventivo y correctivo se ven mejorados, aumentándose su eficiencia en su ejecución y acusándose una reducción en su tiempo del 26%	Mayor sentido de seguridad personal en las decisiones a realizar; Aumento del sentido de trabajo en grupo y cohexión del equipo; Aumento del conocimiento compartido; Mayor proactividad de los empleados	Si tenemos en cuenta que existen miles de acciones de mantenimiento, y que el tiempo total aproximado dedicado por la organización de mantenimiento a las acciones de preventivo/correctivo es del 50% del tiempo total de todos sus miembros, se puede estimar la importancia económica y de aumento de rendimiento que significa a la organización
3	Análisis de fallos críticos instalación refrigeración industrial. Análisis de fallos instalación eléctrica alta tensión	En las pruebas realizadas sobre respuesta a la resolución de una acción crítica no cíclica o reposición de emergencia (reposición de interruptores de alta tensión), se observa una reducción de tiempo en su resolución del 52%	Mayor sentido de seguridad personal en las decisiones a realizar; Aumento del sentido de trabajo en grupo y cohexión del equipo; Aumento de compartición del conocimiento; Mayor proactividad de los empleados; Aumenta el número de acciones criticas identificadas que suponen un avance importante en la mejora de la fiabilidad	La reducción en el tiempo de resolución de la avería significa un importante impacto económico en la empresa, ante estos tipos de averías no cíclicas que suponen un importante coste económico no previsto

Continúa

Resumen resultados de los eventos Kaizen				
Nº	Evento	Resultados cuantitativos	Resultados cualitativos	Observaciones
4	Reducción de las tasas de fallos en las líneas de producción. Maniobras en interruptores de alta tensión ante un disparo	De los datos obtenidos se observa una mejora económica repercutida de aproximadamente 1.200.000 € en un periodo de 2 años	Aumenta el número de acciones críticas identificadas que suponen un avance importante en la mejora de la fiabilidad de la instalación a tratar, así mismo se identifican las acciones críticas que se pueden eliminar	Se aumenta de una manera significativa el grado de marcha de las líneas de producción de la empresa
5	Aumento de la eficiencia energética, mediante acciones puntuales	Ahorros anuales por la adopción e identificación de medidas de eficiencia energética del entorno de 113.000 €. Reducción de emisiones de aproximadamente 499 TnCO2	Aumento de la mejora en eficiencia energética de la empresa, a partir de la utilización de un modelo de gestión del conocimiento	Mejora de la conciencia medioambiental de la empresa
6	Reducción de tiempos de acoplamiento de nuevo personal de mantenimiento	Disminución en el tiempo de acoplamiento del nuevo personal, que supone una mejora económica en la organización por eliminar tiempos no productivos de dicho personal de nueva entrada en la empresa (reducción de un 36% del tiempo)	Utilización de plataforma tecnológica para la gestión del conocimiento, como medio de auto-aprendizaje del nuevo personal. Objetivo reducir elevados tiempos de acoplamiento del nuevo personal. Mayor sentido de seguridad personal en las decisiones a realizar; Aumento del sentido de trabajo en grupo y cohexión del equipo; Aumento del conocimiento compartido	Teniendo en cuenta que en las organizaciones de mantenimiento, la rotación personal está entre el 5 al 10 % anual (en la empresa analizada está en una media del 6%), ello supone una mejora económica por ser operativo plenamente dicho personal, en un menor tiempo

Tabla 13. Resumen de resultados observados. Fuente: elaboración propia

reposición de servicio ante acciones no cíclicas, normalmente no realizadas por los operarios (se producen en intervalos de tiempo largos). Esa reducción de tiempo, dado que dichas acciones críticas alimentan gran parte de la organización y principalmente las áreas de producción, supone un coste menor significativo en el caso de producirse, y un ahorro en un coste no previsto.

De igual manera en los eventos para detectar los puntos críticos de las instalación, con el análisis de criticidad y fiabilidad, se adelantan y se centra el conocimiento en aumentar la eficiencia de todos los sistemas y adelantarse a la reacción ante posibles causas que influyan de manera notable en la tasa de funcionamiento de la empresa.

La implicación de los operarios y los técnicos de mantenimiento es un facilitador y condición indispensable, en un proceso que podríamos definir en mejoramiento continuo. Por propia definición de mejora continua los operarios deben participar en el proceso y sin ello, no se puede llevar a cabo su realización (Jorgensen et al., 2003).

La existencia del gestor de gestión del conocimiento en mantenimiento, es vital para la continuidad del proyecto de captación y utilización del conocimiento estratégico, que normalmente y por la propias características de los servicios de mantenimiento (recursos muy restringidos), hace que no se pueda dedicar a tiempo completo a dicha tarea. Se hace necesaria una estricta división de funciones y tiempo para este líder que deba encargarse de ello, de modo que la actividad principal en mantenimiento no le impida desarrollar su trabajo en el proyecto de gestión de conocimiento, que se demuestra que es rentable para la empresa.

Las actividades desarrolladas durante los eventos Kaizen, han permitido a los miembros de la organización de mantenimiento involucrados, tanto las jefaturas como las áreas operativas, fortalecer la cultura del análisis y participación de las actividades enfocadas a la productividad y desempeño exitoso, utilizando los contenedores de conocimiento. La utilizada de visionar los resultados obtenidos, invita a afrontar futuros eventos similares, permitiendo que el espíritu del equipo mejore, para colocarlos en una espiral virtuosa en función a que mejores resultados y una efectiva participación tanto en el análisis, como en las acciones ejercidas en la búsqueda de mejora de la eficiencia de los procesos y de ahorros específicos. El reconocimiento de las contribuciones y labor realizada por los operarios de mantenimiento, motiva de una manera tal que los resultados se superan cuando el equipo de trabajo evalúa el impacto favorable que puede tener su participación.

Existen diferentes formas de abordar problemas ó áreas de oportunidad para mejora en una organización. Metodologías como el Kaizen, se compagina de una manera esencial, para desarrollar y medir estrategias de gestión del conocimiento dentro de la actividad de mantenimiento, permitiendo resultados favorables cuando se aplican adecuadamente y con los recursos adecuados, obteniendo resultados con clara tendencia hacia el mejoramiento continuo, que actúan sobre resultados económicos y de eficiencia de la organización.

De los resultados obtenidos en la presente investigación con la realización de los eventos tratados, se confirma la mejoría significativa y la eficiencia operacional de utilización de un modelo de GC en mantenimiento, que actúan sobre las actividades estratégicas de la empresa, y que redunda en unos beneficios económicos tangibles, así como otros intangibles como son la mejora en los procesos de trabajo en grupo, mayor implicación y motivación de los operarios, concienciación de las acciones e importancia de la eficiencia energética, y mayor sentido de la seguridad ante decisiones y acciones no cíclicas por parte de los operarios de mantenimiento, así como la detección y previsión de averías y maniobras de emergencia, que con su eliminación supondría acotar costes económicos de dimensiones importantes, que sólo por ello justificaría el esfuerzo en tiempo y económico que supone a la empresa el plantear un modelo de gestión del conocimiento en las áreas de mantenimiento.

7. Conclusiones

El presente artículo pretende mostrar y medir mediante eventos kaizen programados, de la conveniencia de utilizar la adecuada gestión del conocimiento en su aplicación directa en los departamentos de mantenimiento de una empresa de tipo industrial, donde existe un alto componente de experiencia y conocimiento tácito que está implícito en la mayor parte de sus acciones, y que dificulta su transferencia. Además el artículo ayuda a las empresas a identificar los elementos y procesos claves para poder mejorar sus servicios de mantenimiento y facilitar la extensión de la misma a todas las áreas de la empresa.

En el caso de la metodología Kaizen que agrupa una serie de herramientas y técnicas para la mejora continua, cuya aplicación consistente garantiza cambios en sentido favorable para los objetivos que se persiguen, presenta resultados con una comprobación de mejora, como lo es el caso de la presente investigación, en donde las evidencias demuestran que la utilización de plataformas de gestión del conocimiento es rentable de una manera muy significativa para las estrategias de la organización (Rees et al., 2009), asumiéndose como justificados los esfuerzos económicos y de tiempo, necesarios para recopilar y transmitir el conocimiento estratégico de la organización de mantenimiento.

Las principales contribuciones de la investigación que se presentan en este artículo, evidenciado por los eventos kaizen realizados confirman que la utilización de modelos de gestión del conocimiento aumentan la eficiencia en el desempeño de la actividad de mantenimiento, se podrían resumir de la siguiente manera:

- La aplicación de modelos de gestión del conocimiento en la ingeniería del mantenimiento industrial, aumenta el grado de marcha (menor tiempo de parada) de las líneas de producción, aumentando su fiabilidad (de los datos obtenidos se observa una mejora económica repercutida de aproximadamente 1.200.000 € en un periodo de 2 años).

- Aumenta la eficiencia energética y la concienciación en el respeto medioambiental, consiguiéndose unos ahorros anuales por la adopción e identificación de medidas de eficiencia energética del entorno de 113.000 €.

- Los procesos de acciones de mantenimiento preventivo y correctivo se ven mejorados, aumentándose su eficiencia en su ejecución y acusándose una reducción en su tiempo del 26%. Este dato está referenciado a una acción determinada de mantenimiento (compresores de tornillo), pero si tenemos en cuenta que existen miles de acciones de mantenimiento, y que el tiempo total aproximado dedicado por la organización de mantenimiento a las acciones de preventivo/correctivo es del 50% del tiempo total de todos sus miembros, se puede estimar la importancia económica y de aumento de rendimiento que significa a la organización.

- En las pruebas realizadas sobre respuesta a la resolución de una acción crítica no cíclica o reposición de emergencia (reposición de interruptores de alta tensión), se observa una reducción de tiempo en su resolución del 52%. Dicha reducción en el tiempo de resolución de la avería significa un importante impacto económico en la empresa, ante estos tipos de averías no cíclicas que suponen un importante coste económico no previsto.

- Se ha observado una disminución en el tiempo de acoplamiento del nuevo personal, que supone una mejora económica en la organización por eliminar tiempos no productivos de dicho personal de nueva entrada en la empresa (reducción de un 36% del tiempo). Teniendo en cuenta que en las organizaciones de mantenimiento, la rotación personal está entre el 5 al 10 % anual (en la empresa analizada está en una media del 6%), ello supone una mejora económica por ser operativo plenamente dicho personal, en un menor tiempo.

- Aumenta el número de acciones críticas identificadas que suponen un avance importante en la mejora de la fiabilidad de la instalación a tratar, así mismo se identifican las acciones críticas que se pueden eliminar. El conocer cual son los puntos débiles y la fiabilidad de las instalaciones, tiene un gran valor estratégico en la empresa, con la anticipación y reducción de los tiempos ante fallo, que pueden producir un gran quebranto económico no previsto a la empresa.

- Como beneficios no tangibles que se obtienen en el equipo, se observa la mejora en los procesos de trabajo en grupo, mayor implicación y motivación de los operarios, concienciación en las acciones e importancia de la eficiencia energética, y mayor sentido de la seguridad ante decisiones y acciones no cíclicas por parte de los operarios de mantenimiento.

La presente investigación se ha hecho sobre la base de una organización de mantenimiento industrial de una empresa industrial del sector alimentario, previamente seleccionada. Esta es la principal limitación del estudio, dado que el modelo no puede generalizarse a cualquier tipo de empresa, sin adaptar y estudiar previamente la incidencia de las acciones estratégicas de mantenimiento en otros sectores y regiones. Por ello, se considera adecuado que en investigaciones futuras se contraste si los resultados de esta investigación son también representativos en otros sectores o países.

La principal limitación de este estudio está en que la empresa donde se ha investigando y modelado la implantación del modelo planteado de gestión de conocimiento en mantenimiento, pertenece al sector industrial alimentario, con diversas factorías a nivel nacional. El resultado puede ser extensible a otros sectores y otros ámbitos territoriales, dado que aunque las instalaciones y los procesos productivos pueden variar de una empresa a otra, la esencia de las acciones estratégicas de mantenimiento están presentes en todas ellas, aunque con otra posible ponderación de su incidencia, diferente a las planteadas en este estudio.

Debido a esto, los autores piensan que el resultado de la investigación puede ser generalizable a diferentes sectores y no sólo al sector alimentario. Este modelo en sectores de servicios como pueden ser el de infraestructuras hoteleras, grandes centros comerciales, empresas de distribución de energía eléctrica o distribución de agua sanitaria, etc., podría ser adaptado, teniendo en cuenta el desempeño del sector tratado.

Sería conveniente también, continuar con la línea de investigación realizando un análisis cuantitativo que permita validar los resultados cualitativos del presente estudio, tanto en el alimentario, como en otros sectores.

8. Referencias

Ablanedo-Rosas, H., & Alidaee, B. (2010). Quality improvement supported by the 5S, an empirical case study of Mexican organizations. *International Journal of Production Research*. 48(23), 7063-7087. http://dx.doi.org/10.1080/00207540903382865

Aoki, K. (2008). Transferring Japanese Kaizen activities to overseas plants in China. *International Journal of Operation & Production Management*, 28(6), 518-539. http://dx.doi.org/10.1108/01443570810875340

Bessant, J. (2003). *High Involvement Innovation. Chichester West Success*. England: John Wiley and Songs Ltd.

Bhuiyan, N., & Baghel, A. (2005). An Overview of Continuous Improvement: From the Past to the Present. *Management Decision*, 43(5), 761-771. http://dx.doi.org/10.1108/00251740510597761

Brunet, A.P., & New, S. (2003). Kaizen in Japan: an Empirical Study. *International journal of Operations & Production Management*, 23(12), 1426-1446. http://dx.doi.org/10.1108/01443570310506704

Bueno, E. (2002). La sociedad del conocimiento: un nuevo espacio de aprendizaje de las personas y organizaciones, en La Sociedad del Conocimiento. *Monografía de la Revista Valenciana de Estudios Autonómicos*, Presidencia de la Generalitat Valenciana, Valencia.

Cárcel, J. (2010). *Aspectos estratégicos del mantenimiento industrial relativos a la eficiencia energética. Artículo 1er Congreso de dirección de operaciones en la empresa*. 25 y 26 de Junio, Madrid.

Cheser, R. (1998). The Effect of Japanese Kaizen on Employee Motivation in US Manufacturing. *The International Journal of Organizational Analysis*, 6(3), 197-217. http://dx.doi.org/10.1108/eb028884

Dahlgaard, J.J., & Dahlgaard-Park, S. (2006). Lean Production, Six Sigma Quality, TQM and Company Culture. *The TQM Magazine*, 18(3), 263-281. http://dx.doi.org/10.1108/09544780610659998

Deming, W.E. (1989). *Calidad, productividad y competitividad. La salida de la Crisis*. México: Ediciones Díaz de Santos, S.A.

Eisenhardt, K. (1989). Building theories from case studies research. *Academy of Management Review*, 14(4), 532-550.

Elgar, T., & Smith, C. (1994). *Global Japanization: The Transnational Transformation for the Labour Process*. London: Routledge.

Evans, J., & Lindsay, W.M. (2005). *Administración y Control de la Calidad*. México: Internacional Thomson Editores.

Hino, S. (2006). *Inside the Mind of Toyota*. New York: Productivity Press.

Huntzinger, J. (2002). The Roots of Lean.Training Within Industry: The Origen of Kaizen. *Association for manufacturing Excellence*, 18(2).

Imai, M. (1998). *Cómo implementar el kaizen en el sitio de trabajo (gemba)*. McGraw-Hill Interamericana S.A.

Imai, M. (2006). *¿What is Total Flow Management under Kaizen Approach?* 3rd. Day of Kaizen Course. Barcelona, Spain: Kaizen Institute Spain.

Jaca-García, C., & Mateo-Dueñas, R. (2010). Sostenibilidad de los sistemas de mejora continua en la industria: encuesta en la Comunidad Autónoma Vasca y Navarra. *Intangible capital*, 6(1), 51-77.

Jorgensen, F., Boer, H., & Gertsen, F. (2003): Jump-Starting Continuous Improvement Through Self-Assessment. *International Journal of Operations & Production Management*, 23(10), 1260-1278. http://dx.doi.org/10.1108/01443570310496661

Liker, J. (2004). *The Toyota Way: 14 Management Principles from the World's Greatest Manufacturer*. New York: McGraw-Hill.

Malloch, H. (1997). Strategic and HRM aspects of kaizen: a case study. *New Technology, Work and Employment*, 12(2), 108-122. http://dx.doi.org/10.1111/1468-005X.00028

Manos, A. (2007). The benefits of Kaizen and Kaizen events. *Quality Progress*, 40(2), 47.

Montabon, F. (2005).Using Kaizen Events for Back Office Processes: Recruitment of frontline Supervisor Co-ops. *Total Quality Management and Business Excellence*, 16(10), 1139-1147. http://dx.doi.org/10.1080/14783360500235876

Nonaka, I., & Takeuchi, H. (1999). *La Organización Creadora de Conocimiento*. México: Oxford.

Nonaka, I., & Takeuchi, N. (1995). *The knowledge-creating company: how Japanese companies create the dynamics of innovation*. New York, Oxford: Oxford University Press.

Ortíz, C. (2009). *Kaizen and Kaizen event implementation*. New York: Prentice-Hall.

Peluffo, M., & Catalán, E. (2002). *Introducción a la gestión del conocimiento y su aplicación al sector público*. Ed. Instituto Latinoamericano y del Caribe de Planificación.

Rees, S.J., & Protheroe, H. (2009). Value, Kaizen and Knowledge Management: Developing a Knowledge Management Strategy for Southampton Solent University. *The Electronic Journal of Knowledge Management*, 7(1), 135 – 144. Available online at www.ejkm.com

Rodríguez, D. (2006). Modelos para la creación y gestión del conocimiento: Una aproximación teórica. *Educar*, 37, 25-39.

Rodríguez, G., Gil, F.J., & García, J. (1996). *Metodología de la Investigación Cualitativa*. Málaga: Ediciones Aljibe.

Spear, S. (2004). Learning to Lead at Toyota. *Harvard Business Review*, 82(5), 78-86.

Suárez-Barraza, M.F. (2001). La filosofía del Kaizen, una aplicación práctica en un área de servicio del sector público. *Revista CONTACTO. La revista de la Calidad Total*, 11, 11-16.

Suárez-Barraza, M.F. (2007) *El Kaizen: La filosofía de Mejora Continua e Innovación Incremental detrás de la Administración por Calidad Total*. México, D.F.: Panorama.

Suárez-Barraza, M.F., & Miguel-Dávila, J.A. (2009A). Encontrando al Kaizen: Un análisis teórico de la Mejora Continua. *Pecvnia*, 7, 285-311.

Suárez-Barraza, M.F., & Miguel-Dávila, J.A. (2009B). En la búsqueda de un Espacio de Sostenibilidad: un estudio empírico de la aplicación de la Mejora Continua de Procesos en Ayuntamientos Españoles. *Innovar. Journal of Administrative and Social Sciences*, 19(35), 47-64.

Suárez-Barraza, M.F., & Ramis-Pujol, J. (2008). Aplicación y evolución de la Mejora Continua de Procesos en la Administración Pública. *Journal Globalization, Competitiveness & Governability*, 2(1), 74-86.

Svensson, G. (2006). Sustainable Quality Management: a Strategic Perspective. *The TQM Magazine*, 18(1), 22-29. http://dx.doi.org/10.1108/09544780610637668

Wiig, K.M. (1997). Integrating Intellectual Capital and Knowledge Management. *Long Range Planning*, 30(3). http://dx.doi.org/10.1016/S0024-6301(97)90256-9

Zapata, L. (2001). *La Gestión del Conocimiento en Pequeñas Empresas de Tecnología de la Información: Una Investigación Exploratoria*. Document de treball núm. 2001/8. Universitat Autònoma de Barcelona. Facultat de Ciències Econòmiques i Empresarials.

3.2. El trinomio "Eficiencia energética, Fiabilidad, Mantenibilidad": Relaciones y mejora con técnicas de gestión del conocimiento

Resumen: Dentro de la planta industrial o edificios de servicios terciarios con gran volumen de instalaciones y equipamiento, la ingeniería del mantenimiento industrial, trata de realizar una misión transcendental para la empresa, consiguiendo la fiabilidad requerida para el proceso a cumplir, alcanzar la disponibilidad adecuada con técnicas adecuadas de mantenimiento, y perseguir la adecuada eficiencia energética que afecta en gran medida a factores económicos de la empresa. Por el carácter intrínseco tradicional de funcionamiento de los departamentos de mantenimiento, funcionan con un gran componente de conocimiento tácito, que implican islas de conocimiento dentro de la organización, que dificultan la transmisión y utilización del conocimiento estratégico, volviendo a pasar cada uno de los miembros del personal por la misma experiencia, para poder llegar a utilizarla con eficiencia. Este carácter de información y conocimiento desestructurado, hace que en muchas ocasiones, el trinomio fiabilidad, mantenibilidad y eficiencia energética, sea analizado por separado, cuando tienen relaciones en base a la información y conocimiento que las unen íntimamente. En este artículo, se muestra las conclusiones de un estudio empírico realizado en una empresa industrial de la comunidad valenciana (España) durante dos años, donde se han introducido un modelo de gestión del conocimiento para el departamento de mantenimiento para mejorar sus actividades estratégicas fundamentales, analizando una de sus instalaciones fundamentales (refrigeración industrial), estableciendo las relaciones y mejora que se han observado en cuanto mejora de la fiabilidad, mantenimiento y eficiencia energética, en base al análisis de la información y la utilización de la gestión del conocimiento entre los empleados de mantenimiento.

Palabras Clave: Eficiencia energética; Fiabilidad; Mantenimiento industrial; Gestión del conocimiento.

1. Introducción

A la hora de plantear un servicio de mantenimiento, es de vital importancia, tener un profundo conocimiento de las instalaciones, transformar el conocimiento tácito estratégico de las experiencias operativas de los operarios de mantenimiento en explícito, que sin duda profundizan en el estudio de las medidas de eficiencia energética y valorar la fiabilidad de las instalaciones, con el conocimiento del proceso del fallo, que hace mejorar la productividad de la empresa (Alsyouf, 2007; López et al., 2005), identificando los datos y la información relevante para mejorar el servicio (Kans, 2009; Basim et al., 2006).

El mantenimiento para conseguir la disponibilidad requerida, parece en numerosas ocasiones llevar caminos paralelos que no interactúan con la fiabilidad operativa global y con la eficiencia energética, que suele estudiarse como procesos desligados. Sin embargo, cuando se hace un análisis conjunto, se derivan las relaciones entre ellos (Eti et al., 2007), que hace una interacción mutua relacional, cuantificándose en una mejora de la eficiencia de todos los procesos, y por sinergia, una mejora en los resultados financieros de la empresa (reducción de fallos que producen perdidas colaterales, mejora y reducción de los tiempos de mantenimiento, y un menor consumo energético.

El concepto de fiabilidad implica el funcionamiento de un sistema o equipo en las condiciones requeridas, y que depende de forma directa del MTBF (tiempo medio entre fallos). Con la utilización de modelos de gestión del conocimiento, que ayuden a captar la información relevante (Sing, 2008) y el conocimiento en base a la experiencia de los operarios, la fiabilidad operativa debe incrementarse por diversas razones ligadas a la mejora de la actividad de mantenimiento:

- Por un lado, la gestión de la información posibilita la centralización y estructuración sencilla y lógica de toda la información relativa a los equipos, incluyendo históricos de mantenimiento, averías, y las condiciones para el uso eficiente, que afecta en la demanda energética.

- Por otra parte, con un sistema de auto-aprendizaje en base a los contenedores de conocimiento que pueda ser utilizado por todos los miembros de la organización de mantenimiento, con la introducción y utilización del conocimiento estratégico introducido según las experiencias individuales de las personas, proporciona rapidez en el conocimiento de los equipos y sus posibles averías, tanto previstas como si no lo son. Esto posibilita la aceleración y seguridad en la toma de decisiones a través de una mayor implicación en las actuaciones a realizar.

Todo lo mencionado se traduce en que un adecuado estudio y captación del conocimiento estraté-gico (Chee et al., 2012; Uusipaavalniemi et al., 2009; Bailey et al., 2008) que permita el intercambio de la información (Carr et al., 2007), y que pueda ser utilizado por toda la organización de mante-nimiento, se traduce en:

- Una disminución de los tiempos de actuación en la reparación de averías.

- Mayor eficiencia en dichas reparaciones que impide un posible fallo posterior derivado de un arreglo inadecuado.

- Posibilidad de compensar los inconvenientes del incremento progresivo de la complejidad de los equipos, factor que incide negativamente en la fiabilidad de los equipos e instalaciones.

- Prorroga la vida de los elementos y equipos, lo cual es más crítico en el caso de las averías de difícil y costosa reparación.

Con un adecuado estudio de las acciones a realizar que redunden conjuntamente sobre la fiabili-dad, la eficiencia energética y las propuestas de acciones de mantenimiento (Figura 70), el MTBF se incrementa, lo que incide directamente en un aumento de la fiabilidad operativa. Esta mejora incide además de forma positiva en varios aspectos:

- Facilita el mantenimiento preventivo al poder evaluar de forma más eficiente la duración de un equipo con objetivos de planificación.

- Reduce el número de accidentes.

- Evita las consecuencias económicas de una parada de planta por avería no prevista.

- Permite asegurar un nivel de fiabilidad adecuado a la demanda del mercado.

- Reducción de la tasa de fallos.

- Mejora de la eficiencia energética del conjunto.

En este artículo, tras una pequeña revisión de la relevancia de la gestión del conocimiento e indicar los principios de un modelo para la gestión de conocimiento en mantenimiento, se establecen las variables que condicionan la fiabilidad operacional, la mantenibilidad y la eficiencia energética, mostrándose las observaciones y conclusiones de un estudio empírico realizado en una empresa industrial de la comunidad valenciana (España), que durante un periodo de dos años, se han in-troducido un modelo de gestión del conocimiento para el departamento de mantenimiento para mejorar sus actividades estratégicas fundamentales, analizando una de sus instalaciones funda-mentales (refrigeración industrial), estableciendo las relaciones y mejora que se han observado en cuanto mejora de la fiabilidad, mantenimiento y eficiencia energética, en base al análisis de la información y la utilización de la gestión del conocimiento entre los empleados de mantenimiento de dicha planta industrial cuya actividad principal pertenece al sector alimentario.

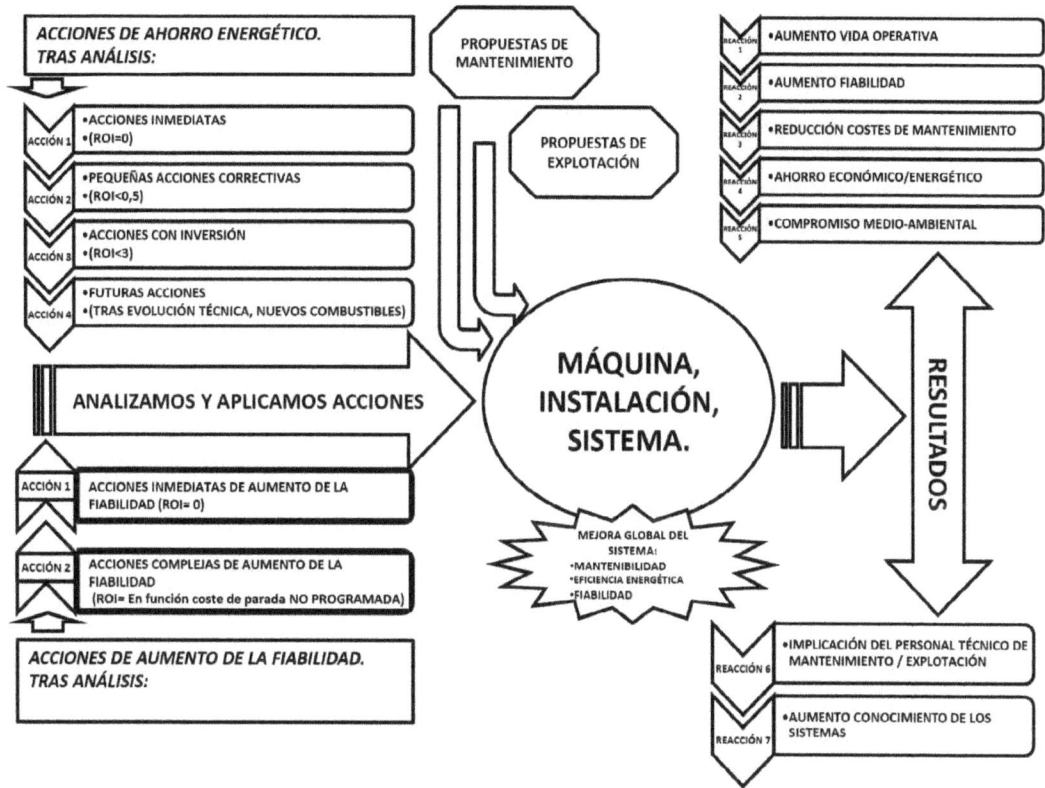

Figura 70. Ciclo de acciones conjuntas orientadas a la mejora operativa de una instalación o sistema.
Fuente: elaboración propia

2. Relevancia de la gestión del conocimiento en el mantenimiento industrial

Dentro del contexto táctico de mantenimiento, si definimos la gestión del conocimiento como un proceso a tener en cuenta dentro de dicha actividad, un enfoque de este podría estar integrado básicamente, por la generación, la codificación, la transferencia y la utilización del conocimiento (Nonaka et al., 1995, 1999; Wiig, 1997; Rodríguez, 2006; Bueno 2002).

Con un cambio hacia un modelo basado en el Conocimiento y el Aprendizaje, la organización se centra en la capacidad de innovar y aprender, para resolver de una manera más eficiente sus trabajos cotidianos, así como resolver acciones nuevas o no rutinarias, creando un valor de lo intangible en base al conocimiento y a su rápida actualización en el ámbito del entorno de trabajo de la organización de mantenimiento. Debe ser asumido como una estrategia de desarrollo a largo plazo, visualizando el conocimiento como factor estratégico, por ello la resolución de problemas y las tomas de decisiones deben tener un soporte basado en las siguientes características (Peluffo et al, 2002):

- La disponibilidad de la información y conocimiento clave en todos los miembros de la organización, en función de las acciones tácticas fundamentales del mantenimiento industrial.

- La capacidad de analizar, clasificar, modelar y relacionar sistémicamente datos e información sobre valores fundamentales para dicha Sociedad.

- La capacidad de construir futuro de esa sociedad de forma integral y equitativa (direccionalidad a metas).

Debe estar acompañado por transformaciones claves en la administración y desarrollo de la organización, que se focalizan en:

- La forma en cómo se hacen las cosas (se tiende a administrar por competencias más que por puesto de trabajo),

- Las formas de encarar la combinación del uso de la tecnología con los saberes individuales y organizacionales acumulados (se enfatiza en las destrezas de pensamiento, de búsqueda activa de conocimiento, las comunidades de prácticas, etc.),

- La formación y el auto-aprendizaje, para la consecución de competencias.

- Las nuevas formas de comunicar el conocimiento y de construirlo (conocimiento tácito almacenado, técnicas para el análisis de la información, los bancos de ideas, de conocimiento, las mejores prácticas).

- El cambio cultural experimentado por la aceptación de los beneficios del nuevo modelo sobre el tradicional entre otros (nuevas formas de valorización del trabajo, el papel del factor humano, la mayor autonomía para desarrollar tareas, el alineamiento entre los intereses individuales y los organizacionales).

La actividad de mantenimiento, tal y como está organizada y por su propia especificidad, genera fundamentalmente conocimiento tácito basado en la experiencia, a niveles muy superiores al explícito, que además se registra de forma fragmentada. En general, se cuenta con trabajadores maduros, con mucha experiencia debido a la gran especialización requerida y, además, se confecciona un tipo de información poco elaborada y débilmente orientada a la toma de decisiones.

Los principios básicos en que se debe centrar un modelo de gestión del conocimiento en su aplicación al mantenimiento industrial deben basarse en los mecanismos que se observan en cómo se produce la adquisición del conocimiento, cómo se produce su retención, la recuperación y su utilización. Ello conllevará al estudio de cómo se produce el aprendizaje y su agregación y estructuración a los esquemas de memoria para su retención y recuperación y los ajustes pertinentes que se deben tener en cuenta para utilización del conocimiento estratégico y táctico que hace mejorar la eficiencia de dicho servicio. El sistema propuesto debe tratar de integrar conceptos y técnicas de aplicación al Mantenimiento, con objeto de dar respuesta al problema de la pérdida de la experiencia, reducir los tiempos de actuación y aumentar la eficiencia del servicio de mantenimiento (ante la operación, fiabilidad y mejora de la eficiencia energética).

3. Modelo de de gestión del conocimiento basado en la fiabilidad, mantenibilidad y eficiencia energética

Sin entrar en un análisis extenso, se muestran las características fundamentales de un modelo de mantenimiento basado en técnicas de gestión del conocimiento que se ha aplicado en la empresa objeto de esta investigación, y que está centrado en el conocimiento estratégico que afecta a la fiabilidad, mantenibilidad, la explotación y la eficiencia energética.

El modelo de gestión del conocimiento aplicado al mantenimiento industrial, se desarrolló pasando por tres fases fundamentales, desde la identificación del conocimiento intangible y tangible útil, detentando las barreras para su implantación, la transformación de lo intangible en tangible, finalizando en los procesos para la generación, producción y utilización del conocimiento (Figura 71).

En una primera fase fundamental, se identifica el valor del conocimiento intangible (conocimiento tácito), así como la situación de la información tangible existente (planimetría, memorias, proyectos, manuales, etc.), para en fases posteriores desbrozar o resumir la información fundamental. Para ello se deberán identificar las barreras existentes para que los procesos de gestión del conocimiento sean fluidos y asumidos por la organización, así como formar y explicar de una manera clara a todos los miembros integrantes, que supondrá un proyecto de GC en mantenimiento, con el fin de motivar y marcar las mayores condiciones para el éxito en su implementación.

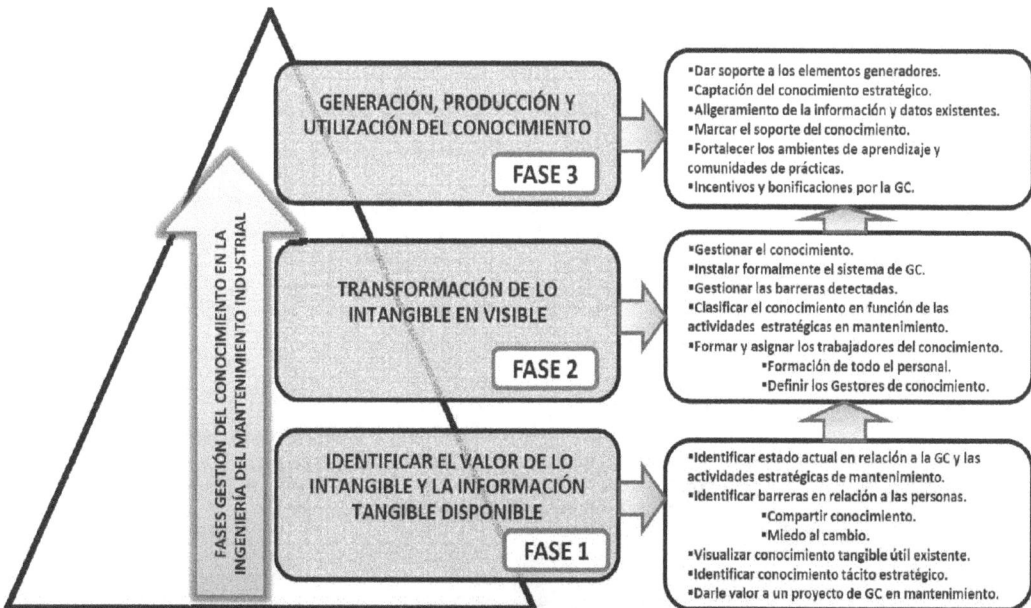

Figura 71. Fases de la evolución de la gestión del conocimiento en mantenimiento industrial.
Fuente: elaboración propia

Posteriormente en una segunda fase, se formalizan los procedimientos y estrategias para el soporte del modelo de GC, donde se va transformando lo intangible en visible, para la utilización posterior de un banco común de sustentación del conocimiento (Figura 72), comenzándose a gestionar el conocimiento, superando las barreras detectadas, y clarificando el conocimiento en función de las actividades estratégicas de la empresa. Es en esta fase donde se deben definir las personas que

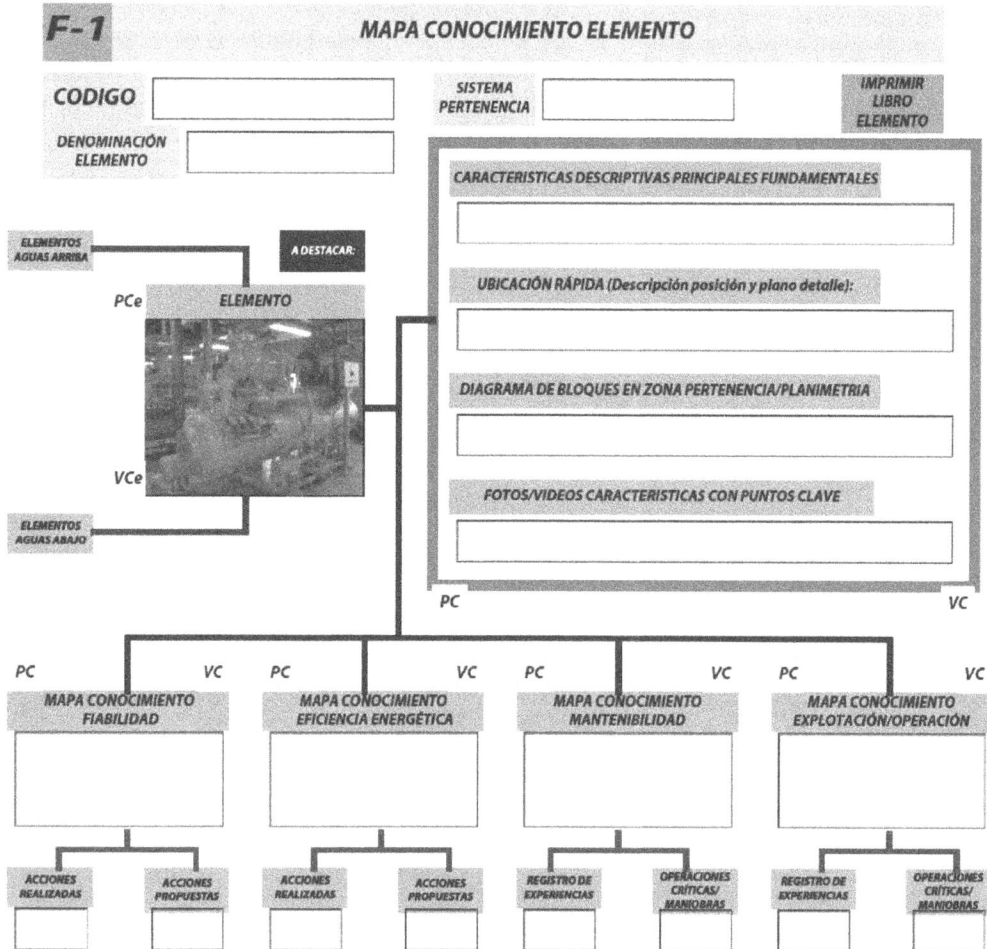

HERRAMIENTA F-1: MAPA DE CONCIMIENTO DE ELEMENTO. En esta ficha se explora cada uno de los elementos (maquinaria, instalación, sistema, etc.), viendo toda la información estratégica que ayudara a captar la información explicita que pudiera ser de referencia, así como todo el conocimiento necesario en el ámbito en que se encuentra. Se analizan la información necesaria para realizar un mapa de conocimiento de fiabilidad, eficiencia energética, mantenibilidad y explotación/operación, en lo que le pueda afectar a dicho elemento.

FLUJO ENTRADA INFORMACIÓN/CONOCIMIENTO: Se identifican las características de datos, información, conocimientos requeridos para la realización del proceso, así como la localización de esas fuentes.

FLUJO SALIDA INFORMACIÓN/CONOCIMIENTO: Se identifican las caracteristicas de datos, información, conocimientos generados en la realización del proceso, así como la localización de esas fuentes.

Figura 72. Estructuración del mapa de conocimiento de un elemento, en función de la información y el conocimiento tácito. Fuente: elaboración propia

harán las funciones de gestores de conocimiento, cuya misión es dar soporte, coordinación y generar pro-actividad entre todos los miembros de la organización, para llevar el proyecto de GC por una senda o dirección definida en la uniformidad en los procesos fundamentales de generación, transmisión y utilización del conocimiento.

Esta segunda fase requiere un profundo estudio, para extraer el conocimiento tácito implícito en el personal operativo de mantenimiento, así como el aligeramiento de la información explícita que existe en la organización, con el fin de articular la plataforma tecnológica que dará soporte al contenedor del conocimiento.

En la tercera fase, se produce el asentamiento y continuidad del sistema de GC, dando soporte a los elementos generadores con la captación del conocimiento estratégico y fortaleciendo los ambientes de aprendizaje y las comunidades de prácticas. El seguimiento debe ser continuo marcando estrategias de incentivos y bonificaciones para la correcta gestión del conocimiento. Cuando se llega a un nivel de difusión de la GC a nivel de la organización de mantenimiento, se producen transformaciones visibles en la forma en que se enfrentan a los problemas, averías y experiencias diarias, produciéndose una mayor eficiencia en los procesos, reduciendo tiempos de actuación, y reduciendo los periodos de acoplamiento de nuevos operarios. El sistema es utilizado como parte fundamental en el auto-aprendizaje de los operarios, teniendo en cuenta los criterios y punto de vista de ellos para tener éxito el sistema.

El conocimiento se ha estructurado desde lo general a lo particular (Figura 73) y en función de los cuatro aspectos estratégicos que desempeña: la fiabilidad, la operación en explotación, la mantenibilidad y la eficiencia energética.

El modelo de gestión del conocimiento en la actividad de mantenimiento se ha estructurado en lo que se ha definido como árbol de conocimiento (Figura k), creciendo en función del conocimiento básico global o general, y las diferentes ramas del árbol que marcan el conocimiento hacia las acciones estratégicas de mantenimiento creciendo desde los elementos, sub-sistemas, sistemas, factorías, hasta formar el conocimiento general estratégico que necesita la empresa en relación a la ingeniería de mantenimiento:

4. Fiabilidad, Mantenibilidad, Eficiencia energética, y su relación en base a la información y el conocimiento

Sin entrar en normas UNE sobre confiabilidad, equipos, fiabilidad, etc., que afectan directamente a la funcionalidad de las técnicas de mantenimiento, las normas generales que inciden sobre la información y datos que afectan a la actividad de mantenimiento, se podrían indicar las UNE-EN 13306, UNE-EN 13460, UNE-EN 15341, UNE-EN 200001-3-11, UNE-EN 20464, UNE-EN 60706-2.

Con ello se pretende alcanzar lo que tradicionalmente se ha denominado como garantía de funcionamiento, concepto dependiente de cuatro magnitudes inter-relacionadas:

- Fiabilidad: probabilidad que el sistema no se averíe durante [0, t].

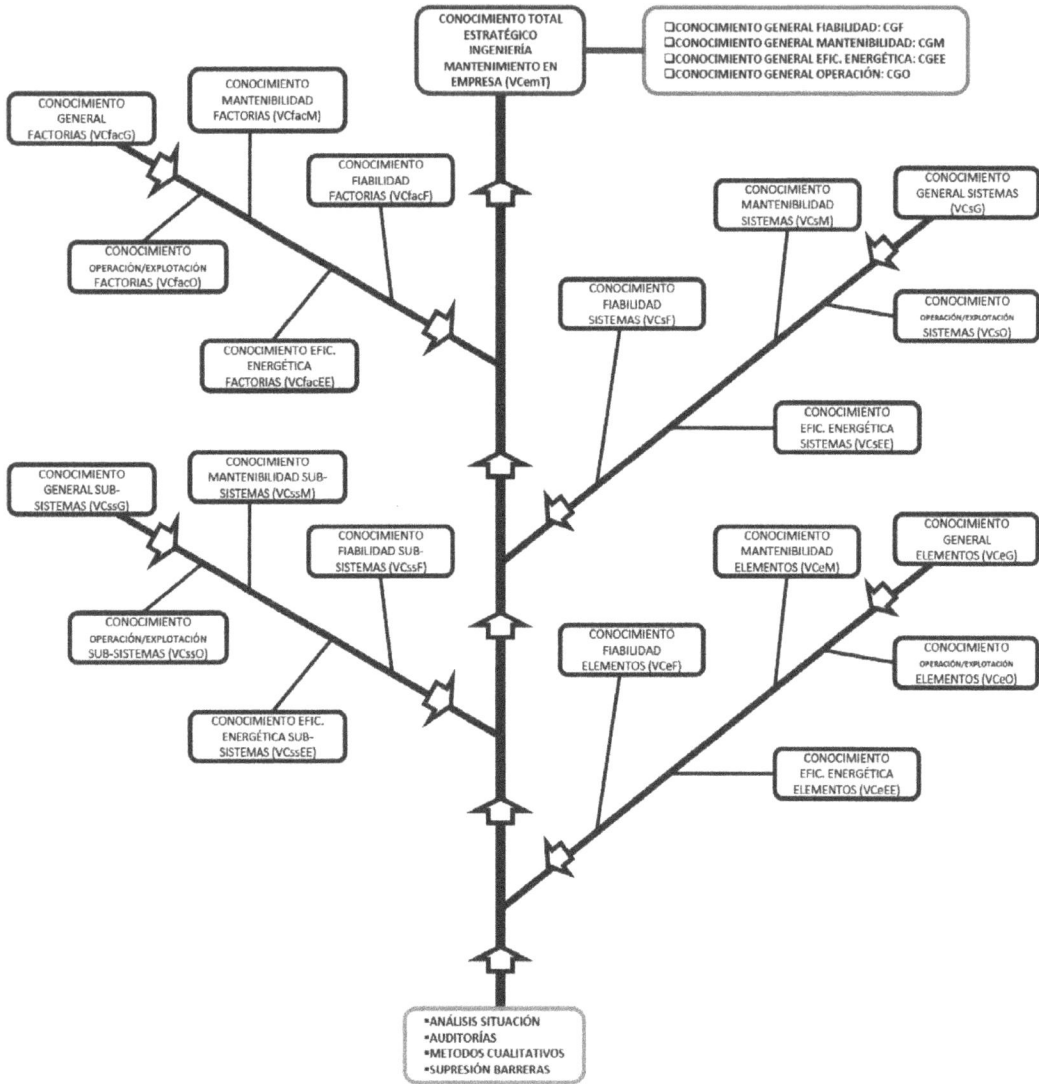

Figura 73. Árbol del conocimiento de la empresa en función de las acciones estratégicas. Fuente: elaboración propia

- Mantenibilidad: probabilidad que el sistema sea reparado durante [0, t].

- Disponibilidad: probabilidad que el sistema funcione en el instante t.

- Seguridad: probabilidad de evitar un suceso catastrófico.

Y en los últimos años, tras la relevancia económica del factor energético para los servicios a prestar, ha tomado especial relevancia el factor eficiencia energética:

- Eficiencia energética: Relación entre la cantidad de energía requerida para la realización de las actividades de una organización, sus equipos, sus sistemas, sus productos y sus servicios y la cantidad de energía real usada (UNE 216501:2009).

Las auditorías energéticas sirven para detectar las operaciones dentro de los procesos que pueden contribuir al ahorro y la eficiencia de la energía primaria consumida, así como para optimizar la demanda energética de la instalación, y son una buena base del conocimiento de todas las instalaciones y equipos que ayudan a tomar decisiones con respecto a la mejora de la fiabilidad así como el mantenimiento optimo.

La relación de todos estos parámetros fundamentales en referencia a cómo afecta su adecuada extracción del conocimiento que afecta a la organización, se podría extraer observando su propia definición:

Fiabilidad: es la probabilidad de que una entidad pueda cumplir una función requerida, en las condiciones determinadas, durante un intervalo de tiempo [t1, t2]; y se expresa por: R(t1,t2). Está íntimamente unida a la tasa de fallo de dicho sistema o instalación. El conocimiento de los diferentes fallos operativos y la acumulación y compartición de las experiencias operativas de los operarios, fomenta la prevención y actuación ante el fallo, reduciendo en gran medida los fallos cíclicos y los tiempos de reposición, que afectan directamente a la producción de la empresa.

Tasa de fallo: l**(t)**: La tasa de fallo en el instante t, mide la probabilidad que ocurra un suceso intempestivamente en el intervalo [t, t+Dt] (Figura 74). Representa el número de sucesos (fallos) por unidad de tiempo. Su inverso es el tiempo medio entre fallos.

La disponibilidad: es la probabilidad que una entidad pueda cumplir una función requerida, en las condiciones determinadas, en un instante dado t, suponiendo que el suministro de los medios ex-

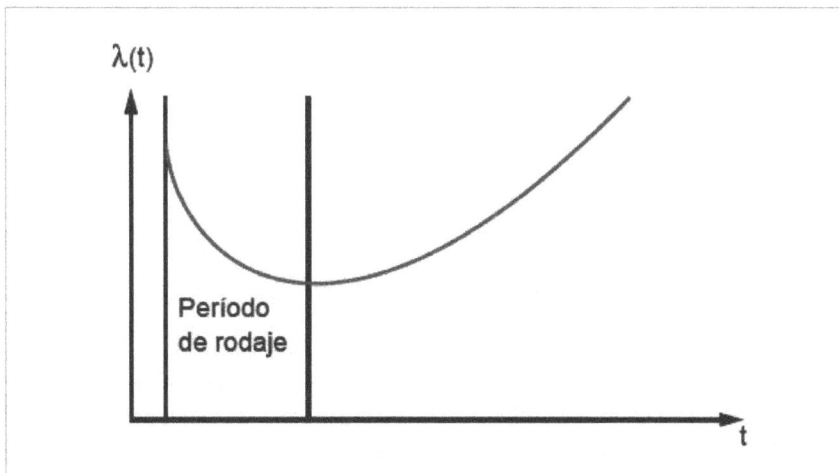

Figura 74. Curva de fiabilidad con desgaste. Fuente: Cabau, 2000

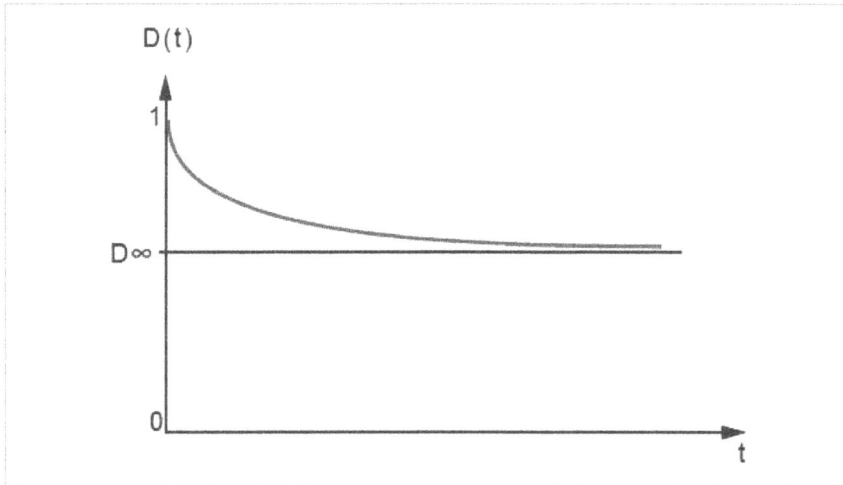

Figura 75. Disponibilidad en función del tiempo. Fuente: Cabau, 2000

ternos necesarios está asegurado. Se representa por: D(t) (Figura 75). Esta definición es igual a la de la fiabilidad pero con la diferencia fundamental en el aspecto temporal, una se refiere a un período de tiempo y la otra a un instante dado. En un sistema reparable, el funcionamiento al instante t no supone, forzosamente el funcionamiento durante [0,t]. Esta es la diferencia fundamental con respecto la fiabilidad. La disponibilidad tiende a un valor límite, que es por definición la disponibilidad asintótica. Este valor límite es una punta de tiempo que corresponde aproximadamente, al tiempo de reparación. La fiabilidad participa entonces en la disponibilidad por la aptitud a ser reparado rápidamente, esto es también importante, es la mantenibilidad.

La mantenibilidad: es la probabilidad de que una operación dada de mantenimiento pueda ser realizada en un intervalo tiempo dado [t1,t2], que se expresa por: M(t1,t2). La mantenibilidad es a la reparación como la fiabilidad es al fallo. Se define con las mismas hipótesis que para R(t) la mantenibilidad M(t).

Tasa de reparación: $\mu(t)$: La tasa de reparación en el instante t, mide la probabilidad que una entidad sea reparada en el intervalo [t, t+Dt], nº de reparaciones por unidad de tiempo. Puesto que es constante, la expresión de la mantenibilidad es una ley exponencial: M(t) = exp(-μt). Su inverso es el tiempo medio por reparación.

Mantenimiento: Actuaciones -procesos y operaciones tendentes a la conservación de una entidad o sistema.

Todos estos parámetros influyen en los tiempos medios utilizados como indicadores en mantenimiento y que inciden sobre la eficiencia del servicio (Figura 76). La misión es aumentar el MTTF o MTFF (Mean Time To First Failure, tiempo medio de buen funcionamiento antes del primer fallo), el MTBF (Mean Time Between Failure, tiempo medio entre dos fallos de un sistema reparable), el MUT (Mean Up Time, tiempo medio de buen funcionamiento después de una reparación). De igual

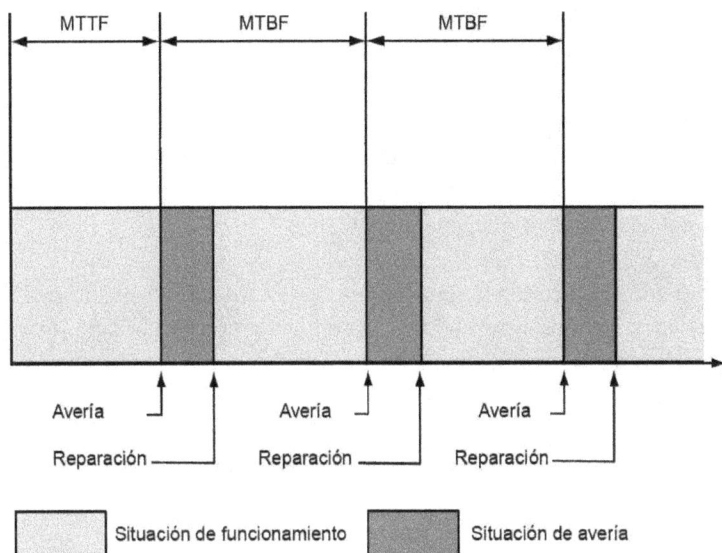

Figura 76. Diagrama de tiempos medios de un sistema que no precisa interrupción del funcionamiento para el mantenimiento preventivo. Fuente: Cabau, 2000

manera se pretende reducir los diferentes tiempos operativos de las acciones de reparación como el MTTR (Mean Time To Repair, tiempo medio de reparación).

Esencialmente hay dos tipos de mantenimiento: preventivo y correctivo, y para cada uno de éstos hay numerosos procedimientos específicos. En el mantenimiento preventivo, el objetivo es incurrir en gastos modestos de servicio del equipo, con el fin de evitar fallos potencialmente caros durante su funcionamiento (Eti et al., 2006a, 2006b; Badia et al., 2006; Aghezzaf et al., 2007). Normalmente, el equipo deja de funcionar durante el mantenimiento preventivo, y el efecto físico de las actividades de mantenimiento es paliar los efectos del funcionamiento previo. En contraste, el mantenimiento correctivo (o reparación) es la respuesta al fallo del equipo con el fin de devolverlo a un estado de funcionamiento. Para ambas clases de mantenimiento, puede asumirse que existen varios tipos de estructuras de coste y varios tipos de patrones de comportamiento de los equipos. Es importante notar que el modelado y análisis de los procedimientos de mantenimiento de equipos requieren a menudo considerar el sistema completo en vez de sus componentes individuales.

Por consiguiente en base a la información y el conocimiento sobre el proceso y la cadena de fallo, permite la detección y el diagnóstico del fallo; procesos que, a su vez, permiten obtener el conocimiento necesario sobre el fallo, para proceder a su solución a través de la actuación de mantenimiento.

En la fase de observación de los síntomas y manifestaciones del fallo se trata de percibir información, a través de la observación sensorial directa, de la experiencia, de los conocimientos teóricos previos, de la información registrada, y de la medición o verificación a través de pruebas y ensayos. El análisis de esa información permite la identificación previa y con cierta inmediatez del fallo.

Se perciben ya algunos accidentes del fallo; como, por ejemplo, lugar, posición o elemento que soporta el fallo.

En la fase de detección se obtienen comprobaciones pertinentes y contrastables sobre el fallo, que se completan en las dos fases siguientes: en la de delimitación se determinan básicamente los límites en el cumplimiento de la especificación y el proceso de fallo, en la de descripción se investigan las circunstancias del fallo (qué, dónde, cuándo, etc.).

Aunque podrían generarse dificultades conceptuales y de captación de la información, la consideración de determinados estados intermedios, desde funcionar adecuadamente a estar averiados (como sería el caso de tener que producir a baja capacidad, o con un consumo energético excesivo, o con alguna deficiencia de calidad), puede mejorar sensiblemente el conocimiento del comportamiento del equipo en base a la experiencia sobre variados escenarios. Esto ha de añadir necesariamente un conocimiento específico valioso sobre los diferentes modos de fallo.

5. Caso de observación: Fiabilidad en la explotación, mantenimiento y Eficiencia Energética, relaciones y mejora con la utilización de técnicas de GC, en una instalación de refrigeración industrial de una factoría del sector alimentario

El caso de observación de la presente investigación, se centra en los procesos y revisiones realizadas en una factoría industrial en la provincia de Valencia (España), del sector alimentario, en donde se ha introducido, y dado continuidad, durante un periodo de dos años, un modelo de gestión del conocimiento con el fin de capturar, generar, transferir y utilizar, todas aquellas experiencias y conocimiento estratégico (en su mayoría de naturaleza tácita), en función de las cuatro acciones estratégicas que se han definido en base a los elementos y sistemas, la fiabilidad, la mantenibilidad, la operación de explotación y la eficiencia energética.

El proceso se centra en referencia a mejorar la eficiencia energética del la planta de refrigeración industrial de la factoría (Figuras 77 y 78), para detectar acciones y conocimiento que de igual manera afectan a la fiabilidad del sistema y su mantenibilidad.

Dentro de las características energéticas del sector cárnico (Alcázar et al., 2012; Tsarouhas, 2007), como es el presente caso, la refrigeración industrial es una de las instalaciones más intensivas en consumo energético (Figura 79), observado en base a la contabilidad energética realizada, permitiendo ponderar hacia donde debe centrarse el esfuerzo inicial de ahorro energético.

El proceso no sólo se debe centrar en conseguir la adecuada optimización energética (Figura 80), sino en base al conocimiento y utilización del conocimiento adquirido, ser utilizado por todos los miembros de la organización de mantenimiento, para mejorar y relacionar los otros factores influyentes, tales como la fiabilidad y la mantenibilidad.

Los indicadores que se pretenden conseguir mediante la incidencia en los parámetros fundamentales, en base a la formación, transferencia del conocimiento entre todos los miembros de mantenimiento son los siguientes:

Figura 77. Detalle de planta frigorífica, zona de compresores, de la industria tratada.
Fuente: elaboración propia

Figura 78. Detalle de planta frigorífica, zona de condensadores, de la industria tratada.
Fuente: elaboración propia

- *Costes energéticos:* Se producirá una reducción del presupuesto económico para la compra de energía, como consecuencia de la acción tomada.

- *Costes de mantenimiento:* Como consecuencia de esa acción, se podrá reducir en numerosas ocasiones el desgaste de la máquina, reduciéndose sus acciones de mantenimiento preventivo y sobre todo las de mantenimiento correctivo. Se producirá un aumento de vida esperada de la maquinaria o instalaciones (LCC), y así mismo en numerosas ocasiones llevará implícito un aumento de la fiabilidad en dicho equipo.

- *Aumento de la fiabilidad:* Normalmente las acciones realizadas para la eficiencia energética llevarán implícito un aumento de la fiabilidad del sistema. En ocasiones resulta que lo prioritario es aumentar la fiabilidad del sistema, aunque a priori no se tenía en cuenta el tema del ahorro energético. Al analizar esta mejora de fiabilidad, hay que tratar de realizar un estudio en profundidad de cómo dichas acciones van a afectar a la operatividad en los servicios de mantenimiento (para aumentar su eficacia), así como el ahorro energético a conseguir.

- *Otros factores:* Con todo ello se conseguirá así mismo, una mejora medioambiental (tasas de emisión de CO_2 reducidas en función de la energía ahorrada), una mayor implicación de la dirección y del personal de explotación en concreto, y un conocimiento más profundo de las instalaciones y equipos de la planta industrial.

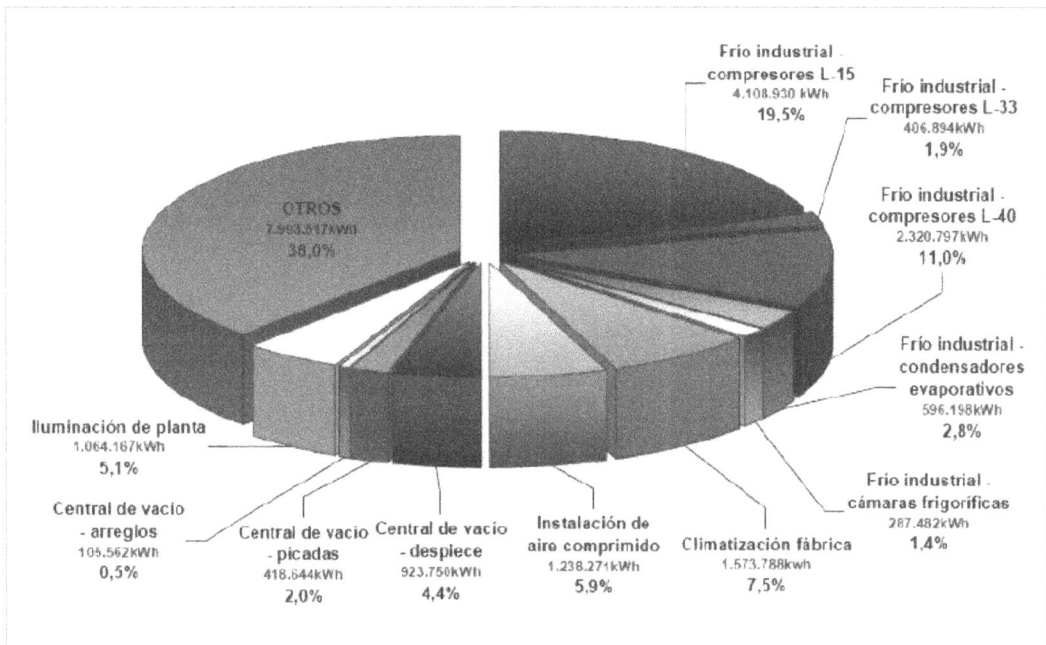

Figura 79. Sectorización y cuantificación del consumo energético, como base para el comienzo de la eficiencia energética. Fuente: elaboración propia

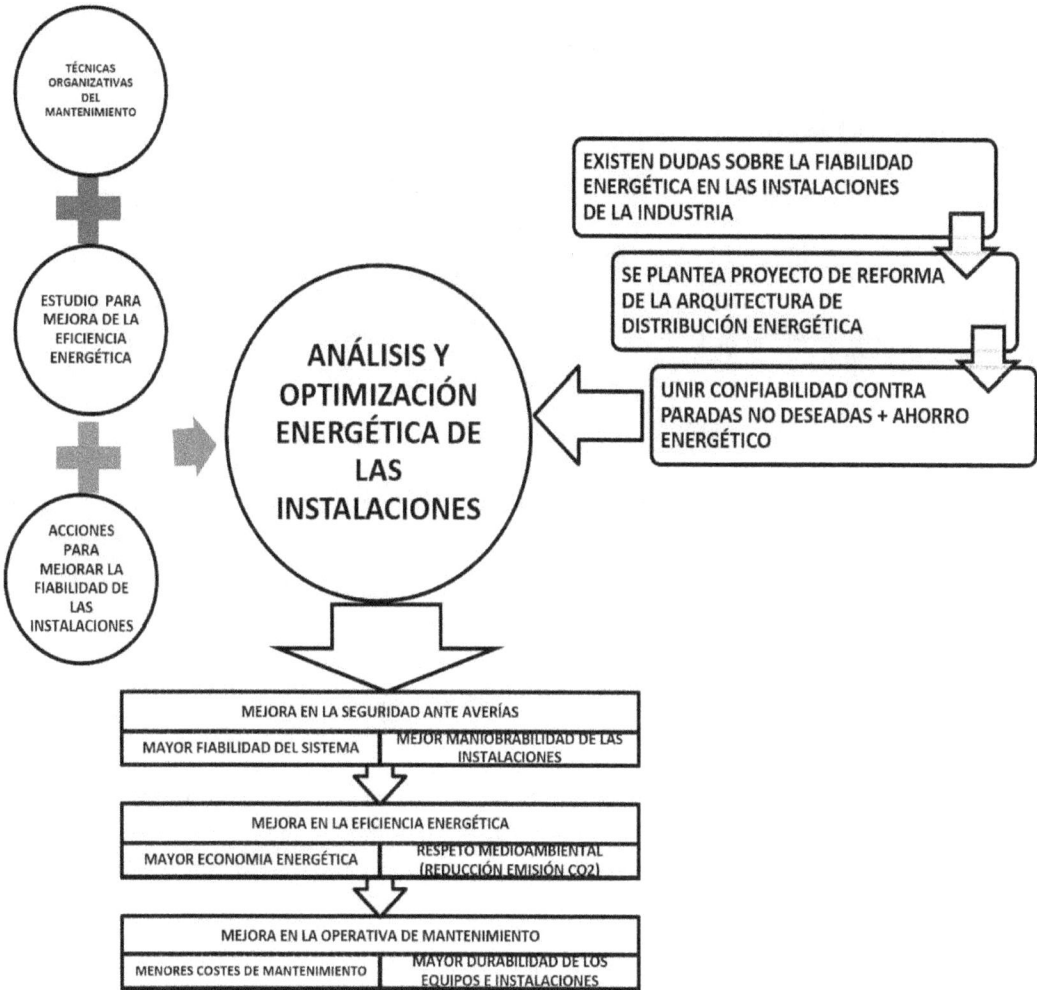

```
TÉCNICAS
ORGANIZATIVAS
DEL
MANTENIMIENTO

ESTUDIO  PARA
MEJORA DE LA
EFICIENCIA
ENERGÉTICA

ACCIONES
PARA
MEJORAR LA
FIABILIDAD DE
LAS
INSTALACIONES
```

```
ANÁLISIS Y
OPTIMIZACIÓN
ENERGÉTICA DE
LAS
INSTALACIONES
```

```
EXISTEN DUDAS SOBRE LA FIABILIDAD
ENERGÉTICA EN LAS INSTALACIONES
DE LA INDUSTRIA

SE PLANTEA PROYECTO DE REFORMA
DE LA ARQUITECTURA DE
DISTRIBUCIÓN ENERGÉTICA

UNIR CONFIABILIDAD CONTRA
PARADAS NO DESEADAS + AHORRO
ENERGÉTICO
```

MEJORA EN LA SEGURIDAD ANTE AVERÍAS	
MAYOR FIABILIDAD DEL SISTEMA	MEJOR MANIOBRABILIDAD DE LAS INSTALACIONES

MEJORA EN LA EFICIENCIA ENERGÉTICA	
MAYOR ECONOMIA ENERGÉTICA	RESPETO MEDIOAMBIENTAL (REDUCCIÓN EMISIÓN CO2)

MEJORA EN LA OPERATIVA DE MANTENIMIENTO	
MENORES COSTES DE MANTENIMIENTO	MAYOR DURABILIDAD DE LOS EQUIPOS E INSTALACIONES

Figura 80. Planteamiento de acciones con orientación hacia los tres aspectos estratégicos.
Fuente: elaboración propia

Indudablemente, toda las acciones deben ser acometidas en función de una rentabilidad, con un retorno de la inversión asumible (ROI), ponderando todas las acciones que influyen sobre el equipo o el sistema a tratar (Figura 81). En los puntos posteriores se analizan las repercusiones que se deben conseguir con la metodología propuesta, en relación a las condiciones sociales y del conocimiento, al diagnostico energético, a las oportunidades de ahorro de energía, la fiabilidad y el mantenimiento industrial.

Durante un periodo de dos años aplicando procesos para compartir el conocimiento y las experiencias aisladas observadas por los diferentes operarios, y en este caso transferidas al contenedor del conocimiento para ser compartida por todos los miembros de la organización de mantenimiento, llevó a unos resultados que se pueden resumir entre los siguientes:

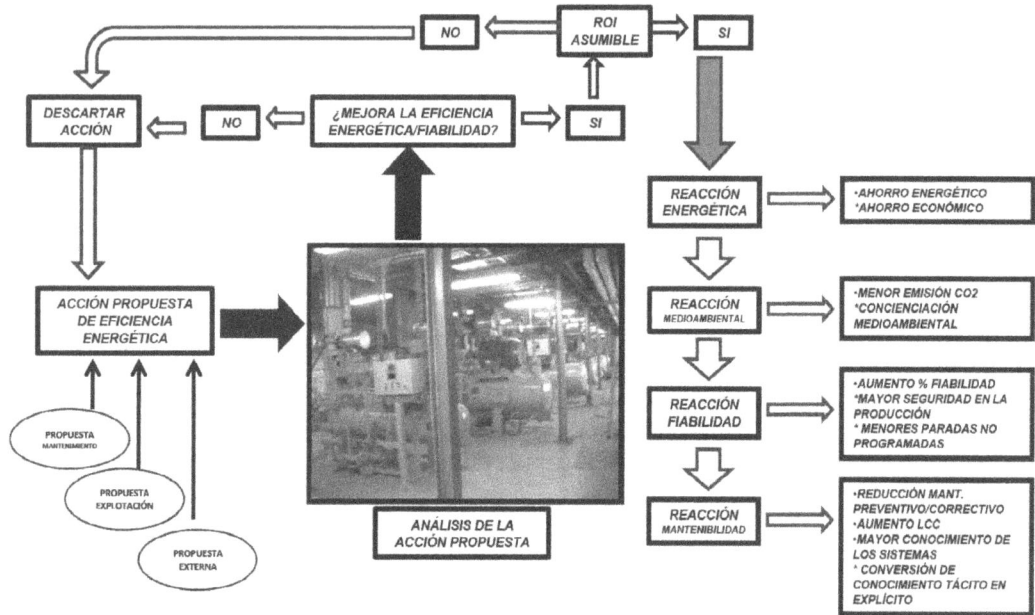

Figura 81. Ciclo para definir acciones hacia la mejora eficiencia energética y fiabilidad.
Fuente: elaboración propia

Condiciones referente al factor social y humano en base a la utilización de las técnicas de GC

Indudablemente la variable social y humana es de gran importancia para la consecución de la mejora de eficiencia energética de la industria, cuyo fin es conseguir:

- *Personal involucrado y concienciado:* Se debe conseguir concienciar al personal en cuanto a la política industrial que se va a seguir. Con ello se verán involucrados en el proyecto aumentando las garantías de éxito.

- *Pautas de compromiso:* Por parte del personal y la dirección de la empresa para seguir las políticas correctas.

- *Relaciones interdepartamentales:* Todos los departamentos de la empresa están relacionados y entienden su dependencia con los demás y el trabajo realizado.

- *Alto conocimiento del funcionamiento de los sistemas:* Como consecuencia de este análisis, se consigue una mejor comprensión de los estados energéticos y funcionamiento de la maquinaria, equipos, instalaciones y sistemas complejos.

- *Conocimiento compartido:* Es vital que todo el conocimiento tácito pase a explícito, mediante anejos característicos de mantenimiento. Con ello se reducirá la fase de acoplamiento de nuevos operarios, y la mejor respuesta ante sucesos imprevistos.

- *Marketing ecológico:* Todas las acciones redundarán en menor tasa de emisión de CO_2, consumo de agua, etc. Es importante que todos conozcan lo conseguido.

- Delimitar y reducir el error del factor humano (Dhillon et al., 2006; Jo et al., 2003; Rankin et al., 2003), evaluando los riesgos asumidos (Lind et al., 2008)

Condiciones sobre el diagnostico energético en base a la utilización de las técnicas de GC

Otra fase será estudiar las condiciones energéticas que tenemos en nuestros equipos, instalaciones, sistemas e industria en general. Para observar las pautas generales a tener en cuenta, en todas la acciones a realizar. Principalmente, se observará:

a) *Condiciones de funcionamiento:* En base al conocimiento interno, los consejos de los fabricantes de los equipos, de empresas instaladoras o de personal externo.

b) *Condiciones de operación de equipos e instalaciones:* La inter-relación del equipo en estudio con respecto a otras instalaciones (electricidad, gas, agua, etc.).

c) *Condiciones de sectorización energética:* Como afecta la distribución energética a cada sistema (repercutirá también en la fiabilidad), y a cada sector de la industria.

d) *Ratios de intensidad energética:* Es importante conocer en el mismo sector de producción los ratios que consiguen otras industrias, para hacer un análisis comparativo para la mejora.

Como consecuencia de lo anterior, se analizarán las acciones a realizar. Todo ello vendrá precedido de una auditoría energética interna o externa que puedan motivar acciones de desarrollo presentes o futuras en función de retorno de la inversión. En concreto se deberá tener en cuenta:

a) *Evaluación de propuestas de mejora:* Se determinan las diversas propuestas posibles a realizar en función del estudio.

b) *Acciones de decisión ahorro/inversión:* Serán preferibles aquellas acciones que minimicen el retorno de la inversión, o que aumenten en gran medida la fiabilidad del sistema.

c) *Sistema de medida/seguimiento:* Será necesario un seguimiento de las acciones realizadas y su incorporación en las rutinas de mantenimiento.

d) *Mejora medioambiental:* Dentro de acciones con un similar retorno de la inversión se tendrá en mayor peso aquella que mejore el efecto medioambiental.

Condiciones en base a la fiabilidad con la utilización de técnicas de GC

Al realizar las acciones para el aumento de la eficiencia energética, se persigue conseguir aumentar la fiabilidad de las instalaciones en numerosos casos. Hay ocasiones que lo prioritario es el estudio de la fiabilidad del sistema, con lo cual se realizará el estudio de cómo afectará de igual manera al ahorro energético a la actividad de mantenimiento en la planta industrial:

a) *Condiciones de mejora de la fiabilidad:* Como consecuencia de las acciones para ahorro energético.

b) *Mejora de las prestaciones del proceso:* Se podrán conseguir una información racional de la prestación del sistema.

c) *Aumento del rendimiento:* Toda acción llevará parejo un aumento del rendimiento funcional.

d) *Aumento de la vida del equipamiento:* Normalmente las acciones de mejora de eficiencia energética conllevan un menor nivel de desgaste de equipamiento, con aumento del ciclo de vida y retraso de su amortización (LCC).

e) Al igual que lo descrito en d), llevará menor desgaste, con lo cual se reducirán acciones de mantenimiento correctivo, preventivo, y mayor maniobrabilidad de los equipos e instalaciones.

Condiciones sobre técnicas organizativas de mantenimiento en base a la utilización de las técnicas de GC

Con relación al mantenimiento industrial, las acciones de eficiencia energética conllevarán las siguientes relaciones:

a) *RCM, TPM, etc.:* Se partirán de técnicas organizativas, sustentadas en un conocimiento profundo y una filosofía de trabajo sólida en la organización, que motive un mantenimiento basado en la eficiencia energética.

b) *Auto-aprendizaje:* Todas las acciones deberán estar registradas en los anejos característicos de mantenimiento, para conseguir una formación a todos los componentes del equipo.

c) *Información:* Toda la información tácita deberá transformarse en explícita, teniendo un registro de buenas prácticas y posibles acciones futuras de mejora en base a la experiencia acumulada.

d) *Reducción de actuaciones:* Consecuencia del mejor uso del equipamiento.

e) *Actuación ante contingencias:* Se reducirá el tiempo de actuación ante sucesos no deseados como consecuencia de los puntos anteriores.

Todos estos puntos contemplados dará lugar a lo comentado anteriormente, como es la mejora de la explotación, aumento de la eficiencia energética, la fiabilidad del sistema y optimización del sistema operativo de mantenimiento, que relaciona todos estos factores.

Hay que tener en cuenta que todas las actuaciones deben redundar en la mejora de los sistemas de mantenimiento de la industria, que tras el estudio de diversas actuaciones, nos indiquen el beneficio energético de su ejecución así como el aumento de la fiabilidad de los sistemas e instalaciones. Debe ser un sistema abierto que integre a todos los estamentos de la empresa, con retroalimentación de propuestas basadas en la experiencia por parte de los servicios de explotación y mantenimiento de la industria. La puesta en marcha de dichas acciones vendrá como consecuencia del retorno de la inversión detectado (ROI), o el valor intrínseco que dicha medida pueda tener como consecuencia del aumento de la fiabilidad, con reducción de cortes no programados.

En la observación del funcionamiento del modelo y las actuaciones incidentes sobre la planta de refrigeración industrial por parte de todos los operarios y técnicos del departamento de mantenimiento implicado, y en base a un estudio cualitativo basado en el análisis de los datos de la investigación, basándose en la teoría fundamentada (Grounded Theory) (Charmaz, 2006; Glaser y Strauss, 1967), mediante entrevistas semi-estructuradas entre dicho personal experto y la percepción por ellos de las actividades realizadas, se podrían extraer las siguientes curvas relacionales que afectan a la Eficiencia energética, mantenibilidad y fiabilidad:

a) Ante acciones consistentes en aumentar la fiabilidad del sistema:

Se observó ante la realización de estas acciones (Figura 82), como regla general, y sobre todo si se trata de máquinas dinámicas, ante pequeñas acciones de aumento de la fiabilidad lleva normalmente consigo el aumento de la eficiencia energética.

Llega un punto que para un grado muy alto de fiabilidad, no crece o se satura el proceso de ahorro energético.

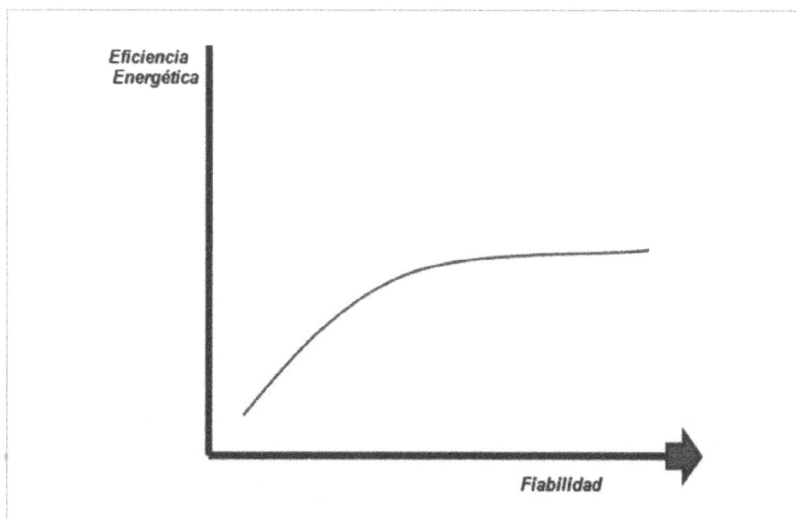

Figura 82. Curva ante acciones de fiabilidad. Fuente: elaboración propia

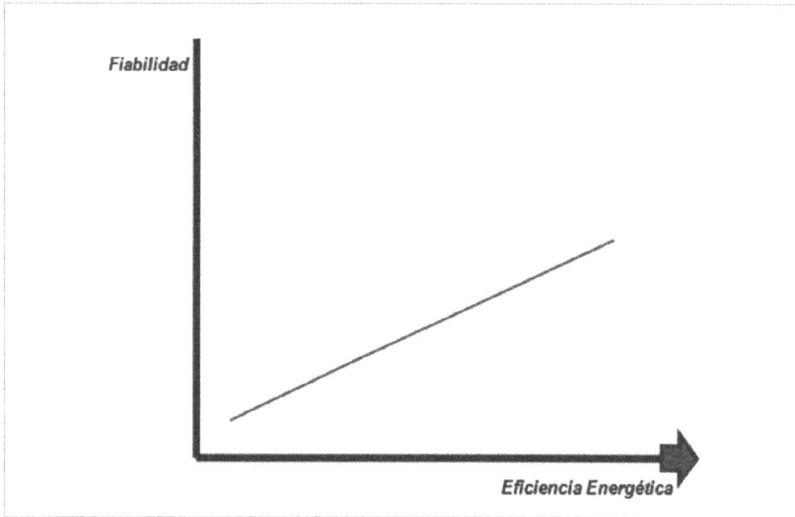

Figura 83. Curva ante acciones de eficiencia energética. Fuente: elaboración propia

b) Ante acciones consistentes en aumentar la eficiencia energética del sistema:

De los comentarios y observación de la realización de estas acciones (Figura 83), como regla general, el aumento de la fiabilidad es progresivo, dado que normalmente este ahorro viene definido por un uso incorrecto, una mejora térmica, etc., que redundan automáticamente en un menor desgaste y como consecuencia una menor probabilidad de averías.

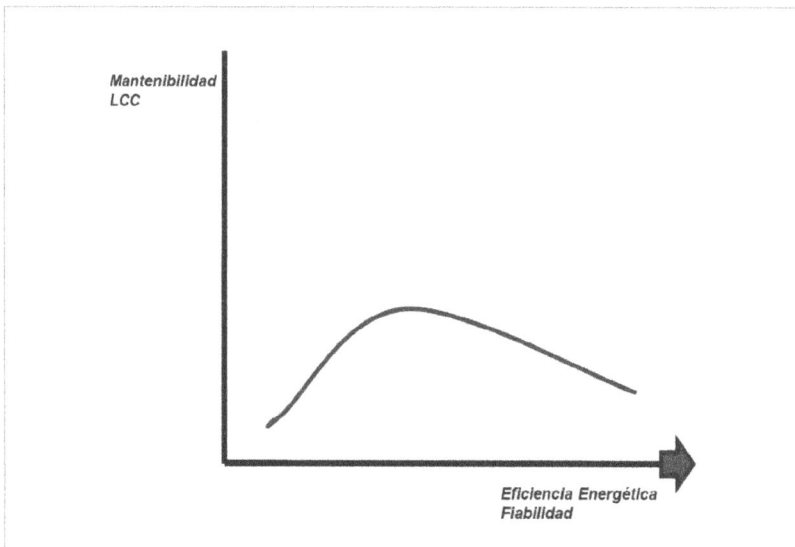

Figura 84. Curva relación con mantenibilidad. Fuente: elaboración propia

c) Mantenibilidad ante acciones consistentes en aumentar la eficiencia energética o fiabilidad del sistema:

Se observó que cuando se realizan estas acciones (Figura 84), se produce un aumento en el ahorro en mantenimiento así como el aumento de la vida útil del equipamiento. Puede llegar un punto de inflexión si se requiere un gran aumento en la fiabilidad conlleve un aumento del equipamiento, con lo que sería preciso mayor número de horas en mantenimiento (este sería el caso cuando la fiabilidad del sistema quiere que sea máxima ante instalaciones críticas).

6. Resultados observados

Los resultados que se muestran a continuación de una manera resumida, sin entrar a definir en detalle los procesos de las acciones realizadas en la instalación frigorífica industrial de la investigación, y que marcan la relevancia e incidencia de las acciones implicadas para mejorar la eficiencia energética de la instalación de refrigeración industrial, y que inciden en base al modelo de gestión del conocimiento, en la tasa de fallos y la mantenibilidad del sistema.

Se parte de las siguientes consideraciones:

- Esta es una de las instalaciones críticas del proceso industrial de la factoría, y su parada o fallo no programado puede conllevar unos gastos así como una pérdida de imagen importante a la industria.

- Se cumplen las rutinas de mantenimiento programadas, y tienen un nivel de seguimiento a través de un sistema de adquisición de datos del sistema de frío industrial.

- En reuniones con los técnicos de la industria, están desligados los grupos de mantenimiento eléctrico y mecánico (no existe una información explicita), y ya se han producido anteriormente paradas no programada por incidencia de otras instalaciones (distribución eléctrica).

- No se tenía un conocimiento profundo del sistema, limitándose a operar entre las condiciones establecidas desde el comienzo, y viendo eso como parámetros fundamentales de funcionamiento.

La central frigorífica de la fábrica se compone de nueve compresores frigoríficos tipo tornillo que utilizan amoníaco (NH3) como refrigerante que se distribuye por tres líneas principales. La **Línea Nº1 a −40ºC** de evaporación asociada a los túneles de congelación. **Línea Nº2 a −33ºC** de evaporación para procesos de tratamiento de carnes y cámaras de congelación. Y **Línea Nº3 a −15ºC** de evaporación para cámaras y áreas climatizadas de procesamiento de carnes.

La regulación automática de la capacidad se realiza mediante una función integrada PID (proporcional, integral, derivada) que modifica la ubicación de la corredera mecánica integrada en el

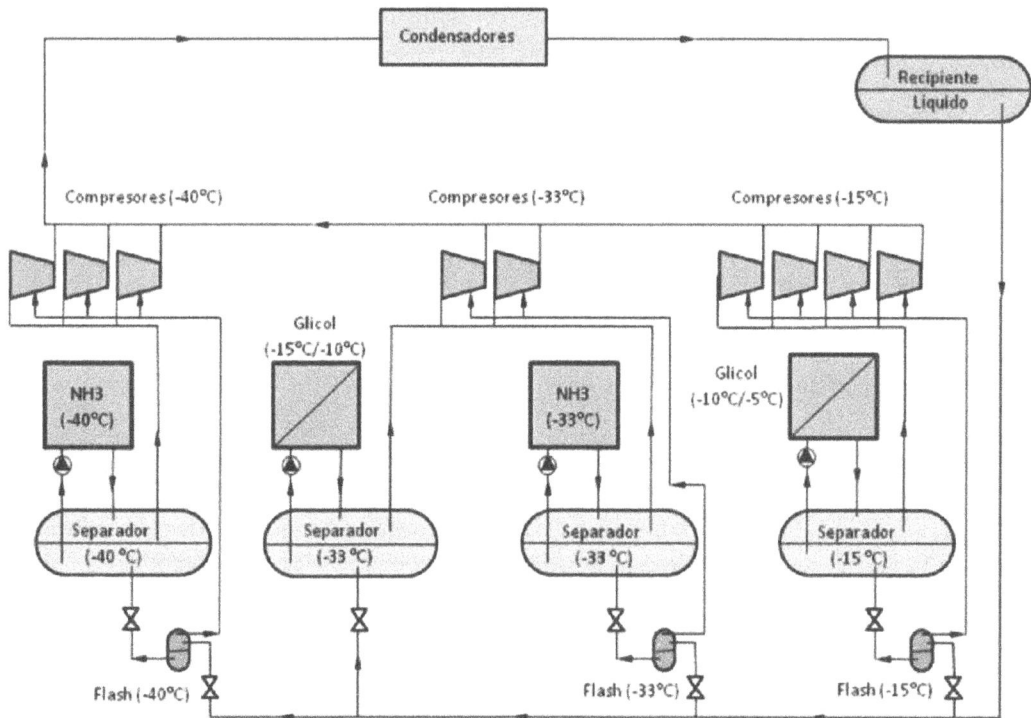

Figura 85. Esquema de principio de la instalación de refrigeración. Fuente: elaboración propia

compresor a fin de adaptar la relación volumétrica de compresión (Vi) a las condiciones de trabajo existentes (carga térmica) que se determinan a partir de la variación de la presión de aspiración (succión) de los compresores. El esquema de principio de la instalación está en la Figura 85.

Algunas de las acciones a destacar realizadas en base al estudio previo de toda la instalación fueron las siguientes:

Se observo, que a lo largo del rango de regulación (100% a 44%), límites impuestos por las condiciones de trabajo del motor/compresor (lubricación y ventilación) establecidas por el fabricante respecto a la velocidad de giro (2950rpm a 1475rpm), se pueden alcanzar ahorros de hasta un 31%. Igual es de destacar que para el rango superior de regulación (100% a 80%) el control de capacidad por medio de la corredera actúa de forma similar a las condiciones de la variación de velocidad, con la consiguiente reducción en las oportunidades de ahorro energético.

Otro aspecto a destacar es que con la opción de variación de velocidad se puede ampliar el rango de trabajo hasta alcanzar la máxima velocidad de giro permitido por el fabricante (consideraciones mecánicas) de 3.540rpm, de esta forma los compresores podrían ampliar su capacidad frigorífica teórica hasta un 120% de la nominal. Esta posibilidad no se puede realizar por medio de la regulación mecánica por corredera.

Hay que tener en cuenta que un compresor sobredimensionado es un compresor que funcionará a cargas parciales más tiempo de lo necesario y por tanto con un peor rendimiento energético. El número de arranques será más elevado aumentando el consumo eléctrico y el esfuerzo mecánico, y como consecuencia una mayor probabilidad de fallos y de acciones de mantenimiento.

Es importante señalar que, además del ahorro económico que conlleva la actuación realizada, existen otras consideraciones que deben ser tomadas en cuenta:

- La reducción de capacidad por variación de velocidad permitirá reducir el desgaste y daño de las válvulas correderas de los compresores.

- Se optimizará aún más la estabilidad de las presiones de succión (aspiración), dado que el control de capacidad es directo.

- La operación a velocidad reducida, si el perfil de carga así lo requiere, permitirá reducir el desgaste de elementos mecánicos del compresor, con el menor gasto en mantenimiento y aumento de la vida útil del equipamiento.

- A nivel eléctrico, la operación de la instalación y los motores mejorará, ya que con los variadores de velocidad, el factor de potencia será constante cercano a 1, por lo que la energía y potencia reactivas de la instalación se verán reducidas.

- Esta economía energética, define un ahorro en cuanto emisiones de CO_2 a la atmosfera, mostrando el sistema un respeto medioambiental superior.

Otras acciones destacadas fueron la actuaciones sobre los condensadores evaporativos, la reducción del consumo residual y reducción de fugas de aire de las instalaciones de aire comprimido dedicadas a la refrigeración industrial, la observación y reducción de fugas térmicas, mediante la mejora de aislamiento de tuberías, así como múltiples acciones básicas en base al conocimiento y la formación de los operarios que consiguieron importantes ahorros energéticos (Tabla 14).

Todo lo comentado conlleva en base a la observación de los resultados las siguientes relaciones:

Relación eficiencia energética/mantenimiento:

- Mejora del conocimiento por parte de los servicios de mantenimiento de la eficiencia energética del proceso: Pese a que el sistema cuenta con un sistema informático de adquisición de datos, sólo se tenían en cuenta parámetros tales como paradas, mantenimiento preventivo, averías, etc. Se pretende variar el sistema para monitorizar los ratios de ahorro energético.

- Dicha información que actualmente estaba de una manera tácita en algunos de los componentes de los equipos, se propone plasmarla en explicita mediante la inclusión de un anejo

FICHA DE ACCIÓN Nº	Sector/ Aplicación	Ficha calificación energética actual	Ahorro estimado (KWH)	Reducción emisiones (TnCO2)	Ahorro estimado (K€/año)	Inversión estimada (K€)
1	Instalación eléctrica de potencia del frío industrial. Mejora distribución eléctrica línea de CT1 a Cuadros de distribución de frío		29.986	11,1	2,5	-
2	Instalación de frío Industrial – Instalación de variación de velocidad en compresor de frío A6		201.707	74,6	16,5	30,4
3	Instalación de frío Industrial – Instalación de variación de velocidad en compresor de frío A9		184.522	68,3	14,8	38,6
4	Instalación de frío Industrial – Instalación de variadores de velocidad en condensadores evaporativos		192.897	71,4	15,8	14,5
5	Instalación de aire comprimido industrial - Reducción de consumo residual		85.301	31,6	7,0	3,5
6	Instalación de aire comprimido industrial auxiliar a la planta de frío Reducción de fugas		118.780	43,9	9,7	-
7	Instalación distribución de fluidos – Mejora aislamiento tuberías distribución de fluidos		4.120	1,58	> 0,43	-
8	Múltiples acciones básicas de uso, concienciación y observación de las instalaciones de refrigeración.		140.000	51,7	11,4	-
TOTAL			957.313	354,18	78,13	87

Tabla 14. Resumen de las principales fichas de acción realizadas para la ef. energética.
Fuente: elaboración propia

característico de eficiencia energética de los compresores, donde se anotarán los datos y valores contrastados, futuras acciones de ahorro, propuestas y sugerencias de fabricantes de la maquinaria o sector.

- Se prevén modificar los partes de mantenimiento preventivo en función del menor sobreesfuerzo de los equipos (se puede optimizar su utilización), debido a la acción que supone el ahorro energético.

- Se producirá una reducción de los tiempos utilizados en mantenimiento, siendo una variable añadida de ahorro.

- Se consigue una mayor concienciación de los equipos humanos de mantenimiento. Dicha concienciación se extrapolará a los departamentos de explotación, y en general a todos los órganos de la empresa.

- Dichas acciones llevan añadidas una sensibilización con la visión del respeto al medio ambiente (ahorro en la emisión de CO_2, como consecuencia del ahorro energético).

Relación eficiencia energética/fiabilidad:

- A consecuencia de la acción de eficiencia energética, se consigue un uso más racional de la instalación, reduciéndose por ello la tasa de fallo del equipamiento y con ello el aumento de la fiabilidad de la instalación que se considera crítica.

- Al realizar el estudio energético se ha aumentado el nivel de conocimiento de la instalación, pudiéndose monitorizar otras variables que interceden en la fiabilidad final de la instalación (instalación eléctrica, fluidos, valvulería, etc.).

- Dicha relación de aumento de la fiabilidad es extrapolada al resto de la organización (en especial hacia los departamentos de explotación), consiguiéndose una mejora estratégica de la función de los servicios de mantenimiento con relación al resto de la industria.

De los datos obtenidos durante el periodo en que el equipo de mantenimiento trabajaba en base a un modelo de mantenimiento basado en técnicas de gestión de conocimiento, se puede observar en las gráficas siguientes, una tendencia a la mejora y eficiencia con respecto al sistema tradicional de trabajo utilizado con anterioridad por el departamento de mantenimiento.

El Figura 86, muestra una tendencia mantenida de reducción de los consumos energéticos así como las horas invertidas en mantenimiento como consecuencia del uso más eficiente de las instalaciones. Esa tendencia se ve acentuada a partir del tercer semestre como consecuencia de vencer las barreras ente los diversos equipos de mantenimiento y asentar una conciencia de eficiencia y compartir información.

Se observa una reducción de las incidencias y fallos operativos de la instalación, así como el tiempo en actuación para la resolución de los fallos (Figura 87), mejorando los procesos y las implicaciones que se producían directamente sobre la producción de la empresa.

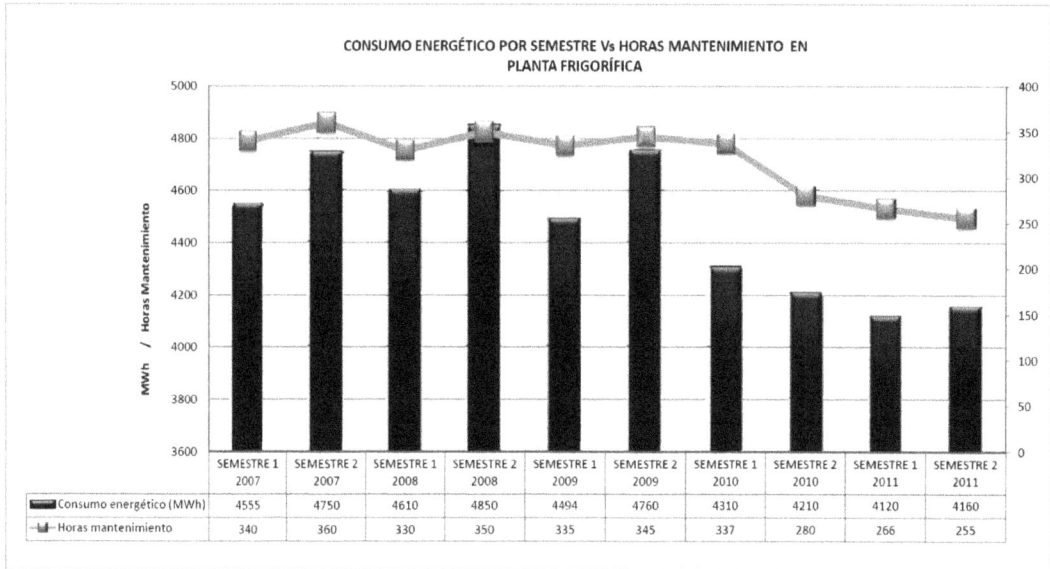

Figura 86. Consumo energético y horas empleadas en mantenimiento. Fuente: elaboración propia

Se observa la inter-relación entre la reducción de fallos a partir del tercer semestre con el número de horas que de igual manera se ven reducidas (Figura 88). Todo ello motivó una sensación y ambiente de eficiencia entre todo el equipo humano de mantenimiento, reforzando su misión en la empresa y justificando los esfuerzos establecidos, justificando el coste de inversión que implica una mejora de la fiabilidad (Tianqing et al., 2009).

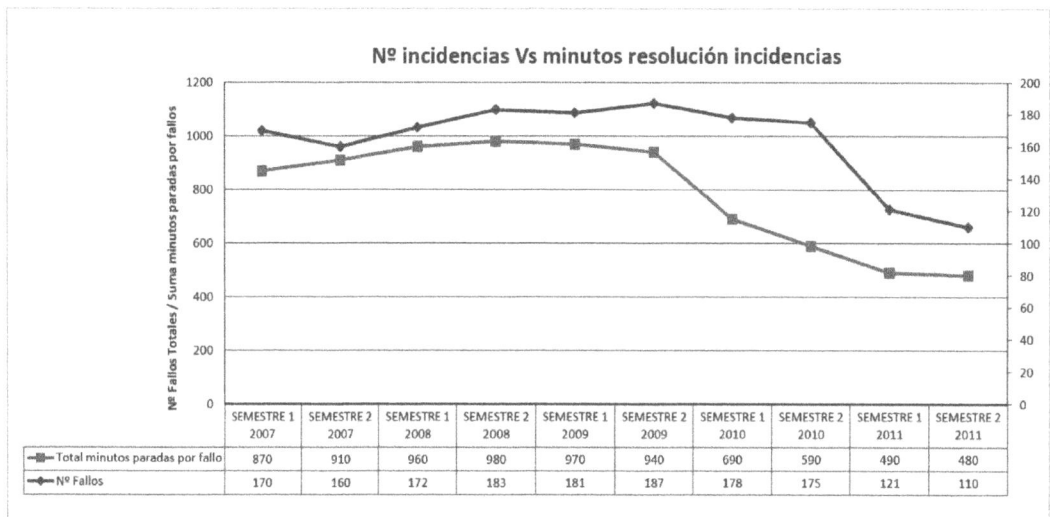

Figura 87. Nº de incidencias y minutos empleados en resolución. Fuente: elaboración propia

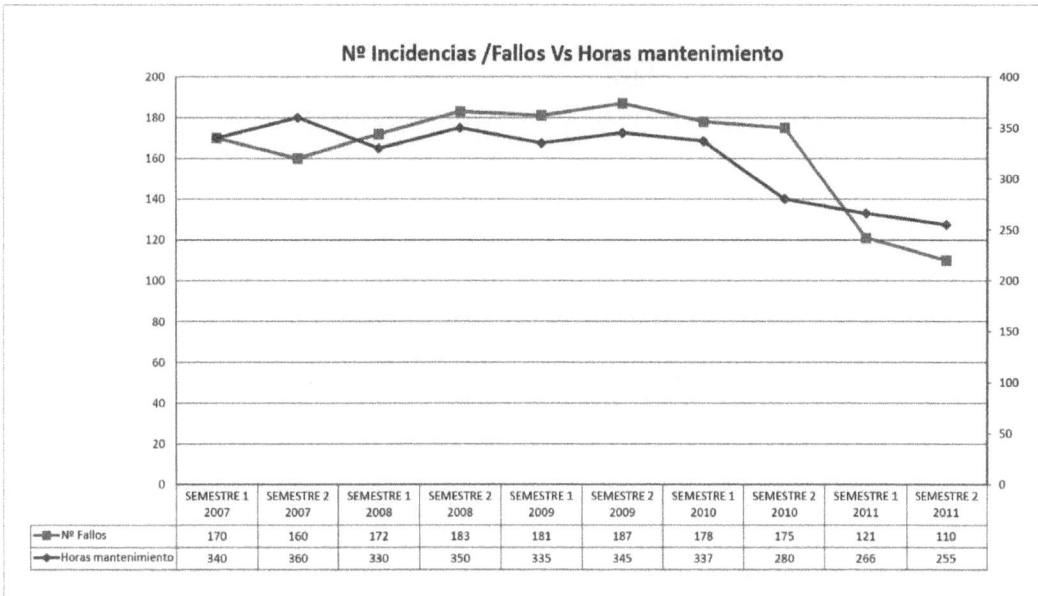

Figura 88. Nº de incidencias y horas mantenimiento. Fuente: elaboración propia

7. Conclusiones

Alguno de los problemas fundamentales para la optimización de la función de mantenimiento, vienen como consecuencia del factor humano, que sin embargo afecta a funciones transcendentales y tácticas de la empresa (fiabilidad, productividad, eficiencia energética, etc.) y que se hace todavía más patente en el caso de grandes compañías, que tienen multitud de plantas con una gran diversificación geográfica. En estos casos, el intercambio y transvase de información entre ellas, así como, el disponer de una gestión de conocimiento común, hace que ésta se vea mejorada.

Aunque existen multitud de técnicas organizativas de mantenimiento y se investiga sobre nuevos desarrollos (Sharma et al., 2011; Salonen et al., 2011; Wu et all., 2010), buscando la confiabilidad de todo el sistema (Wu et al., 2006), marcando su dimensión estratégica dentro de la empresa (Tsang et al., 2002)n normalmente no integran la relevancia del conocimiento estratégico que interno en la organización de manera tácita, formando diferentes islas de información y conocimiento que hace menos productivo el servicio prestado. Mediante la utilización conjunta de modelos de gestión del conocimiento dentro de la organización de mantenimiento, se tiende a resolver las barreras de captura del conocimiento estratégico, que redunda en todos los miembros de la organización.

Las principales contribuciones de la investigación que se presentan en este artículo y permiten extender el conocimiento en las acciones de mantenimiento, en base a la utilización de técnicas de gestión del conocimiento centradas en las acciones estratégicas fundamentales tales como la fiabilidad, mantenibilidad y eficiencia energética:

- Se resumen los principales factores que marcan la relevancia de la gestión del conocimiento que influyen en las acciones tácticas de mantenimiento, comprobando sobre una planta industrial la viabilidad del modelo señalado, que afecta a los aspectos estratégicos de la empresa, todo ello fundamentado en la implicación de la dirección, implicación de los trabajadores, estrategias de aprendizaje hacia una tendencia a compartir conocimiento, necesidad de definir y medir acciones estratégicas, y motivación de los operarios.

- Se muestra que un modelo de GC basado en las actividades estratégicas que tiene asignado la organización de mantenimiento (Fiabilidad, mantenibilidad, eficiencia energética y operación/explotación de instalaciones), es rentable para la propia organización de mantenimiento y por extensión, para la empresa.

- Se muestra que al aunar el conocimiento de las acciones estratégicas se potencian las relaciones entre la fiabilidad, mantenibilidad y eficiencia energética, que aumentan la eficiencia de toda la organización.

- Se pueden reducir los costes de mantenimiento sin degradación de la fiabilidad.

- La mejora de la eficiencia energética, redunda en mejorar la mantenibilidad de las instalaciones y la fiabilidad de los procesos, con reducción de fallos.

- Se puede mejorar la seguridad y la disponibilidad de las instalaciones (poniendo más atención a las frecuencias y a los elementos a mantener).

- Se puede aumentar el ciclo de vida de los equipos e instalaciones, como consecuencia del menor desgaste y la observación continuada en la utilización optima.

La principal limitación de este estudio está en que la empresa donde se ha investigando y modelado la implantación del modelo planteado, pertenece al sector industrial alimentario, con diversas factorías a nivel nacional. Los autores piensan que el resultado es extensible a otros sectores y otros ámbitos territoriales, dado que aunque las instalaciones y los procesos productivos pueden variar de una empresa a otra, la esencia de las acciones estratégicas de mantenimiento están presentes en todas ellas, aunque con otra posible ponderación de su incidencia, diferente a la planteada en este estudio.

Debido a esto, los autores piensan que el resultado de la investigación puede ser generalizable a diferentes sectores y no sólo al sector alimentario. Este modelo en sectores de servicios como pueden ser el de infraestructuras hoteleras, grandes centros comerciales, empresas de distribución de energía eléctrica o distribución de agua sanitaria, etc., podría ser adaptado, teniendo en cuenta el desempeño del sector tratado.

Sería conveniente también, continuar con la línea de investigación realizando un análisis cuantitativo que permita validar los resultados cualitativos del presente estudio, tanto en el alimentario, como en otros sectores.

8. Referencias

Aghezzaf, E.H., Jamali, M.A., & Ait-Kadi, D. (2007. An integrated production and preventive maintenance planning model. *European Journal of Operational Research*, 181, 679-685. http://dx.doi.org/10.1016/j.ejor.2006.06.032

Alcázar, M., Álvarez, C., Escrivá, G., & Domijan, A. (2012). Evaluation and assessment of demand response potential applied to the meat industry. *Applied Energy*, 92, 84-91. http://dx.doi.org/10.1016/j.apenergy.2011.10.040

Alsyouf, I. (2007). The role of maintenance in improving companies, productivity and profitability. *International Journal of Production Economics*, 105(1), 70-78. http://dx.doi.org/10.1016/j.ijpe.2004.06.057

Al-Najjar B., & Kans, M. (2006). A model to identify relevant data for problem tracing and maintenance cost-effective decisions. A case study. *International Journal of Productivity and Performance Management*, 55(8), 616-637.

Badia, F.G., Berrade, M.D., & Campos, C.A. (2002). Optimal inspection and preventive maintenance of units with revealed and unrevealed failures. *Reliability Engineering and System Safety*, 78(1), 157-163.

Bailey, K., & Francis, M. (2008). Managing information flows for improved value chain performance. *International Journal of Production Economics*, 111(1), 2-12. http://dx.doi.org/10.1016/j.ijpe.2006.11.017

Bueno, E. (2002). La sociedad del conocimiento: un nuevo espacio de aprendizaje de las personas y organizaciones, en La Sociedad del Conocimiento. *Monografía de la Revista Valenciana de Estudios Autonómicos*, Presidencia de la Generalitat Valenciana, Valencia.

Cabau, E. (2000). Introducción a la concepción de la garantía de funcionamiento. *Cuaderno Técnico Schneider*, 144. Barcelona.

Carr, A., & Kaynak, H. (2007). Communication methods, information sharing, supplier development and performance: an empirical study of their relationships. *International Journal of Operations & Production Management*, 27(4), 346-370. http://dx.doi.org/10.1108/01443570710736958

Charmaz, K. (2006). *Constructing grounded theory. A practical guide through qualitative analysis*. London: SAGE.

Chee, A., & Bañares, R. (2012). A knowledge representation model for the optimisation of electricity generation mixes. *Applied Energy*. Available online.

Dhillon, B.S., & Liu, Y. (2006). Human error in maintenance: a review. *Journal of Quality in Maintenance Engineering*, 12(1), 21-36. http://dx.doi.org/10.1108/13552510610654510

Eti , M.C., Ogaji, S., & Probert, S. (2006a). Reducing the cost of preventive maintenance (PM) through adopting a proactive reliability-focused culture. *Applied Energy*, 83, 1235-1248. http://dx.doi.org/10.1016/j.apenergy.2006.01.002

Eti , M.C., Ogaji, S., & Probert, S. (2006b). Development and implementation of preventive-maintenance practices in Nigerian industries. *Applied Energy*, 83, 1163-1179. http://dx.doi.org/10.1016/j.apenergy.2006.01.001

Eti , M.C., Ogaji, S., & Probert, S. (2007). Integrating reliability, availability, maintainability and supportability with risk analysis for improved operation of the Afam thermal power-station. *Applied Energy*, 84, 202-221. http://dx.doi.org/10.1016/j.apenergy.2006.05.001

Glaser, B.G., & Strauss, A.L. (1967). *The discovery of grounded theory*. New York: Aldine de Gruyter.

Jo, Y., & Park, K. (2003). Dynamic management of human error to reduce total risk. *Journal of Loss Prevention in Process Industries*, 16(4), 313-321. http://dx.doi.org/10.1016/S0950-4230(03)00019-6

Kans, M. (2009). The advancement of maintenance information technology A literature review. *Journal of Quality in Maintenance Engineering*, 15(1), 5-16. http://dx.doi.org/10.1108/13552510910943859

Lind, S., Nenonen, S., & Kivisto-Rahnasto, J. (2008). Safety risk assessment in industrial maintenance. *Journal of Quality in Maintenance Engineering*, 14(2), 205-217. http://dx.doi.org/10.1108/13552510810877692

Lopez, P., & Centeno, G. (2005). Integrated system to maximize efficiency in transit maintenance departments. *International Journal of Productivity and Performance Management*, 55(8), 638-654. http://dx.doi.org/10.1108/17410400610710189

Nonaka, I., & Takeuchi, H. (1995): *The knowledge-Creating Company: How Japanese Companies Create the Dynamics of Innovation*. New York: Oxford University Press.

Nonaka, I., & Takeuchi, H. (1999). *La Organización Creadora de Conocimiento*. México: Oxford.

Peluffo, M., & Catalán, E. (2002). *Introducción a la gestión del conocimiento y su aplicación al sector público*. Ed. Instituto Latinoamericano y del Caribe de Planificación.

Rankin, W., Hibit, R., & Sargent, R. (2000). Development and evaluation of the maintenance error decision aid (MEDA) process. *International Journal of Industrial Ergonomics*, 26(2), 261-276. http://dx.doi.org/10.1016/S0169-8141(99)00070-0

Rodríguez, D. (2006). Modelos para la creación y gestión del conocimiento: Una aproximación teórica. *Educar*, 37, 25-39.

Salonen, A., & Bengtsson, M. (2011). The potential in strategic maintenance development. *Journal of Quality in Maintenance Engineering*, 17(4), 337-350. http://dx.doi.org/10.1108/13552511111180168

Sharma, A., & Yadava, G. (2011). A literature review and future perspectives on maintenance optimization. *Journal of Quality in Maintenance Engineering*, 17(1), 5-25. http://dx.doi.org/10.1108/13552511111116222

Sing, S. (2008). Role of leadership in knowledge management: A study. *Journal of Knowledge Management*, 12(4), 3-15. http://dx.doi.org/10.1108/13673270810884219

Tianqing, S., Xiaohua, W., & Xianguo, M. (2009). Relationship between the economic cost and the reliability of the electric power supply system in city: A case in Shanghai of China. *Applied Energy*, 86, 2262-2267. http://dx.doi.org/10.1016/j.apenergy.2008.12.008

Tsang, A. (2002). Strategic dimension of maintenance management. *Journal of Quality in Maintenance Engineering*, 8(1), 7-39. http://dx.doi.org/10.1108/13552510210420577

Tsarouhas, P. (2007). Implementation of total productive maintenance in food industry: a case study. *Journal of Quality in Maintenance Engineering*, 13(1), 5-18. http://dx.doi.org/10.1108/13552510710735087

UNE 216501. (2009). *Sistema de gestión energética. Requisitos*. Aenor.

UNE-EN 13306. (2010). *Mantenimiento: Terminología de mantenimiento*. Aenor.

UNE-EN 13460. (2009). *Terminología de mantenimiento*. Aenor.

UNE-EN 15341, (2007). *Indicadores clave de rendimiento del mantenimiento*. Aenor.

UNE-EN 200001-3-11. (2003). *Gestión de la confiabilidad: Parte 3-11: Guía de aplicación Mantenimiento centrado en la fiabilidad*. Aenor.

UNE-EN 20464. (2002). *Planificación del mantenimiento y de la logística de mantenimiento*. Aenor.

UNE-EN 20654-4. (2002). *Guía de mantenibilidad de equipos:Parte 4-8: Planificación del mantenimiento y de la logística de mantenimiento*. Aenor.

UNE-EN 60706-2. (2006). *Requisitos y estudios de mantenibilidad durante la fase de diseño y desarrollo*. Aenor.

Uusipaavalniemi, S., & Juga, J. (2009). Information integration in maintenance services. *International Journal of Productivity and Performance Management*, 58(1), 92-110. http://dx.doi.org/10.1108/17410400910921100

Wiig, K.M., (1997). Integrating Intellectual Capital and Knowledge Management. *Long Range Planning*, 30(3). http://dx.doi.org/10.1016/S0024-6301(97)90256-9

Wu, S., Clements-Croome, D., Fairey, V., Albany, B., Sidhu, J., Desmond, D., et al. (2006). Reliability in the whole life cycle of building systems. *Engineering, Construction and Architectural Management*, 13(2), 136-153. http://dx.doi.org/10.1108/09699980610659607

Wu, S., Neale, K., Williamson, M., & Hornby, M. (2010). Research opportunities in maintenance of office building services systems. *Journal of Quality in Maintenance Engineering*, 16(1), 23-33. http://dx.doi.org/10.1108/13552511011030309

CAPÍTULO IV

Conclusiones

4.1. Introducción

En el presente trabajo de investigación se ha estudiado los procesos definidos como tácticos de la actividad de la ingeniería del mantenimiento (Al-Turki , 2011; Cárcel 2010; Alsyouf, 2007; Khalil et al., 2009; Liyange, 2003; Murthy et al, 2002; Tsang, 2002), en especial a sus características de utilización y transferencia del conocimiento estratégico, que afecta de manera especial a las características de productividad y eficiencia de la empresa. Se han estudiado los procesos de captación, generación y transferencia del conocimiento, detectando las barreras y facilitadores que hacen más efectivo el proceso y que se visualizan en los diferentes estudios sectoriales (AEM, 2010). Se ha definido unos principios y un modelo de gestión del conocimiento en su aplicación al mantenimiento industrial basado en lo que se ha definido como sus actividades estratégicas fundamentales (La fiabilidad, mantenibilidad, eficiencia energética y operación/explotación de las instalaciones), basándose gran parte de la investigación en los datos de observación, cualitativos y cuantitativos en una industria del sector industrial alimentario, en un proceso de estudio de campo de tres años, obteniéndose unos resultados que muestran el éxito del modelo.

A continuación se describirán las conclusiones de la investigación, se mencionarán las aportaciones más relevantes.

4.2. Conclusiones

En el presente trabajo se presenta un modelo para el mantenimiento basado en técnicas de de gestión de conocimiento, incidente en sus aspectos estratégicos fundamentales que desarrolla en la empresa. Para ello se ha realizado un estudio exploratorio para definir y extraer las características de los procesos que se dan en el desempeño en esta actividad, extrayéndose las barreras y condicionantes con que se encuentran dichos departamentos y los facilitadores fundamentales para vencerlos. En base a ello y basado en la literatura existente sobre gestión del conocimiento, se han definido los principios y desarrollado un modelo para su aplicación al mantenimiento. Se ha realizado una investigación de campo en el entorno de una industria del sector alimentario durante un proceso de tres años, obteniendo unos resultados que confirman la bonanza del modelo.

Las aportaciones más relevantes se centran en cómo se muestran las características del uso del conocimiento en mantenimiento en gran parte de las empresas, y la cuantificación de las mejoras que se obtienen con la mejora de esa información y conocimiento estratégico, que normalmente y pese a tener un alto valor intangible, no está custodiado y en poder de la empresa, sino que se encuentra en gran medida en forma tácita entre los operarios de mantenimiento.

En el libro de investigación de este autor titulado "La gestión del conocimiento en la ingeniería del mantenimiento industrial: investigación sobre la incidencia en sus actividades estratégicas", se realizó una descripción del estado de la situación y los principios básicos de la gestión del conocimiento y de la ingeniería del mantenimiento, estudiándolo dentro de las áreas de explotación y mantenimiento, con el fin de conocer las barreras y facilitadores, que dicho personal implicado encuentra para que se produzca una adecuada transmisión y utilización de dicho conocimiento fundamental, definiéndose las actividades estratégicas que realizan los departamentos de mantenimiento, y la manera en que repercuten en la empresa.

A continuación, se describen de manera más detallada, las principales mejoras que un adecuado sistema de gestión del conocimiento puede inducir en las organizaciones de mantenimiento:

- En base a la revisión de la literatura y encuestas sectoriales, se define la incidencia operativa de la ingeniería del mantenimiento sobre los diferentes aspectos estratégicos de la empresa (Tabla 15). Con el fin de plantear la visión inicial de la investigación, se ha realizado una

ASPECTOS TÁCTICOS EN LAS EMPRESAS	INCIDENCIA OPERATIVA DEL MANTENIMIENTO
Producción	Alta incidencia, afectando directamente a los niveles de paradas y fiabilidad.
Amortización inmovilizado	Aumenta la vida operativa del inmovilizado.
Reparaciones y conservación	Responsabilidad directa
Inversión inmovilizado	Cesión a mantenimiento, una vez realizada. Conviene su punto de vista y experiencia en la elección.
Personal	En referencia a mantenimiento, es necesaria alta cualificación y experiencia.
Capacitación y formación	En referencia al mantenimiento, la formación debe integrarse con sus funciones tácticas fundamentales.
Servicios exteriores y subcontratación.	Todas las empresas subcontratadas de mantenimiento o para reparaciones deben ser controladas por mantenimiento.
Consumo energético	Debe ser una de las funciones principales de la organización del mantenimiento, el control y seguimiento del consumo energético.
I+D	En las acciones de I+D destinados a equipos, instalaciones y procesos, debe estar la visión del departamento de mantenimiento.

Tabla 15. Aspectos tácticos de las empresas y su relación con mantenimiento

ASPECTOS TÁCTICOS DEL MANTENIMIENTO	POSIBLE INCIDENCIA POR LA ACCIÓN DE LA GESTIÓN DEL CONOCIMIENTO
Fiabilidad, disponibilidad en la producción/explotación en la empresa.	El almacenamiento, transmisión y gestión del conocimiento, aumenta la productividad general de la empresa (menores paradas no programadas)
Ciclo de vida del equipamiento e instalaciones	Información operativa del equipamiento que inciden en su durabilidad y buenas prácticas.
Reparaciones y conservación	La captación del conocimiento de lo realizado, elimina paros no deseados. Transmisión conocimiento a otros operarios.
Personal	Captación del conocimiento tácito del personal en base a la experiencia operativa. Reducción de tiempos de acoplamiento de nuevo personal. Ayuda a reciclaje de personal existente.
Cualificación del personal y formación.	La formación debe tener un componente importante sobre la gestión de experiencias operativas en la propia planta. Creación de sistemas de auto aprendizaje.
Técnicas organizativas mantenimiento	Deben ser implantadas, y capturar y transmitir el conocimiento generado. Deben ser implantadas por el propio personal. Análisis de datos obtenidos.
Mantenimiento preventivo/ correctivo.	Gestión de la experiencia y conocimiento en la realización de las actividades de mantenimiento.
Trabajos de urgencia o críticos	Cualquier experiencia de urgencia o crítica, debe ser registrada. Debe servir para aprender ante actuaciones futuras.
Uso de la información y su gestión.	La gestión de la información debe ser ágil y útil. Los registros deben mostrar las experiencias e inquietudes del personal operativo de mantenimiento (bidireccional)
Gestión de la energía y su eficiencia.	Captura de las experiencias y buenas prácticas. Análisis por los miembros de mantenimiento. Conocimiento bidireccional

Tabla 16. Aspectos tácticos de mantenimiento y su incidencia ante acciones de gestión de conocimiento

aproximación de la posible incidencia que afectaría al mantenimiento por la mejora de los procesos de gestión de conocimiento entre el personal de dicha organización (Tabla 16).

- A partir de estudios cualitativos, se han definido los flujos utilizados normalmente en la actividad de mantenimiento desde la adquisición, generación transferencia y utilización del conocimiento que utilizan los operarios y técnicos operativos de mantenimiento (Tabla 17), y la aptitud hacia explicitar el conocimiento tácito, presente en gran medida en la organización. Esta aportación es fundamental para detectar las barreras y facilitadores para encaminar la organización hacia la captura del capital intangible y estratégico que es el conocimiento.

- Se ha aproximado a las principales barreras y facilitadores (Tabla 18) con que se encuentran el personal involucrado en la actividad de mantenimiento, y el modo en cómo actúan, su implicación, su forma natural de articular el conocimiento que necesitan para sus actividades cotidianas, así como la definición de la misión y características que deben tener las herramientas utilizadas para gestionar la información estratégica y el conocimiento de los dos

CATEGORIA DEL FENÓMENO ESTUDIADO	TÉCNICOS OPERATIVOS DE MANTENIMIENTO	MANDOS O JEFES DE MANTENIMIENTO
ADQUISICIÓN Y GENERACIÓN DEL CONOCIMIENTO	**Externo:** Suministradores de material y equipamiento. Catálogos y guías de fabricantes. Empresas instaladoras y montadoras externas. El propio cliente interno (Resto de la industria). **Interno:** Autoaprendizaje. Cursos de formación Reuniones formales en el área. Reuniones informales con otros compañeros.	**Externo:** Contacto con empresas del sector (Áreas de producción y mantenimiento) Suministradores de material y equipamiento. Catálogos y guías de fabricantes Empresas instaladoras y montadoras externas. El propio cliente interno (Resto de la industria). Consultas por internet. Asistencias a congresos y ferias sectoriales. **Interno:** Autoaprendizaje. Cursos de formación Reuniones en el área
ELEMENTOS EN LA ADQUISICIÓN Y GENERACIÓN DEL CONOCIMIENTO	Actitud proactiva de la dirección. Motivación del personal. Oportunidad de aprender. Formar parte en la toma de decisiones. Formación específica en el entorno. Acceso ágil a fuentes externas.	Actitud proactiva de la dirección. Tamaño de la empresa. Motivación del personal. Oportunidad de aprender. Formar parte en la toma de decisiones de inversión. Formación específica en el entorno. Acceso ágil a fuentes externas.
TRANSFERENCIA DEL CONOCIMIENTO	**Mecanismos Formales:** Documentos Intranet Reuniones del área mantenimiento. **Mecanismos Informales:** Comunicación cara a cara Pláticas de pasillo	**Mecanismos Formales:** Documentos Intranet Reuniones del área mantenimiento. Análisis de datos cuantitativos de indicadores. **Mecanismos Informales:** Comunicación cara a cara Pláticas de pasillo. Reuniones con compañeros de otras empresas. Correo electrónico. Intranet.
ELEMENTOS EN LA TRANSFERENCIA DEL CONOCIMIENTO	Ambiente de trabajo. Motivación del personal. Formar parte en la toma de decisiones. Herramientas sencillas de captación del conocimiento. Disponibilidad de tiempo.	Estilo directivo. Motivación del personal. Formar parte en la toma de decisiones. Herramientas sencillas de captación del conocimiento. Disponibilidad de tiempo.
UTILIZACIÓN DEL CONOCIMIENTO	Resolución averías. Conocimiento del entorno. Ver oportunidades de acciones.	Planificación del mantenimiento. Marcar prioridades. Optimizar recursos técnicos. Optimización económica. Mejora de la fiabilidad y tiempos de respuestas.

Tabla 17. Factores en la G.C. observadas según sus dimensiones. Fuente: elaboración propia

CATEGORIA DEL FENÓMENO ESTUDIADO	TÉCNICOS OPERATIVOS DE MANTENIMIENTO	MANDOS O JEFES DE MANTENIMIENTO
HERRAMIENTAS PARA LA GESTIÓN DEL CONOCIMIENTO	Mapas de información y conocimiento. Sistemas ágiles y sencillos para capturar las experiencias	Auditorias de mantenimiento. Auditorias energéticas. Auditorias del conocimiento. Mapas de información y conocimiento. Diagramas de criticidad.
BARRERAS EN LA GESTIÓN DEL CONOCIMIENTO	Poca disponibilidad de tiempo para documentar adecuadamente acciones importantes. Barreras culturales. Cultura basada en el "saber propio", no compartido. Implicación del personal. Mayor uso de mecanismos informales de transferencia del conocimiento.	Poca disponibilidad de tiempo para documentar adecuadamente acciones importantes. Barreras culturales. Implicación del personal. Mayor uso de mecanismos informales de transferencia del conocimiento.
FACILITADORES EN LA GESTIÓN DEL CONOCIMIENTO	Cultura organizativa proactiva abierta y flexible. Estilo participativo de la dirección. Motivación personal del empleado. Oportunidad de aprender. Cultura organizativa del área de mantenimiento. Estilo directivo Medios de Comunicación. Utilización de un gestor del conocimiento propio de la actividad de mantenimiento.	Cultura organizativa proactiva abierta y flexible. Estilo participativo de la dirección. Motivación personal del empleado. Oportunidad de aprender. Cultura organizativa del área de mantenimiento. Espacio físico Estilo directivo Medios de Comunicación. Utilización de un gestor del conocimiento propio de la actividad de mantenimiento.
OBSERVACIONES	Mucha información estratégica, recogida de manera manuscrita disgregada en notas y libretas propias, anotaciones en planos, no compartidas con el resto de la organización, que dificultan la transmisión y utilización del conocimiento al resto de la organización.	Todos consideran que una concienciación y conocimiento de la dirección general es fundamental para conseguir los medios y fomentar la mejora en la gestión del conocimiento y optimización del mantenimiento, con una visión a medio y largo plazo.
IMPLICACIÓN DE UNA ADECUADA GESTIÓN DEL CONOCIMIENTO EN LA ACTIVIDAD DE MANTENIMIENTO.	-Captura del conocimiento tácito estratégico de los técnicos operativos de mantenimiento. -Resolución de averías críticas en menor tiempo (en especial las no cíclicas). -Reducción de los tiempos de maniobras operativas. -Facilitar el cambio de área o sustituciones de personal. -Disminución de los tiempos de acoplamiento de nuevo personal. -Captura de información y transferencia de empresas subcontratistas. -Compartir conocimiento de empleados que puede ser utilizado por otros que puedan detectar nuevas oportunidades de mejora. -Mejora del conocimiento de la fiabilidad del equipo e instalaciones. -Mejora del conocimiento para la detección y mejora de acciones de eficiencia energética. -Optimización del tiempo, que redunda de nuevo en la gestión del conocimiento y la reducción de costes del mantenimiento.	

Tabla 18. Herramientas, barreras y facilitadores en la G.C. en la actividad de mantenimiento.
Fuente: elaboración propia

	TIPOS DE TÉCNICAS MANTENIMIENTO	FACILITADORES PARA LA GESTIÓN DEL CONOCIMIENTO	BARRERAS PARA LA GESTIÓN DEL CONOCIMIENTO
TIPOS	❖ CORRECTIVO	- -	- Actuación por impulsos. - Alta improvisación. - Falta concienciación. - Estrategias de la dirección. - Fuerte conocimiento tácito y dependencia del personal.
	❖ PREVENTIVO	- Existe una planificación, reflejada en planes. - Existe una conciencia en la dirección de la función del mantenimiento.	- Normalmente se refleja la realización, pero no el conocimiento del proceso completo, para utilizarse en auto-aprendizaje. - El conocimiento en los procesos se suele realizar basándose en la experiencia. - Las empresas tienden a la subcontratación, estando el conocimiento de las acciones fuera del ámbito de la empresa.
	❖ PREDICTIVO	- Existe una planificación, reflejada en planes. - Buen conocimiento de los sistemas. - Conocimiento de fallos típicos y su prevención. - Personal cualificado.	- Inversión de tiempo para conseguir la capacitación necesaria que redunde en la generación del conocimiento. - En pequeñas empresas, difícil de implementar o aplicación parcial normalmente subcontratada.

Tabla 19. Barreras y facilitadores para la aplicación de la GC en relación a los tipos mantenimiento. Fuente: elaboración propia

	ESTRATEGIAS DE MANTENIMIENTO	FACILITADORES PARA LA GESTIÓN DEL CONOCIMIENTO	BARRERAS PARA LA GESTIÓN DEL CONOCIMIENTO
ESTRATEGIAS	• TPM	- Estrategia global. - Implicación de la dirección. - Involucra aprendizaje y mejora continua. - Aúna esfuerzos del personal de producción alrededor del mantenimiento - Trabajo en equipo.	- Normalmente se centra en el último escalón (mantenimiento autónomo). - Es un proceso a largo plazo, que debe dotarse de continuidad.
	• RCM	- Identificación de los componentes críticos. - Integra las tareas de mantenimiento con el contexto operacional. - Fomenta el trabajo en grupo.	- Es necesario un equipo de trabajo multidisciplinario. - Las técnicas RCM pueden ser complejas para el personal operario en contornos de pequeñas empresas.
	• WCM	- Estrategia corporativa. - Conocimiento de las metas y objetivos fijados. - Mejoramiento continuo - Normalmente utilizadas en empresas multinacionales, con grandes recursos.	- Requiere de un alto compromiso mantenido a largo plazo por toda la organización. - requiere que se tenga un alto nivel de prevención y planeación, soportado en un adecuado sistema gerencial de información de mantenimiento. - Es un proceso de largo plazo. - Debe haber un alto compromiso de los empleados y los proveedores. - Dependencia de subcontratación en mantenimiento. - Requiere buen clima organizacional y un excelente recurso humano motivado hacia el aprendizaje individual y colectivo. - Alta complejidad para pequeñas y medianas empresas.
	• PROACTIVO	- Conocimiento de la economía en los costos de maquinaria. - Busca fortalecer el entrenamiento y capacitación del personal.	- Requiere que el personal tenga un alto nivel de conocimiento y familiarización con la máquina. - La rotación de personal. - Deben realizarse estrategias de motivación. - Sólo se actúa principalmente sobre la maquinaria involucrada en la producción, no sobre el resto de instalaciones con un conocimiento crítico más complejo
	• LEAN MAINTENANCE	- Estrategia hacia la eficiencia total en la producción. - Compromiso global de la organización.	- Requiere una planificación estricta, mantenida en el tiempo. - En la reducción de costes puede influir los tiempos necesarios para formación y gestión del conocimiento
	• TEROTECNOLOGÍA	- Conlleva el conocimiento de todo el ciclo de vida del equipamiento. - Estrategia global de la empresa en combinación con proveedores. - Conocimiento profundo de las propias actividades, procesos y el de los proveedores. - Análisis de la información para determinar la causa de los problemas	- Los proveedores deben tomar las mismas estrategias y gestión de la información. - La captación y manejo de la información requiere de sistemas complejos integrados con lo de los proveedores. - Alta complejidad para pequeñas y medianas empresas.

Tabla 20. Barreras y facilitadores para la aplicación de la GC en relación a estrategias de mantenimiento. Fuente: elaboración propia

ASPECTO TRATADO	CONSECUENCIAS DESARROLLO CONOCIMIENTO
EVOLUCIÓN DEL MANTENIMIENTO	• Tendencia histórica desde conocimientos básicos (basados en la supervivencia) hasta factores multicriterio con alto componente de información y conocimiento. • Mayor concienciación de los órganos directivos de la empresa sobre la función y el fin del mantenimiento.
EL PROCESO DE FALLO	• El mecanismo causa-efecto es el que se sitúa en la esencia del mantenimiento. • La captación de información útil sobre los factores de contingencia que actúan o pueden actuar sobre equipos y sistemas • Se hace preciso configurar procesos de recogida, almacenamiento y tratamiento de la información eficientes. • Desarrollo de la importancia que tiene la forma de aparición o manifestación del fallo en el posible diagnóstico.
LA CADENA DE FALLO	• Conocimiento del conjunto secuenciado de causas y efectos que se presentan en un proceso de fallo. • Información y estudio sobre los factores de contingencia o condicionantes explican la aparición de las causas últimas. • Es preciso considerar, aguas abajo, los efectos o consecuencias de la cadena del fallo (económicas, de seguridad, laborales, medioambientales o de sostenibilidad, catastróficas, de imagen, sociales, etc.).
LA INCERTIDUMBRE	• Conocimiento sobre el adecuado comportamiento de un equipo o sistema durante su ciclo de vida. • Los modelos de fiabilidad representan simplificaciones importantes, pero necesarias, que derivan en elevados niveles de incertidumbre, en el ámbito de las variables y sus relaciones.
LA EXPERIMENTALIDAD Y EL MODELADO DE SISTEMAS	• La existencia de elevados niveles de incertidumbre en lo relativo al proceso y a la cadena del fallo, se puede inducir la necesidad de un enfoque complementario al exclusivamente científico y que es el experimental. • Modelos teóricos y experimentales se complementan para tratar de ofrecer conocimiento válido. • La experiencia derivada de la observación y del ensayo constituye un pilar básico del sistema de generación, transmisión, conservación y aplicación del conocimiento.
LA DISPONIBILIDAD	• Conocimiento para conseguir la disponibilidad efectiva de la planta. • Evaluar los requerimientos y capacidades técnicas de los equipos e instalaciones. • Puede mejorar sensiblemente el conocimiento del comportamiento del equipo en base a la experiencia sobre variados escenarios.
EL FACTOR HUMANO	• El conocimiento del error humano, y la incidencia diaria en todos los procesos, tiene gran impacto en la fiabilidad de sistemas complejos. • El estudio del comportamiento de las personas en su trabajo, y la motivación como uno de los motores del rendimiento laboral, y mejora de la fiabilidad y eficiencia.

Tabla 21. Incidencia y consecuencia del desarrollo del conocimiento en relación a los aspectos estratégicos esenciales del mantenimiento. Fuente: elaboración propia

grupos diferenciados, por un lado los operarios de mantenimiento y por otro los mandos y directivos de la organización.

- Se ha extraído por medio de la revisión de la literatura, las principales características definidas de los principales tipos y estrategias organizativas de mantenimiento, extrayendo aquellas características hacia la mejora de la transferencia del conocimiento que están definidos en la filosofía de trabajo que llevan implícita (Tablas 19 y 20).

- Se ha estudiado y relacionado la incidencia y la consecuencia del desarrollo del conocimiento en relación a los factores estratégicos esenciales del mantenimiento considerados (Tabla 21), desde la propia evolución del mantenimiento a través del tiempo hasta los aspectos esenciales en que se desenvuelve, como son el proceso de fallo, la incertidumbre, la disponibilidad y el factor humano, y que afectan de manera fundamental en toda la actividad de mantenimiento, y por consiguiente, en la propia empresa.

- Se han establecido los criterios para el desarrollo de investigaciones cualitativas, en un entorno donde son poco utilizadas como es en el ámbito de mantenimiento industrial, identificando las ventajas y los convenientes detectados en su utilización (Tabla 22). Dado que la característica principal de la investigación se desarrolla en el entorno humano, y como se desarrollan los procesos de relación y transmisión del conocimiento, las percepciones son en

TÉCNICA DE INVESTIGACIÓN	VENTAJAS EN SU UTILIZACIÓN EN LA INVESTIGACIÓN DEL MANTENIMIENTO INDUSTRIAL	INCONVENIENTES EN SU UTILIZACIÓN EN LA INVESTIGACIÓN DEL MANTENIMIENTO INDUSTRIAL	Observaciones
Técnicas cuantitativas (Medición de las variables físicas que afectan un fenómeno en el entorno del equipamiento e instalaciones)	Imprescindible para la medición de las variables fundamentales en una investigación en entorno técnico (Variables de temperatura, tensión, intensidad, potencia, tiempos, vibraciones, etc.)	Los propios del diseño de la investigación y la precisión de los equipos de medida.	Es complementario a las técnicas cualitativas. Son necesarios equipos e instrumentos para su registro y cuantificación. Se detectan y estudian variables del entorno del equipamiento e instalaciones, no el factor humano en su implicación.
Panel Delphi (Cualitativa)	Recopilación de opiniones de expertos. Facilita la participación, da tiempo para reflexionar, es anónima y evita presiones intragrupales.	Excesiva duración del proceso, posibles abandonos, selección sesgada de participantes	Es muy útil, sin embargo, cuando los recursos son escasos, los temas son complejos y se quiere contar con la opinión expertos en un área concreta.
Encuestas/Test (Cuantitativa)	Los datos obtenidos gracias a este procedimiento permiten un tratamiento riguroso de la información y el cálculo de significación estadística.	La muestra ha de ser representativa de la población de interés. La información que se obtiene está condicionada por la formulación de las preguntas y la veracidad de las propias respuestas.	Sirve para acudir a poblaciones más amplias y ser más económica que las entrevistas.
Entrevista individual semi-estructuradas (Cualitativa)	Marca un flujo de información que la va dotando de contenidos. Permite profundizar en alguna idea que pueda ser relevante, realizando nuevas preguntas. Son los mismos actores sociales quienes proporcionan los datos relativos a sus conductas. Permite la interacción del investigador.	El entrevistado nos dará la imagen que tiene de las cosas, lo que cree que son , a través de toda su carga subjetiva.	Útil cuando lo que realmente nos interesa recoger es la visión subjetiva de los actores sociales, máxime cuando se desea explorar los diversos puntos de vista "representantes" de las diferentes posturas que pudieran existir en torno a lo investigado.
Cuestionario (Cuantitativa/Cualitativa)	Permite recoger información más abierta, a juicio del cuestionado, sobre el tema tratado. Más económico que las entrevistas individuales. Permiten enviarlo a una muestra más amplia.	La información que se obtiene está condicionada por la formulación de las preguntas y la veracidad de las propias respuestas. El tratamiento de la información es más complejo que en los tests.	
Grupos de discusión (Cualitativa)	Reúne a un grupo de personas, que son una muestra estructural con características propias que en este momento constituye la dimensión grupal. Lo que conseguimos con relaciones simétricas entre los participantes es que se acoplen las hablas y se favorezca la reproducción social del discurso. Se pueden pedir opiniones, hacer preguntas, aplicar cuestionarios, discutir casos, intercambiar puntos de vista y valorar aspectos varios.	Resulta costosa por la logística que involucra. Se necesita personal altamente capacitado en el tema a tratar	La selección del número de grupos responde a criterios estructurales y no estadísticos
Técnica Observación (Cualitativa)	Ayuda a realizar el planteamiento adecuado de la problemática a estudiar. Permite hacer una formulación global de la investigación. El investigador se introduce en el contexto y el ambiente del fenómeno a tratar, dando una visión más clara y precisa.	Se debe tener autorización total del investigador en el área que se estudia de la empresa, difícil de conseguir a veces.	En el mantenimiento industrial, ayuda a introducirse dentro del contorno del fenómeno y los movimientos operativos que se producen
Estudio de casos (Cualitativa)	Se mide y registra la conducta de las personas u organizaciones de la empresa en el fenómeno estudiado. persigue la ilustración, representación, expansión o generalización de un marco teórico	Tendencia a la generalización de las conclusiones.	Utilizado por numerosos investigadores como un método de diseño pre-experimental.
Teoría fundamentada (Cualitativa)	Generar teoría a partir de datos recogidos en contextos naturales. Sus hallazgos son formulaciones teóricas de la realidad. El resultado de un estudio de teoría fundamentada se presenta como un proceso, o algunos de sus elementos como las estrategias.	No existe una muestra fija Se finaliza al llegar a la saturación teórica, no estando definido al comienzo de la investigación.	Útil para el desarrollo de nuevas teorías o procedimientos. Existes diversos programas informáticos para el tratamiento de la información cualitativos.

Tabla 22. Resumen de ventajas y limitaciones observadas en los ensayos experimentales, en la población de mantenimiento. Fuente: elaboración propia

ACTIVIDAD ESTRATEGICA MANTENIMIENTO	COMPONENTE CONOCIMIENTO. TÁCITO	REPERCUSIÓN EN EMPRESA
Acoplamiento personal	Muy elevado	Pérdida económica. Pérdida eficiencia
Operación/ explotación	Muy elevado	Repercusión en la producción o servicio
Fiabilidad	Muy elevado	Tiempos mayores de reposición. Valor económico por perdida producción
Mantenibilidad	Muy elevado	Pérdida eficiencia
Eficiencia energética	Elevado	Pérdida eficiencia Repercusión económica
Nivel información	Elevado	Perdida capital intelectual Valor sustitución personal
Repercusión económica	Puede tener una repercusión muy elevada	Puede afectar de una manera elevada ante acciones críticas o de emergencia
Relación con la gerencia	Se asumen los componentes tácitos en los trabajos de mantenimiento	Pérdida de capital intelectual. Perdida de recursos operativos Visión sesgada del valor estratégico.

Tabla 23. Implicaciones del conocimiento tácito en el mantenimiento industrial

numerosas ocasiones de carácter subjetivo, siendo los métodos cualitativos los más apropiados para la identificación y percepción de los principios fundamentales.

- Se ha cuantificado el componente de conocimiento tácito dentro de las actividades de mantenimiento que formaliza islas de conocimiento dentro de la organización (Tabla 23). Así mismo en dicho estudio cualitativo, se han definido las actividades en las que está presente y su repercusión sobre la empresa, basado en juicio de expertos. El conocimiento basado en la experiencia (tácito) es difícil de extraer y formalizarse, pues es un conocimiento fragmentado, complejo, presenta pocas regularidades, confuso, recolectado de imprevistos, guiado por la urgencia, con imposiciones de tiempo, espacio, actividad poco regulable, y escasamente "protocolizable" y local (aplicable a espacios y situaciones concretas).

- Se ha identificado en base a estudios cualitativos a diferentes tipos de actividades industriales y de servicios terciarios (Tabla 24), las características demandadas a los diferentes servicios de mantenimiento de las empresas implicadas, marcando las características de las acciones demandadas y los procesos de gestión de la información y el conocimiento que se desenvuelven en dichas actividades.

- Se ha identificado en base a la investigación cualitativa las características de los aspectos estratégicos del mantenimiento (Figura 89), los procesos de conocimiento que afectan a aspectos esenciales que se han definido hacia las acciones de fiabilidad, mantenibilidad, eficiencia energética, acciones operativas de explotación, así como el conocimiento que afecta en el tiempo de acoplamiento de nuevos operarios. Todos estos aspectos afectan sobre todos los procesos esenciales de la empresa, marcando su grado de productividad y eficiencia final.

CASOS EMPRESAS	ACCIONES FUNDAMENTALES DEMANDADAS A MANTENIMIENTO	GESTIÓN DE LA INFORMACIÓN / CONOCIMIENTO	COMENTARIOS DE LA OBSERVACIÓN DIRECTA DEL ESTUDIO DE CASOS
TIPO "PRODUCCIÓN INDUSTRIAL" (Nº 1, 2, 3, 4)	• Enfocado hacia la fiabilidad y prevención de paradas de producción. • Actuación en un elevado número de instalaciones técnicas críticas, orientadas hacia la producción. • Restricción del gasto y contención económica.	• Existe mayor documentación en las acciones de mantenibilidad. • En numerosas ocasiones exceso de documentación, que hace poca efectiva la consulta y adquisición del conocimiento. • El transvase de conocimiento en mantenimiento se realiza fundamentalmente por reuniones informales y la experiencia en el tiempo en la factoría. • Existe un gran periodo de acoplamiento para conseguir la operatividad y el conocimiento necesario de los operarios.	• Elevado seguimiento de los departamentos de producción sobre mantenimiento. • Ante acciones críticas se observa el efecto "zafarrancho de combate", que denotan la inseguridad y falta de procedimiento en dichas actuaciones. • Se observan islas de conocimiento entre las diferentes áreas de mantenimiento. • La reposición del personal suele ser costosa en encontrar candidatos adecuados.
TIPO "SERVICIOS DISTRIBUCIÓN AGUA O ENERGÍA" (Nº 5, 6)	• Enfocado hacia la operación y maniobras de instalaciones, y la resolución de averías. • Actuación con gran dispersión de las instalaciones a nivel territorial, que hace necesario un tiempo de acoplamiento elevado de los operarios. • Los tiempos en reposición del servicio afectan directamente a los resultados económicos de la compañía.	• Conocimiento en base a la experiencia en las actuaciones. • Los operarios de nuevo ingreso, adquieren el conocimiento necesario, acompañando y observando a operarios veteranos. • Adquisición de conocimiento en base a reuniones informales y conversaciones telefónicas. • Existe un gran periodo de acoplamiento para conseguir la operatividad y el conocimiento necesario.	• Trabajos muy basados en la experiencia y conocimiento tácito de los operarios de mayor antigüedad. • Documentación de trabajo poco elaborada, utilizando la propia "libreta práctica" de trabajo los operarios. • Se observan islas de conocimiento entre las diferentes áreas de trabajo. • Los empleados de un área territorial, encuentran dificultades en adaptarse a otras áreas territoriales.
TIPO "SERVICIOS TERCIARIOS" (HOTELES, CENTROS COMERCIALES) (Nº 7, 9, 10)	• Enfocado hacia la calidad del servicio prestado. • Actuación en un elevado número de instalaciones técnicas críticas orientadas hacia el servicio a los clientes. • Se tiende a la subcontratación de los servicios de mantenimiento. • Orientado hacia el mantenimiento legal.	• Conocimiento estratégico en manos de empresas externas (subcontratista). • En numerosas ocasiones documentación perdida o desestructurada, debido normalmente al poco seguimiento de la gerencia. • El transvase de conocimiento en mantenimiento se realiza de forma brusca cuando existe un cambio en la empresa subcontratista, produciéndose en esos periodos perdida de operatividad y eficiencia.	• Gran dependencia de la compañía sobre la empresa subcontratista. • Ante acciones críticas se observa el efecto "zafarrancho de combate", que denotan la inseguridad y falta de procedimiento en dichas actuaciones. • Las gerencias observan a mantenimiento como una fuente de gastos.
TIPO "APOYO SUBCONTRATADO" A LOS SERVICIOS MANTENIMIENTO. (Nº 8)	• Actuación sobre los servicios demandados por la compañía que requiere su experiencia. • Actuación sobre trabajos no críticos en áreas de producción. • En empresas de servicios terciarios, se puede requerir todos los trabajos de mantenimiento.	• Se encuentran con grandes lagunas de información cuando se hacen cargo de instalaciones, ante un cambio de empresa subcontratista. • El conocimiento en las áreas de trabajo requieren un tiempo de acoplamiento importante. • No se documentan normalmente las acciones críticas y los procesos de trabajo basados en la experiencia.	• Se busca la rentabilidad de la empresa de servicios subcontratado, frente muchas veces, a los propios criterios de la empresa que los requiere. • Existe un gran movimiento del personal. • Suele faltar cualificación en el personal de conducción de las instalaciones, posiblemente debido a salarios contenidos.
OBSERVACIONES	• Se tiene mayor reconocimiento de mantenimiento por parte de las gerencias en las empresas de producción industrial, con lo cual se tiende en mayor medida al personal propio, dado que afecta directamente a su estrategia y eficiencia en la producción. • En las empresas de servicios terciarios, se tiende a la subcontratación total de los servicios de mantenimiento. Se tiene una gran dependencia de la empresa subcontratista de mantenimiento. Ante cambios de la empresa existe un periodo de ineficiencia hasta el acoplamiento de la nueva empresa subcontratista. El conocimiento estratégico de la empresa está en manos de empresas ajenas.		

Tabla 24. Características observadas en el estudio de casos en referencia al mantenimiento.
Fuente: elaboración propia

ASPÈCTOS ESTRATÉGICOS OBSERVADOS RELACIÓN MANTENIMIENTO Vs GESTIÓN CONOCIMIENTO

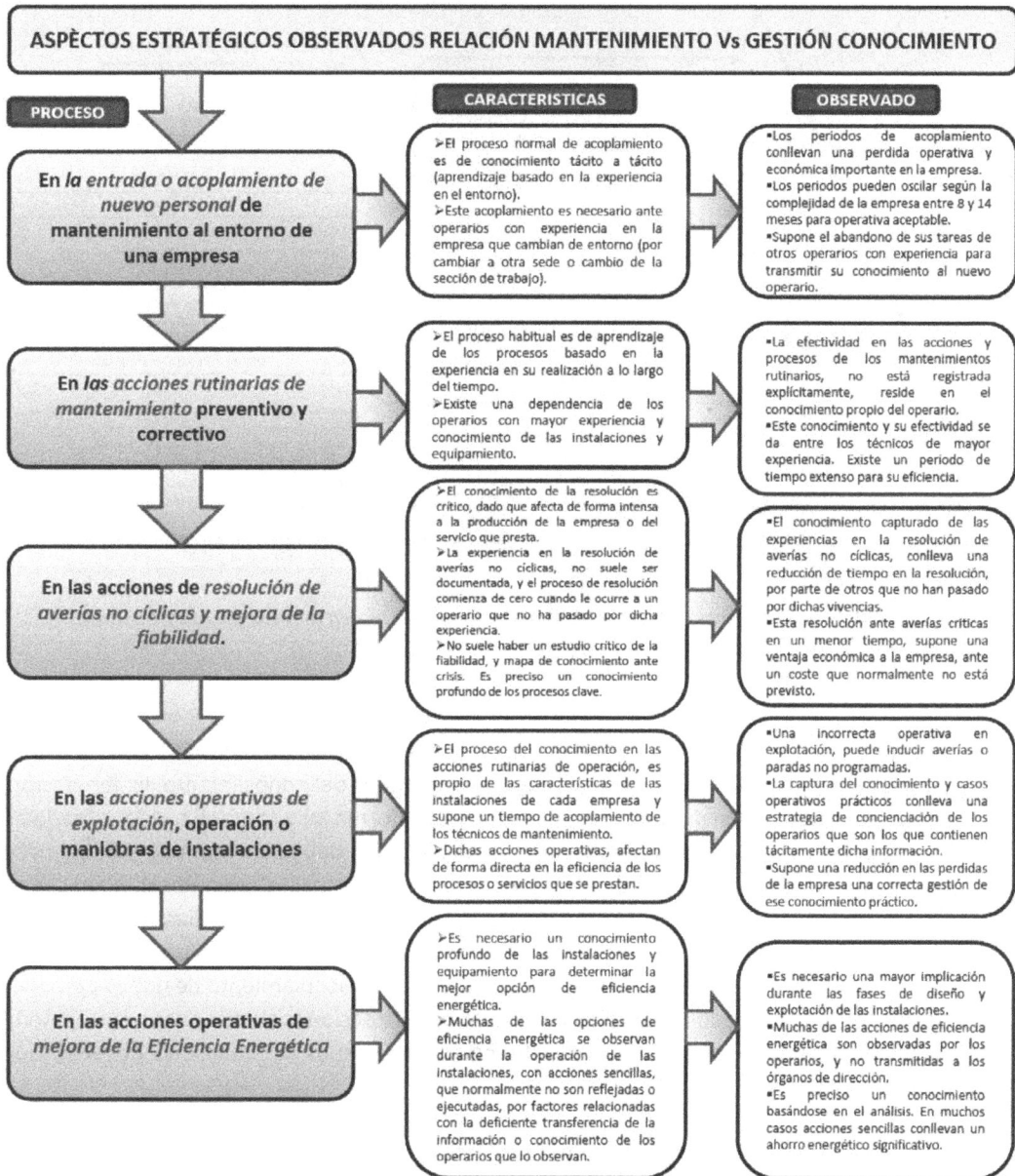

Figura 89. Aspectos estratégicos del mantenimiento y su relación con la gestión del conocimiento.
Fuente: elaboración propia

- Se ha definido y planteado un modelo de mantenimiento basado en técnicas de gestión del conocimiento, asentado sobre tres fases fundamentales (Figura 90): la primera fase consistente en la identificación y valoración de lo intangible, posteriormente realizar la transformación de lo intangible en visible con la estratificación y valoración de la información explícita fundamental, así como la captura del conocimiento tácito estratégico de la organización

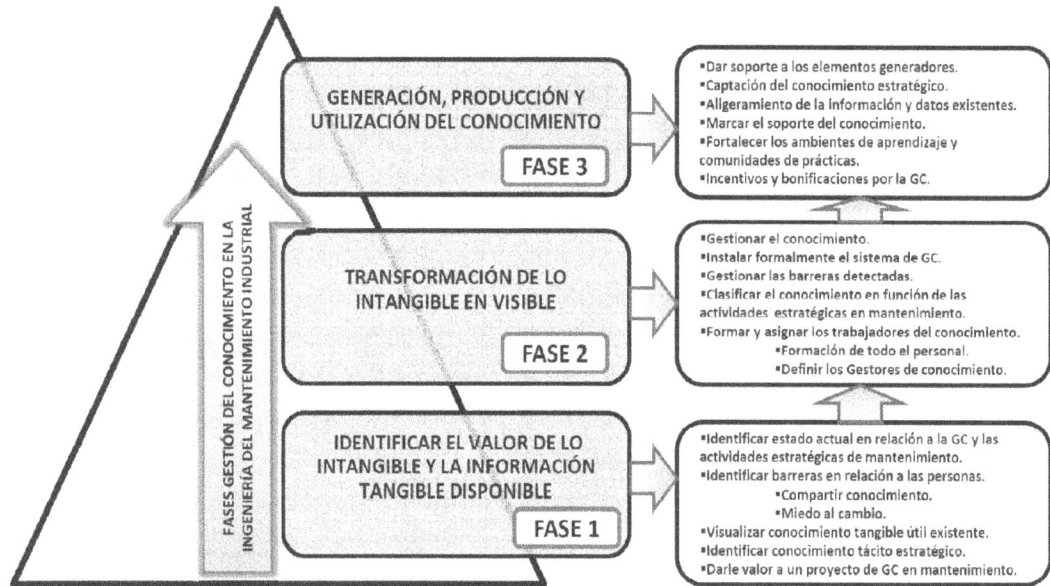

Figura 90. Fases de la evolución de la gestión del conocimiento en mantenimiento industrial.
Fuente: elaboración propia

de mantenimiento. En una tercera fase se fomenta mediante la utilización de una herramienta informática que hace las misiones de contenedor del conocimiento, la generación, producción y utilización del conocimiento. Dicha plataforma tal y como se ha identificado en los estudios cualitativos, debe ser sencilla, la información debe ser resumida y útil, y debe servir como columna vertebral donde de manera bidireccional los operarios puedan captar diferentes experiencias de otros compañeros y aportar sus propias vivencias, que se puedan considerar como estratégicas para la organización. Dicha plataforma es utilizada como soporte para el auto-aprendizaje, disminuyendo los tiempos de acoplamiento de nuevo personal, así como mejorar el conocimiento de los operarios ante acciones ante averías o de mantenimiento no realizadas por ellos, que permite reducir los tiempos de actuación o de realización de dichas actividades.

- Se ha realizado un modelo para cuantificar, ponderar y visualizar el conocimiento estratégico de la organización, denominado árbol de conocimiento de mantenimiento (ACM), centrado en base a los elementos y sistemas de la empresa y desarrollado en relación a sus acciones estratégicas fundamentales (fiabilidad, mantenibilidad, eficiencia energética y operación/explotación) (Figura 91). El algoritmo desarrollado, puede ser utilizado en la plataforma informática y contenedor de conocimiento de mantenimiento, para la visualización del conocimiento estratégico introducido en base a los diferentes elementos de la factoría. Esto proporciona a los operarios y técnicos de mantenimiento una visión rápida del conocimiento que se debe extraer e introducir, así como ver las partes donde deben incidir. Ayuda a ponderar la importancia y el peso estratégico de cada tipo de instalación, y modera a todo el equipo de mantenimiento en referencia a una meta común, que anteriormente era imposible observar. Durante la investigación, para determinar los estilos de aprendizaje entre los operarios de mantenimiento, en base a cuestionarios CHAEA (Cuestionario Honey-Alonso de Estilos de Aprendizaje) (Alonso et al., 1994), se ha determinado que el estilo predominante fue el activo-pragmático. El punto fuerte de las personas con predominancia de estilo pragmático es la aplicación práctica de las ideas, que marca un enfoque de aprendizaje profundo, basado en la motivación intrínseca, y en atención a este factor deben desarrollarse los modelos de gestión de conocimiento que hagan atractivo el sistema a los operarios.

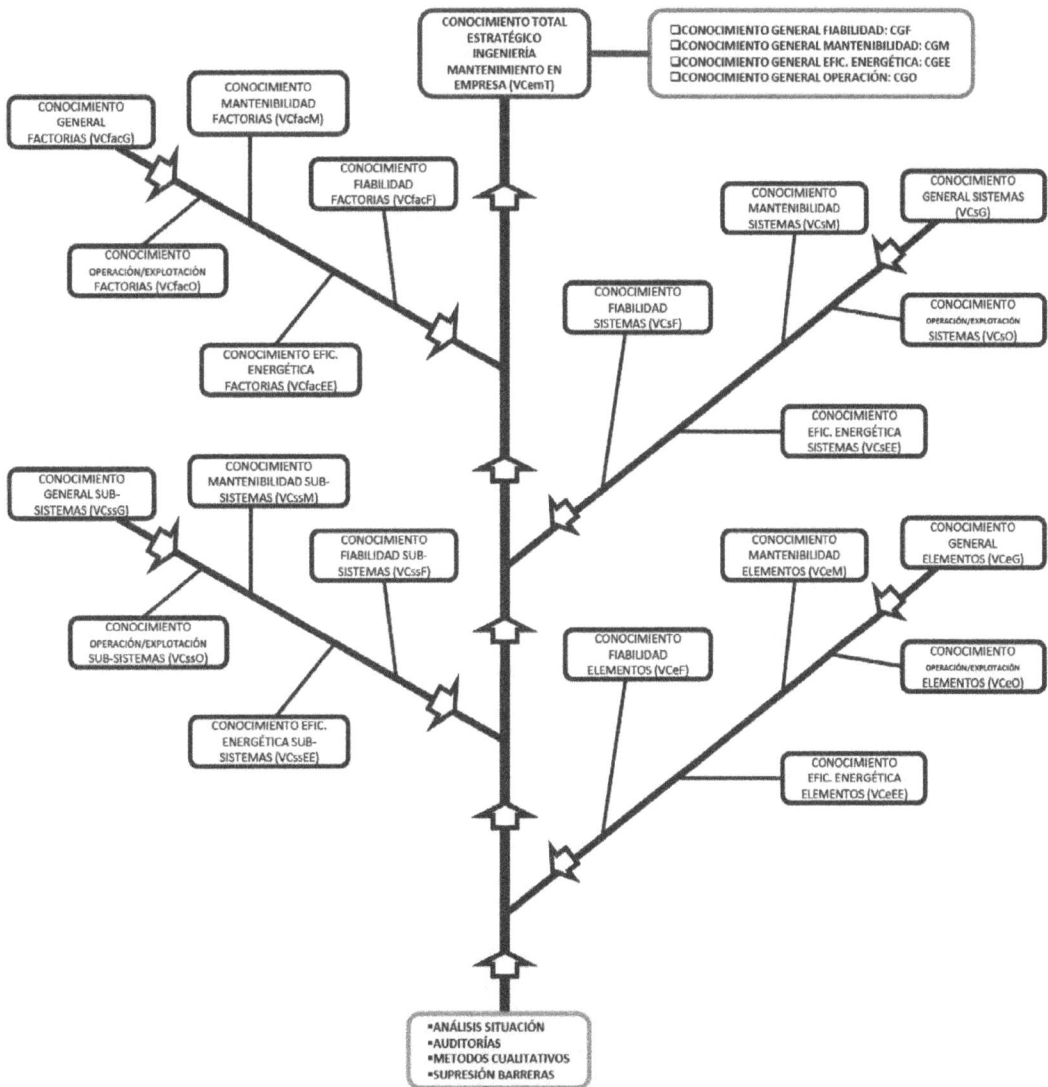

Figura 91. Árbol del conocimiento de la empresa en función de las acciones estratégicas.
Fuente: elaboración propia

Aunque la mayoría de las organizaciones de mantenimiento disponen de programas informáticos para la gestión del mantenimiento, se ha apreciado en la presente investigación que los datos históricos no suelen almacenarse seleccionados o filtrados, mucho menos orientados a las metas o en bases relacionales, la información que contienen está fragmentada y suele ser poco fiable, por lo que su utilidad efectiva suele ser escasa y difícil su transmisión. Esto fundamenta el uso del denominado gestor del conocimiento de mantenimiento, cuya misión es estructurar, validar y fomentar la compartición del conocimiento dentro de la organización de mantenimiento.

- En base a la aplicación del modelo desarrollado y aplicado de una manera experimental en una planta industrial que se ha utilizado en la investigación de campo durante un periodo de tres años, se han podido cuantificar los procesos fundamentales que realizan los departamentos de mantenimiento, y los beneficios obtenidos en la organización. Mediante una serie de eventos kaizen (Tabla 25), utilizados como base para la mejora de los métodos, formación y cuantificación de los resultados, se han podido extraer conclusiones importantes, entre las cuales, se pueden destacar algunas de ellas:

  — Mejora en la eficiencia ante acciones de mantenimiento preventivo y correctivo. Los procesos de acciones de mantenimiento preventivo y correctivo se ven mejorados, aumentándose su eficiencia en su ejecución y acusándose una reducción en su tiempo del 26%.

  — En las pruebas realizadas sobre respuesta a la resolución de una acción crítica no cíclica o reposición de emergencia (reposición de interruptores de alta tensión), se observa una reducción de tiempo en su resolución del 52%.

  — Reducción de las tasas de fallos en las líneas de producción. De los datos obtenidos se observa una mejora económica repercutida de aproximadamente 1.200.000 € en un periodo de 2 años.

  — Aumento de la eficiencia energética, mediante acciones puntuales. Ahorros anuales por la adopción e identificación de medidas de eficiencia energética del entorno de 113.000 € y reducción de emisiones de aproximadamente 499 TnCO2. En la empresa utilizada como base experimental de esta investigación, se visualiza el consumo y economía energética en un monitor accesible a todo el personal. Los ahorros conseguidos son repercutidos en un porcentaje de beneficios a los empleados, constatándose el aumento de la implicación de los empleados y su concienciación en el uso eficiente de la energía. En un tipo de industria como la alimentaria donde la energía es intensiva, (Alcaraz et al., 2012), es vital establecer estas metas.

  — Reducción de tiempos de acoplamiento de nuevo personal de mantenimiento. Disminución en el tiempo de acoplamiento del nuevo personal, que supone una mejora económica en la organización por eliminar tiempos no productivos de dicho personal de nueva entrada en la empresa (reducción de un 36% del tiempo). Teniendo en cuenta que en las organizaciones de mantenimiento, la rotación personal está entre el 5 al 10 % anual (en la empresa analizada está en una media del 6%), ello supone una mejora económica por ser operativo plenamente dicho personal, en un menor tiempo.

		RESUMEN RESULTADOS DE LOS EVENTOS KAIZEN		
Nº	EVENTO	RESULTADOS CUANTITATIVOS	RESULTADOS CUALITATIVOS	OBSERVACIONES
1	Implicación de los operarios de mantenimiento en un modelo de gestión del conocimiento en función de las actividades estratégicas.	Aumenta de una manera significativa la captación de conocimiento estratégico por parte de los operarios de mantenimiento en el contenedor de conocimiento.	Mayor sentido de seguridad personal en las decisiones a realizar; Aumento del sentido de trabajo en grupo y cohexión del equipo; Aumento del conocimiento compartido; Mayor proactividad de los empleados. Se persigue eliminar islas de conocimiento y la cohexión del equipo.	Se observa continuidad en los proyectos de gestión del conocimiento, por la implicación del personal.
2	Mejora en la eficiencia ante acciones de mantenimiento preventivo y correctivo.	Los procesos de acciones de mantenimiento preventivo y correctivo se ven mejorados, aumentándose su eficiencia en su ejecución y acusándose una reducción en su tiempo del 26%.	Mayor sentido de seguridad personal en las decisiones a realizar; Aumento del sentido de trabajo en grupo y cohexión del equipo; Aumento del conocimiento compartido; Mayor proactividad de los empleados.	Si tenemos en cuenta que existen miles de acciones de mantenimiento, y que el tiempo total aproximado dedicado por la organización de mantenimiento a las acciones de preventivo/correctivo es del 50% del tiempo total de todos sus miembros, se puede estimar la importancia económica y de aumento de rendimiento que significa a la organización.
3	Análisis de fallos críticos instalación refrigeración industrial. Análisis de fallos instalación eléctrica alta tensión.	En las pruebas realizadas sobre respuesta a la resolución de una acción crítica no cíclica o reposición de emergencia (reposición de interruptores de alta tensión), se observa una reducción de tiempo en su resolución del 52%.	Mayor sentido de seguridad personal en las decisiones a realizar; Aumento del sentido de trabajo en grupo y cohexión del equipo; Aumento de compartición del conocimiento; Mayor proactividad de los empleados; Aumenta el número de acciones críticas identificadas que suponen un avance importante en la mejora de la fiabilidad.	La reducción en el tiempo de resolución de la avería significa un importante impacto económico en la empresa, ante estos tipos de averías no cíclicas que suponen un importante coste económico no previsto.
4	Reducción de las tasas de fallos en las líneas de producción. Maniobras en interruptores de alta tensión ante un disparo.	De los datos obtenidos se observa una mejora económica repercutida de aproximadamente 1.200.000 € en un periodo de 2 años.	Aumenta el número de acciones críticas identificadas que suponen un avance importante en la mejora de la fiabilidad de la instalación a tratar, así mismo se identifican las acciones críticas que se pueden eliminar.	Se aumenta de una manera significativa el grado de marcha de las líneas de producción de la empresa.
5	Aumento de la eficiencia energética, mediante acciones puntuales.	Ahorros anuales por la adopción e identificación de medidas de eficiencia energética del entorno de 113.000 €. Reducción de emisiones de aproximadamente 499 TnCO2.	Aumento de la mejora en eficiencia energética de la empresa, a partir de la utilización de un modelo de gestión del conocimiento.	Mejora de la conciencia medioambiental de la empresa.
6	Reducción de tiempos de acoplamiento de nuevo personal de mantenimiento.	Disminución en el tiempo de acoplamiento del nuevo personal, que supone una mejora económica en la organización por eliminar tiempos no productivos de dicho personal de nueva entrada en la empresa (reducción de un 36% del tiempo).	Utilización de plataforma tecnológica para la gestión del conocimiento, como medio de auto-aprendizaje del nuevo personal. Objetivo reducir elevados tiempos de acoplamiento del nuevo personal. Mayor sentido de seguridad personal en las decisiones a realizar; Aumento del sentido de trabajo en grupo y cohexión del equipo; Aumento del conocimiento compartido.	Teniendo en cuenta que en las organizaciones de mantenimiento, la rotación personal está entre el 5 al 10 % anual (en la empresa analizada está en una media del 6%), ello supone una mejora económica por ser operativo plenamente dicho personal, en un menor tiempo.

Tabla 25. Resumen de resultados observados. Fuente: elaboración propia

4.3. Resultados secundarios

En la presente investigación se han identificado otros resultados, que aunque de difícil cuantificación, sin embargo son de vital importancia en el contexto de la empresa, y que sin duda suponen un valor intangible importante. Alguno de estos resultados secundarios extraídos de la presente investigación se podría resumir entre los siguientes:

- Un aumento de la implicación de los operarios de mantenimiento en un modelo de gestión del conocimiento en función de las actividades estratégicas.

- En base a lo anterior, aumenta de una manera significativa la captación de conocimiento estratégico por parte de los operarios de mantenimiento en el contenedor de conocimiento.

- Aumento del conocimiento compartido. Se persigue eliminar islas de conocimiento y aumentar la cohexión del equipo.

- Se observa continuidad en los proyectos de gestión del conocimiento, por la implicación del personal.

- Mayor sentido de seguridad personal en las decisiones a realizar; Aumento del sentido de trabajo en grupo y cohexión del equipo; Aumento del conocimiento compartido; Mayor proactividad de los empleados. Si tenemos en cuenta que existen miles de acciones de mantenimiento, y que el tiempo total aproximado dedicado por la organización de mantenimiento a las acciones de preventivo/correctivo es del 50% del tiempo total de todos sus miembros, se puede estimar la importancia económica y de aumento de rendimiento que significa a la organización.

- Mayor proactividad de los empleados; Aumenta el número de acciones criticas identificadas que suponen un avance importante en la mejora de la fiabilidad.

- La reducción en el tiempo de resolución de la avería significa un importante impacto económico en la empresa, ante estos tipos de averías no cíclicas que suponen un importante coste económico no previsto.

- Se aumenta de una manera significativa el grado de marcha de las líneas de producción de la empresa.

- Se aumenta la fluidez y la agilidad en la búsqueda obligada de conocimiento para la toma de decisiones.

- Mejora de la conciencia medioambiental de la empresa.

- Información y conocimiento estratégico en posesión de la empresa. Esto posibilita tener menor dependencia de los operarios con conocimiento muy específicos, reduciendo la incertidumbre ante nuevos acoplamiento de personal, enfermedades y bajas de empleados, jubilaciones, vacaciones, etc.

- El mayor conocimiento de la criticidad de las instalaciones, implica un menor coste en acciones de emergencia o ante fallos críticos que implica en numerosas ocasiones un coste no previsto por las organizaciones.

- La consecución de la optimización en el proceso de reciclaje del personal para el ahorro en la formación y puesta en operatividad del mismo, basándose en el conocimiento estratégico, del saber-hacer derivado de la experiencia y la implantación de criterios de decisión.

4.4. Referencias

AEM (Asociación Española de Mantenimiento) (2010). Encuesta sobre la evolución y situación del mantenimiento en España.

Alcázar, M., Álvarez, C., Escrivá, G., & Domijan, A. (2012). Evaluation and assessment of demand response potential applied to the meat industry. *Applied Energy,* 92, 84-91. http://dx.doi.org/10.1016/j.apenergy.2011.10.040

Alonso, C.M., Gallego, D.J., & Honey, P. (1994). *Los estilos de aprendizaje. Procedimientos de diagnóstico y mejora.* Bilbao: Ed. Mensajero.

Alsyouf, I. (2007). The role of maintenance in improving company productivity and profitability. *International Journal of Production Economics,* 105, 70-78. http://dx.doi.org/10.1016/j.ijpe.2004.06.057

Al-Turki, U. (2011). A framework for strategic planning in maintenance. *Journal of Quality in Maintenance Engineering,* 17(2), 150-162. http://dx.doi.org/10.1108/13552511111134583

Cárcel, J. (2010). Aspectos estratégicos del mantenimiento industrial relativos a la eficiencia energética. *Artículo 1er Congreso de dirección de operaciones en la empresa.* 25 y 26 de Junio, Madrid.

Khalil, J., Sameh, M.S., & Nabil, G. (2009). An integrated cost optimization maintenance model for industrial equipment. *Journal of Quality in Maintenance Engineering,* 15(1), 106-118. http://dx.doi.org/10.1108/13552510910943912

Liyange, J.P., & Kumar, U. (2003). Towards a value-based view on operations and maintenance performance management. *Journal of Quality in Maintenance Engineering,* 9(4), 333-350. http://dx.doi.org/10.1108/13552510310503213

Murthy, D.N.P., Atrens, A., & Eccleston, J.A. (2002). Strategic maintenance management. *Journal of Quality in Maintenance Engineering,* 8(4), 287-305. http://dx.doi.org/10.1108/13552510210448504

Tsang, A.H.C. (2002). Strategic dimensions of maintenance management. *Journal of Quality in Maintenance Engineering,* 8(1), 7-39. http://dx.doi.org/10.1108/13552510210420577

243

Capítulo V

Anexos

Anexo I: Cuestionario para modelo de aprendizaje

Cuestionario Honey-Alonso de estilos de aprendizaje
(Chaea, C.M., Alonso, D.J., Gallego, Y. & Honey, P.)

Instrucciones para responder al cuestionario

- Este cuestionario ha sido diseñado para identificar su Estilo preferido de Aprendizaje. No es un test de inteligencia, ni de responsabilidad.

- No hay límite de tiempo para contestar al Cuestionario. No le ocupa más de 15 minutos.

- No hay respuestas correctas o erróneas. Será útil en la medida que sea sincero/a en sus respuestas.

- Si está más de acuerdo con que en desacuerdo con el ítem ponga un signo más (+), si por el contrario, está más en desacuerdo que de acuerdo, ponga un signo menos (-).

- Por favor, conteste a todos los ítems.

- Muchas Gracias.

EMPRESA / INSTITUCIÓN:

NIVEL DE ESTUDIOS / FORMACIÓN:

NOMBRE:

Nº CUESTIONARIO:

Cuestionario Honey-Alonso de estilos de aprendizaje
(Chaea, C.M., Alonso, D.J., Gallego, Y. & Honey, P.)

☐ 1. Tengo fama de decir lo que pienso claramente y sin rodeos
☐ 2. Estoy seguro de lo que es bueno y lo que es malo, lo que está bien y lo que está mal
☐ 3. Muchas veces actúo sin mirar las consecuencias
☐ 4. Normalmente trato de resolver los problemas metódicamente y paso a paso
☐ 5. Creo que los formalismos coartan y limitan la actuación libre de las personas
☐ 6. Me interesa saber cuáles son los sistemas de valores de los demás y con qué criterios actúan
☐ 7. Pienso que el actuar intuitivamente puede ser siempre tan válido como actuar reflexivamente
☐ 8. Creo que lo más importante es que las cosas funcionen
☐ 9. Procuro estar al tanto de lo que ocurre aquí y ahora
☐ 10. Disfruto cuando tengo tiempo para preparar mi trabajo y realizarlo a conciencia
☐ 11. Estoy a gusto siguiendo un orden, en las comidas, en el estudio, haciendo ejercicio regularmente
☐ 12. Cuando escucho una nueva idea enseguida comienzo a pensar cómo ponerla en práctica
☐ 13. Prefiero las ideas originales y novedosas aunque no sean prácticas
☐ 14. Admito y me ajusto a las normas solo si me sirven para lograr mis objetivos
☐ 15. Normalmente encajo bien con personas reflexivas, y me cuesta sintonizar con personas demasiado espontáneas, imprevisibles
☐ 16. Escucho con más frecuencia que hablo
☐ 17. Prefiero las cosas estructuradas a las desordenadas
☐ 18. Cuando poseo cualquier información, trato de interpretarla bien antes de manifestar alguna conclusión
☐ 19. Antes de hacer algo estudio con cuidado sus ventajas e inconvenientes
☐ 20. Crezco con el reto de hacer algo nuevo y diferente
☐ 21. Casi siempre procuro ser coherente con mis criterios y sistemas de valores. Tengo principios y los sigo
☐ 22. Cuando hay una discusión no me gusta ir con rodeos
☐ 23. Me disgusta implicarme afectivamente en mi ambiente de trabajo. Prefiero mantener relaciones distantes
☐ 24. Me gustan más las personas realistas y concretas que las teóricas
☐ 25. Me gusta ser creativo, romper estructuras
☐ 26. Me siento a gusto con personas espontáneas y divertidas
☐ 27. La mayoría de las veces expreso abiertamente cómo me siento
☐ 28. Me gusta analizar y dar vueltas a las cosas
☐ 29. Me molesta que la gente no se tome en serio las cosas
☐ 30. Me atrae experimentar y practicar las últimas técnicas y novedades
☐ 31. Soy cauteloso a la hora de sacar conclusiones
☐ 32. Prefiero contar con el mayor número de fuentes de información. Cuantos más datos reúna para reflexionar, mejor
☐ 33. Tiendo a ser perfeccionista
☐ 34. Prefiero oír las opiniones de los demás antes de exponer la mía
☐ 35. Me gusta afrontar la vida espontáneamente y no tener que planificar todo previamente
☐ 36. En las discusiones me gusta observar cómo actúan los demás participantes
☐ 37. Me siento incómodo con las personas calladas y demasiado analíticas
☐ 38. Juzgo con frecuencia las ideas de los demás por su valor práctico
☐ 39. Me agobio si me obligan a acelerar mucho el trabajo para cumplir un plazo
☐ 40. En las reuniones apoyo las ideas prácticas y realistas

Cuestionario Honey-Alonso de estilos de aprendizaje
(Chaea, C.M., Alonso, D.J., Gallego, Y. & Honey, P.)

☐ 41. Es mejor gozar del momento presente que deleitarse pensando en el pasado o en el futuro
☐ 42. Me molestan las personas que siempre desean apresurar las cosas
☐ 43. Aporto ideas nuevas y espontáneas en los grupos de discusión
☐ 44. Pienso que son más conscientes las decisiones fundamentadas en un minucioso análisis que las basadas en la intuición
☐ 45. Detecto frecuentemente la inconsistencia y puntos débiles en las argumentaciones de los demás
☐ 46. Creo que es preciso saltarse las normas muchas más veces que cumplirlas
☐ 47. A menudo caigo en cuenta de otras formas mejores y más prácticas de hacer las cosas
☐ 48. En conjunto hablo más que escucho
☐ 49. Prefiero distanciarme de los hechos y observarlos desde otras perspectivas
☐ 50. Estoy convencido que deber imponerse la lógica y el razonamiento
☐ 51. Me gusta buscar nuevas experiencias
☐ 52. Me gusta experimentar y aplicar las cosas
☐ 53. Pienso que debemos llegar pronto al grano, al meollo de los temas
☐ 54. Siempre trato de conseguir conclusiones e ideas claras
☐ 55. Prefiero discutir cuestiones concretas y no perder el tiempo con charlas vacías
☐ 56. Me impaciento cuando me dan explicaciones irrelevantes e incoherentes
☐ 57. Compruebo antes si las cosas funcionan realmente
☐ 58. Hago varios borradores antes de la redacción definitiva de un trabajo
☐ 59. Soy consciente de que en las discusiones ayudo a mantener a los demás centrados en el tema, evitando divagaciones
☐ 60. Observo que, con frecuencia, soy uno de los más objetivos y desapasionados en las discusiones
☐ 61. Cuando algo va mal le quito importancia y trato de hacerlo mejor
☐ 62. Rechazo ideas originales y espontáneas si no las veo prácticas
☐ 63. Me gusta sopesar diversas alternativas antes de tomar una decisión
☐ 64. Con frecuencia miro hacia delante para prever el futuro
☐ 65. En los debates y discusiones prefiero desempeñar un papel secundario antes que ser el/la líder o el/la que más participa
☐ 66. Me molestan las personas que no actúan con lógica
☐ 67. Me resulta incomodo tener que planificar y prever las cosas
☐ 68. Creo que el fin justifica los medios en muchos casos
☐ 69. Suelo reflexionar sobre los asuntos y problemas
☐ 70. El trabajar a conciencia me llena de satisfacción y orgullo
☐ 71. Ante los acontecimientos trato de descubrir los principios y teorías en que se basan
☐ 72. Con tal de conseguir el objetivo que pretendo soy capaz de herir sentimientos ajenos
☐ 73. No me importa hacer todo lo necesario para que sea efectivo mi trabajo
☐ 74. Con frecuencia soy una de las personas que más anima las fiestas
☐ 75. Me aburro enseguida con el trabajo metódico y minucioso
☐ 76. La gente con frecuencia cree que soy poco sensible a sus sentimientos
☐ 77. Suelo dejarme llevar por mis intuiciones
☐ 78. Si trabajo en grupo procuro que se siga un método y un orden
☐ 79. Con frecuencia me interesa averiguar lo que piensa la gente
☐ 80. Esquivo los temas subjetivos, ambiguos y poco claros

Perfil de aprendizaje

1. Rodee con una línea cada uno de los números que ha señalado con un signo más (+)
2. Sume el número de círculos que hay en cada columna.
3. Coloque estos totales en la gráfica. Así comprobará cual es su estilo o estilos de aprendizaje preferentes.

I	II	III	IV
3	10	2	1
5	16	4	8
7	18	6	12
9	19	11	14
13	28	15	22
20	31	17	24
26	32	21	30
27	34	23	38
35	36	25	40
37	39	29	47
41	42	33	52
43	44	45	53
46	49	50	56
48	55	54	57
51	58	60	59
61	63	64	62
67	65	66	68
74	69	71	72
75	70	78	73
77	79	80	76
Totales			
Grupo Activo	Reflexivo	Teórico	Pragmático

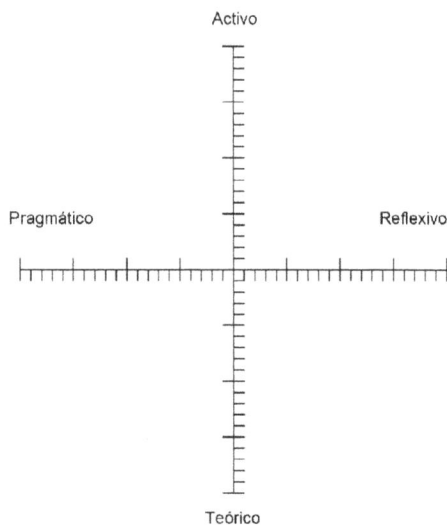

Anexo II: Cuestionarios exploratorios sobre las características del servicio del mantenimiento en relación a la transmisión del conocimiento y sus acciones tácticas fundamentales

Dr. F. Javier Cárcel Carrasco

(CUESTIONARIO EXPLORATORIO)

Modelo de mantenimiento operativo en explotación orientado a la mejora de la fiabilidad y eficiencia energética, basado en técnicas de gestión del conocimiento

OBJETIVO DEL ESTUDIO:

Tiene como objetivo técnico, analizar los sistemas de mantenimiento industrial, con el fin de investigar los estados de funcionamiento adecuados, detectar procesos de mejora en cuanto el proceso de transmisión de la información y gestión del conocimiento, que redunden en la mejora operativa de explotación, aumento de la fiabilidad y eficiencia energética de los sistemas e instalaciones involucradas, que incidan en la mejora continua de la empresa.

La meta final a cumplir es desarrollar un modelo de mantenimiento operativo en explotación orientado a la mejora de la fiabilidad y eficiencia energética, basado en técnicas de gestión del conocimiento, que redunden en la función operativa de la empresa o servicio a prestar, reducción de costes, identificación de procesos críticos, así como la revaloración y mejora de la formación de todo el personal implicado en los servicios de mantenimiento.

POLÍTICA DE CONFIDENCIALIDAD:

La información proporcionada en este cuestionario será tratada de manera confidencial y agregada, de manera que las opiniones particulares que estarán protegidas por el secreto estadístico, no sean identificadas.

INSTRUCCIONES PARA CUMPLIMENTAR EL CUESTIONARIO:

*Junto a las preguntas, existen unos recuadros puntuados de 1 hasta 5 (1 mínima valoración, 5 máxima valoración), debiendo poner una cruz en la respuesta seleccionada. En el caso de desconocer o no ser procedente la pregunta, debido a la actividad a desarrollar, la respuesta se dejará sin marcar.

**En el caso que se solicite contestar con números o escribir un texto, escriba en el recuadro correspondiente situado a continuación de la pregunta.

DATOS DEL ENCUESTADO Y EMPRESA: COD. ENCUESTA [　]

GUARDAR LA ENCUESTA CON EL SIGUIENTE CODIGO: TRES LETRAS FORMADAS POR LAS INICIALES PRIMERA LETRA DE NOMBRE-APELLIDO1-APELLIDO2, Y UN NÚMERO PRIMER NÚMERO DNI. EJEM FJC: JCC1

NOMB. EMPRESA [　]   SECTOR EMPRESA [　]

NOMBRE ENCUESTADO [　]   SECTOR EMPRESA: Agroalimentaria, automoción, manufacturero, servicios hoteleros, servicios comerciales, edificios oficinas, etc.

CARGO EN LA EMPRESA: ☐ DIRECTIVO ☐ JEFE/RESPONSABLE ☐ TÉCNICO/OPERARIO ☐ ADMINISTRATIVO

ÁREA TRABAJO EN LA EMPRESA: ☐ MANTENIM. ☐ PRODUCCIÓN ☐ ADMINISTRACIÓN ☐ OTRAS ÁREAS

Años aproximados de experiencia en el desempeño de su actividad: [　] Años en la empresa: [　] e-mail: [　]
(En esta empresa y anteriores)

Especialidad o Profesión: [　]   Nº aproximado de empleados en su área o departamento de trabajo: [　]

¿Tiene acceso a sistemas informáticos en el desempeño de su trabajo? ○ SI ○ No   Nº aproximado de empleados en la empresa: [　]

FORMACIÓN/TITULACIÓN: ☐ UNIVERSITARIA ☐ F.P/CICLOS FORMATIVOS ☐ BACHILLERATO ☐ BASICOS

A **GESTIÓN DEL CONOCIMIENTO EN LA INGENIERÍA DEL MANTENIMIENTO**
(Comentarios y Sugerencias)

Una vez realizado el cuestionario, rellena en esta hoja aquellos comentarios o sugerencias que consideres necesarios, que creas que no están debidamente reflejados en el cuestionario, y que ayudarían a conocer mejor los procesos de captación, almacenamiento y administración del conocimiento en la ingeniería de mantenimiento, que redunden en tu puesto de trabajo y en la mejora de la eficiencia de los procesos..

A) COMENTARIOS GENERALES SOBRE LA ADECUADA GESTIÓN DE LA INFORMACIÓN Y CONOCIMIENTO EN LA ACTIVIDAD DEL MANTENIMIENTO INDUSTRIAL.

B) COMENTARIOS SOBRE LA ADECUADA GESTIÓN DE LA INFORMACIÓN Y CONOCIMIENTO PARA LA MEJORA DE LA FIABILIDAD EN LA ACTIVIDAD DEL MANTENIMIENTO INDUSTRIAL.

C) COMENTARIOS SOBRE LA ADECUADA GESTIÓN DE LA INFORMACIÓN Y CONOCIMIENTO PARA LA MEJORA DE LA OPERACIÓN/EXPLOTACIÓN EN LA ACTIVIDAD DEL MANTENIMIENTO INDUSTRIAL.

D) COMENTARIOS SOBRE LA ADECUADA GESTIÓN DE LA INFORMACIÓN Y CONOCIMIENTO PARA LA MEJORA DE LA EFICIENCIA ENERGÉTICA EN LA ACTIVIDAD DEL MANTENIMIENTO INDUSTRIAL.

E) COMENTARIOS SOBRE LA ADECUADA GESTIÓN DE LA INFORMACIÓN Y CONOCIMIENTO PARA LA MEJORA DE LA MANTENIBILIDAD EN LA ACTIVIDAD DEL MANTENIMIENTO INDUSTRIAL.

A GESTIÓN DEL CONOCIMIENTO EN LA INGENIERÍA DEL MANTENIMIENTO

001. En que grado valorarías tu habilidad en el uso de la comunicación hablada (Persona-Persona)

1	2	3	4	5
☐	☐	☐	☐	☐

015. Pondera en que medida para la obtención de conocimiento/información te apoyas en **experiencias externas** (asesores, instaladores, otras empresas)

1	2	3	4	5
☐	☐	☐	☐	☐

002. En que grado valorarías tu habilidad en el uso de la comunicación hablada en grupo (Persona-Grupo)

1	2	3	4	5
☐	☐	☐	☐	☐

016. Pondera en que medida para la obtención de conocimiento/información te apoyas en **internet, buscadores**, etc.

1	2	3	4	5
☐	☐	☐	☐	☐

003. En que grado valorarías tu habilidad en el uso de la comunicación escrita, y recursos electrónicos (email, etc.)

1	2	3	4	5
☐	☐	☐	☐	☐

017. La base de tu conocimiento en que medida proviene de tu **formación académica/cursos realizados**

1	2	3	4	5
☐	☐	☐	☐	☐

004. Para **obtener** información/ conocimiento para el desempeño de tus funciones, en que medida la obtienes mediante el uso de **reuniones de trabajo**

1	2	3	4	5
☐	☐	☐	☐	☐

018. La base de tu conocimiento en que medida proviene de **experiencias propias previas** (trabajos anteriores)

1	2	3	4	5
☐	☐	☐	☐	☐

005. Para obtener información/conocimiento para el desempeño de tus funciones, en que medida la obtienes mediante el uso de **comunicaciones telefónicas, e-mail.**

1	2	3	4	5
☐	☐	☐	☐	☐

019. La base de tu conocimiento en que medida proviene de las **experiencias de tus compañeros de empresa**

1	2	3	4	5
☐	☐	☐	☐	☐

006. **Para obtener** información/ conocimiento para el desempeño de tus funciones, en que medida la obtienes mediante **consulta externa a suministradores, instaladores, fabricantes material, etc.**

1	2	3	4	5
☐	☐	☐	☐	☐

020. La base de tu conocimiento en que medida proviene de las **experiencias compartidas de otras empresas**

1	2	3	4	5
☐	☐	☐	☐	☐

007. **Para obtener** información/ conocimiento para el desempeño de tus funciones, en que medida la obtienes mediante el uso de **internet, buscadores, etc.**

1	2	3	4	5
☐	☐	☐	☐	☐

021. La base de tu conocimiento en que medida proviene de **manuales, internet, bases de datos, revistas, foros**

1	2	3	4	5
☐	☐	☐	☐	☐

008. Para **compartir** información/ conocimiento para el desempeño de tus funciones, en que medida la obtienes mediante el uso de **reuniones de trabajo**

1	2	3	4	5
☐	☐	☐	☐	☐

022. Al realizar una tarea problemática o crítica, que ya has resuelto anteriormente, en que medida lo planteas como si **fuera la primera vez**

1	2	3	4	5
☐	☐	☐	☐	☐

009. Para **compartir** información/ conocimiento para el desempeño de tus funciones, en que medida la obtienes mediante el uso de **comunicaciones telefónicas, e-mail.**

1	2	3	4	5
☐	☐	☐	☐	☐

023. Al realizar una tarea problemática o crítica, que ya has resuelto anteriormente, en que medida lo planteas recordando **experiencias previas**

1	2	3	4	5
☐	☐	☐	☐	☐

010. Para **compartir** información/ conocimiento para el desempeño de tus funciones, en que medida la obtienes mediante **consulta externa a suministradores, instaladores, fabricantes material, etc.**

1	2	3	4	5
☐	☐	☐	☐	☐

024. Al realizar una tarea problemática o crítica, que ya has resuelto en que medida lo planteas **consultando tus propias notas personales**

1	2	3	4	5
☐	☐	☐	☐	☐

011. Para **compartir** información/ conocimiento para el desempeño de tus funciones, en que medida la obtienes mediante el uso de **internet, buscadores, etc.**

1	2	3	4	5
☐	☐	☐	☐	☐

025. Al realizar una tarea problemática o crítica, que ya has resuelto anteriormente, en que medida lo planteas **consultando a tus compañeros**

1	2	3	4	5
☐	☐	☐	☐	☐

012. Pondera en que medida para la obtención de conocimiento/información te apoyas en **documentos escritos**

1	2	3	4	5
☐	☐	☐	☐	☐

026. Al realizar una tarea problemática o crítica, que ya has resuelto anteriormente, en que medida lo planteas **consultando el sistema informático de mantenimiento**

1	2	3	4	5
☐	☐	☐	☐	☐

013. Pondera en que medida para la obtención de conocimiento/información te apoyas en **tu propia experiencia**

1	2	3	4	5
☐	☐	☐	☐	☐

027. Pondera la siguiente afirmación: Realizo innovaciones o formas novedosas de hacer más eficiente mi trabajo

1	2	3	4	5
☐	☐	☐	☐	☐

014. Pondera en que medida para la obtención de conocimiento/información te apoyas en **la experiencia de otros compañeros**

1	2	3	4	5
☐	☐	☐	☐	☐

028. Pondera la siguiente afirmación: Aporto ideas o sugerencias nuevas a mis compañeros que pueden ayudarles a mejorar su trabajo

1	2	3	4	5
☐	☐	☐	☐	☐

A GESTIÓN DEL CONOCIMIENTO EN LA INGENIERÍA DEL MANTENIMIENTO

029. Pondera la siguiente afirmación: Tengo nuevas ideas que me permitirían solucionar mejor los problemas

1 ☐ 2 ☐ 3 ☐ 4 ☐ 5 ☐

030. Pondera la siguiente afirmación: He desarrollado ideas o procesos de trabajo, que se han aplicado en la organización.

1 ☐ 2 ☐ 3 ☐ 4 ☐ 5 ☐

031. Al realizar una tarea problemática o crítica, NUEVA, en que medida lo planteas como si fuera **la primera vez**

1 ☐ 2 ☐ 3 ☐ 4 ☐ 5 ☐

032. Al realizar una tarea problemática o crítica, NUEVA, en que medida lo planteas recordando **experiencias previas**

1 ☐ 2 ☐ 3 ☐ 4 ☐ 5 ☐

033. Al realizar una tarea problemática o crítica, NUEVA, en que medida lo planteas **consultando tus propias notas personales**

1 ☐ 2 ☐ 3 ☐ 4 ☐ 5 ☐

034. Al realizar una tarea problemática o crítica, NUEVA, en que medida lo planteas **consultando a tus compañeros**

1 ☐ 2 ☐ 3 ☐ 4 ☐ 5 ☐

035. Al realizar una tarea problemática o crítica, NUEVA, en que medida lo planteas **consultando el sistema informático de mantenimiento**

1 ☐ 2 ☐ 3 ☐ 4 ☐ 5 ☐

036. Tu trabajo **normal diario**, de que manera lo documentas. Selecciona todas las formas que normalmente utilices

☐ Por escrito, notas propias
☐ Por escrito, compartido
☐ Medio informático
☐ Foro compartido
☐ No se documenta

037. Ante **un suceso extraordinario o crítico**, de que manera lo documentas. Selecciona todas las formas que normalmente utilices

☐ Por escrito, notas propias
☐ Por escrito, compartido
☐ Medio informático
☐ Foro compartido
☐ No se documenta

038. En el caso de documentar tus experiencias en el trabajo, de que manera lo realizas

☐ De manera breve
☐ Con algo de detalle
☐ Muy documentado
☐ Con gran genero de detalles
☐ Sólo lo comento en reunión

039. Pondera en que medida se **documentan los resultados obtenidos**

1 ☐ 2 ☐ 3 ☐ 4 ☐ 5 ☐

040. Pondera esta afirmación: Dejo por escrito todo lo que sé

1 ☐ 2 ☐ 3 ☐ 4 ☐ 5 ☐

041. Pondera esta afirmación: Al resolver un problema, lo anoto todo y la manera en que lo he resuelto

1 ☐ 2 ☐ 3 ☐ 4 ☐ 5 ☐

042. Pondera esta afirmación: Cuando necesito información, **lo encuentro con facilidad** en los sistemas informáticos de la organización

1 ☐ 2 ☐ 3 ☐ 4 ☐ 5 ☐

043. Pondera esta afirmación: Cuando necesito información, la consigo **comentándolo al resto de compañeros**

1 ☐ 2 ☐ 3 ☐ 4 ☐ 5 ☐

044. Pondera esta afirmación: **Encuentro con facilidad planos, documentos, etc, que puedo necesitar para un trabajo**

1 ☐ 2 ☐ 3 ☐ 4 ☐ 5 ☐

045. Tu experiencia y conocimiento, lo compartes con TUS JEFES, de la siguiente forma

☐ Por escrito
☐ Reuniones de trabajo
☐ Comentarios informales
☐ Medio informático
☐ No lo comparto

046. Tu experiencia y conocimiento, lo compartes con TUS COMPAÑEROS, de la siguiente forma

☐ Por escrito
☐ Reuniones de trabajo
☐ Comentarios informales
☐ Medio informático
☐ No lo comparto

047. Tu experiencia y conocimiento, lo compartes con TUS SUBALTERNOS, de la siguiente forma

☐ Por escrito
☐ Reuniones de trabajo
☐ Comentarios informales
☐ Medio informático
☐ No lo comparto

048. Tu experiencia y conocimiento, lo compartes con EMPRESAS EXTERNAS, de la siguiente forma

☐ Por escrito
☐ Reuniones de trabajo
☐ Comentarios informales
☐ Medio informático
☐ No lo comparto

049. Considero que es muy importante mejorar los procesos de transmisión del conocimiento en mi organización para hacer **más eficiente mi trabajo**

1 ☐ 2 ☐ 3 ☐ 4 ☐ 5 ☐

A   GESTIÓN DEL CONOCIMIENTO EN LA INGENIERÍA DEL MANTENIMIENTO

050. Cuanto tiempo utilizo diariamente por no tener o ser incompleta la información/conocimiento necesario para la realización diaria de mi trabajo ordinario

☐ Entre 15 a 30 min.
☐ Entre 30 a 60 min.
☐ Entre 1 a 2 horas
☐ Entre 2 a 3 horas
☐ Más de 3 horas

051. Cuanto tiempo utilizo diariamente dando explicaciones o pidiendo aclaraciones, por no estar claras las ordenes de trabajo

☐ Entre 15 a 30 min.
☐ Entre 30 a 60 min.
☐ Entre 1 a 2 horas
☐ Entre 2 a 3 horas
☐ Más de 3 horas

052. Cuanto tiempo utilizo semanalmente, en tareas estériles (por no estar claros las peticiones o la orden de un trabajo concreto). Tiempo en "re-inventar la pólvora"

☐ Menos de 1 hora
☐ Entre 2 a 4 horas
☐ Entre 4 a 6 horas
☐ Más de 6 horas
☐ Lo desconozco, pero o mucho

053. Cuanto tiempo utilizo diariamente, en enseñar o guiar a compañeros nuevos, en el trabajo ordinario (Cuando se haya dado el caso)

☐ Menos de 1 hora
☐ Entre 1 a 2 horas
☐ Entre 2 a 3 horas
☐ Entre 3 a 4 horas
☐ Más de 4 horas

054. Cuanto tiempo utilizo de media mensualmente para la capacitación y entrenamiento personal

☐ Menos de 1 hora
☐ Entre 2 a 4 horas
☐ Entre 4 a 6 horas
☐ Entre 6 a 8 horas
☐ Más de 8 horas

055. Ante una actividad CRÍTICA o EMERGENCIA, considero que los tiempos en resolverla se reducirían en un %, si contara con información clara y explicita ante dichas situaciones:

☐ Reducción en menos de 10%
☐ Entre 10 a un 20 %
☐ Entre 20 a un 40 %
☐ Entre 40 a un 60 %
☐ Más de un 80 %

056. Para mejorar la gestión y transmisión del conocimiento, pondera hasta que grado estarías dispuesto a: **compartir mi experiencia con mis compañeros**

1 2 3 4 5
☐ ☐ ☐ ☐ ☐

057. Para mejorar la gestión y transmisión del conocimiento, pondera hasta que grado estarías dispuesto a: **Aprender de mis compañeros**

1 2 3 4 5
☐ ☐ ☐ ☐ ☐

058. Para mejorar la gestión y transmisión del conocimiento, pondera hasta que grado estarías dispuesto a: **Participar más en las reuniones**

1 2 3 4 5
☐ ☐ ☐ ☐ ☐

059. Para mejorar la gestión y transmisión del conocimiento, pondera hasta que grado estarías dispuesto a: **Registrar explícitamente mi conocimiento adquirido en base a las experiencias y resolución de problemas**

1 2 3 4 5
☐ ☐ ☐ ☐ ☐

060. Para mejorar la gestión y transmisión del conocimiento, pondera hasta que grado estarías dispuesto a: **Aplicar y utilizar experiencias que me aporten los demás**

1 2 3 4 5
☐ ☐ ☐ ☐ ☐

061. Para mejorar la gestión y transmisión del conocimiento, pondera hasta que grado estarías dispuesto a: **Proponer formas más eficientes y creativas de realizar mi trabajo**

1 2 3 4 5
☐ ☐ ☐ ☐ ☐

062. Describe, los problemas a los que te enfrentas, para desarrollar y fomentar el flujo del conocimiento en el desempeño de tu función

☐
☐

063. Describe que herramientas o tecnología (informática, etc.), crees que te ayudaría a mejorar el proceso de información en tu actividad

☐
☐

064. El ambiente de trabajo, crees que es el adecuado para la transmisión del conocimiento

1 2 3 4 5
☐ ☐ ☐ ☐ ☐

065. La transmisión de información y conocimiento entre las diferentes secciones de tu mismo departamento, crees que es la adecuada

1 2 3 4 5
☐ ☐ ☐ ☐ ☐

066. Cuando se incorpora un nuevo compañero a esta empresa en tu área de trabajo, el tiempo de acoplamiento (ser totalmente autónomo en su trabajo), es aproximadamente de:

☐ Entre 1 a 3 meses
☐ Entre 3 a 5 meses
☐ Entre 5 a 8 meses
☐ Entre 8 a 10 meses
☐ Más de 10 meses

067. Crees que sería importante disponer de sistemas de información y conocimiento para el auto-aprendizaje, y reciclaje en la actividad que desempeñas

1 2 3 4 5
☐ ☐ ☐ ☐ ☐

068. De manera objetiva, consideras que si existiera información mucho más detallada, procedimientos claros, diagramas de bloques, etc, de los procesos críticos, aumentaría la eficiencia de tu trabajo

1 2 3 4 5
☐ ☐ ☐ ☐ ☐

069. En que medida crees que sería interesante, que se formara un grupo de trabajo dentro del departamento, con la misión de coordinar y distribuir (entrada-salida) el conocimiento necesario de ayuda en tu actividad

1 2 3 4 5
☐ ☐ ☐ ☐ ☐

070. De una manera global, y teniendo en cuenta cómo se realiza la transferencia de conocimiento en mi área de trabajo, considero que su nivel de transferencia es:

1 2 3 4 5
☐ ☐ ☐ ☐ ☐

A-1 GESTIÓN DEL CONOCIMIENTO EN ING. MANTENIMIENTO HACIA CRITERIOS ESTRATÉGICOS (A-1 FIABILIDAD)

001. Desde una visión global, el nivel de conocimiento sobre los parámetros de FIABILIDAD de los elementos, sistemas, etc. de la empresa es:

1 2 3 4 5 ☐ ☐ ☐ ☐ ☐

002. Se registran los fallos de los elementos y paradas no programadas, indicando tiempo, causas, gasto indirecto producido por el fallo, y acciones realizadas

☐ No se registra
☐ No se registra, pero se conoce
☐ De una manera básica
☐ De una manera extensa
☐ De manera detallada, descripción, fotos, etc.

003. En que grado se analizan los fallos de los elementos y paradas no programadas, indicando, con el estudio de causas, mejoras propuestas, tasa fallos por periodos, etc.

1 2 3 4 5 ☐ ☐ ☐ ☐ ☐

004. Para actuar ante un fallo o parada no programada, normalmente, la información necesaria la obtengo

☐ De mi propia experiencia
☐ De la experiencia de mis compañeros
☐ Existen procedimientos claros
☐ Muchas veces a base de pruebas fallo-acierto
☐ No existe ningún tipo de información registrada

005. Valora el grado de formación que has recibido, sobre fiabilidad de los equipos y los efectos sobre la producción

1 2 3 4 5 ☐ ☐ ☐ ☐ ☐

006. Existen diagramas de fallo-solución de las instalaciones o equipos críticos.

1 2 3 4 5 ☐ ☐ ☐ ☐ ☐

007. Un técnico de un área de mantenimiento, tiene información suficiente para actuar ante el fallo en otra área de mantenimiento.

1 2 3 4 5 ☐ ☐ ☐ ☐ ☐

008. Tienes conocimiento de las técnicas estadísticas para estimar la confiabilidad.

1 2 3 4 5 ☐ ☐ ☐ ☐ ☐

009. Cómo documentas los fallos producidos.

☐ No se documentan normalmente
☐ Sólo se indica en el parte
☐ Se comentan compañeros
☐ Con gran genero de detalles
☐ No se ve interesante

010. Pondera si estimas interesante tener un sistema de información donde estén detalladamente los procesos de actuación ante un fallo determinado de una máquina o sistema.

1 2 3 4 5 ☐ ☐ ☐ ☐ ☐

011. Al comprar/instalar un equipo o sistema, se captan y documentan los procesos de fallo y confiabilidad que puedan preverse en el sistema

1 2 3 4 5 ☐ ☐ ☐ ☐ ☐

012. La información sobre fiabilidad forma parte del proceso a realizar antes de la puesta en marcha de un nuevo equipo (Es parte intrínseca del proyecto)

1 2 3 4 5 ☐ ☐ ☐ ☐ ☐

013. Se conoce cuantitativamente el efecto del fallo de un equipo o sistema sobre la producción o explotación (€/min)

1 2 3 4 5 ☐ ☐ ☐ ☐ ☐

014. Tienes información sobre el efecto del mantenimiento preventivo sobre la tasa de fallo

1 2 3 4 5 ☐ ☐ ☐ ☐ ☐

015. Los grupos de mantenimiento tenéis reuniones programadas periódicamente, para el análisis de los elementos críticos de los sistemas

1 2 3 4 5 ☐ ☐ ☐ ☐ ☐

016. Ves interesante tener un sistema de auto-formación en donde se puedan ver los fallos de diferentes equipos e instalaciones y cómo se han resuelto, basado en las experiencias de todos los miembros de la organización de mantenimiento.

1 2 3 4 5 ☐ ☐ ☐ ☐ ☐

017. Existe alguna forma de captación de propuestas para mejorar la fiabilidad de los sistemas.

1 2 3 4 5 ☐ ☐ ☐ ☐ ☐

018. Se analizan periódicamente las tasas de fiabilidad de los equipos y sistemas.

1 2 3 4 5 ☐ ☐ ☐ ☐ ☐

019. Se cuenta y se documenta las características de fiabilidad comentadas o propuestas por agentes externos (fabricantes, instaladores, etc)

1 2 3 4 5 ☐ ☐ ☐ ☐ ☐

020. Pondera ante acciones de resolución de averías, en que medida es resuelta por tu propio conocimiento y experiencia en las instalaciones y equipos en esta empresa, información que no está registrada de ninguna manera explícita..

1 2 3 4 5 ☐ ☐ ☐ ☐ ☐

021. Pondera ante acciones de resolución de averías, en que grado lo documentas de una manera intensa y clara, con procesos, fotos, efectos, etc, de manera que pueda ser utilizada por el resto de miembros de la organización.

1 2 3 4 5 ☐ ☐ ☐ ☐ ☐

022. Pondera que nivel de información tienes sobre la relación entre la fiabilidad y la eficiencia energética.

1 2 3 4 5 ☐ ☐ ☐ ☐ ☐

023. Pondera que nivel de información tienes sobre la relación entre la fiabilidad y la mantenibilidad de los sistemas.

1 2 3 4 5 ☐ ☐ ☐ ☐ ☐

024. Se realizan reuniones periódicas en donde se analizan diferentes propuestas de mejora de la fiabilidad captadas por la experiencia en la explotación..

1 2 3 4 5 ☐ ☐ ☐ ☐ ☐

025. Existe una lista ponderada de la criticidad de los equipos e instalaciones en base a su efecto sobre la producción, seguridad, etc..

1 2 3 4 5 ☐ ☐ ☐ ☐ ☐

026. Se han identificado las partes críticas de dichos equipos y se ha realizado un diagrama de bloques esquemático y claro.

1 2 3 4 5 ☐ ☐ ☐ ☐ ☐

027. Se han realizados procedimientos para detectar y documentar la criticidad de los elementos y sistemas

1 2 3 4 5 ☐ ☐ ☐ ☐ ☐

A-1 GESTIÓN DEL CONOCIMIENTO EN ING. MANTENIMIENTO HACIA CRITERIOS ESTRATÉGICOS (A-1 FIABILIDAD)

028. Valora de una manera **global**, el análisis y la gestión documental ante fallos, que se realiza en el departamento de mantenimiento..

1	2	3	4	5
☐	☐	☐	☐	☐

029. De los criterios estratégicos fundamentales de la actividad de mantenimiento, ordena en el orden de importancia de cada uno de ellos (5 el de mayor importancia, 1 el de menor)

* FIABILIDAD DE LOS SISTEMAS

1	2	3	4	5
☐	☐	☐	☐	☐

* EFICIENCIA ENERGÉTICA

1	2	3	4	5
☐	☐	☐	☐	☐

*MANTENIBILIDAD

1	2	3	4	5
☐	☐	☐	☐	☐

* OPERACIÓN/EXPLOTACIÓN

1	2	3	4	5
☐	☐	☐	☐	☐

* OTROS TRABAJOS AL RESTO DE LA ORGANIZACIÓN.

1	2	3	4	5
☐	☐	☐	☐	☐

030. Pondera en los siguientes procesos, en que grado **predomina tu experiencia** y conocimiento propio (tácito), no documentado, para su resolución correcta:

a) Resolución de pequeñas averías de máquinas o sistemas.

1	2	3	4	5
☐	☐	☐	☐	☐

b) Resolución de paradas no programadas críticas.

1	2	3	4	5
☐	☐	☐	☐	☐

c) Rearmado de cuadros eléctricos, distribuidos por diferentes lugares de la empresa tras disparo de protecciones.

1	2	3	4	5
☐	☐	☐	☐	☐

d) Maniobras de cierre de válvulas de agua, aire comprimido, etc, distribuidos por diferentes lugares de la empresa para solucionar averías o roturas.

1	2	3	4	5
☐	☐	☐	☐	☐

e) Petición de material o equipamiento externo de apoyo a la resolución de la avería

1	2	3	4	5
☐	☐	☐	☐	☐

f) Detección de posibles puntos críticos (cuellos de botella), que pudieran afectar en algún momento de manera significativa:

1	2	3	4	5
☐	☐	☐	☐	☐

031. Pondera de los siguientes procesos, en que medida están **adecuadamente documentados** o con un grado de información claro y conciso, que te ayudan en la resolución de averías (información explícita):

a) Planimetría clara, concisa y actualizada.

1	2	3	4	5
☐	☐	☐	☐	☐

b) Procedimientos documentados con claridad para los procesos de resolución de averías

1	2	3	4	5
☐	☐	☐	☐	☐

c) Diagramas de bloques en que se pueden ver todos los elementos implicados en la avería (aguas arriba y abajo)

1	2	3	4	5
☐	☐	☐	☐	☐

d) Teléfonos de apoyo, suministradores, apoyo externo, para actuaciones inmediatas de emergencia.

1	2	3	4	5
☐	☐	☐	☐	☐

e) Procedimientos ante averías muy críticas o de emergencia, que no se han producido hasta la fecha.

1	2	3	4	5
☐	☐	☐	☐	☐

f) Historial de resolución de averías y maniobras debidamente documentadas, basadas en las experiencias del resto de compañeros

1	2	3	4	5
☐	☐	☐	☐	☐

A-2 — GESTIÓN DEL CONOCIMIENTO EN ING. MANTENIMIENTO HACIA CRITERIOS ESTRATÉGICOS
(A-2 OPERACIÓN/EXPLOTACIÓN)

001. Tu experiencia laboral en el área de mantenimiento (en esta empresa u otras), es: (1-menos de dos años; 2- entre entre 2 y 4; 3- entre 4 y 6; 4- entre 6 y 10; 5- más de 10 años.

1	2	3	4	5
☐	☐	☐	☐	☐

002. Ante acciones de operación/explotación de las instalaciones y equipamiento (Rearmado de protecciones eléctricas ante disparos, cierres de válvulas aguas arriba y abajo, puesta en marcha o parada de emergencia de equipos, etc), en que grado te basas fundamentalmente en tu propia experiencia adquirida y no registrada explícitamente (conocimiento tácito)

1	2	3	4	5
☐	☐	☐	☐	☐

003. Dada la complejidad de tu trabajo, pondera el tiempo que utilizaste en ser totalmente operativo, desde tu entrada en la empresa en el área de mantenimiento (1-menos de 2 meses; 2- entre entre 2 y 4; 3- entre 4 y 6; 4- entre 6 y 10; 5- más de 10 meses).

1	2	3	4	5
☐	☐	☐	☐	☐

004. Pondera en los siguientes procesos, en la operativa y explotación de las instalaciones y equipos en que grado **predomina** tu **experiencia** y conocimiento propio (tácito), no documentado, para su resolución correcta:

a) Conocimiento de la posición de los cuadros eléctricos, actuación ante actuaciones por disparo

1	2	3	4	5
☐	☐	☐	☐	☐

b) Acciones de sectorización de redes de fluidos aguas arriba y abajo.

1	2	3	4	5
☐	☐	☐	☐	☐

c) Maniobras de elementos de protección o sectorización, trazado de redes por la planta industrial

1	2	3	4	5
☐	☐	☐	☐	☐

d) Actuaciones ante paradas no programadas de producción, modificación de las líneas de producción.

1	2	3	4	5
☐	☐	☐	☐	☐

e) Acciones a tomar ante acciones críticas o de emergencia

1	2	3	4	5
☐	☐	☐	☐	☐

005. Desde una visión global, el nivel de conocimiento sobre los parámetros de OPERACIÓN/EXPLOTACIÓN, que permiten operar con soltura y conocimiento en los elementos y sistemas fundamentales de maniobra de la factoría es:

1	2	3	4	5
☐	☐	☐	☐	☐

030. Pondera de los siguientes procesos, en que medida están **adecuadamente documentados** o con un grado de información claro y conciso, que te ayudan en la resolución de averías (información explícita):

a) Planimetría clara, concisa y actualizada, con los elementos clave de maniobra y posición de elementos para operar equipos e instalaciones.

1	2	3	4	5
☐	☐	☐	☐	☐

b) Procedimientos documentados para maniobras de instalaciones y equipos.

1	2	3	4	5
☐	☐	☐	☐	☐

c) Diagramas de bloques en que se pueden ver todos los elementos para operación y sectorización de equipos e instalaciones (aguas arriba y abajo)

1	2	3	4	5
☐	☐	☐	☐	☐

d) Procedimientos para actuaciones de emergencia.

1	2	3	4	5
☐	☐	☐	☐	☐

e) Procedimientos ante maniobras de redes y elementos de alta tensión, para rearmado o sectorización.

1	2	3	4	5
☐	☐	☐	☐	☐

f) Historial de realización de maniobras, posición de válvulas de sectorización, cuadros eléctricos debidamente documentadas, basadas en las experiencias del resto de compañeros

1	2	3	4	5
☐	☐	☐	☐	☐

A-3 GESTIÓN DEL CONOCIMIENTO EN ING. MANTENIMIENTO HACIA CRITERIOS ESTRATÉGICOS (A-3 EFICIENCIA ENERGÉTICA)

001. Tu conocimiento de las características básicas energéticas de los elementos o sistemas (consumo, optimización, etc) es:

1 2 3 4 5 □ □ □ □ □

002. Ante acciones de mejora o actuación para mejora de eficiencia energética, en que grado te basas fundamentalmente en tu propia experiencia adquirida y no registrada explícitamente (conocimiento tácito)

1 2 3 4 5 □ □ □ □ □

003. Tu conocimiento sobre técnicas de mejora de eficiencia energética, medición, control, etc es:

1 2 3 4 5 □ □ □ □ □

004. Tu conocimiento sobre acciones globales en los sistemas que puedan afectar significativamente el rendimiento energético es:

1 2 3 4 5 □ □ □ □ □

005. Pondera en los siguientes ítems, en que grado **predomina tu experiencia** y conocimiento propio (tácito), no documentado:

a) Conocimiento de consumos energéticos de elementos o sistemas

1 2 3 4 5 □ □ □ □ □

b) Visión global del árbol de sistemas aguas arriba y abajo que determinen acciones de mejora

1 2 3 4 5 □ □ □ □ □

c) Maniobras de elementos que permitan mejorar la eficiencia energética de equipos y sistemas.

1 2 3 4 5 □ □ □ □ □

d) Propuestas de mejoras, que incidan en la mejora de la eficiencia energética

1 2 3 4 5 □ □ □ □ □

e) Detección de acciones de mejora de eficiencia energética que incidan en la reducción del consumo y mejora de la mantenibilidad o fiabilidad de elementos.

1 2 3 4 5 □ □ □ □ □

006. Desde una visión global, el nivel de conocimiento sobre los parámetros de EFICIENCIA ENERGÉTICA, que permiten optimizar los consumos de equipos, maquinaria o instalaciones de la empresa es:

1 2 3 4 5 □ □ □ □ □

007. Pondera de los siguientes procesos, en que medida están **adecuadamente documentados** o con un grado de información claro y conciso, que te ayudan en la detección de acciones de eficiencia energética:

a) Planimetría clara, concisa y actualizada, que permitan hacer un análisis del flujo energético en los sistemas e instalaciones.

1 2 3 4 5 □ □ □ □ □

b) Procedimientos documentados con claridad para los procesos de detección de acciones de eficiencia energética.

1 2 3 4 5 □ □ □ □ □

c) Diagramas de bloques en que se pueden ver todos los elementos implicados en el consumo energético.

1 2 3 4 5 □ □ □ □ □

d) Datos concisos y claros, esquemas de fabricantes de equipos y maquinaria, sugeridas externas

1 2 3 4 5 □ □ □ □ □

e) Procedimientos ante acciones de maniobras o sectorización para optimización energética.

1 2 3 4 5 □ □ □ □ □

f) Historial de acciones de eficiencia energética debidamente documentadas, basadas en las experiencias del resto de compañeros

1 2 3 4 5 □ □ □ □ □

A-4

GESTIÓN DEL CONOCIMIENTO EN ING. MANTENIMIENTO HACIA CRITERIOS ESTRATÉGICOS (A-4 MANTENIBILIDAD)

001. Tu conocimiento de las técnicas fundamentales de mantenimiento (preventivo, predictivo, correctivo):

1 2 3 4 5 ☐ ☐ ☐ ☐ ☐

002. Se tienen registradas las acciones de mantenimiento de las empresas subcontratadas, que pueden ser utilizadas para generar conocimiento útil o estratégico para la empresa.

1 2 3 4 5 ☐ ☐ ☐ ☐ ☐

003. Considero que es importante registrar las acciones de mantenimiento de una manera explícita, con todo genero de detalles, de manera que facilite dichos trabajos y posibilidad de mejora.

1 2 3 4 5 ☐ ☐ ☐ ☐ ☐

004. Al realizar una nueva acción de mantenimiento, en equipos en los que nunca he actuado, la forma más fácil de conseguir información es consultar a mis compañeros.

1 2 3 4 5 ☐ ☐ ☐ ☐ ☐

004. Me resulta fácil encontrar información para aprender en acciones de mantenimiento, utilizarla para mi propio auto-aprendizaje.

1 2 3 4 5 ☐ ☐ ☐ ☐ ☐

005. Del programa de gestión de mantenimiento utilizado, pondera el nivel de las siguientes afirmaciones:

a) Lo considero útil, ágil y eficaz. Nos permite de una manera rápida realizar consultas sobre algún elekemento

1 2 3 4 5 ☐ ☐ ☐ ☐ ☐

b) Muestra información muy precisa, detalles, fotos y procedimientos en la realización de los trabajos

1 2 3 4 5 ☐ ☐ ☐ ☐ ☐

c) Nos permite consultar la ficha de mantenimiento de cualquier elemento, los costes anuales por sistema, los históricos de mantenimiento realizados.

1 2 3 4 5 ☐ ☐ ☐ ☐ ☐

d) Podemos introducir propuestas de mejoras, que incidan en la mejora del mantenimiento.

1 2 3 4 5 ☐ ☐ ☐ ☐ ☐

e) Nos permite analizar los indicadores principales de mantenimiento (tiempos de parada, MTBF, MTBR, etc.)

1 2 3 4 5 ☐ ☐ ☐ ☐ ☐

f) Los partes de trabajo los genera de manera clara y concisa. No da lugar a malas interpretaciones.

1 2 3 4 5 ☐ ☐ ☐ ☐ ☐

006. Dada la complejidad de los equipos y sistemas en la empresa, cuando se incorpora un nuevo compañero a esta empresa en tu área de trabajo, el **tiempo de acoplamiento medio aproximado para realizar las tareas de MANTENIMIENTO** (ser totalmente autónomo en su trabajo), es aproximadamente de:

☐ Entre 1 a 3 meses
☐ Entre 3 a 5 meses
☐ Entre 5 a 8 meses
☐ Entre 8 a 10 meses
☐ Más de 10 meses

004. Considero que sería muy útil disponer de un sistema de gestión del conocimiento en las acciones de MANTENIMIENTO, donde estén registradas de forma concisa y clara todas las acciones, que la consulta sea ligera, que tenga información gráfica y de video, y donde puedan estar soportadas mis experiencias y las de mis compañeros, que nos faciliten nuestro trabajo o el auto aprendizaje en otras acciones de mantenimiento.

1 2 3 4 5 ☐ ☐ ☐ ☐ ☐

007. Me resulta fácil realizar propuestas de mejora u observaciones para mejora de acciones de mantenimiento, que son fácilmente registradas para su estudio o aplicación.

1 2 3 4 5 ☐ ☐ ☐ ☐ ☐

008. Pondera de los siguientes procesos, en que medida están **adecuadamente documentados** o con un grado de información claro y conciso, que te ayudan en la detección de acciones de MANTENIMIENTO:

a) Planimetría clara, concisa y actualizada, que permitan hacer un análisis del las acciones fundamentales de mantenimiento de equipos y sistemas

1 2 3 4 5 ☐ ☐ ☐ ☐ ☐

b) Procedimientos documentados con claridad para los procesos de MANTENIMIENTO.

1 2 3 4 5 ☐ ☐ ☐ ☐ ☐

c) Diagramas de bloques en que se pueden ver todos los elementos Y sistemas implicados en el mantenimiento.

1 2 3 4 5 ☐ ☐ ☐ ☐ ☐

d) Datos concisos y claros, esquemas de fabricantes de equipos y maquinaria, sugerencias externas

1 2 3 4 5 ☐ ☐ ☐ ☐ ☐

e) Procedimientos ante acciones de maniobras o sectorización para procesos en la acción de mantenimiento

1 2 3 4 5 ☐ ☐ ☐ ☐ ☐

f) Historial de acciones de MANTENIMIENTO fundamentales debidamente documentadas, basadas en las **experiencias** del resto de compañeros

1 2 3 4 5 ☐ ☐ ☐ ☐ ☐

009. Pondera de los siguientes procesos, de captación de información/ conocimiento en las acciones de MANTENIMIENTO

a) La información la capto de REUNIONES, con el resto de compañeros del equipo de mantenimiento.

1 2 3 4 5 ☐ ☐ ☐ ☐ ☐

b) La información la capto de MIS SUPERIORES, con indicaciones claras de los procesos

1 2 3 4 5 ☐ ☐ ☐ ☐ ☐

c) La información la capto del programa de gestión de mantenimiento, resultando útil y fácil de utilizar para mejorar mis procesos

1 2 3 4 5 ☐ ☐ ☐ ☐ ☐

d) La información la capto de empresas externas, cursos, internet.

1 2 3 4 5 ☐ ☐ ☐ ☐ ☐

010. De una manera GLOBAL, considero que el nivel de información sobre las tareas de MANTENIMIENTO, para aprender, mejorar, facilidad para documentar, transferir mi información, propuestas de mejoras, etc, es:

1 2 3 4 5 ☐ ☐ ☐ ☐ ☐

A-5 — GESTIÓN DEL CONOCIMIENTO EN ING. MANTENIMIENTO HACIA CRITERIOS ESTRATÉGICOS (A-5 CLIENTES DE MANTENIMIENTO)

001. Dada tu visión global de la empresa, considero que los **clientes de mantenimiento**, conocen las acciones que hacemos, el trabajo que desarrollamos y son conscientes de nuestro esfuerzo, medios y limitaciones.

1 2 3 4 5 ☐ ☐ ☐ ☐ ☐

002. La relación con los clientes de mantenimiento, es fluida, se tienen en cuenta todas sus inquietudes, se les explican los procesos a realizar, y los plazos de ejecución

1 2 3 4 5 ☐ ☐ ☐ ☐ ☐

003. Las peticiones de los clientes a mantenimiento, son rápidamente contestadas, se indica el plazo previsto de ejecución, el coste estimado en realizarlas, y ante retrasos se informa con anterioridad los motivos que lo provocan.

1 2 3 4 5 ☐ ☐ ☐ ☐ ☐

004. Una vez finalizada una acción solicitada, se realiza un control de calidad, teniendo en cuenta la opinión de los clientes que han solicitado dicha acción.

1 2 3 4 5 ☐ ☐ ☐ ☐ ☐

005. Las acciones solicitadas por todos los clientes de mantenimiento, son centralizadas a un único punto que lo distribuye y gestiona, lo analiza y contesta dicha posibilidad de acción.

1 2 3 4 5 ☐ ☐ ☐ ☐ ☐

006. Crees que sería importante, dar información al resto de la organización (clientes de mantenimiento), de las labores que realizamos, para que sean conscientes de la problemática de nuestro trabajo.

1 2 3 4 5 ☐ ☐ ☐ ☐ ☐

007. Ante peticiones de acciones, el estudio es ágil y conciso; con posterioridad se informa al cliente de alternativas y coste previsto.

1 2 3 4 5 ☐ ☐ ☐ ☐ ☐

008. De una manera GLOBAL, considero que las relaciones con los clientes de mantenimiento, el nivel de información bidireccional, su conocimiento de nuestro trabajo, etc, es:

1 2 3 4 5 ☐ ☐ ☐ ☐ ☐

A-6 GESTIÓN DEL CONOCIMIENTO EN ING. MANTENIMIENTO HACIA CRITERIOS ESTRATÉGICOS (A-6 OFICINA TÉCNICA)

001. La relación de la oficina técnica con las secciones de mantenimiento es fluida y comunicativa. Existe una fuerte sinergia en todos los procesos en estudio.
1 2 3 4 5 ☐ ☐ ☐ ☐ ☐

002. Ante un nuevo estudio, se realizan reuniones con las diferentes secciones, se ven todos los puntos de vista, se marca un planing de actuación.
1 2 3 4 5 ☐ ☐ ☐ ☐ ☐

003. Se documenta todo el proceso del estudio, se realizan las actas de las reuniones que sirve para plantear nuevos proyectos
1 2 3 4 5 ☐ ☐ ☐ ☐ ☐

004. Existe un sistema de centralización ágil para consulta y aprendizaje de los procesos de la gestión de todos los proyectos ejecutados y los que están en proceso
1 2 3 4 5 ☐ ☐ ☐ ☐ ☐

005. Cuando se realiza un nuevo proyecto se realiza un estudio de **criticidad**, para determinar los puntos críticos y futuras actuaciones de operatividad.
1 2 3 4 5 ☐ ☐ ☐ ☐ ☐

006. Cuando se realiza un nuevo proyecto se realiza un estudio de los factores de mantenimiento, para determinar y documentar las **futuras acciones de mantenimiento**.
1 2 3 4 5 ☐ ☐ ☐ ☐ ☐

007. Existen procedimientos para la normalización de los sistemas, reducir componentes en stocks, formas de actuación, que marcan el comienzo de un nuevo proyecto
1 2 3 4 5 ☐ ☐ ☐ ☐ ☐

008. Se realiza la planimetría exacta y se documenta todo el proyecto a nivel de operatividad, descripción detallada del mantenimiento, características para eficiencia energética, diagramas de bloques de todos los elementos que influyen en el proyecto.
1 2 3 4 5 ☐ ☐ ☐ ☐ ☐

009. La información generada, es utilizada por las diferentes secciones de mantenimiento,
1 2 3 4 5 ☐ ☐ ☐ ☐ ☐

010. La información generada, es fácilmente accesible por todos los miembros de mantenimiento
1 2 3 4 5 ☐ ☐ ☐ ☐ ☐

011. He recibido formación e información, sobre las características del trabajo de las secciones de mantenimiento. Conozco su forma de trabajo, y mantengo reuniones periódicas con ellos para detectar nuevos proyectos de mejora
1 2 3 4 5 ☐ ☐ ☐ ☐ ☐

012. Veo útil un sistema de gestión del conocimiento, que permita integrar todas las acciones experiencias y conocimiento adquirido por todos los miembros de la organización
1 2 3 4 5 ☐ ☐ ☐ ☐ ☐

013. Utilizo y almacenamos la información y el conocimiento de empresas externas, que nos sirva para detectar nuevas acciones en proyectos.
1 2 3 4 5 ☐ ☐ ☐ ☐ ☐

A-7 GESTIÓN DEL CONOCIMIENTO EN ING. MANTENIMIENTO HACIA CRITERIOS ESTRATÉGICOS
(A-7 ADMINISTRACIÓN MANTENIMIENTO)

001. La gestión administrativa con todas las secciones de mantenimiento es fluida, no hay dificultades en la recopilación de la información.

1 ☐ 2 ☐ 3 ☐ 4 ☐ 5 ☐

002. Los partes ante petición de clientes internos de la empresa, constan de un procedimiento preciso, se observa la calidad de la ejecución y la percepción del servicio recibido.

1 ☐ 2 ☐ 3 ☐ 4 ☐ 5 ☐

003. Me han dado formación para saber las características básicas de la función del mantenimiento, prioridades, canalización de los esfuerzos, etc, que me dan una visión global de lo que hacen todos los grupos de mantenimiento.

1 ☐ 2 ☐ 3 ☐ 4 ☐ 5 ☐

005. Puedo extraer con facilidad resúmenes, informes, etc, de todos los indicadores de mantenimiento y operación fundamentales.

1 ☐ 2 ☐ 3 ☐ 4 ☐ 5 ☐

005. Las herramientas informáticas de las que dispongo, son útiles para mi misión fundamental, los procesos son sencillos.

1 ☐ 2 ☐ 3 ☐ 4 ☐ 5 ☐

006. Tengo reuniones periódicas con las diferentes secciones de mantenimiento, en las que me indican las tendencias, acciones de mejora en la administración y para mejora de la eficiencia del servicio.

1 ☐ 2 ☐ 3 ☐ 4 ☐ 5 ☐

007. La comunicación con los miembros de mantenimiento, es normalmente de manera telefónica

1 ☐ 2 ☐ 3 ☐ 4 ☐ 5 ☐

008. La comunicación con los miembros de mantenimiento, es normalmente por e-mail

1 ☐ 2 ☐ 3 ☐ 4 ☐ 5 ☐

009. La comunicación con los miembros de mantenimiento, es normalmente mediante reuniones personales.

1 ☐ 2 ☐ 3 ☐ 4 ☐ 5 ☐

010. La comunicación con los miembros de mantenimiento, es normalmente de manera telefónica

1 ☐ 2 ☐ 3 ☐ 4 ☐ 5 ☐

011. La gestión de compras es fluida, los partes de petición son precisos y se tienen normalizados y reflejados los suministradores

1 ☐ 2 ☐ 3 ☐ 4 ☐ 5 ☐

012. Se tienen controlados y documentados los stocks de repuestos. La gestión del almacén es ágil y útil, y los procedimientos son precisos

1 ☐ 2 ☐ 3 ☐ 4 ☐ 5 ☐

013. Veo útil un sistema de gestión del conocimiento, que permita integrar todas las acciones experiencias y conocimiento adquirido para la mejora de la administración del servicio.

1 ☐ 2 ☐ 3 ☐ 4 ☐ 5 ☐

A-8 — GESTIÓN DEL CONOCIMIENTO EN ING. MANTENIMIENTO HACIA CRITERIOS ESTRATÉGICOS (A-8 SERVICIO DE INFORMÁTICA A MANTENIMIENTO)

001. Ante inquietudes y propuestas por parte de las secciones de mantenimiento para mejora o desarrollo de programas informáticos para aumentar la eficiencia de su trabajo, se realiza de manera AGIL, UTIL, sin poner trabas burocráticas que hagan que se "eternice dicha petición"

1	2	3	4	5
☐	☐	☐	☐	☐

002. Analizamos la información que genera el departamento, para detectar la manera de detectar y producir informes, indicadores, etc, que hagan que cualquier miembro de mantenimiento pueda consultar dicha información de manera rápida y accesible.

1	2	3	4	5
☐	☐	☐	☐	☐

003. Tengo reuniones periódicas con las diferentes secciones de mantenimiento, en las que me indican las tendencias, acciones de mejora, que nos permiten mejorar nuestro servicio

1	2	3	4	5
☐	☐	☐	☐	☐

004. El servicio informático no está burocratizado, explicamos con claridad el servicio que prestamos, y los miembros de la organización tienen claro el papel que desarrollamos.

1	2	3	4	5
☐	☐	☐	☐	☐

005. Veo necesario desarrollar y disponer de un sistema de gestión del conocimiento, en especial para la captura del conocimiento tácito, las experiencias operativas y estratégicas, que sirvan para auto-formación y punto de unión de todos los miembros de mantenimiento.

1	2	3	4	5
☐	☐	☐	☐	☐

A-9   GESTIÓN DEL CONOCIMIENTO EN ING. MANTENIMIENTO HACIA CRITERIOS ESTRATÉGICOS (A-9 CRITERIOS CLAVE DEL FLUJO DE CONOCIMIENTO)

001. Pondera globalmente de los siguientes ítems en relación a los flujos de la gestión del conocimiento, el estado en que lo percibes o se actua

a) ADQUISICIÓN del conocimiento:

a-1) Podría Adquirir conocimiento por mi propia experiencia adquirida por los años

1 2 3 4 5 ☐ ☐ ☐ ☐ ☐

a-2) Podría adquirir conocimiento por la experiencia de mis compañeros, reuniones internas, etc.

1 2 3 4 5 ☐ ☐ ☐ ☐ ☐

a-3) Podría adquirir conocimiento por la documentación existente, planos existentes, manuales, etc

1 2 3 4 5 ☐ ☐ ☐ ☐ ☐

a-4) Podría adquirir conocimiento por empresas externas, cursos, internet, etc.

1 2 3 4 5 ☐ ☐ ☐ ☐ ☐

b) APRENDIZAJE del conocimiento:

b-1) Aprendo por mi propia experiencia adquirida por los años

1 2 3 4 5 ☐ ☐ ☐ ☐ ☐

b-2) Aprendo por la experiencia de mis compañeros, reuniones internas, etc.

1 2 3 4 5 ☐ ☐ ☐ ☐ ☐

b-3) Aprendo por la documentación existente, planos existentes, manuales, etc

1 2 3 4 5 ☐ ☐ ☐ ☐ ☐

b-4) Aprendo por empresas externas, cursos, internet, etc.

1 2 3 4 5 ☐ ☐ ☐ ☐ ☐

c) ALMACENAJE del conocimiento:

c-1) El almacenaje del conocimiento adquirido restle principalmente en mi, debido a mi propia experiencia adquirida por los años

1 2 3 4 5 ☐ ☐ ☐ ☐ ☐

c-2) Puedo almacenar mi conocimiento, de manera ágil, precisa y detallada, en el programa de gestión de mantenimiento utilizado

1 2 3 4 5 ☐ ☐ ☐ ☐ ☐

c-3) Almaceno mi conocimiento en notas escritas propias, que podrían ser comunes a todos mis compañeros

1 2 3 4 5 ☐ ☐ ☐ ☐ ☐

a-4) Almaceno mi conocimiento, por otros programas informáticos

1 2 3 4 5 ☐ ☐ ☐ ☐ ☐

d) TRANSFERENCIA del conocimiento:

d-1) La transferencia de mi conocimiento la realizo por conversaciones o reuniones con mis compañeros.

1 2 3 4 5 ☐ ☐ ☐ ☐ ☐

d-2) La transferencia del conocimiento se realiza por el programa de gestión del mantenimiento

1 2 3 4 5 ☐ ☐ ☐ ☐ ☐

d-3) La transferencia del conocimiento se realiza por consultas de notas manuscritas propias de los miembros del equipo mantenimiento

1 2 3 4 5 ☐ ☐ ☐ ☐ ☐

d-4) La transferencia del conocimiento se realiza por consultas en otros programas informáticos

1 2 3 4 5 ☐ ☐ ☐ ☐ ☐

e) UTILIZACIÓN del conocimiento:

e-1) Utilizo el conocimiento almacenado, para resolución de fallos o averías

1 2 3 4 5 ☐ ☐ ☐ ☐ ☐

e-2) Utilizo el conocimiento almacenado, para realizar acciones de operativa de explotación y maniobras

1 2 3 4 5 ☐ ☐ ☐ ☐ ☐

e-3) Utilizo el conocimiento almacenado, para la gestión y realización de acciones de eficiencia energética.

1 2 3 4 5 ☐ ☐ ☐ ☐ ☐

e-4) Utilizo el conocimiento almacenado, para la realización de las acciones de mantenimiento

1 2 3 4 5 ☐ ☐ ☐ ☐ ☐

f) CREACIÓN del conocimiento:

f-1) Se crea nuevo conocimiento, que sirve para detectar nuevas acciones de aumento de flexibilidad de los sistemas

1 2 3 4 5 ☐ ☐ ☐ ☐ ☐

f-2) Se crea nuevo conocimiento, que sirve para detectar nuevas acciones de mejora de la operatividad de explotación y maniobras

1 2 3 4 5 ☐ ☐ ☐ ☐ ☐

f-3) Se crea nuevo conocimiento, que sirve para detectar nuevas acciones de aumento de mejora de eficiencia energética

1 2 3 4 5 ☐ ☐ ☐ ☐ ☐

f-4) Se crea nuevo conocimiento, que sirve para detectar nuevas acciones de mejora de las acciones de mantenibilidad

1 2 3 4 5 ☐ ☐ ☐ ☐ ☐

A-10 GESTIÓN DEL CONOCIMIENTO EN ING. MANTENIMIENTO HACIA CRITERIOS ESTRATÉGICOS
(A-10 CONOCIMIENTO TÁCITO Y EXPLICITO EN LA ORGANIZACIÓN)

001. Pondera de manera global, tu nivel de conocimiento o información tácita (la que manejas tu, debido a tu experiencia y desempeño, y no está documentada en la organización) sobre los factores indicados a continuación, que utilizas en el desempeño de tu trabajo, en relación a la información explícita (totalmente documentada y muy clara por parte de la organización). (valor 1: Escaso conocimiento o documentación; valor 5: Excelente conocimiento o documentación). EJEMPLO: en el item "a) FIABILIDAD", yo puedo estimar que mi nivel de conocimiento en la resolución de fallos y hacer frente a averías es "4", y la documentación que percibo o existe en la organización para resolver de manera clara y eficiente procesos de fallo la estimo en "1"

a) FIABILIDAD Y PROCESO DEL FALLO: Conozco con precisión los posibles fallos y resolución de averías, sé cómo proceder, sobre que puntos actuar, que herramientas o repuestos utilizar, busco soluciones y analizo posibles fallos que se pudieran producir para tenerlos en cuenta.

Tu conocimiento:

1 2 3 4 5
☐ ☐ ☐ ☐ ☐

Documentado de manera útil y precisa en la organización:

1 2 3 4 5
☐ ☐ ☐ ☐ ☐

b) OPERACIÓN/EXPLOTACIÓN: Conozco ante actuaciones de operación de los equipos, maquinaria o instalaciones, la posición de los elementos clave, conozco la distribución de la fábrica y donde están situados los elementos de maniobra y actuaciones a realizar en ellos. Se maniobrar los elementos críticos.

Tu conocimiento:

1 2 3 4 5
☐ ☐ ☐ ☐ ☐

Documentado de manera útil y precisa en la organización:

1 2 3 4 5
☐ ☐ ☐ ☐ ☐

c) EFICIENCIA ENERGÉTICA: Conozco el proceso energético, posibles variaciones de gasto energético de equipos, maquinaria e instalaciones según su utilización. Puedo estimar y detectar mejoras que redunden en la eficiencia energética de un equipo o sistema completo. Propongo mejoras en materia energética.

Tu conocimiento:

1 2 3 4 5
☐ ☐ ☐ ☐ ☐

Documentado de manera útil y precisa en la organización:

1 2 3 4 5
☐ ☐ ☐ ☐ ☐

d) MANTENIBILIDAD: Conozco con precisión los trabajos rutinarios de mantenimiento, los factores y metodología a utilizar. En trabajos de mantenimiento periódicos, se el proceso completo a realizar, las herramientas a utilizar y el material o repuestos necesarios. Manejo con soltura equipos de medición y comprobación utilizados en las técnicas de mantenimiento.

Tu conocimiento:

1 2 3 4 5
☐ ☐ ☐ ☐ ☐

Documentado de manera útil y precisa en la organización:

1 2 3 4 5
☐ ☐ ☐ ☐ ☐

002. Valora el nivel de información/documentación de los items siguientes que están a tu acceso, definiendo que es una información clara, precisa para lo necesario, ágil para su acceso y utilización, y que están los datos o estructura necesaria para facilitar tu trabajo o adquisición de información de operación en tus actividades normales o ante actuaciones esporádicas o críticas:

a) Planimetría adecuada, los planos son precisos y reales. La información reflejada en los planos es clara y concisa. Me permiten actuar o detectar fallos y son fácilmente accesibles por mi parte.

1 2 3 4 5
☐ ☐ ☐ ☐ ☐

b) Existen unas fichas de cada elemento, maquinaria o instalaciones, en las cuales están todos los datos fundamentales, los puntos de maniobra, la descripción detallada de los procesos de mantenimiento a realizar, y la posición en la planta industrial.

1 2 3 4 5
☐ ☐ ☐ ☐ ☐

c) El programa de gestión de mantenimiento utilizado, es útil, se accede con facilidad para detectar o utilizar información, puedo hacer predicciones de fallos o calcular indicadores generales de mantenimiento. Creo que es un programa útil, simple y que incide positivamente en mi actividad.

1 2 3 4 5
☐ ☐ ☐ ☐ ☐

d) Los programas informáticos puestos a mi disposición para la realización o documentación de mi trabajo, son útiles, no son un mero proceso a realizar, y están estudiados para mejorar la eficiencia de mi trabajo.

1 2 3 4 5
☐ ☐ ☐ ☐ ☐

e) Las ordenes de trabajo que se pasan para ejecutar, están perfectamente definidas, no dan lugar a malas interpretaciones, están especificadas las tareas a realizar, los plazos de ejecución y la información necesaria para llevarlas a cabo.

1 2 3 4 5
☐ ☐ ☐ ☐ ☐

f) Existen procedimientos de criticidad del equipamiento, maquinaria o instalaciones, para actuaciones críticas o de emergencia, de hechos que pudieran suponer paradas catastróficas o de un gran coste.

1 2 3 4 5
☐ ☐ ☐ ☐ ☐

g) Recibo formación periódicamente, que es útil y adecuada para mis funciones de trabajo, me permite reciclarme y mejorar en mi productividad y eficiencia.

1 2 3 4 5
☐ ☐ ☐ ☐ ☐

003. Valora el grado de apoyo e información que te ofrecen en tu trabajo diario los siguientes servicios o secciones dentro del departamento de ingeniería y mantenimiento (administración, informática, mandos, etc.), así como otros departamentos de la empresa con los que operas normalmente en tu trabajo.

a) Administración del mantenimiento

1 2 3 4 5
☐ ☐ ☐ ☐ ☐

b) Servicios informaticos

1 2 3 4 5
☐ ☐ ☐ ☐ ☐

c) Mandos superiores

1 2 3 4 5
☐ ☐ ☐ ☐ ☐

d) Dirección de mantenimiento

1 2 3 4 5
☐ ☐ ☐ ☐ ☐

e) Servicio de compras

1 2 3 4 5
☐ ☐ ☐ ☐ ☐

f) Almacén y gestión de repuestos

1 2 3 4 5
☐ ☐ ☐ ☐ ☐

g) Las otras secciones de mantenimiento, diferentes a la tuya.

1 2 3 4 5
☐ ☐ ☐ ☐ ☐

h) Tus propios compañeros dentro de tu propia sección de mantenimiento.

1 2 3 4 5
☐ ☐ ☐ ☐ ☐

i) Los departamentos de producción de la empresa

1 2 3 4 5
☐ ☐ ☐ ☐ ☐

j) Otros departamentos de la empresa (contabilidad, personal, etc.)

1 2 3 4 5
☐ ☐ ☐ ☐ ☐

A-10 GESTIÓN DEL CONOCIMIENTO EN ING. MANTENIMIENTO HACIA CRITERIOS ESTRATÉGICOS (A-10 CONOCIMIENTO TÁCITO Y EXPLÍCITO EN LA ORGANIZACIÓN)

(Por favor, rellena libremente este cuestionario, intentando hacerlo de manera breve y concisa, pero marcando lo fundamental de tu opinión.)

C01. *¿Cuáles consideras que son las* **actividades estratégicas** *de la actividad de mantenimiento que afectan en mayor medida a la empresa?*

C02. *¿En qué grado afecta la experiencia del personal técnico de mantenimiento a dichas actividades estratégicas?*

C03. *¿Qué grado de información/conocimiento maneja usted a nivel propio en relación a las actividades de mantenimiento (conocimiento tácito, no registrado), y cual está documentado de manera precisa en la empresa (conocimiento explícito)? ¿Podría poner algún ejemplo?*

C04. *De la información explícita a la que puede tener acceso de la empresa para el desempeño de su trabajo (programas informáticos, manuales de maquinaria y equipos, planimetría, ordenes de trabajo, etc.), ¿En qué medida le es útil y que carencias observa en ella?*

C05. *¿De qué manera documentas o transmites tus trabajos/experiencias diarias en tu trabajo en mantenimiento, y cuanto tiempo utilizas en ello?*

C06. *¿Cuál es la manera habitual en que captas las experiencias operativas (importantes) de tus compañeros (mediante reuniones, conversaciones informales, etc.), para que tú pudieras resolver dicha actuación cuando te pudiera pasar (ejemplo: maniobras operativas ante averías) o realizar dicha tarea (ejemplo: labores de mantenimiento)?*

A-10 GESTIÓN DEL CONOCIMIENTO EN ING. MANTENIMIENTO HACIA CRITERIOS ESTRATÉGICOS (A-10 CONOCIMIENTO TÁCITO Y EXPLICITO EN LA ORGANIZACIÓN)

C07. *¿Se ha implantado algún programa de gestión del conocimiento en tu organización que involucre las acciones tácticas del mantenimiento?, ¿Si es que sí, que opinión te merece?*

C08. *¿Qué información/conocimiento debería capturarse o hacerse explícito, que te ayude en el desempeño de tus funciones?*

C09. *¿De qué forma debería estar estructurada dicha información/conocimiento, su accesibilidad (para compartirla), y su mantenimiento (como recogerla y actualizarla), de manera que sea fácilmente utilizable y accesible para usted?*

C10. *¿En qué beneficiaría tener la captura y conversión del conocimiento tácito a explícito, a nivel personal y a nivel de la empresa?*

C11. *¿Qué facilitaría bajo su opinión, la captura y conversión del conocimiento tácito a explícito?, ¿Cómo se debería hacer dicha captura de conocimiento?*

C12. *¿Qué barreras consideras más importantes para la puesta en marcha de un programa de gestión del conocimiento en la actividad de mantenimiento?*

C13. *¿Qué te motivaría en tu apoyo e interés para capturar y registrar tu conocimiento tácito y el de tus compañeros, que pudiera mejorar el trabajo de tus compañeros y ayude a mejorar la productividad y eficiencia de la empresa?*

A-10 GESTIÓN DEL CONOCIMIENTO EN ING. MANTENIMIENTO HACIA CRITERIOS ESTRATÉGICOS (A-10 CONOCIMIENTO TÁCITO Y EXPLÍCITO EN LA ORGANIZACIÓN)

C14. *¿Qué tipo de acciones/experiencias deberían documentarse que afecten a acciones tácticas de la ingeniería del mantenimiento, tales como: Fiabilidad de los equipos y sistemas, Operación/explotación de las instalaciones, Eficiencia energética, Mantenibilidad?*

C15. *¿Cómo crees que afectaría al tiempo de acoplamiento de nuevo personal, y a los tiempos de actuación de todo los técnicos de mantenimiento, si estuvieran documentadas de manera útil, concisa y precisa, la estructuración y captación de dicha información de las acciones tácticas así como las experiencias operativas vividas en base a la experiencia?*

C16. *¿Qué factores deberían controlarse cuantitativamente (medirse), para ver en que afecta la mejora de la Gestión del conocimiento en las acciones tácticas del mantenimiento?*

C17. *Ante una nueva instalación, maquinaria, reforma, etc. ¿Sería conveniente introducir en los diagramas de gantt/pert de duración de los trabajos, una nueva actividad en que se encuentre el registro y la recogida del conocimiento adquirido práctico y útil, plasmando las acciones o información relevante que ayuden en futuras instalaciones?*

C18. *¿Qué herramientas/técnicas, medios, etc., crees que te ayudarían a plasmar la información táctica y estratégica importante en tu actividad en el mantenimiento?*

C19. *¿Bajo tu criterio, que consideración tiene la gerencia de la empresa y los clientes de mantenimiento (producción, otras áreas de la empresa, etc.), de las actividades y misiones que desempeña el departamento de mantenimiento?*

A-10

**GESTIÓN DEL CONOCIMIENTO EN ING. MANTENIMIENTO HACIA CRITERIOS ESTRATÉGICOS
(A-10 CONOCIMIENTO TÁCITO Y EXPLICITO EN LA ORGANIZACIÓN)**

C20. *¿Necesita saber más sobre estos temas, en referencia a la gestión del conocimiento en la actividad de mantenimiento?, ¿Qué lagunas de conocimiento tiene sobre estos temas, que le impide sacar más provecho?*

C21. *¿Qué tipo de formación sería conveniente recibir, en qué grado y manera, para que le hicieran mejorar en la eficiencia de tu trabajo?*

C22. *Introduce a continuación cualquier dato o* **sugerencia** *que consideres relevante y que no se haya tratado en el cuestionario*

Anexo III: Evaluación del estado actual sistemas mantenimiento industrial. Norma Covenin 2500

	Puntuación máxima	Deméritos	Calificación
AREA I: ORGANIZACIÓN DE LA Organización			
I.1 Funciones y Responsabilidades. Principios			
Principio Básico			
La Organización posee un organigrama general y por departamentos. Se tienen definidas por escrito las descripciones de las diferentes funciones con su correspondiente asignación de responsabilidades para todas las unidades estructurales de la organización (guardando la relación con su tamaño y complejidad en producción).	60		
Deméritos			
I.1.1 La Organización no posee organigramas acordes con su estructura o no están actualizados; tanto a nivel general, como a nivel de departamentos.		20	
I.1.2 Las funciones y la correspondiente asignación de responsabilidades, no están especificadas por escrito, o presentan falta de claridad.		20	
I.1.3 La definición de funciones y la asignación de responsabilidades no llega hasta el último nivel supervisorio necesario, para el logro de los objetivos deseados.		20	
I.2 Autoridad y Autonomía			
Principio Básico			
Las personas asignadas al desarrollo y cumplimiento de las diferentes funciones, cuentan con el apoyo necesario de la dirección de la organización, y tienen la suficiente autoridad y autonomía para el cumplimiento de las funciones y responsabilidades establecidas.	40		
Deméritos			
I.2.1 La línea de autoridad no está claramente definida		10	
I.2.2 Las personas asignadas a cada puesto de trabajo no tienen pleno conocimiento de sus funciones		10	
I.2.3 Existe duplicidad de funciones		10	
I.2.4 La toma de decisiones para la resolución de problemas rutinarios en cada dependencia o unidad, tiene que ser efectuada previa consulta a los niveles superiores		10	
I.3 Sistema de Información			
Principio Básico			
La Organización cuenta con una estructura técnica administrativa para la recolección, depuración, almacenamiento, procesamiento y distribución de la información que el sistema productivo requiere.	50		

Deméritos			
I.3.1 La Organización no cuenta con un diagrama de flujo para el sistema de información, donde estén involucrados todos los componentes estructurales partícipes en la toma de decisiones.		10	
I.3.2 La Organización no cuenta con mecanismos para evitar que se introduzca información errada o incompleta en el sistema de información.		5	
I.3.3 La Organización no cuenta con un archivo ordenado y jerarquizado técnicamente.		5	
I.3.4 No existen procedimientos normalizados (formatos) para llevar y comunicar la información entre las diferentes		10	
I.3.5 La Vicepresiedencia no dispone de los medios para el procesamiento de la información en base a los resultados que se deseen obtener.		10	
I.3.6 La Organización no dispone de los mecanismos para que la información recopilada y procesada llegue a las personas que deben manejarla.		10	
AREA II: ORGANIZACIÓN DE MANTENIMIENTO			
II.1 Funciones y Responsabilidades.			
Principio Básico			
La función mantenimiento, está bien definida y ubicada dentro de la organización y posee un organigrama para este departamento. Se tienen por escrito las diferentes funciones y responsabilidades para los diferentes componentes dentro de la organizción de mantenimiento. Los recursos asignados son adecuados, a fin de que la función pueda cumplir con los objetivos planteados.		80	
Deméritos			
II.1.1 La empresa no tiene organigramas acordes a su estructura o no están actualizados para La Organización de mantenimiento.		15	
II.1.2 La Organización de mantenimiento, no está acorde con el tamaño del SP, tipo de objetos a mantener, tipo de personal, tipo de proceso, distribución geográfica, u otro.		15	
II.1.3 La unidad de mantenimiento no se presenta en el organigrama general, independiente del departamento de producción.		15	
II.1.4 Las funciones y la correspondiente asignación de responsabilidades no están definidas por escrito o no están claramente definidas dentro de la unidad.		10	
II.1.5 La asignación de funciones y de responsabilidades no llegan hasta el último nivel supervisorio necesario, para el logro de los objetivos deseados.		10	
II.1.6 La Organización no cuenta con el personal suficiente tanto en cantidad como en calificación, para cubrir las actividades de mantenimiento.		15	
II.2 Autoridad y Autonomía-			
Principio Básico			
Las personas asignadas para el cumplimiento de las funciones y responsabilidades cuentan con el apoyo de la gerencia y poseen la suficiente autoridad y autonomía para el desarrollo y cumplimiento de las funciones y responsabilidades establecidas.		50	

Deméritos			
II.2.1 La unidad de mantenimiento no posee claramente definidas las líneas de autoridad.		15	
II.2.2 El personal asignado a mantenimiento no tiene pleno conocimiento de sus funciones.		15	
II.2.3 Se presentan solapamientos y/o duplicidad en las funciones asignadas a cada componente estructural de La Organización de mantenimiento.		10	
II.2.4 Los problemas de caráter rutinario no pueden ser resueltos sin consulta a niveles superiores.		10	
II.3 Sistema de Información			
Principio Básico			
La Organización de mantenimiento posee un sistema que le permite manejar óptimamente toda la información referente a mantenimiento (registro de fallas, programación de mantenimiento, estadísticas, costos, información sobre equipos, u otra).	70		
Deméritos			
II.3.1 La Organización de mantenimiento no cuenta con un flujograma para su sistema de información donde estén claramente definidos los componentes estructurales involucrados en la toma de decisiones.		15	
II.3.2 La Organización de mantenimiento no dispone de los medios para el procesamiento de la información de las diferentes secciones o unidades en base a los resultados que se desean obtener.		15	
II.3.3 La Organización de mantenimiento no cuenta con mecanismos para evitar que se introduzca información errada o incompleta en el sistema de información.		10	
II.3.4 La Organización de mantenimiento no cuenta con un archivo ordenado y jerarquizado técnicamente.		10	
II.3.5 No existen procedimientos normalizados (formatos) para llevar y comunicar la información entre las diferentes secciones o unidades, así como su almacenamiento (archivo) para su cabal recuperación.		10	
II.3.6 La Organización de mantenimiento no dispone de los mecanismos para que la información recopilada y procesada llegue a las personas que deben manejarla.		10	
AREA III: PLANIFICACIÓN DE MANTENIMIENTO			
III.1 Objetivos y Metas			
Principio Básico			
Dentro de La Organización de mantenimiento la función de planificación tiene establecidos los objetivos y metas en cuanto a las necesidades de los objetos de mantenimiento, y el tiempo de realización de acciones de mantenimiento para garantizar la disponibilidad de los sistemas, todo esto incluido en forma clara y detallada en un plan de acción.	70		
Deméritos			
III.1.1 No se encuentran definidos por escrito los objetivos y metas que debe cumplir La Organización de mantenimiento.		20	

III.1.2 La Organización de mantenimiento no posee un plan donde se especifiquen detalladamente las necesidades reales y objetivas de mantenimiento para los diferentes objetos a mantener.	20	
III.1.3 La organización no tiene establecido un orden de prioridades para la ejecución de las acciones de mantenimiento de aquellos sistemas que lo requieren.	15	
III.1.4 Las acciones de mantenimiento que se ejecutan no se orientan hacia el logro de los objetivos.	15	
III.2 Políticas para la planificación		
Principio Básico		
La generencia de mantenimiento ha establecido una política general que involucre su campo de acción, su justificación, los medios y objetivos que persigue. Se tiene una planificación para la ejecución de cada una de las acciones de mantenimiento utilizando los recursos disponibles.	70	
Deméritos		
III.2.1 La organización no posee un estudio donde se especifiquen detalladamente las necesidades reales y objetivas de mantenimiento para los diferentes objetos de mantenimiento.	20	
III.2.2 No se tiene establecido un orden de prioridades para la ejecución de las acciones de mantenimiento de aquellos sistemas que lo requieran.	20	
III.2.3 A los sistemas sólo se les realiza mantenimiento cuando fallan	15	
III.2.4 El equipo gerencial no tiene coherencia en torno a las políticas de mantenimiento establecidas.	15	
III.3 Control y Evaluación		
Principio Básico		
La Organización cuenta con un sistema de señalización o codificación lógica y secuencial que permite registrar información del proceso o de cada línea, máquina o equipo en el sistema total. Se tiene elaborado un inventario técnico de cada sistema: su ubicación, descripción y datos de mantenimiento necesario para la elaboración de los planes de mantenimiento.	60	
Deméritos		
III.3.1 No existen procediemientos normalizados para recabar y comunicar información así como su almacenamiento para su posterior uso.	10	
III.3.2 No existe una codificación secuencial que permita la ubicación rápida de cada objeto dentro del proceso, así como el registro de información de cada uno de ellos.	10	
III.3.3 La empresa no posee inventario de manuales de mantenimiento y operación, así como catálogos de piezas y partes de cada objeto a mantener.	10	
III.3.4 No se dispone de un inventario técnico de objetos de mantenimiento que permita conocer la función de los mismos dentro del sistema al cual pertenece, recogida ésta información en formatos normalizados.	10	
III.3.5 No se llevan registros de fallas y causas por escrito.	5	
III.3.6 No se llevan estadísticas de tiempos de parada y de tiempo de reparación.	5	

III.3.7 No se tiene archivada y clasificada la información necesaria para la elaboración de los planes de mantenimiento.	5	
III.3.8 La información no es procesada y analizada para la futura toma de decisiones.	5	
AREA IV: MANTENIMIENTO RUTINARIO		
IV.1 Planificación		
Principio Básico		
La Organización de mantenimiento tiene preestablecidas las actividades diarias y hasta semanales que se van a realizar a los objetos de mantenimiento, asignado los ejecutores responsables para llevar a cabo la acción de mantenimiento. La Organización de mantenimiento cuenta con una infraestructura y procedimientos para que las acciones de mantenimiento rutinario se ejecuten en forma organizada. La Organización de mantenimiento tiene un programa de mantenimiento rutinario, así como también un stock de materiales y herramientas de mayor uso para la ejecución de este tipo de mantenimiento.	100	
Deméritos		
IV.1.1 No están descritas en forma clara y precisa las instrucciones técnicas que permitan al operario o en su defecto a La Organización de mantenimiento aplicar correctamente mantenimiento rutinario a los sistemas.	20	
IV.1.2 Falta de documentación sobre instrucciones de mantenimiento para la generación de acciones de mantenimiento rutinario.	20	
IV.1.3 Los operarios no están bien informados sobre el mantenimiento a realizar.	20	
IV.1.4 No se tiene establecida una coordinación con la unidad de producción para ejecutar las labores de mantenimiento rutinario.	20	
IV.1.5 Las labores de mantenimiento rutinario no son realizadas por el personal más adecuado según la complejidad y dimensiones de la actividad a ejecutar.	10	
IV.1.6 No se cuenta con un stock de materiales y herramientas de mayor uso para la ejecución de este tipo de mantenimiento.	10	
IV.2 Programación e Implantación		
Principio Básico		
Las acciones de mantenimiento rutinario están programadas de manera que el tiempo de ejecución no interrumpa el proceso productivo, la frecuencia de ejecución de las actividades son menores o iguales a una semana. La implantación de las actividades de mantenimiento rutienario lleva consigo una supervisión que permita controlar la ejecución de dichas actividades.	80	
Deméritos		
IV.2.1 No existe un sistema donde se identifique el programa de mantenimiento rutinario.	15	
IV.2.2 La programación de mantenimiento rutinario no está definida de manera clara y detallada.	10	
IV.2.3 Existe el programa de mantenimiento pero no se cumple con la frecuencia estipulada, ejecutando las acciones de manera variable y ocasionalmente.	10	

IV.2.4 Las actividades de mantenimiento rutinario están programadas durante todos los días de la semana, impidiendo que exista holgura para el ajuste de la programación.	10	
IV.2.5 La frecuencia de las acciones de mantenimiento rutinario (limpieza, ajuste, calibración y protección) no están asignadas a un momento específico de la semana.	10	
IV.2.6 No se cuenta con el personal idóneo para la implantación del plan de mantenimiento rutinario.	10	
IV.2.7 No se tienen claramente identificados a los sistemas que conformarán parte de las actividades de mantenimiento rutinario.	10	
IV.2.8 La organización no tiene establecida una supervisión para el control de ejecución de las actividades de mantenimiento rutinario.	5	
IV.3 Control y Evaluación		
Principio Básico		
El departamento de mantenimiento dispone de mecanismos que permitan llevar registros de las fallas, causas, tiempos de parada, materiales y herramientas utilizadas. Se lleva un control del mantenimiento de los diferentes objetos. El departamento dispone de medidas necesarias para verificar que se cumplan las acciones de mantenimiento rutinario programadas. Se realizan evaluaciones periódicas de los resultados de la aplicación del mantenimiento rutinario.	70	
Deméritos		
IV.3.1 No se dispone de una ficha para llevar el control de los manuales de servicio, operación y partes.	10	
IV.3.2 No existe un seguimiento desde la generación de las acciones técnicas de mantenimiento rutinario, hasta su ejecución.	15	
IV.3.3 No se llevan registros de las acciones de mantenimiento rutinario realizadas.	5	
IV.3.4 No existen formatos de control que permitan verificar si se cumple el mantenimiento rutinario y a su vez emitir ordenes para arreglos o reparaciones a las fallas detectadas.	10	
IV.3.5 No existen formatos que permitan recoger información en cuanto a consumo de ciertos insumos requeridos para ejecutar mantenimiento rutinario permitiendo presupuestos más reales.	5	
IV.3.6 El personal encargado de las labores de acopio y archivo de información no esta bien adiestrado para la tarea, con el fin de realizar evaluaciones periódicas para este tipo de mantenimiento.	5	
IV.3.7 La recopilación de información no permite la evaluación del mantenimiento rutinario basándose en los recursos utilizados y la incidencia en el sistema, así como la comparación con los demás tipos de mantenimiento.	20	
V.1 Planificación		
Principio Básico		

La Organización de mantenimiento cuenta con una infraestructura y procedimiento para que las acciones de mantenimiento programado se lleven en una forma organizada. La Organización de mantenimiento tiene un programa de mantenimiento programado en el cual se especifican las acciones con frecuencia desde quincenal y hasta anuales a ser ejecutadas a los objetos de mantenimiento. La Organización de mantenimiento cuenta con estudios previos para determinar las cargas de trabajo por medio de las instrucciones de mantenimiento recomendadas por los fabricantes, constructores, usuarios, experiencias conocidas, para obtener ciclos de revisión de los elementos más importantes.	100	
Deméritos		
V.1.1 No existen estudios previos que conlleven a la determinación de las cargas de trabajo y ciclos de revisión de los objetos de mantenimiento, instalaciones y edificaciones sujetas a acciones de mantenimiento.	20	
V.1.2 La empresa no posee un estudio donde especifiquen las necesidades reales y objetivas para los diferentes objetos de mantenimiento, instalaciones y edificaciones.	15	
V.1.3 No se tienen planificadas las acciones de mantenimiento programado en orden de prioridad, y en el cual se especifiquen las acciones a ser ejecutadas a los objetos de mantenimiento, con frecuencias desde quincenales hasta anuales.	15	
V.1.4 La información para la elaboración de instrucciones técnicas de mantenimiento programado, así como sus procedimientos de ejecución, es deficiente.	20	
V.1.5 No se dispone de los manuales y catálogos de todas las máquinas.	10	
V.1.6 No se ha determinado la fuerza laboral necesaria para llevar a cabo todas las actividades de mantenimiento, con una frecuencia establecida para dichas revisiones, distribuidas en un calendario anual.	10	
V.1.7 No existe una planificación conjunta entre La Organización de mantenimiento, producción, administración y otros entes de la organización, para la ejecución de las acciones de mantenimiento programado.	10	
V.2 Programación e Implantación		
Principio Básico		
La organización tiene establecidas instrucciones detalladas para revisar cada elemento de los objetos sujetos a acciones de mantenimiento, con una frecuencia establecida para dichas revisiones, distribuidas en un calendario anual. La programación de actividades posee la elasticidad necesaria para llevar a cabo las acciones en el momento conveniente sin interferir con las actividades de producción y disponer del tiempo suficiente para los ajustes que requiere la programación.	80	
Deméritos		
V.2.1 No existe un sistema donde se identifique el programa de mantenimiento programado.	20	
V.2.2 Las actividades están programadas durante todas las semanas del año, impidiendo que exista una holgura para el ajuste de la programación.	10	
V.2.3 Existe el programa de mantenimiento pero no se cumple con la frecuencia estipulada, ejecutando las acciones de manera variable y ocasionalmente.	15	
V.2.4 No existe un estudio de las condiciones reales de funcionamiento y las necesidades de mantenimiento.	10	
V.2.5 No se tiene un procedimiento para la implantación de los planes de mantenimiento programado.	10	

V.2.6 La organización no tiene establecida una supervisión sobre la ejecución de las acciones de mantenimiento programado.	15	
V.3 Control y evaluación		
Principio Básico		
La Organización dipone de mecanismos eficientes para llevar a cabo el control y la evaluación de las actividades de mantenimiento enmarcadas en la programación.	70	
Deméritos		
V.3.1 No se controla la ejecución de las acciones de mantenimiento programado	15	
V.3.2 No se llevan las fichas de control de mantenimiento por cada objeto de mantenimiento.	10	
V.3.3 No existen planillas de programación anual por semanas para las aciones de mantenimiento a ejecutarse y su posterior	10	
V.3.4 No existen formatos de control que permitan verificar si se cumple mantenimiento programado y a su vez emitir ordenes para arreglos o reparaciones a las fallas detectadas.	5	
V.3.5 No existen formatos que permitan recoger información en cuanto al consumo de ciertos insumos requeridos para ejecutar mantenimiento programado para estimar presupuestos más reales.	5	
V.3.6 El personal encargado de las labores de acopio y archivo de información no esta bien adiestrado para la tarea, con el fin de realizar evaluaciones periódicas para este tipo de mantenimiento.	5	
V.3.7 La recopilación de información no permite la evaluación del mantenimiento programado basándose en los recursos utilizados y su incidencia en el sistema, asi como la comparación con los demás tipos de mantenimiento.	20	
AREA VII: MANTENIMIENTO CORRECTIVO		
VII.1 Planificación		
Principio Básico		
La organización cuenta con una infraestructura y procedimiento para que las acciones de mantenimiento correctivo se lleven a una forma planificada. El registro de información de fallas permite una calssificación y estudio que facilite su corrección.	100	
Deméritos		
VII.1.1 No se llevan registros por escrito de aparición de fallas para actualizarlas y evitar su futura presencia.	30	
VII.1.2 No se clasifican las fallas para determinar cuales se van a atender o a eliminar por medio de la corrección.	30	
VII.1.3 No se tiene establecido un orden de prioridades, con la participación de la unidad de producción para ejecutar las labores de mantenimiento correctivo.	20	
VII.1.4 La distribución de las labores de mantenimiento correctivo no son analizadas por el nivel superior, a fin de que según la complejidad y dimensiones de las actividades a ejecutar se tome la decisión de detener una actividad y emprender otra que tenga más importancia.	20	
VII.2. Programación e Implantación		

Principio Básico			
Las actividades de mantenimiento correctivo se realizan siguiendo una secuencia programada, de manera que cuando ocurra una falla no se pierda tiempo ni se pare la producción. La Organización de mantenimiento cuenta con programas, planes, recursos y personal para ejecutar mantenimiento correctiv de la forma más eficiente y eficaz posible. La implantación de los programas de mantenimiento correctivo se realiza en forma progresiva.	80		
Deméritos			
VII.2.1 Nos se tiene establecida la programación de ejecución de las acciones de mantenimiento correctivo.		20	
VII.2.2 La unidad de mantenimiento no sigue los criterios de prioridad, según el orden de importancia de las fallas, para la programación de las actividades de mantenimiento correctivo.		20	
VII.2.3 No existe una buena distribución del tiempo para hacer mantenimiento correctivo.		20	
VII.2.4 El Personal encargado para la ejecución del mantenimiento correctivo, no esta capacitado para tal fin		20	
VII.3 Control y Evaluación			
Principio Básico			
La Organización de mantenimiento posee un sistema de control para conocer como se ejecuta el mantenimiento correctivo. Posee todos los formatos planillas o fichas de control de materiales, repuestos y horas - hombre utilizadas en este tipo de mantenimiento. Se evalúa la eficiencia y cumplimiento de los programas establecidos con la finalidad de introducir los correctivos necesarios.	70		
Deméritos			
VII.3.1 No existen mecanismos de control periódicos que señalen el estado y avance de las operaciones de mantenimiento correctivo.		15	
VII.3.2 No se llevan registros del tiempo de ejecución de cada operación.		15	
VII.3.3 No se llevan registros de la utilización de materiales y repuestos en la ejecución de mantenimiento correctivo.		20	
VII.3.4 La recopilación de información no permite la evaluación del mantenimiento correctivo basándose en los recursos utilizados y su incidencia en el sistema, así como la comparación con los demás tipos de mantenimiento.		20	
AREA VIII: MANTENIMIENTO PREVENTIVO			
VIII.1 Determinación de Parámetros			
Principio Básico			
La organización tiene establecido por objetivo lograr efectividad del sistema asegurando la disponibilidad de objetos de mantenimiento mediante el estudio de confiabilidad y mantenibilidad. La organización dispone de todos los recursos para determinar la frecuencia de inspecciones, revisiones y sustituciones de piezas aplicando incluso métodos estadísticos, mediante la determinación de los tiempos entre fallas y de los tiempos de paradas.	80		
Deméritos			
VIII.1.1 La organización no cuenta con el apoyo de los diferentes recursos de la empresa para la determinación de los parámetros de mantenimiento.		20	

VIII.1.2 La organización no cuenta con estudios que permitan determinar la confiabilidad y mantenibilidad de los objetos de mantenimiento.	20	
VIII.1.3 No se tienen estudios estadísticos para determinar la frecuencia de las revisiones y sustituciones de piezas claves.	20	
VIII.1.4 No se llevan registros con los datos necesarios para determinar los tiempos de parada y los tiempos entre fallas.	10	
VIII.1.5 El personal de La Organización de mantenimiento no esta capacitado para realizar estas mediciones de tiempos de parada y entre fallas.	10	
VIII.2. Planificación		
Principio Básico		
La organización dispone de un estudio previo que le permita conocer los objetos que requieren mantenimiento preventivo. Se cuenta con una infraestructura de apoyo para realizar mantenimiento preventivo.	40	
Deméritos		
VIII.2.1 No existe una clara delimitación entre los sistemas qu forman parte de los programas de mantenimiento preventivo de aquellos que permaneceran en régimen inmodificable hasta su desincorporación, sustitución o reparación correctiva.	20	
VIII.2.2 La organización no cuenta con fichas o tarjetas normalizadas donde se recoja la información técnica básica de cada objeto de mantenimiento inventariado.	20	
VIII.3 Programación e Implantación		
Principio Básico		
Las actividades de mantenimiento preventivo están programadas en forma racional, de manera que el sistema posea la elasticidad necesaria para llevar a cabo las acciones en el momento conveniente, no interferir con las actividades de producción y disponer del tiempo suficiente para los ajustes que requira la programación. La implantación de los programas de mantenimient preventivo se realiza en forma progresiva.	70	
Deméritos		
VIII.3.1 Las frecuencias de las acciones de mantenimiento preventivo no están asignadas a un día especifico en los periodos de tiempo correspondientes.	20	
VIII.3.2 Las ordenes de trabajo no se emiten con la suficiente antelación a fin de que los encargados de la ejecución de las acciones de mantenimiento puedan planificar sus actividades.	15	
VIII.3.3 Las actividades de mantenimiento preventivo están programadas durante todas las semanas del año, impidiendo que exista holgura para el ajuste de la programación.	15	
VIII.3.4 No existe apoyo hacia la organzación que permita la implantación progresiva del programa de mantenimiento preventivo.	10	
VIII.3.5 Los planes y políticas para la programación de mantenimiento preventivo no se ajustan a la realidad de la empresa, debido al estudio de las fallas realizado.	10	
VIII.4 Control y Evaluación		
Principio Básico		

En la organización existen recursos necesarios para el control de la ejecución de las acciones de mantenimiento preventivo. Se dispone de una evaluación de las condiciones reales del funcionamiento y de las necesidades de mantenimiento preventivo.	60		
Deméritos			
VIII.4.1 No existe un seguimiento desde la generación de la instrucciones técnicas de mantenimiento preventivo hasta su ejecución.		15	
VIII.4.2 No existen los mecanismos idóneos para medir la eficiencia de los resultados a obtener en el mantenimiento preventivo hasta su ejecución.		15	
VIII.4.3 La organización no cuenta con fichas o tarjetas donde se recoja la información básica de cada equipo inventariado.		10	
VIII.4.4 La recopilación de información no permite la evaluación del mantenimiento preventivo basándose en los recursos utilizados y su incidencia en el sistema, así como la comparación con los demás tipos de mantenimiento.		20	
AREA IX.1 MANTENIMIENTO POR AVERÍA			
IX.1 Atención a las Fallas			
Principio Básico			
La organización esta en capacidad para atender de una forma rápida y efectiva cualquier falla que se presente. La organización mantiene en servicio el sistema, logrando funcionamiento a corto plazo, minimizando los tiempos de parada, utilizando para ellos planillas de reporte de fallas, ordenes de trabajo, salida de materiales, ordenes de compra y requisición de trabajo, que faciliten la atención oportuna al objeto averiado.	100		
Deméritos			
IX.1.1 Cuando se presenta una falla ésta no se ataca de inmediato provocando daños a otros sistemas interconectados y conflictos entre el personal.		20	
IX.1.2 No se cuenta con instructivos de registros de fallas que permitan el análisis de las averías secedidas para cierto período.		20	
IX.1.3 La emisión de órdenes de trabajo para atacar un falla no se hace de una manera rápida.		15	
IX.1.4 No existen procedimientos de ejecución que permitan disminuir el tiempo fuera de servicio del sistema.		15	
IX.1.5 Lo tiempos adiministrativos, de espera por materiales o repuestos, y de localizaciónde la falla están presentes en alto grado durante la atención de la falla.		15	
IX.1.6 No se tiene establecido un orden de prioridades en cuanto a atención de fallas con la participación de la unidad de producción.		15	
IX.2 Supervisión y Ejecución			
Principio Básico			
Los ajustes, arreglos de defectos y atención a reparaciones urgentes se hacen inmediatamente después de que ocurre la falla. La supervisión de las actividades se realiza frecuentemente por personal con experiencia en el arreglo de sistemas, inmediatamente después de la aparición de la falla, en el período de prueba. Se cuenta con los diferentes recursos para la atención de las averías.	80		
Deméritos			

IX.2.1 No existe un seguimiento desde la generación de las acciones de mantenimiento pora avería hasta su ejecución.	20	
IX.2.2 La empresa no cuenta con el personal de supervisión adecuado para inspeccionar los equipos inmediatamente después de la aparición de la falla.	15	
IX.2.3 La supervisión es escasa o nula en el transcurso de la reparación y puesta en marcha del sistema averiado.	10	
IX.2.4 El retardo de la ejecución de las actividades de mantenimiento por avería ocasiona paradas prolongadas en el proceso productivo.	10	
IX.2.5 No se llevan registros para analizar las fallas y determinar la corrección definitiva o la prevención de las mismas.	5	
IX.2.6 No se llevan registros sobre el consumo, de materiales o repuestos utilizados en la atención de las averías.	5	
IX.2.7 No se cuenta con las herramientas, equipos e instrumentos necesarios para la atención de aveías.	5	
IX.2.8 No existe personal capacitado para la atención de cualquier tipo de falla.	10	
IX.3 Información sobre las averías		
Principio Básico		
La Organización de mantenimiento cuenta con el personal adecuado para la recolección, depuración, almacenamiento, procesamiento y distribució de la información que se derive de las averías, así como, analizar las causas que las originaron con el propósito de aplicar mantenimiento preventivo a mediano plazo o eliminar la falla mediante mantenimiento correctivo.	70	
Deméritos		
IX.3.1 No existen procedimientos que permitan recopilar la información sobre las fallas ocurridas en los sistemas en un tiempo determinado.	20	
IX.3.2 La organización no cuenta con el personal capacitado para el análisis y precesamiento de la información sobre fallas.	10	
IX.3.3 No existe un historial de fallas de cada objeto de mantenimiento, con el fin de someterlo a análisis y clasificación de las fallas; con el objeto , de aplicar mantenimiento preventivo o correctivo.	20	
IX.3.4 La recopilación de información no permite la evaluación del mantenimiento por avería basándose en los recursos utilizados y su incidencia en el sistema, así como la comparación con los demás tipos de mantenimiento.	20	
AREA X: PERSONAL DE MANTENIMIENTO		
X.1 Cuantificación de las necesidades del personal		
Principio Básico		
La organización, a través de la programación de las actividades de mantenimiento, determina el número óptimo de las personas que se requieren en La Organización de mantenimiento para el cumplimiento de los objetivos propuestos.	70	
Deméritos		

X.1.1 No se hace uso de los datos que proporciona el proceso de cuantificación de personal.		30	
X.1.2 La cuantificación de personal no es óptima y en ningún caso ajustada a la realidad de la empresa.		20	
X.1.3 La Organización de mantenimiento no cuenta con formatos donde se especifique, el tipo y número de ejcñutores de mantenimiento por tipo de frecuencia, tipo de mantenimiento y para cada semana de programación.		20	
X.2 Selección y Formación			
Principio Básico			
La organización selecciona su personal atendiendo a la descripción escrita de los puestos de trabajo (experiencia mínima, educación, habilidades, responsabilidades u otra).	80		
Deméritos			
X.2.1 La selección no se realiza de acuerdo a las características del trabajo a realizar: educación, experiencia, conocimiento, habilidades, destrezas y actitudes personales en los candidatos.		10	
X.2.2 No se tienen procedimientos para la selección de personal		10	
X.2.3 No se tienen establecidos períodos de adaptación del personal.		10	
X.2.4 No se cuenta con programas permanentes de formación del personal que permitan mejorar sus capacidades, conocimientos y la difusión de nuevas técnicas.		10	
X.2.5 Los cargos en La Organización de mantenimiento no se tienen por escrito.		10	
X.2.6 La descripción del cargo no es conocida plenamente por el personal.		10	
X.2.7 La ocupación de cargos vacantes no se da con promoción interna.		10	
X.2.8 Para la escogencia de cargos no se toman en cuenta las necesidades derivadas de la cuantificación del personal.		10	
X.3 Motivación e Incentivos			
Principio Básico			
La dirección de la empresa tiene conocimiento de la importancia del mantenimiento y su influencia sobre la calidad y la producción, emprendiendo acciones y campañas para transmitir esta importancia al personal. Existen mecanismos de incentivos para mantener el interés y elevar el nivel de responsabilidad del personal en el desarrollo de sus funciones. La Organización de mantenimiento posee un sistema evaluación periódica del trabajador, para fines de ascenso o aumentos salariales.	50		
Deméritos			
X.3.1 El personal no da la suficiente importancia a los efectos positivos con que incide el mantenimiento para el logro de las metas de calidad y producción.		20	

X.3.2 No existe evaluación periódica del trabajo para fines de ascensos o aumentos salariales.	10	
X.3.3 La empresa no otorga incentivos o estímulos basados en la puntualidad, en la asistencia al trabajo, calidad de trabajo, iniciativa, sugerencias para mejorar el desarrollo de la actividad de mantenimiento.	10	
X.3.4 No se estimula al personal con cursos que aumenten su capacidad y por ende su situación dentro del sistema.	10	
AREA XI: APOYO LOGISTICO		
XI.1 Apoyo Administrativo		
Principio Básico		
La Organización de mantenimiento cuenta con el apoyo de la administración de la empresa; en cuanto a recursos humanos, financieros y materiales. Los recursos son suficientes para que se cumplan los objetivos trazados por la organización.	40	
Deméritos		
XI.1.1 Los recursos asignados a La Organización de mantenimiento no son suficientes.	10	
XI.1.2 La administración no tiene políticas bien definidas, en cuanto al apoyo que se debe prestar a La Organización de mantenimiento.	10	
XI.1.3 La administración no funciona en coordinación con La Organización de mantenimiento.	10	
XI.1.4 Se tienen que desarrollar muchos trámites dentro de la empresa, para que se le otorguen los recursos necesarios a mantenimiento.	5	
XI.1.5 La gerencia no posee políticas de financiamiento referidas a inversiones, mejoramiento de objetos de mantenimiento u otros.	5	
XI.2 Apoyo Gerencial		
Principio Básico		
La gerencia posee información necesaria sobre la situación y el desarrollo de los planes de mantenimiento formualdos por el ente de mantenimiento, permitiendo así asesorar a la misma, en cualquier situación qu atañe a sus operaciones. La gerencia le da a mantenimiento el mismo nivel de las unidades principales en el organigrama funcional de la empresa.	40	
Deméritos		
XI.2.1 La Organización de mantenimiento no tiene el nivel jerárquico adecuado dentro de la organización en general.	10	
XI.2.2 Para la gerencia, mantenimiento es sólo la reparación de los sistemas.	10	
XI.2.3 La gerencia considera que no es primordial la existencia de una organización de mantenimiento, que permita prevenir las paradas innecesarias de los sistemas; por lo tanto, no le da el apoyo requerido para que se cumplan los objetivos establecidos.	10	
XI.2.4 La gerencia no delega autoridad en la toma de decisiones.	5	

XI.2.5 La gerencia general no demuestra confianza en las decisiones tomadas por La Organización de mantenimiento.	5	
XI.3 Apoyo General		
Principio Básico		
La Organización de mantenimiento cuenta con el apoyo de la organización total, y trabaja en coordinación con cada uno de los entes que la conforman.	20	
Deméritos		
XI.3.1 No se cuenta con apoyo general de la organización, para llevar a cabo todas las acciones de mantenimiento en forma eficiente.		10
XI.3.2 No se aceptan sugerencias por parte de ningún ente de la organización que no este relacionado con mantenimiento.		10
AREA XII: RECURSOS		
XII.1 Equipos		
Principio Básico		
La Organización de mantenimiento posee los equipos adecuados para llevar a cabo todas las acciones de mantenimiento, para facilitar la operabilidad de los sistemas. Para la selección y adquisición de equipos, se tienen en cuenta las diferentes alternativas tecnológicas, para lo cual se cuenta con las suficientes casas fabricantes y proveedores. Se dispone de sitios adecuados para el almacenamiento de equipos permitiendo el control de su uso.	30	
Deméritos		
XII.1.1 No se cuenta con los equipos necesarios para que el ente de mantenimiento opere con efectividad.		5
XII.1.2 Se tienen los equipos necesarios, pero no se le da el uso adecuado.		5
XII.1.3 El ente de mantenimiento no conoce o no tiene acceso a información (catálogos, revistas u otros), sobre las diferentes alternativas económicas para la adquisición de equipos.		5
XII.1.4 Los parámetros de operación, mantenimiento y capacidad de los equipos no son plenamente conocidos o la información es eficiente.		5
XII.1.5 No se lleva registro de entrada y salida de equipos		5
XII.1.6 No se cuenta con controles de uso y estado de los equipos.		5
XII.2 Herramientas		
Principio Básico		
La Organización de mantenimiento cuenta con las herramientas necesarias, en un sitio de fácil alcance, logrando así que el ente de mantenimiento opere satisfactoriamente reduciendo el tiempo por espera de herramientas. Se dispone de sitios adecuados para el almacenamiento de las herramientas permitiendo el control de su uso.	30	
Deméritos		

XII.2.1 No se cuenta con las herramientas necesarias para que el ente de mantenimiento opere eficientemente.	10	
XII.2.2 No se dispone de un sitio para la localización de las herramientas, donde se facilite y agilice su obtención.	5	
XII.2.3 Las herramientas existentes no son las adecuadas para ejecutar las tareas de mantenimiento.	5	
XII.2.4 No se llevan registros de entrada y salida de herramientas.	5	
XII.2.5 No se cuenta con controles de uso y estado de las herramientas.	5	
XII.3 Instrumentos		
Principio Básico		
La Organización de mantenimiento posee los instrumentos adecuados para llevar a cabo las acciones de mantenimiento. Para la selección de dichos instrumentos se toma en cuenta las diferentes casas fabricantes y proveedores. Se dispone de sitios adecuados para el almacenamiento de instrumentos permitiendo el control de su uso.	30	
Deméritos		
XII.3.1 No se cuenta con los instrumentos necesarios para que el ente de mantenimiento opere con efectividad.	5	
XII.3.2 No se toma en cuenta para la selección de los instrumentos, la efectividad y exactitud de los mismos.	5	
XII.3.3 El ente de mantenimiento no tiene acceso a la información (catálogos, revistas u otros), sobre diferentes alternativas tecnológicas de los instrumentos.	5	
XII.3.4 Se tienen los instrumentos necesarios para operar con eficiencia pero no se conoce o no se les el uso adecuado.	5	
XII.3.5 No se llevan registros de entrada y salida de instrumentos.	5	
XII.3.6 No se cuenta con controles de uso y estado de los instrumentos.	5	
XII.4 Materiales		
Principio Básico		
La Organización de mantenimiento cuenta con un stock de materiales de buena calidad y con facilidad para su obtención y así evitar prolongar el tiempo de espera por materiales, existiendo seguridad de que el sistema opere en forma eficiente. Se posee una buena clasificación de materiales para su fácil ubicación y manejo. Se conocen los diferentes proveedores para cada material, así como también los plazos de entrega. Se cuenta con políticas de inventario para los materiales utilizados en mantenimiento.	30	
Deméritos		
XII.4.1 No se cuenta con los materiales que se requieren para ejecutar las tareas de mantenimiento.	3	

XII.4.2 El material se daña con frecuencia por no disponer de un área adecuada de almacenamiento.	3	
XII.4.3 Los materiales no están identificados plenamente en el almacén (etiquetas, sellos, rótulos, colores u otros).	3	
XII.4.4 No se ha determinado el costo por falta de material.	3	
XII.4.5 No se ha establecido cuáles materiales tener en stock y cuales comprar de acuerdo a pedidos.	3	
XII.4.6 No se poseen formatos de control de entradas y salidas de materiales de circulación permanente.	3	
XII.4.7 No se lleva el control (formatos) de los materiales desechados por mala calidad.	3	
XII.4.8 No se tiene información precisa de los diferentes proveedores de cada material.	3	
XII.4.9 No se conocen los plazos de entrega de los materiales por los proveedores.	3	
XII.4.10 No se conocen los mínimos y máximos para cada tipo de material.	3	
XII.5 Repuestos		
Principio Básico		
La Organización de mantenimiento cuenta con un stock de repuestos, de buena calidad y con facilidad para su obtención, y así evitar prolongar el tiempo de espera por repuestos, existiendo seguridad de que el sistema opere en forma eficiente. Los repuestos se encuentran identificados en el almacén para su fácil ubicación y manejo. Se conocen los diferentes proveedores para cada repuesto, así como también los plazos de entrega. Se cuenta con políticas de inventario para los repuestos utilizados en mantenimiento.	30	
Deméritos		
XII.5.1 No se cuenta con los repuestos que se requieren para ejecutar las tareas de mantenimiento.	3	
XII.5.2 Los repuestos se dañan con frecuencia por no disponer de un área adecuada de almacenamiento.	3	
XII.5.3 Los repuestos no están identificados plenamente en el almacén (etiquetas, sellos, rótulos, colores u otros).	3	
XII.5.4 No se ha determinado el costo por falta de repuestos.	3	
XII.5.5 No se ha establecido cuáles repuestos tener en stock y cuales comprar de acuerdo a pedidos.	3	
XII.5.6 No se poseen formatos de control de entradas y salidas de repuestos de circulación permanente.	3	

XII.5.7 No se lleva el control (formatos) de los repuestos desechados por mala calidad.		3	
XII.5.8 No se tiene información precisa de los diferentes proveedores de cada repuesto.		3	
XII.5.9 No se conocen los plazos de entrega de los repuestos por los proveedores.		3	
XII.5.10 No se conocen los mínimos y máximos para cada tipo de repuesto.		3	

FECHA: ____/____/____

EVALUADOR: _____

EMPRESA:

INSPECCIÓN N°: _____

ÁREA	PRINCIPIO BÁSICO	PTS	D (D1+D2+...+Dn) 1	2	3	4	5	6	7	8	9	10	TOTAL DEME.	PTS	%
I ORGANIZACIÓN DE LA EMPRESA	1. FUNCIONES Y RESPONSABILIDADES	60	0	0	0								0	60	100
	2. AUTORIDAD Y AUTONOMÍA	40	0	0	0	0							0	40	100
	3. SISTEMA DE INFORMACIÓN	50	0	0	0	0	0	0					0	50	100
	TOTAL OBTENIBLE	150										TOTAL OBTENIDO	0	150	100
II ORGANIZACIÓN DE MANTENIMIENTO	1. FUNCIONES Y RESPONSABILIDADES	80	0	0	0	0	0	0					0	80	100
	2. AUTORIDAD Y AUTONOMÍA	50	0	0	0	0							0	50	100
	3. SISTEMA DE INFORMACIÓN	70	0	0	0	0	0	0					0	70	100
	TOTAL OBTENIBLE	200										TOTAL OBTENIDO	0	200	100
III PLANIFICACIÓN DE MANTENIMIENTO	1. OBJETIVOS Y METAS	70	0	0	0	0							0	70	100
	2. POLÍTICAS PARA PLANIFICACIÓN	70	0	0	0	0							0	70	100
	3. CONTROL Y EVALUACIÓN	60	0	0	0	0	0	0	0	0			0	60	100
	TOTAL OBTENIBLE	200										TOTAL OBTENIDO	0	200	100
IV MANTENIMIENTO RUTINARIO	1. PLANIFICACIÓN	100	0	0	0	0	0	0					0	100	100
	2. PROGRAMACIÓN E IMPLANTACIÓN	80	0	0	0	0	0	0	0	0			0	80	100
	3. CONTROL Y EVALUACIÓN	70	0	0	0	0	0	0	0				0	70	100
	TOTAL OBTENIBLE	250										TOTAL OBTENIDO	0	250	100
V MANTENIMIENTO PROGRAMADO	1. PLANIFICACIÓN	100	0	0	0	0	0	0	0				0	100	100
	2. PROGRAMACIÓN E IMPLANTACIÓN	80	0	0	0	0	0	0					0	80	100
	3. CONTROL Y EVALUACIÓN	70	0	0	0	0	0	0	0				0	70	100
	TOTAL OBTENIBLE	250										TOTAL OBTENIDO	0	250	100
VI MANTENIMIENTO CORRECTIVO	1. PLANIFICACIÓN	100	0	0	0	0							0	100	100
	2. PROGRAMACIÓN E IMPLANTACIÓN	80	0	0	0	0							0	80	100
	3. CONTROL Y EVALUACIÓN	70	0	0	0	0							0	70	100
	TOTAL OBTENIBLE	250										TOTAL OBTENIDO	0	250	100
VII MANTENIMIENTO PREVENTIVO	1. DETERMINACIÓN DE PARÁMETROS	80	0	0	0	0	0						0	80	100
	2. PLANIFICACIÓN	40	0	0									0	40	100
	3. PROGRAMACIÓN E IMPLANTACIÓN	70	0	0	0	0	0	0					0	70	100
	4. CONTROL Y EVALUACIÓN	60	0	0	0	0							0	60	100
	TOTAL OBTENIBLE	250										TOTAL OBTENIDO	0	250	100
VIII MANTENIMIENTO POR AVERÍA	1. ATENCIÓN A FALLAS	100	0	0	0	0	0	0					0	100	100
	2. SUPERVISIÓN Y EJECUCIÓN	80	0	0	0	0	0	0	0	0			0	80	100
	3. INFORMACIÓN SOBRE AVERÍAS	70	0	0	0	0							0	70	100
	TOTAL OBTENIBLE	250										TOTAL OBTENIDO	0	250	100
IX PERSONAL DE MANTENIMIENTO	1. CUANTIFICACIÓN DE LAS NECESIDADES DE PERSONAL	70	0	0	0								0	70	100
	2. SELECCIÓN Y FORMACIÓN	80	0	0	0	0	0	0	0	0			0	80	100
	3. MOTIVACIÓN E INCENTIVOS	50	0	0	0	0							0	50	100
	TOTAL OBTENIBLE	200										TOTAL OBTENIDO	0	200	100
X APOYO LOGÍSTICO	1. APOYO ADMINISTRATIVO	40	0	0	0	0	0						0	40	100
	2. APOYO GERENCIAL	40	0	0	0	0	0						0	40	100
	3. APOYO GENERAL	20	0	0									0	20	100
	TOTAL OBTENIBLE	100										TOTAL OBTENIDO	0	100	100
XI RECURSOS	1. EQUIPOS	30	0	0	0	0	0	0					0	30	100
	2. HERRAMIENTAS	30	0	0	0	0	0						0	30	100
	3. INSTRUMENTOS	30	0	0	0	0	0	0					0	30	100
	4. MATERIALES	30	0	0	0	0	0	0	0	0	0	0	0	30	100
	5. REPUESTOS	30	0	0	0	0	0	0	0	0	0		0	30	100
	TOTAL OBTENIBLE	150										TOTAL OBTENIDO	0	150	100

2250   2250

PUNTUACIÓN PORCENTUAL GLOBAL 100%

Proceso de Work Management	Área o Proceso de la Empresa	Principio Básico	Evaluación	Evaluación por Zona	Evaluación Promedio
1. IDENTIFICACIÓN	Planificación de Mantenimiento	Políticas para la Planificación	100%		
	Mantenimiento Rutinario	Planificación	100%		
	Mantenimiento Programado	Planificación	100%		
	Mantenimiento Correctivo	Planificación	100%		
	Mantenimiento Preventivo	Determinación de Parámetros	100%		
		Planificación	100%		
	VALOR PROMEDIO		100%	Identificación del Trabajo	Identificación del Trabajo
2. PRIORIZACIÓN	Planificación de Mantenimiento	Objetivos y Metas	100%		
	Mantenimiento por Avería	Atención de Fallas	100%		
	VALOR PROMEDIO		100%	Priorización del Trabajo	Priorización del Trabajo
3. PROGRAMACIÓN	Mantenimiento Rutinario	Programación	100%		
	Mantenimiento Programado	Programación	100%		
	Mantenimiento Correctivo	Programación	100%		
	Mantenimiento Preventivo	Programación	100%		
	Personal de Mantenimiento	Cuantificación Necesidades de Personal	100%		
	Apoyo Logístico	Apoyo Administrativo	100%		
	Recursos	Equipos, Herramientas, Instrumentos, Materiales y Repuestos	100%		
	VALOR PROMEDIO		100%	Programación del Trabajo	Programación del Trabajo
4. EJECUCIÓN	Mantenimiento Rutinario	Implantación	100%		
	Mantenimiento Programado	Implantación	100%		
	Mantenimiento Correctivo	Implantación	100%		
	Mantenimiento Preventivo	Implantación	100%		
	Mantenimiento por Avería	Supervisión y Ejecución	100%		
	VALOR PROMEDIO		100%	Ejecución del Trabajo	Ejecución del Trabajo
5. MEDICIÓN	Planificación de Mantenimiento	Control y Evaluación	100%		
	Mantenimiento Rutinario	Control y Evaluación	100%		
	Mantenimiento Programado	Control y Evaluación	100%		
	Mantenimiento Correctivo	Control y Evaluación	100%		
	Mantenimiento Preventivo	Control y Evaluación	100%		
	Mantenimiento por Avería	Información sobre Averías	100%		
	Personal de Mantenimiento	Cuantificación Necesidades de Personal	100%		
	Recursos	Equipos, Herramientas, Instrumentos, Materiales y Repuestos	100%		
	VALOR PROMEDIO		100%	Medición del Trabajo	Medición del Trabajo

Proceso de Work Management	Área o Proceso de la Empresa	Principio Básico	% Brecha	Estrategias de Alto Nivel para Cerrar la Brecha
1. IDENTIFICACIÓN	Planificación de Mantenimiento	Políticas para la Planificación	0,0%	
	Mantenimiento Rutinario	Planificación	0,0%	
	Mantenimiento Programado	Planificación	0,0%	
	Mantenimiento Correctivo	Planificación	0,0%	
	Mantenimiento Preventivo	Determinación de Parámetros	0,0%	
		Planificación	0,0%	
		VALOR PROMEDIO	0,0%	
2. PRIORIZACIÓN	Planificación de Mantenimiento	Objetivos y Metas	0,0%	
	Mantenimiento por Avería	Atención de Fallas	0,0%	
		VALOR PROMEDIO	0,0%	
3. PROGRAMACIÓN	Mantenimiento Rutinario	Programación	0,0%	
	Mantenimiento Programado	Programación	0,0%	
	Mantenimiento Correctivo	Programación	0,0%	
	Mantenimiento Preventivo	Programación	0,0%	
	Personal de Mantenimiento	Cuantificación Necesidades de Personal	0,0%	
	Apoyo Logístico	Apoyo Administrativo	0,0%	
	Recursos	Equipos, Herramientas, Instrumentos, Materiales y Repuestos	0,0%	
		VALOR PROMEDIO	0,0%	
4. EJECUCIÓN	Mantenimiento Rutinario	Implantación	0,0%	
	Mantenimiento Programado	Implantación	0,0%	
	Mantenimiento Correctivo	Implantación	0,0%	
	Mantenimiento Preventivo	Implantación	0,0%	
	Mantenimiento por Avería	Sueprvisión y Ejecución	0,0%	
		VALOR PROMEDIO	0,0%	
5. MEDICIÓN	Planificación de Mantenimiento	Control y Evaluación	0,0%	
	Mantenimiento Rutinario	Control y Evaluación	0,0%	
	Mantenimiento Programado	Control y Evaluación	0,0%	
	Mantenimiento Correctivo	Control y Evaluación	0,0%	
	Mantenimiento Preventivo	Control y Evaluación	0,0%	
	Mantenimiento por Avería	Información sobre Averías	0,0%	
	Personal de Mantenimiento	Cuantificación Necesidades de Personal	0,0%	
	Recursos	Equipos, Herramientas, Instrumentos, Materiales y Repuestos	0,0%	
		VALOR PROMEDIO	0,0%	

Anexo IV: Fichas exploratorias sobre los aspectos estratégicos del mantenimiento

A	GESTIÓN DEL CONOCIMIENTO

T-2	CRITERIOS GENERALES ESTRATÉGICOS EN LA ACTIVIDAD DE MANTENIMIENTO CON RESPECTO A LA ORGANIZACIÓN		
Nº CRITERIO	**DENOMINACIÓN CRITERIO**	**VALOR/ IMPORTANCIA**	**PONDERACIÓN CUMPLIMIENTO**

HERRAMIENTA T-2: ESTABLECER LOS CRITERIOS GENERALES QUE MARQUEN LA ESTRATEGIA DE LA ACTIVIDAD DE MANTENIMIENTO, MARCANDO LOS FACTORES DE EXITO CON RESPECTO A LO DEMANDADO POR LA ORGANIZACIÓN O EMPRESA.

Estos criterios nos servirán para marcar los procesos clave dentro de la actividad de mantenimiento, despues de analizar toda la información estratégica de la empresa.

DENOMINACIÓN CRITERIO: Descripción clara del fin fundamental de la actividad de mantenimiento con respecto a la actividad fundamental de la empresa u organización.

VALOR: Se ponderará por parte de los responsables técnicos de la actividad de mantenimiento en una escala de 0 hasta 100, del valor que cada uno de los criterios descritos, de acuerdo a su nivel de importancia con respecto a la organización.

PONDERACIÓN CRITERIO: Se valora en una escala de 0 hasta 100, la percepción en el nivel de cumplimiento de cada uno de los criterios definidos, mediante parámetros de medición que se establezcan, en referencia a encuestas o indicadores de seguimiento.

A	**GESTIÓN DEL CONOCIMIENTO**		
ÁREA/SECCIÓN:			

T-3	**CRITERIOS PARTICULARES ESTRATÉGICOS DE CADA ÁREA EN LA ACTIVIDAD DE MANTENIMIENTO EN RELACIÓN LOS CRITERIOS GENERALES DEFINIDOS**		
Nº CRITERIO	**DENOMINACIÓN CRITERIO PARTICULAR**	**VALOR/ IMPORTANCIA**	**PONDERACIÓN CUMPLIMIENTO**

HERRAMIENTA T-3: ESTABLECER LOS CRITERIOS PARTICULARES DE CADA UNA DE LAS ÁREAS QUE MARQUEN LA ESTRATEGIA DE LA ACTIVIDAD DE MANTENIMIENTO, MARCANDO LOS FACTORES DE EXITO CON RESPECTO A LO DEMANDADO POR LA ORGANIZACIÓN O EMPRESA.

Estos criterios nos servirán para marcar los procesos clave dentro de la actividad de mantenimiento, despues de analizar toda la información estratégica de la empresa.

DENOMINACIÓN CRITERIO: Descripción clara del fin fundamental de la actividad de cada área de mantenimiento con respecto a la actividad fundamental de la empresa u organización.

VALOR: Se ponderará por parte de los responsables técnicos de la actividad de mantenimiento en una escala de 0 hasta 100, del valor que cada uno de los criterios descritos, de acuerdo a su nivel de importancia con respecto a la organización.

PONDERACIÓN CRITERIO: Se valora en una escala de 0 hasta 100, la percepción en el nivel de cumplimiento de cada uno de los criterios definidos, mediante parámetros de medición que se establezcan, en referencia a encuestas o indicadores de seguimiento.

A		GESTIÓN DEL CONOCIMIENTO		

ÁREA/SECCIÓN: [_____]

T-4	IDENTIFICACIÓN PROCESOS CLAVE DENTRO DE AREAS DE MANTENIMIENTO		

Nº PROCESO	DENOMINACIÓN PROCESO CLAVE	VALOR/ IMPORTANCIA	PONDERACIÓN CUMPLIMIENTO

HERRAMIENTA T-4: ESTABLECER LOS PROCESOS CLAVE DENTRO DE CADA ÁREA DE ACTIVIDAD DE MANTENIMIENTO QUE MARQUEN LA ESTRATEGIA DE LA ACTIVIDAD DE MANTENIMIENTO, MARCANDO LOS FACTORES DE EXITO CON RESPECTO A LO DEMANDADO POR LA ORGANIZACIÓN O EMPRESA.

Estos criterios nos servirán para marcar los procesos clave dentro de la actividad de mantenimiento, despues de analizar toda la información estratégica de la empresa.

DENOMINACIÓN PROCESO CLAVE: Descripción clara del fín fundamental de la actividad de cada área de mantenimiento con respecto a la actividad fundamental de la empresa u organización.

VALOR: Se ponderará por parte de los responsables técnicos de la actividad de mantenimiento en una escala de 0 hasta 100, del valor que cada uno de los criterios descritos, de acuerdo a su nivel de importancia con respecto a la organización.

PONDERACIÓN CRITERIO: Se valora en una escala de 0 hasta 100, la percepción en el nivel de cumplimiento de cada uno de los criterios definidos, mediante parámetros de medición que se establezcan, en referencia a encuestas o indicadores de seguimiento.

A	GESTIÓN DEL CONOCIMIENTO		

ÁREA/SECCIÓN:

T-5 DESCRIPCIÓN DETALLADA PROCESOS CLAVE DENTRO DE AREAS DE MANTENIMIENTO

Nº PROCESO	DENOMINACIÓN PROCESO CLAVE	VALOR/ IMPORTANCIA	PONDERACIÓN CUMPLIMIENTO

DESCRIPCIÓN DETALLADA

FLUJO ENTRADA INFORMACIÓN/CONOCIMIENTO

FLUJO SALIDA INFORMACIÓN/CONOCIMIENTO

HERRAMIENTA T-5: Descripción detallada de cada uno de los procesos clave, analizados para cada una de las secciones de mantenimiento. En el caso de procesos complejos se hará una descripción en detalle y se remitirá a otros documentos complementarios identificados que se unirán a esta ficha principal.
FLUJO ENTRADA INFORMACIÓN/CONOCIMIENTO: Se identifican las características de datos, información, conocimientos requeridos para la realización del proceso, así como la localización de esas fuentes.
FLUJO SALIDA INFORMACIÓN/CONOCIMIENTO: Se identifican las características de datos, información, conocimientos generados en la realización del proceso, así como la localización de esas fuentes.

A

F-1

GESTIÓN DEL CONOCIMIENTO

MAPA CONOCIMIENTO ELEMENTO

CODIGO

SISTEMA PERTENENCIA

IMPRIMIR LIBRO ELEMENTO

DENOMINACIÓN ELEMENTO

CARACTERISTICAS DESCRIPTIVAS PRINCIPALES FUNDAMENTALES

ELEMENTOS AGUAS ARRIBA

A DESTACAR:

PCe

ELEMENTO

VCe

ELEMENTOS AGUAS ABAJO

UBICACIÓN RÁPIDA (Descripción posición y plano detalle):

DIAGRAMA DE BLOQUES EN ZONA PERTENENCIA/PLANIMETRIA

FOTOS/VIDEOS CARACTERISTICAS CON PUNTOS CLAVE

PC

VC

PC / VC	PC / VC	PC / VC	PC / VC
MAPA CONOCIMIENTO FIABILIDAD	MAPA CONOCIMIENTO EFICIENCIA ENERGÉTICA	MAPA CONOCIMIENTO MANTENIBILIDAD	MAPA CONOCIMIENTO EXPLOTACIÓN/OPERACIÓN
ACCIONES REALIZADAS / ACCIONES PROPUESTAS	ACCIONES REALIZADAS / ACCIONES PROPUESTAS	REGISTRO DE EXPERIENCIAS / OPERACIONES CRÍTICAS/MANIOBRAS	REGISTRO DE EXPERIENCIAS / OPERACIONES CRÍTICAS/MANIOBRAS

HERRAMIENTA F-1: **MAPA DE CONCIMIENTO DE ELEMENTO.** En esta ficha se explora cada uno de los elementos (maquinaria, instalación, sistema, etc.), viendo toda la información estratégica que ayudara a captar la información explicita que pudiera ser de referencia, así como todo el conocimiento necesario en el ámbito en que se encuentra. Se analizan la información necesaria para realizar un mapa de conocimiento de fiabilidad, eficiencia energética, mantenibilidad y explotación/operación, en lo que le pueda afectar a dicho elemento.

FLUJO ENTRADA INFORMACIÓN/CONOCIMIENTO: Se identifican las características de datos, información, conocimientos requeridos para la realización del proceso, así como la localización de esas fuentes. Se debe fomentar la introducción de datos de los operarios en base a sus experiencias para que sirva de base de aprendizaje de toda la organización.

FLUJO SALIDA INFORMACIÓN/CONOCIMIENTO: Se identifican las características de datos, información, conocimientos generados en la realización del proceso, así como la localización de esas fuentes.

A	GESTIÓN DEL CONOCIMIENTO
F-1	MAPA CONOCIMIENTO ELEMENTO

DESCRIPCIÓN DE PUNTOS DE INFORMACIÓN/CONOCIMIENTO

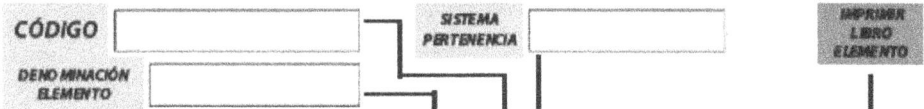

CÓDIGO [ ]   **SISTEMA PERTENENCIA** [ ]   **IMPRIMIR LIBRO ELEMENTO**

DENOMINACIÓN ELEMENTO [ ]

DENOMINACIÓN ELEMENTO: Nombre característico del elemento, como por ejemplo: COMPRESOR AIRE COMPRIMIDO Nº1

IMPRIMIR LIBRO ELEMENTO: Se tendrá la posibilidad de imprimir todos los registros característicos de la ficha de elemento, con toda la información/conocimiento introducido.

SISTEMA PERTENENCIA: Denominación de los diferentes sistemas dependientes de la actividad de mantenimiento. Se enumerarán todos los diferentes sistemas a tener en cuenta, por ejemplo:
ELÉCTRICO
FRÍO INDUSTRIAL
CLIMATIZACIÓN
HIDRÁULICO
COMUNICACIONES
SISTEMAS INFORMÁTICOS
AIRE COMPRIMIDO
MAQUINARIA PRODUCCIÓN
OBRA CIVIL
DATOS-MEDIDORES
SEGURIDAD
OTROS
ETC.

CÓDIGO: Debe ser un código alfa-numérico, que indique de una manera clara información de parámetros fundamentales del elemento, se definirá para cada situación, pero una orientación general sería, como por ejemplo:
DÍGITO 1 y 2: SITUACIÓN GEOGRÁFICA: Para los casos de diferentes edificios, factorías, etc. de una misma organización. Ejemplo, para dos factorías situadas en poblaciones diferentes (Chesta, Buñol, etc), sería CH y BU.
DÍGITO 3 a 5: PERTENENCIA A UN SISTEMA: Indicará a que sistema de referencia pertenece dicho elemento (Sistema eléctrico, Frío industrial, Climatización, Fontanería, líneas de producción, etc.). Ejemplo, para pertenencia al sistema eléctrico sería 1EL.
DÍGITO 6 a 7: SITUACIÓN DENTRO DEL EDIFICIO: Indicará la posición aproximada de dicho elemento dentro del edificio o emplazamiento. Por ejemplo, para un elemento situado en la planta primera del edificio, sería 01.
DÍGITO 8 a 13: REFERENCIA NUMÉRICA DEL ELEMENTO: Valor numérico a intervalos de 10 en 10, que defina el elemento en sí. Ejemplo 000010.
DÍGITO 14 a 15: REFERENCIA NUMÉRICA DEL GRUPO: Valor numérico a intervalos de 2 en 2, que defina el caso de un elemento que pertenece a un grupo determinado (por ejemplo a una línea de producción determinada, etc.). Ejemplo 02.

Así el código de un elemento, situado en una factoría en Chesta, que pertenece al sistema hidráulico, situado en la segunda planta del edificio, y no pertenece a un grupo determinado, el código sería:
CH-2HI-02-000010-00, código final: CH2HID20000100

A	GESTIÓN DEL CONOCIMIENTO
F-1	MAPA CONOCIMIENTO ELEMENTO

DESCRIPCIÓN DE PUNTOS DE INFORMACIÓN/CONOCIMIENTO

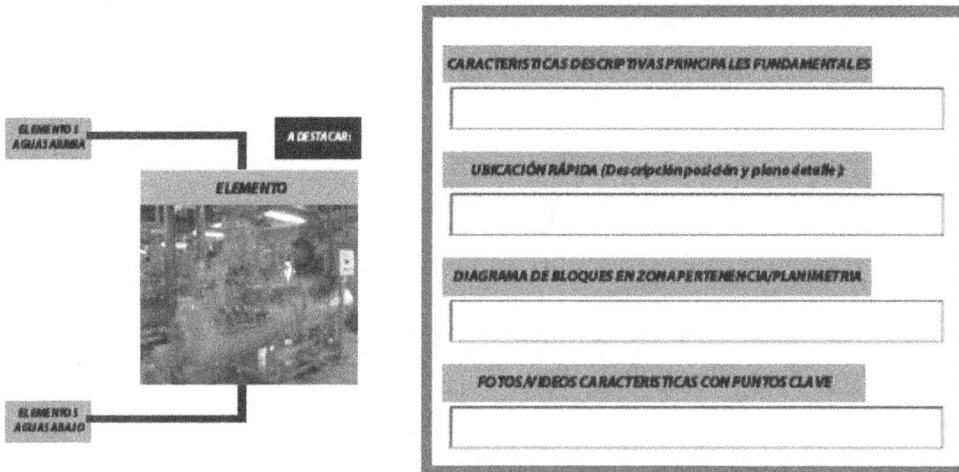

ELEMENTOS AGUAS ARRIBA

A DESTACAR:

ELEMENTO

ELEMENTOS AGUAS ABAJO

CARACTERÍSTICAS DESCRIPTIVAS PRINCIPALES FUNDAMENTALES

UBICACIÓN RÁPIDA (Descripción posición y plano detalle)

DIAGRAMA DE BLOQUES EN ZONA PERTENENCIA/PLANIMETRÍA

FOTOS/VIDEOS CARACTERÍSTICAS CON PUNTOS CLAVE

Se introducirán los datos necesarios y precisos para conocer las características básicas y precisas fundamentales del elemento en cuestión, y la repercusión de los elementos situados aguas arriba o abajo del que estamos tratando.

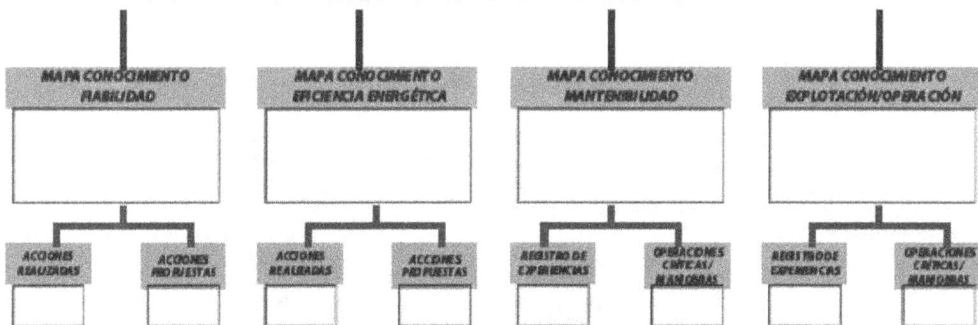

MAPA CONOCIMIENTO FIABILIDAD	MAPA CONOCIMIENTO EFICIENCIA ENERGÉTICA	MAPA CONOCIMIENTO MANTENIBILIDAD	MAPA CONOCIMIENTO EXPLOTACIÓN/OPERACIÓN

ACCIONES REALIZADAS	ACCIONES PROPUESTAS	ACCIONES REALIZADAS	ACCIONES PROPUESTAS	REGISTRO DE EXPERIENCIAS	OPERACIONES CRÍTICAS/MANIOBRAS	REGISTRO DE EXPERIENCIAS	OPERACIONES CRÍTICAS/MANIOBRAS

Se introducirán aquellos datos relevantes y experiencias de los operarios en cada una de las acciones estratégicas que afectan directamente al elemento en cuestión, tratado de manera que las actuaciones sea igualmente interpretado por cualquier miembro de la organización (Planos, fotos, video, etc.). Se fomentará que sean los propios operarios los que introduzcan las experiencias operativas, dando posteriormente el visto bueno el gestor de conocimiento de mantenimiento designado

A — GESTIÓN DEL CONOCIMIENTO

TABLA PARA REALIZACIÓN MATRIZ PONDERACIÓN Y VALOR CONOCIMIENTO ELEMENTOS

T-6

FACTORÍA "N" de pertenencia	SISTEMA "X" de pertenencia	SUB-SISTEMA "Y" de pertenencia

ELEMENTOS DEL SUBSISTEMA "Y":

NÚMERO ELEMENTO	Nº items (n) que deben ser introducidos (*) para VCe@=100% (N)	Nº de items de conocimiento introducidos (n) (*)	VCe@ (n/N)*100	PONDERACIÓN PESO del elemento (PCeT) (**)	OBSERVACIONES

Introducir todos los elementos del sub-sistema

PESO DEL CONOCIMIENTO DE LOS FACTORES ESTRATÉGICOS (***)

PC ije (i = elemento; e= sub-sistema; s=sistema; f=cenfa ctoria; em=empresa);
(i: F=Fiabilidad; EE=EE Energético; M=Mantenibilidad; O=Operación/Explotación)

PCF (Fiabilidad)	PCEE (EE energ.)	PCM (Manten.)	PCO (Operación)

HERRAMIENTA T-6: Ponderación y valoración de los ELEMENTOS de un determinado sub-sistema "Y", para introducción en la matriz de conocimiento, y calculo por el algoritmo del árbol de conocimiento de mantenimiento (ACM).

(*): VALORACIÓN EN FUNCIÓN DEL NIVEL DE INFORMACIÓN/ CONOCIMIENTO REQUERIDO PARA INTRODUCIR (Nº de items), QUE HA SIDO CONSENSUADOS POR EL GRUPO DE EXPERTOS DE MANTENIMIENTO DE LA ORGANIZACIÓN.

(**): (PCeT) PONDERACIÓN EN FUNCIÓN DE LA IMPORTANCIA DEL ELEMENTO EN EL SUB-SISTEMA DE PERTENENCIA, QUE HA SIDO CONSENSUADOS POR EL GRUPO DE EXPERTOS DE MANTENIMIENTO DE LA ORGANIZACIÓN.

(***): Consensuado por el grupo de expertos en función de la implicación que tienen los factores estratégicos (Fiabilidad, Eficiencia energética, Mantenibilidad, Operación/explotación) en la organización. La suma de todos los factores es 100%.

A		GESTIÓN DEL CONOCIMIENTO			

TABLA PARA REALIZACIÓN MATRIZ PONDERACIÓN Y VALOR CONOCIMIENTO SUB-SISTEMAS

T-7 FACTORÍA "N" de pertenencia [____] SISTEMA "X" de pertenencia [____]

SUB-SISTEMAS DEL SISTEMA "X":

NÚMERO SUB-SISTEMA	N°items (n) que deben ser introducidos (*) para VCsst=100 % (N)	N° de items de conocimiento introducidos (n) (*)	VCsst (*) (n/N)*100	PONDERACIÓN PESO del sub-sistema (PCssT) (**)	OBSERVACIONES
[____]	[____]	[____]	[____]	[____]	[____]
[____]	[____]	[____]	[____]	[____]	[____]
[____]	[____]	[____]	[____]	[____]	[____]
[____]	[____]	[____]	[____]	[____]	[____]

introducir todos los sub-sistemas del sistema

| [____] | [____] | [____] | [____] | [____] | [____] |

HERRAMIENTA T-7: Ponderación y valoración de los SUB-SISTEMAS de un determinado sistema "X", para introducción en la matriz de conocimiento, y calculo por el algoritmo del árbol de conocimiento de mantenimiento (ACM).

(*): VALORACIÓN EN FUNCIÓN DEL NIVEL DE INFORMACIÓN/ CONOCIMIENTO REQUERIDO PARA INTRODUCIR (N° de items), QUE HA SIDO CONSENSUADOS POR EL GRUPO DE EXPERTOS DE MANTENIMIENTO DE LA ORGANIZACIÓN.
(**): (PCssT) PONDERACIÓN EN FUNCIÓN DE LA IMPORTANCIA DEL ELEMENTO EN EL SUB-SISTEMA DE PERTENENCIA, QUE HA SIDO CONSENSUADOS POR EL GRUPO DE EXPERTOS DE MANTENIMIENTO DE LA ORGANIZACIÓN.

A — GESTIÓN DEL CONOCIMIENTO

TABLA PARA REALIZACIÓN MATRIZ PONDERACIÓN Y VALOR CONOCIMIENTO SISTEMAS

T-8 — FACTORÍA "N" de pertenencia

SISTEMAS DE LA FACTORÍA "N":

NÚMERO SISTEMA	Nº ítems (n) que deben se introducidos (*) para VCa=100% (N)	Nº de ítems de conocimiento introducidos (nc) (*)	VCst. (*) $n_c/N°100$	PONDERACIÓN PESO del sistema (PCst) (**)	OBSERVACIONES

Introducir todos los sistemas de la factoría

HERRAMIENTA T-8: Ponderación y valoración de los SISTEMAS de una determinada factoría "N", para introducción en la matriz de conocimiento, y calculo por el algoritmo del árbol de conocimiento de mantenimiento (ACM).

(*): VALORACIÓN EN FUNCIÓN DEL NIVEL DE INFORMACIÓN/ CONOCIMIENTO REQUERIDO PARA INTRODUCIR (Nº de items), QUE HA SIDO CONSENSUADOS POR EL GRUPO DE EXPERTOS DE MANTENIMIENTO DE LA ORGANIZACIÓN.
(**): (PCsT) PONDERACIÓN EN FUNCIÓN DE LA IMPORTANCIA DEL ELEMENTO EN EL SUB-SISTEMA DE PERTENENCIA, QUE HA SIDO CONSENSUADOS POR EL GRUPO DE EXPERTOS DE MANTENIMIENTO DE LA ORGANIZACIÓN.

A

GESTIÓN DEL CONOCIMIENTO

TABLA PARA REALIZACIÓN MATRIZ PONDERACIÓN Y VALOR CONOCIMIENTO FACTORIAS

T-9

FACTORIAS DE LA EMPRESA:

NÚMERO FACTORÍA	N° items (n) que deben ser introducidos (*) para VC fact=100% (N)	N° de items de conocimiento introducidos (n) (*)	VCfact (*) (n/N)*100	PONDERACIÓN PESO de la factoría (PCfacT)(**)	OBSERVACIONES

Introducir todas las factorias de la empresa

HERRAMIENTA T-9: Ponderación y valoración de las FACTORIAS de la empresa, para introducción en la matriz de conocimiento, y calculo por el algoritmo del árbol de conocimiento de mantenimiento (ACM).

(*): VALORACIÓN EN FUNCIÓN DEL NIVEL DE INFORMACIÓN/ CONOCIMIENTO REQUERIDO PARA INTRODUCIR (N° de items), QUE HA SIDO CONSENSUADOS POR EL GRUPO DE EXPERTOS DE MANTENIMIENTO DE LA ORGANIZACIÓN.
(**): (PCfacT) PONDERACIÓN EN FUNCIÓN DE LA IMPORTANCIA DEL ELEMENTO EN EL SUB-SISTEMA DE PERTENENCIA, QUE HA SIDO CONSENSUADOS POR EL GRUPO DE EXPERTOS DE MANTENIMIENTO DE LA ORGANIZACIÓN.

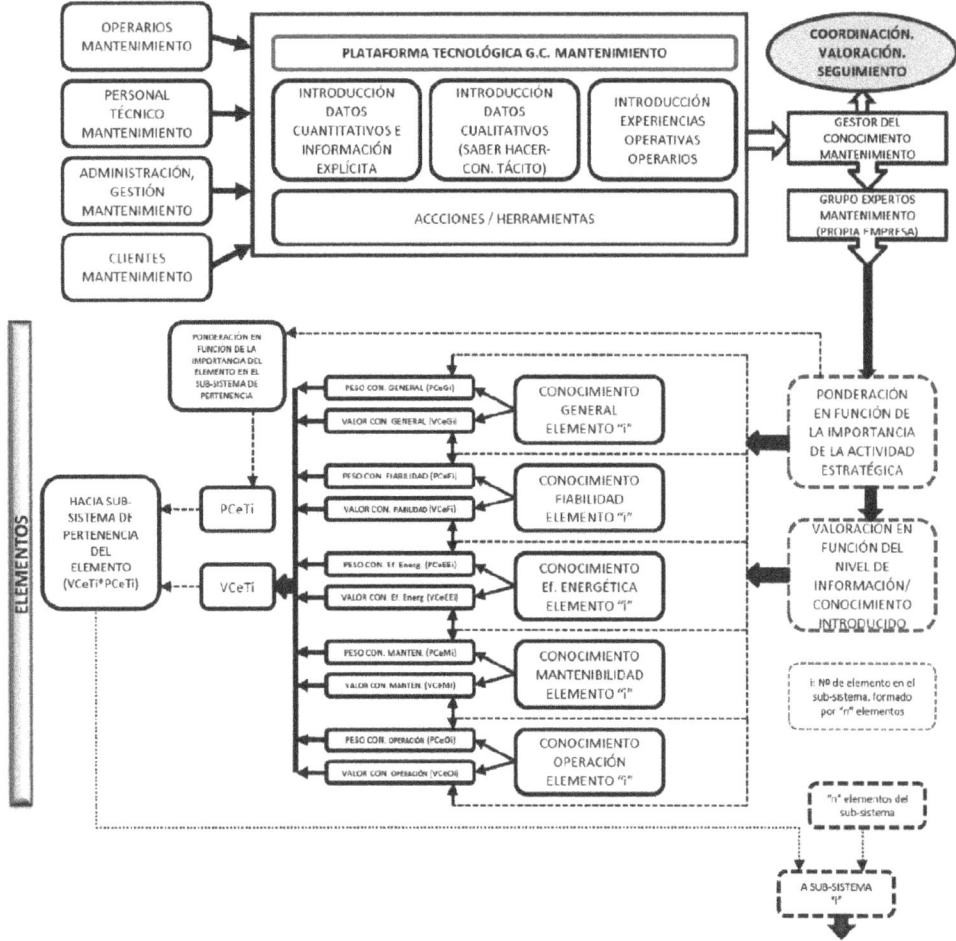

A

GESTIÓN DEL CONOCIMIENTO

T-10

ALGORITMOS PARA ÁRBOL CONOCIMIENTO DE MANTENIMIENTO (ACM)
(VISUALIZACIÓN Y VALORACIÓN DEL CONOCIMIENTO INTRODUCIDO EN CONTENEDOR CONOCIMIENTO)

A

T-10

GESTIÓN DEL CONOCIMIENTO

ALGORITMOS PARA ÁRBOL CONOCIMIENTO DE MANTENIMIENTO (ACM)
(VISUALIZACIÓN Y VALORACIÓN DEL CONOCIMIENTO INTRODUCIDO EN CONTENEDOR CONOCIMIENTO)

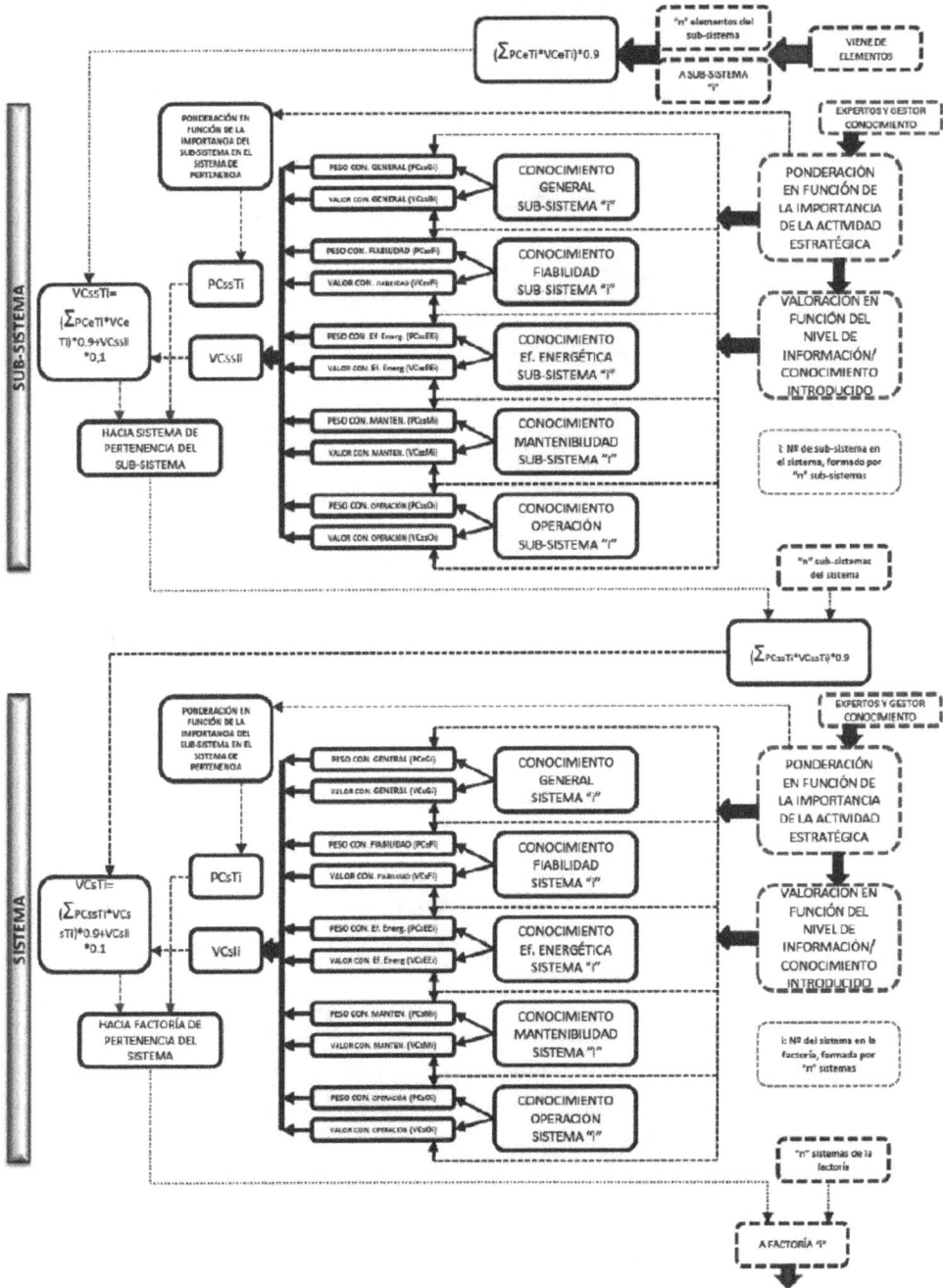

"n" elementos del sub-sistema — VIENE DE ELEMENTOS

$(\sum PCeTi*VCeTi)*0,9$

A SUB-SISTEMA "i"

EXPERTOS Y GESTOR CONOCIMIENTO

SUB-SISTEMA

PONDERACIÓN EN FUNCIÓN DE LA IMPORTANCIA DEL SUB-SISTEMA EN EL SISTEMA DE PERTENENCIA

PESO CON. GENERAL (PCssGi) — VALOR CON. GENERAL (VCssGi) — CONOCIMIENTO GENERAL SUB-SISTEMA "i"

PESO CON. FIABILIDAD (PCssFi) — VALOR CON. FIABILIDAD (VCssFi) — CONOCIMIENTO FIABILIDAD SUB-SISTEMA "i"

PESO CON. Ef. Energ. (PCssEEi) — VALOR CON. Ef. Energ. (VCssEEi) — CONOCIMIENTO Ef. ENERGÉTICA SUB-SISTEMA "i"

PESO CON. MANTEN. (PCssMi) — VALOR CON. MANTEN. (VCssMi) — CONOCIMIENTO MANTENIBILIDAD SUB-SISTEMA "i"

PESO CON. OPERACIÓN (PCssOi) — VALOR CON. OPERACIÓN (VCssOi) — CONOCIMIENTO OPERACIÓN SUB-SISTEMA "i"

PCssTi

VCssIi

$VCssTi= (\sum PCeTi*VCeTi)*0,9+VCssIi*0,1$

HACIA SISTEMA DE PERTENENCIA DEL SUB-SISTEMA

PONDERACIÓN EN FUNCIÓN DE LA IMPORTANCIA DE LA ACTIVIDAD ESTRATÉGICA

VALORACIÓN EN FUNCIÓN DEL NIVEL DE INFORMACIÓN/ CONOCIMIENTO INTRODUCIDO

i: Nº de sub-sistema en el sistema, formado por "n" sub-sistemas

"n" sub-sistemas del sistema

$(\sum PCssTi*VCssTi)*0,9$

EXPERTOS Y GESTOR CONOCIMIENTO

SISTEMA

PONDERACIÓN EN FUNCIÓN DE LA IMPORTANCIA DEL SUB-SISTEMA EN EL SISTEMA DE PERTENENCIA

PESO CON. GENERAL (PCsGi) — VALOR CON. GENERAL (VCsGi) — CONOCIMIENTO GENERAL SISTEMA "i"

PESO CON. FIABILIDAD (PCsFi) — VALOR CON. FIABILIDAD (VCsFi) — CONOCIMIENTO FIABILIDAD SISTEMA "i"

PESO CON. Ef. Energ. (PCsEEi) — VALOR CON. Ef. Energ. (VCsEEi) — CONOCIMIENTO Ef. ENERGÉTICA SISTEMA "i"

PESO CON. MANTEN. (PCsMi) — VALOR CON. MANTEN. (VCsMi) — CONOCIMIENTO MANTENIBILIDAD SISTEMA "i"

PESO CON. OPERACIÓN (PCsOi) — VALOR CON. OPERACIÓN (VCsOi) — CONOCIMIENTO OPERACIÓN SISTEMA "i"

PCsTi

VCsIi

$VCsTi= (\sum PCssTi*VCssTi)*0,9+VCsIi*0,1$

HACIA FACTORÍA DE PERTENENCIA DEL SISTEMA

PONDERACIÓN EN FUNCIÓN DE LA IMPORTANCIA DE LA ACTIVIDAD ESTRATÉGICA

VALORACIÓN EN FUNCIÓN DEL NIVEL DE INFORMACIÓN/ CONOCIMIENTO INTRODUCIDO

i: Nº del sistema en la factoría, formada por "n" sistemas

"n" sistemas de la factoría

A FACTORÍA "i"

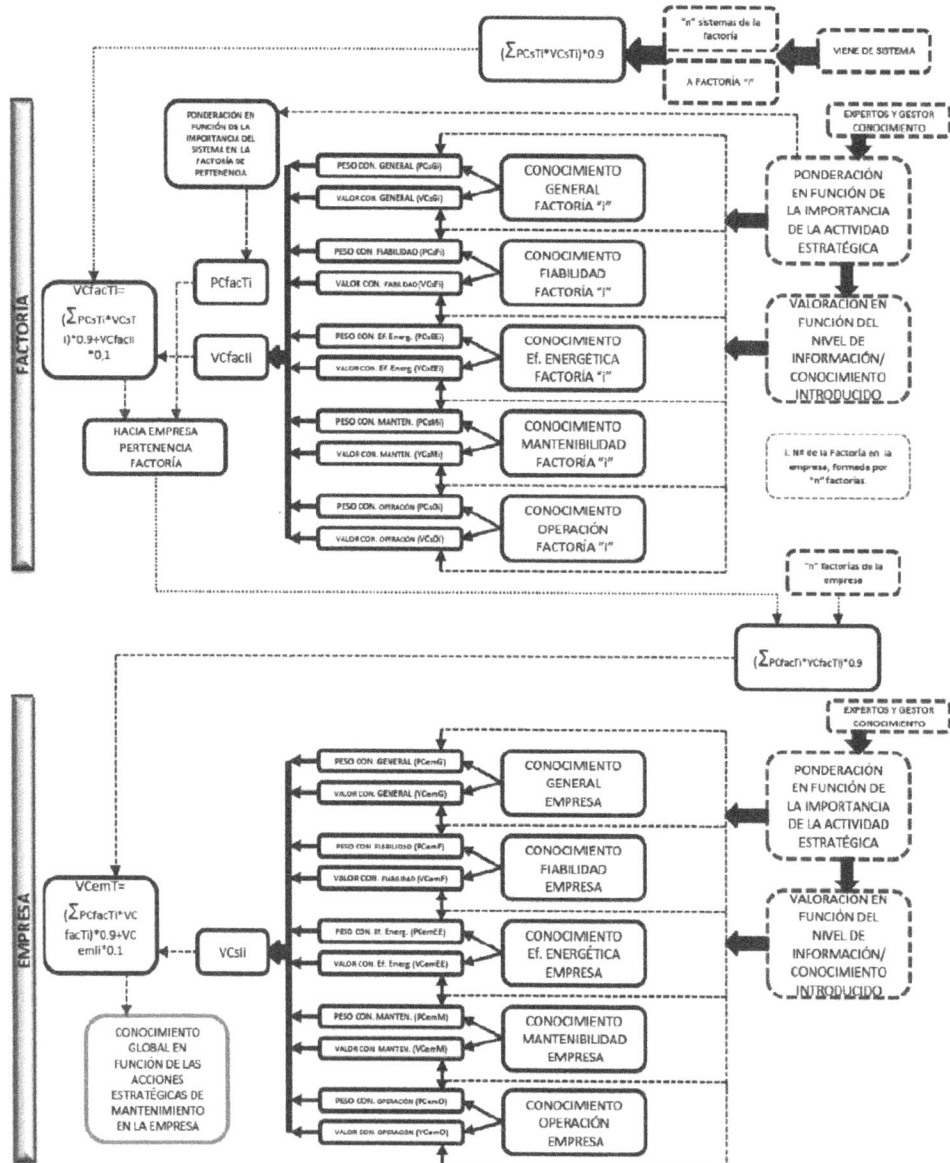

A GESTIÓN DEL CONOCIMIENTO

T-10 ALGORITMOS PARA ÁRBOL CONOCIMIENTO DE MANTENIMIENTO (ACM)
(VISUALIZACIÓN Y VALORACIÓN DEL CONOCIMIENTO INTRODUCIDO EN CONTENEDOR CONOCIMIENTO)

A

GESTIÓN DEL CONOCIMIENTO

T-10 — ALGORITMOS PARA ÁRBOL CONOCIMIENTO DE MANTENIMIENTO (ACM)
(VISUALIZACIÓN Y VALORACIÓN DEL CONOCIMIENTO INTRODUCIDO EN CONTENEDOR CONOCIMIENTO)

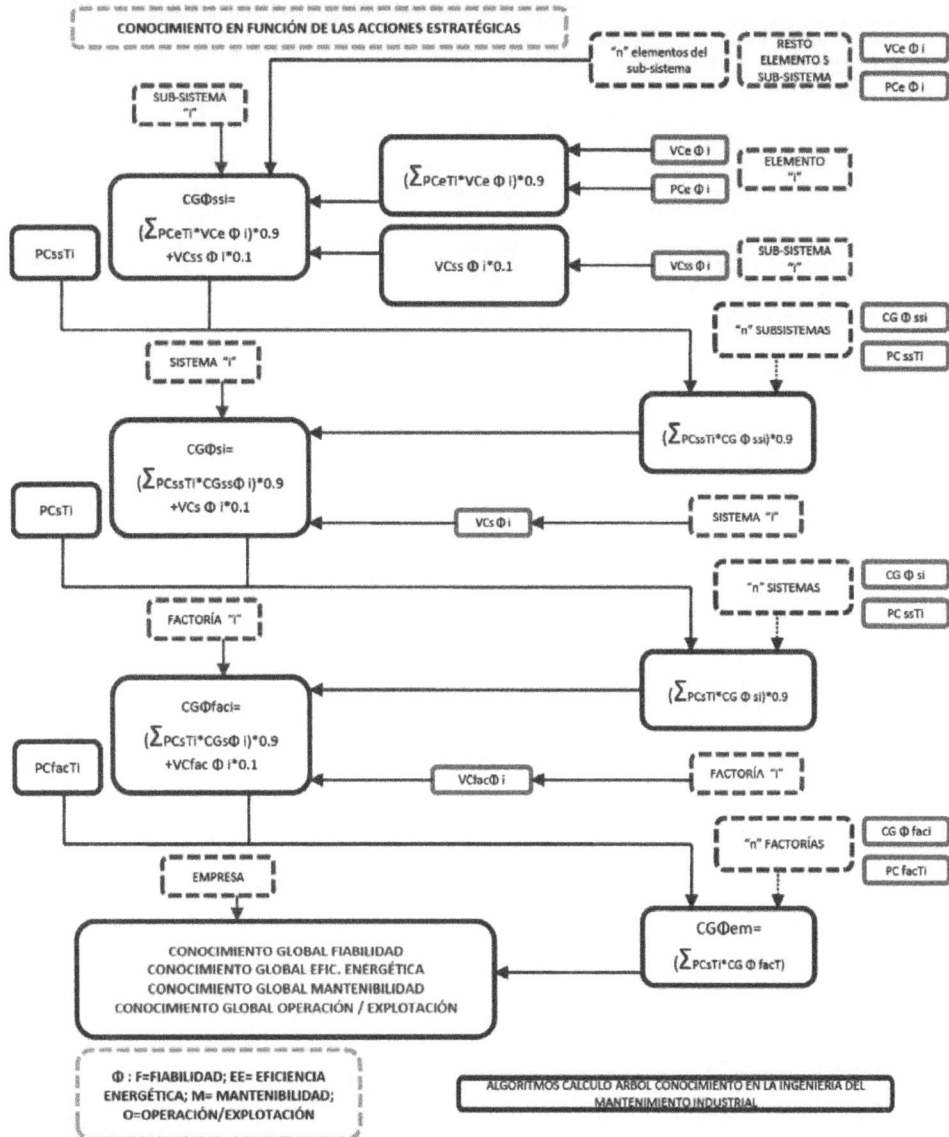

CONOCIMIENTO EN FUNCIÓN DE LAS ACCIONES ESTRATÉGICAS

"n" elementos del sub-sistema

RESTO ELEMENTOS SUB-SISTEMA — $VCe \Phi i$ / $PCe \Phi i$

SUB-SISTEMA "i"

$$CG\Phi ssi = \left(\sum PCeTi \cdot VCe\,\Phi\,i\right) \cdot 0.9 + VCss\,\Phi\,i \cdot 0.1$$

$$\left(\sum PCeTi \cdot VCe\,\Phi\,i\right) \cdot 0.9$$ ← $VCe \Phi i$ / $PCe \Phi i$ — ELEMENTO "i"

$PCssTi$

$$VCss\,\Phi\,i \cdot 0.1$$ ← $VCss \Phi i$ — SUB-SISTEMA "i"

"n" SUBSISTEMAS — $CG \Phi ssi$ / $PC ssTi$

SISTEMA "i"

$$CG\Phi si = \left(\sum PCssTi \cdot CGss\Phi\,i\right) \cdot 0.9 + VCs\,\Phi\,i \cdot 0.1$$

$$\left(\sum PCssTi \cdot CG\,\Phi\,ssi\right) \cdot 0.9$$

$PCsTi$

$VCs \Phi i$ — SISTEMA "i"

"n" SISTEMAS — $CG \Phi si$ / $PC ssTi$

FACTORÍA "i"

$$CG\Phi faci = \left(\sum PCsTi \cdot CGs\Phi\,i\right) \cdot 0.9 + VCfac\,\Phi\,i \cdot 0.1$$

$$\left(\sum PCsTi \cdot CG\,\Phi\,si\right) \cdot 0.9$$

$PCfacTi$

$VCfac\Phi i$ — FACTORÍA "i"

"n" FACTORÍAS — $CG \Phi faci$ / $PC facTi$

EMPRESA

CONOCIMIENTO GLOBAL FIABILIDAD
CONOCIMIENTO GLOBAL EFIC. ENERGÉTICA
CONOCIMIENTO GLOBAL MANTENIBILIDAD
CONOCIMIENTO GLOBAL OPERACIÓN / EXPLOTACIÓN

$$CG\Phi em = \left(\sum PCsTi \cdot CG\,\Phi\,facT\right)$$

Φ : F=FIABILIDAD; EE= EFICIENCIA ENERGÉTICA; M= MANTENIBILIDAD; O=OPERACIÓN/EXPLOTACIÓN

ALGORITMOS CÁLCULO ÁRBOL CONOCIMIENTO EN LA INGENIERÍA DEL MANTENIMIENTO INDUSTRIAL

315

A

GESTIÓN DEL CONOCIMIENTO

T-10

ALGORITMOS PARA ÁRBOL CONOCIMIENTO DE MANTENIMIENTO (ACM)

(VISUALIZACIÓN Y VALORACIÓN DEL CONOCIMIENTO INTRODUCIDO EN CONTENEDOR CONOCIMIENTO)

TABLA DE DENOMINACIÓN DE VARIABLES DEL ÁRBOL DE CONOCIMIENTO EN LA INGENIERÍA DEL MANTENIMIENTO INDUSTRIAL (I)

DENOMINACIÓN	DESCRIPCIÓN	VALOR/FORMULACIÓN
$PC_\beta G_i$	Peso ponderado del conocimiento estratégico general, en función de la *información global* del elemento, subsistema, sistema o factoría Nº "i": (β:(e= elemento; ss=sub-sistema; s=sistema; fac=factoría; em=empresa)	Ponderado por el grupo de expertos de mantenimiento en función de la incidencia del tipo de conocimiento estratégico en la empresa. Valor entre 0 y 100%.
$PC_\beta F_i$	Peso ponderado del conocimiento estratégico, en función de la información sobre *Fiabilidad* del elemento, subsistema, sistema o factoría Nº "i": (β:(e= elemento; ss=sub-sistema; s=sistema; fac=factoría; em=empresa)	Ponderado por el grupo de expertos de mantenimiento en función de la incidencia del tipo de conocimiento estratégico en la empresa. Valor entre 0 y 100%.
$PC_\beta EE_i$	Peso ponderado del conocimiento estratégico, en función de la información sobre *Eficiencia Energética* del elemento, subsistema, sistema o factoría Nº "i": (β:(e= elemento; ss=sub-sistema; s=sistema; fac=factoría; em=empresa)	Ponderado por el grupo de expertos de mantenimiento en función de la incidencia del tipo de conocimiento estratégico en la empresa. Valor entre 0 y 100%.
$PC_\beta M_i$	Peso ponderado del conocimiento estratégico, en función de la información sobre *Mantenibilidad* del elemento, subsistema, sistema o factoría Nº "i": (β:(e= elemento; ss=sub-sistema; s=sistema; fac=factoría; em=empresa)	Ponderado por el grupo de expertos de mantenimiento en función de la incidencia del tipo de conocimiento estratégico en la empresa. Valor entre 0 y 100%.
$PC_\beta O_i$	Peso ponderado del conocimiento estratégico, en función de la información sobre *Operación/Explotación* del elemento, subsistema, sistema o factoría Nº "i": (β:(e= elemento; ss=sub-sistema; s=sistema; fac=factoría; em=empresa)	Ponderado por el grupo de expertos de mantenimiento en función de la incidencia del tipo de conocimiento estratégico en la empresa. Valor entre 0 y 100%.
$VC_\beta G_i$	Valor introducido del conocimiento estratégico, en función de la *información global* del elemento, subsistema, sistema o factoría Nº "i": (β:(e= elemento; ss=sub-sistema; s=sistema; fac=factoría; em=empresa)	Valorado en función del número de registros de información/conocimiento introducido. Cuando el número de registros sea igual al máximo de registros considerado por el grupo de expertos, toma el valor de 100%.
$VC_\beta F_i$	Valor introducido del conocimiento estratégico, en función de la *Fiabilidad* del elemento, subsistema, sistema o factoría Nº "i": (β:(e= elemento; ss=sub-sistema; s=sistema; fac=factoría; em=empresa)	Valorado en función del número de registros de información/conocimiento introducido. Cuando el número de registros sea igual al máximo de registros considerado por el grupo de expertos, toma el valor de 100%.
$VC_\beta EE_i$	Valor introducido del conocimiento estratégico, en función de la *Eficiencia Energética* del elemento, subsistema, sistema o factoría Nº "i": (β:(e= elemento; ss=sub-sistema; s=sistema; fac=factoría; em=empresa)	Valorado en función del número de registros de información/conocimiento introducido. Cuando el número de registros sea igual al máximo de registros considerado por el grupo de expertos, toma el valor de 100%.
$VC_\beta M_i$	Valor introducido del conocimiento estratégico, en función de la *Mantenibilidad* del elemento, subsistema, sistema o factoría Nº "i": (β:(e= elemento; ss=sub-sistema; s=sistema; fac=factoría; em=empresa)	Valorado en función del número de registros de información/conocimiento introducido. Cuando el número de registros sea igual al máximo de registros considerado por el grupo de expertos, toma el valor de 100%.
$VC_\beta O_i$	Valor introducido del conocimiento estratégico, en función de la *Operación/Explotación* del elemento, subsistema, sistema o factoría Nº "i": (β:(e= elemento; ss=sub-sistema; s=sistema; fac=factoría; em=empresa)	Valorado en función del número de registros de información/conocimiento introducido. Cuando el número de registros sea igual al máximo de registros considerado por el grupo de expertos, toma el valor de 100%.
$PC_\beta T_i$	Peso del conocimiento total en función de todos los conocimientos estratégicos del elemento, subsistema, sistema o factoría Nº "i": (β:(e= elemento; ss=sub-sistema; s=sistema; fac=factoría; em=empresa)	Ponderado por el grupo de expertos de mantenimiento en función de la incidencia del elemento en el conjunto considerado. Valor entre 0 y 100%, repartido entre todos los elementos que componen el sistema.

A	**GESTIÓN DEL CONOCIMIENTO**
T-10	**ALGORITMOS PARA ÁRBOL CONOCIMIENTO DE MANTENIMIENTO (ACM)** (VISUALIZACIÓN Y VALORACIÓN DEL CONOCIMIENTO INTRODUCIDO EN CONTENEDOR CONOCIMIENTO)

TABLA DE DENOMINACIÓN DE VARIABLES DEL ÁRBOL DE CONOCIMIENTO EN LA INGENIERÍA DEL MANTENIMIENTO INDUSTRIAL (II)

DENOMINACIÓN	DESCRIPCIÓN	VALOR/FORMULACIÓN
VC_eT_i	Valor total del conocimiento del elemento "i", en función de las acciones estratégicas, y el peso de importancia del elemento con respecto al sistema de pertenencia.	$VCeT = \sum_{\forall i} [PCe_j \times VCe_j]$
$VC_\mu I_i$	Valor parcial del conocimiento del subsistema, sistema o factoría "i", en función de las acciones estratégicas, y la de importancia con respecto al sistema de pertenencia : (μ: ss=sub-sistema; s=sistema; fac=factoría; em=empresa)	$VC\mu Ii = \sum_{\forall i} [PC\mu_j \times VC\mu_j]$
$VC_{ss}T_i$	Valor total del conocimiento del sub-sistema "i", en función del conocimiento de los elementos aguas abajo y el valor de la información del propio sub-sistema.	$VCssTi = \left[\sum_{\forall i} [PCeT_j \times VCeT_j] \times 0.9\right] + VCssI_j \times 0.1$
VC_sT_i	Valor total del conocimiento del sistema "i", en función del conocimiento de los sub-sistemas aguas abajo y el valor de la información del propio sistema.	$VCssTi = \left[\sum_{\forall i} [PCssT_j \times VCssT_j] \times 0.9\right] + VCsI_j \times 0.1$
$VC_{fac}T_i$	Valor total del conocimiento de la factoría "i", en función del conocimiento de los sistemas aguas abajo y el valor de la información de la propia factoría.	$VCfacTi = \left[\sum_{\forall i} [PCsT_j \times VCsT_j] \times 0.9\right] + VCfacI_j \times 0.1$
$VC_{em}T$	Valor total del conocimiento de la empresa, en función del conocimiento de las factorías aguas abajo y el valor de la información de la propia empresa.	$VCemT = \left[\sum_{\forall i} [PCfacT_j \times VCfacT_j] \times 0.9\right] + VCemI_j \times 0.1$
$CG\Phi_{ssi}$	Valor del conocimiento en relación a la actividad estratégica "Φ" del subsistema, en función del conocimiento de los elementos aguas abajo y el valor de la información del propio sub-sistema. (Φ: F=Fiabilidad; EE=Ef. Energética; M=Mantenibilidad; O=Operación/Explotación)	$CG\Phi ssi = \left[\sum_{\forall i} [PCeT_j \times VCe\Phi_j] \times 0.9\right] + VCss\Phi_j \times 0.1$
$CG\Phi_{si}$	Valor del conocimiento en relación a la actividad estratégica "Φ" del sistema, en función del conocimiento de los sub-sistemas aguas abajo y el valor de la información del propio sistema: (Φ: F=Fiabilidad; EE=Ef. Energética; M=Mantenibilidad; O=Operación/Explotación)	$CG\Phi ssi = \left[\sum_{\forall i} [PCssT_j \times CGss\Phi_j] \times 0.9\right] + VCs\Phi_j \times 0.1$
$CG\Phi_{fac}i$	Valor del conocimiento en relación a la actividad estratégica "Φ" de la factoría, en función del conocimiento de los sistemas aguas abajo y el valor de la información de la propia factoría: (Φ: F=Fiabilidad; EE=Ef. Energética; M=Mantenibilidad; O=Operación/Explotación)	$CG\Phi ssi = \left[\sum_{\forall i} [PCsT_j \times CGs\Phi_j] \times 0.9\right] + VCfac\Phi_j \times 0.1$
$CG\Phi_{em}i$	Valor del conocimiento en relación a la actividad estratégica "Φ" de la empresa, en función del conocimiento de las factorías aguas abajo y el valor de la información de la propia empresa: (Φ: F=Fiabilidad; EE=Ef. Energética; M=Mantenibilidad; O=Operación/Explotación)	$CG\Phi em = \left[\sum_{\forall i} [PCfacT_j \times CGfac\Phi_j]\right]$

Biografía del autor

Francisco Javier Cárcel Carrasco

Dr. Ingeniero Industrial
Dr. Ciencias Económicas y Empresariales

Su actividad profesional en las áreas industriales y de mantenimiento comenzó a la temprana edad de 15 años compatibilizando trabajo y estudios, habiendo vivido de una manera directa y personal la transcendencia y problemática de la actividad del mantenimiento industrial en diferentes sectores industriales y edificios de servicios terciarios. Ha desarrollado su experiencia en el sector industrial durante más de 28 años en diversas empresas de primer nivel industrial y de servicios, así como profesional liberal en el desarrollo de proyectos industriales y de instalaciones para edificios de actividades terciarias (grandes hoteles, centros comerciales, etc.), desarrollando más de 800 proyectos y direcciones de obra visados por colegios profesionales. En la actualidad es profesor del departamento de Construcciones Arquitectónicas, área instalaciones, de la Universidad Politécnica de Valencia. De formación académica polivalente, es Ingeniero Industrial y Doctor Ingeniero Industrial por la Universidad Politécnica de Valencia, así como Doctor en Ciencias Económicas y Empresariales por la UNED. Así mismo es Ingeniero en Electrónica por la Universidad de Valencia y Licenciado en Ingeniería mecánica y energética por la Universidad de Paris 6 (Francia). Ha realizado numerosos cursos de formación y diversos máster, destacando el de Ingeniería energética, Prevención de riesgos laborales, Evaluación de impacto ambiental. Su área de investigación está enfocada a las energías renovables, eficiencia energética e ingeniería del mantenimiento industrial. Email: fracarc1@csa.upv.es

www.ingramcontent.com/pod-product-compliance
Lightning Source LLC
Chambersburg PA
CBHW080513220326
41599CB00032B/6063